数 学 名 著 译 丛

微分流形与李群基础

〔美〕 F.W. 瓦内尔 著

谢孔彬 谢云鹏 译

科 学 出 版 社

北 京

图字：01-2007-5608

内 容 简 介

本书根据 F. W. 瓦内尔所著 *Foundations of Differentiable Manifolds and Lie Groups*(Springer 出版社 1983 年版)一书译出.

本书特色鲜明、选材精练、论述精辟. 全书共分 6 章，其核心材料主要包含在第 1，2，4 章中，包括微分流形、微分形式、流形上的积分以及 de Rham 上同调等. 第 3 章则比较系统地论述了 Lie 群论的基本内容. 第 5 章论述 de Rham 定理并为此发展了公理化层上同调论. 第 6 章论述 Hodge 定理并以 Fourier 级数为基本工具给出了椭圆算子局部理论的完整论述. 这在一般参考书中是不容易找到的.

本书可作为数学、应用数学等专业低年级研究生及高年级本科生的教材和参考书. 也可供物理及相关专业人员参考.

图书在版编目(CIP)数据

微分流形与李群基础/(美)F. W. 瓦内尔著；谢孔彬，谢云鹏译. —北京：科学出版社，2008
(数学名著译丛)
ISBN 978-7-03-020399-1

I. 微… II. ①瓦… ②谢… ③谢… III. ①可微分流形 ②李群 IV. O189.3 O152.5

中国版本图书馆 CIP 数据核字(2008)第 031083 号

责任编辑：陈玉琢 房 阳/责任校对：陈丽珠
责任印制：赵 博/封面设计：王 浩

科学出版社 出版
北京东黄城根北街 16 号
邮政编码：100717
http://www.sciencep.com
北京天宇星印刷厂印刷
科学出版社发行 各地新华书店经销

*

2008 年 5 月第 一 版 开本：720×1000 1/16
2025 年 6 月第七次印刷 印张：17 3/4
字数：333 000

定价：88.00 元

(如有印装质量问题，我社负责调换)

译 者 的 话

本书根据 F.W.瓦内尔的 *Foundations of Differentiable Manifolds and Lie Groups* (Springer 出版社 1983 年版)一书译出.

我们知道,微分流形是现代微分几何和微分拓扑的共同基础和主要研究对象,并与众多的现代数学分支密切相关. 因此流形在整个数学中的地位越来越突出. 正如数学大师陈省身先生所指出的那样,“将来数学研究的对象,必然是流形;传统的实数或复数空间只是局部的情形(虽然在许多情况下,它会是最重要的情形)”(见陈省身等《微分几何讲义》北京大学出版社,1983). 正因如此,现在国内越来越多的大学也纷纷为数学、应用数学等专业的研究生和高年级本科生开设与流形相关的课程. 为适应这方面的急需,北京大学陈维桓教授编写了《微分流形初步》(高等教育出版社)一书,很受欢迎. 但是从总体上说,目前这方面的教材和参考书还是很少. 为满足这方面的需要,受科学出版社的委托,将 *Foundations of Differentiable Manifolds and Lie Groups* 一书译出. 愿它能为促进该领域的教学与研究发挥积极作用.

值得一提的是,F.W.瓦内尔的 *Foundations of Differentiable Manifolds and Lie Groups* 一书是这方面的经典名著. 许多教材和专著均将它作为主要参考文献,现将常见的列举几本如下:白正国等的《黎曼几何初步》、徐森林等的《微分几何》、黄正中的《微分几何导引》、陈维桓的《微分流形初步》、张筑生的《微分拓扑新讲》、孟道骥等的《李群》等. 由此可见一斑.

特别值得一提的是,本书特色鲜明、取材精练、论述精辟. 它从微分流形的基本概念讲起,以二百多页的篇幅一直讲到 de Rham 定理和 Hodge 定理的完整证明,这在同类书中是少见的. 从日常生活中我们知道,衡量一个人美不美的重要标准是身材匀称、胖瘦适中,若以这种眼光审视本书,它就恰似一个丰满适度、亭亭玉立的少女,并且将在人们的心目中永葆靓丽青春!因此相信将会有更多的读者喜欢它.

最后,译者要特别感谢科学出版社和陈玉琢编辑所给予的大力支持与帮助.

由于译者水平所限,译文中不妥之处在所难免,恳请读者批评指正!

译　者

2007 年 10 月 1 日

于山东理工大学瑞贤园

前　言

本书为那些对需要微分流形概念的任何一个数学领域感兴趣的学生提供了必要的基础. 我们将本书设计为低年级研究生水平的教科书, 并且假定读者在代数、分析方面受过良好的本科训练, 另外还要熟悉点集拓扑、覆盖空间和基本群方面的一些知识. 我们还打算将它作为参考书使用. 因为它包含了许多难以从文献中查到的内容, 尤其是关于 de Rham 基本定理和 Hodge 基本定理的完备而自足的证明.

核心材料包含在第 1 章、第 2 章和第 4 章中. 这包括微分流形、切向量、子流形、隐函数定理、向量场、分布和 Frobenius 定理、微分形式、积分、Stokes 定理以及 de Rham 上同调.

第 3 章论述 Lie 群论基础, 包括 Lie 群与其 Lie 代数之间的关系、指数映射、伴随表示和闭子群定理. 我们给出了一些例子, 导出了典型群的若干性质, 并以齐性流形的讨论来结束该章. 20 多年来, Chevalley 的《李群论》一直是 Lie 群论方面的标准参考书, 我本人也极大地受益于该书.

为了达到第 5 章的主要目标——de Rham 定理, 我们发展了公理化层上同调论. 由积分给出的 de Rham 同态是从 de Rham 上同调环到可微奇异上同调环的同构——除了对于 de Rham 定理的这种强形式的证明之外, 我们还证明了流形上的所有经典上同调论的标准同构存在. 所有这些理论的相关部分都在本书中得到发展. 对于公理化层上同调论, 我所遵循的处理方法应归功于 H. Cartan, 他在 1950~1951 年度的讲习班上对此作了讲演.

为了 Hodge 定理, 我们在第 6 章中用 Fourier 级数作为基本工具给出了椭圆算子局部理论的完整叙述. 我们只假定读者对 Hilbert 空间有所了解. 我要感谢 Jerry Kazdan, 他花费了 1969 年夏天的大部分时间来指导我弄清各不等式的原委, 并且对于该章的准备给予我极大的支持和帮助. 我还受益于 J. J. Kohn 和 Stephen Andrea 的讲义, Louis Nirenberg 的几篇论文以及 Bers、John 和 Schechter 的《偏微分方程》, 为了解参考文献的深层次关系, 读者可能要查阅该书.

在每一章的末尾都有一套习题, 这是本书必不可少的组成部分. 常常会有这样的情况, 在某一章中将一个论断留给读者, 那么这就暗示着在习题中读者应当给出它的证明. 有些习题是常规的, 用以检验读者对该章的理解情况; 许多习题则极大地扩充了正文. 在某些情况下习题包含着重要的定理, 其中两个最显著的例子是 Laplace 算子的特征函数的性质和 Peter-Weyl 定理. 它们在第 6 章的习题中得以解决. 许多困难的习题给出了提示.

课文中有几处值得注意的删减. 我在本书中没有论述复流形, 虽然在第 5 章中发展的层论为读者提供了一种研究复流形的基本工具. 我既没有论述无穷维流形, 也没有讲述 Sard 定理和嵌入定理. 关于无穷维流形, 读者可参考 S. Lang 的《微分流形引论》, 而对于 Sard 定理和嵌入定理, 读者可在 Sternberg 的《微分几何讲义》中找到.

基于本书可以有几种不同的教程. 典型的一学期教程应当涵盖第 1、2、4 章的核心材料, 然后根据班级的兴趣在第 3、5、6 章中再选取一章. 整个教科书可被一学年的教程所涵盖.

希望继续深入学习微分几何的学生能够阅读像 Helgason 的《微分几何与对称空间》、Bishop 和 Crittenden 的《流形的几何》、Kobayashi 和 Nomizu 的《微分几何基础》(两卷本) 这样的高等教科书.

我很高兴能向 I. M. Singer 教授表达我的感激之情, 我从他那里学到了本书中的许多材料, 而且他的教程总是对于本学科产生极大的激励.

很多人慷慨地花费大量时间和精力来阅读初稿并且作了若干修改, 提出了有益的建议. 尤其是, 我要感谢 Manfredo do Carmo、Jerry Kazdan、Stuart Newberger、Marc Rieffel、John Thorpe、Nolan Wallach、Hung-Hsi Wu (伍鸿熙) 以及我在伯克利加州大学和宾夕法尼亚大学所教授班级的学生们. 我还要特别感谢 Jeanne Robinson、Marian Griffiths 和 Mary Ann Hipple, 感谢他们出色的打字工作, 感谢 Scott, Foresman 公司的 Nat Weintraub, 感谢他的合作和对最终定稿所给予的卓越指导和帮助.

F. W. 瓦内尔

Spinger 版前言

这次 Spinger 版除少数已发现的数学错误和印刷错误得以改正之外，是原 Scott，Foresman 版本的翻版. 参考文献中增添了几个附加标题.

我特别感谢所有写信将他们对于原版的体验告诉我的同事们. 我收到了许多关于改进和扩充本书的良好建议，并且曾经考虑过写一个全新的第二版的可能性. 然而我打算扩充的很多内容在许多优秀的原始资料中是容易查到的，也有相当多的同事极力主张让我保留本书的原样. 因此在这里基本未变地将其重印，尤其是考虑到那些在其他出版物中指定参考本书者的利益，所有编号和页码查询都保持相同.

在过去的十年间，在分析的应用(尤其是椭圆偏微分方程理论对于几何学的应用方面)以及在几何学的应用，特别是主纤维丛上的联络理论对于物理学的应用方面都有了显著的进展. 除了在微分几何和黎曼几何若干论题的出色论述之外，对于这些鼓舞人心的进展的若干参考文献也都包括在文献目录之中了. 学生们可能希望在阅读本书的同时或在阅读本书之后来查阅这些文献.

最后，我要感谢 Spinger 出版社鼓励我在研究生数学系列丛书中再版本书. 令我高兴的是现在它被批准了.

F. W. 瓦内尔

1983 年 10 月于宾夕法尼亚费城

目　　录

第 1 章　流　　形

首先，建立一些贯穿全书使用的记号约定，然后从微分流形的概念讲起．微分流形是这样一些空间，从局部看来它像 Euclid(欧几里得)空间，而且它有足够的结构使得微积分的基本概念能够保持下来．第 1 章主要涉及微分学的基本定理对于流形的类似定理及内涵．第 4 章考虑流形上的积分理论．

由 Euclid 空间中方向导数的概念，将得出微分流形的切向量的概念．本章将研究流形之间的映射以及映射在切向量上的作用；考察经典的反函数定理和隐函数定理对于流形映射而言的内涵；还会看到常微分方程的基本存在唯一性定理转化为对向量场的积分曲线的存在唯一性叙述；最后是关于流形上对合分布的积分流形存在唯一性的 Frobenius(弗罗贝尼乌斯)定理.

1　预 备 知 识

1.1　一些基本术语和记号　本书中用以下两种方式描述集合：列举它的元素，如

$$\{a_1, a_2, \cdots, a_n\},$$

或者以

$$\{x : P\}$$

的形式表示，它表示满足性质 P 的所有 x 的集合．表达式 $a \in A$ 表示 a 是集合 A 的一个元素．若集合 A 是集合 B 的子集(即当 $a \in A$ 时有 $a \in B$)，则记作 $A \subset B$．如果 $A \subset B$ 且 $B \subset A$，那么 A 等于 B，记作 $A=B$．$\in$，$\subset$和$=$的否定分别记为$\notin$，$\not\subset$和 $\neq$．如果 $A \subset B$ 且 $A \neq B$，那么集合 A 是 B 的真子集．用$\varnothing$表示空集．以集合 A 标记的集合 U_α 组成的集族记为 $\{U_\alpha : \alpha \in A\}$．当不必明确指出指标集时，简记为 $\{U_\alpha\}$．集族 $\{U_\alpha : \alpha \in A\}$ 中的集合之并记为 $\bigcup_{\alpha \in A} U_\alpha$ 或简记为 $\bigcup U_\alpha$．类似地，它们的交记为 $\bigcap_{\alpha \in A} U_\alpha$ 或简记为 $\bigcap U_\alpha$．

$$\bigcup_{\alpha \in A} U_\alpha = \{a : a\text{属于某个 } U_\alpha\},$$

$$\bigcap_{\alpha \in A} U_\alpha = \{a : a\text{属于每一个 } U_\alpha\}.$$

表达式 f: $A\to B$ 表示 f 是集合 A 到集合 B 中的一个映射. 当通过描述它在各个元素上的作用来描述一个映射时, 则使用特殊的箭号 $\mapsto$, 因而"A 到 B 中的映射 $m\mapsto f(m)$"意味着 f 是集合 A 到集合 B 中的一个映射, 它把 A 的元素 m 映射成 B 中的元素 $f(m)$. 如果 $U\subset A$, 那么 $f|_U$ 表示 f 在 U 上的限制, 于是 $f(U)=\{b\in B$: 对某个 $a\in U, f(a)=b\}$. 如果 $C\subset B$, 那么 $f^{-1}(C)=\{a\in A: f(a)\in C\}$. 如果当 a 和 b 是 A 的不同元素时有 $f(a)\neq f(b)$, 则称映射 f 是一一的(也记作1-1)或内射; 如果 $f(A)=B$, 则称映射 f 是到上的或满射.

如果 f: $A\to B$, g: $C\to D$, 那么复合 $g\circ f$ 是对于每个 $a\in f^{-1}(B\cap C)$ 由 $g\circ f(a)=g(f(a))$ 定义的映射

$$g\circ f: f^{-1}(B\cap C)\to D.$$

为了记号上的方便, 将不排除 $f^{-1}(B\cap C)=\varnothing$ 的情况. 也就是说, 给定任何两个映射 f 和 g, 都将认为它们的复合 $g\circ f$ 是有定义的, 并且理解为 $g\circ f$ 的定义域完全可能是空集.

两个集合 A 和 B 的笛卡儿积 $A\times B$ 是所有点偶 $(a,b)(a\in A, b\in B)$ 的集合. 如果 f: $A\to C, g$: $B\to D$, 那么映射 f 和 g 的笛卡儿积 $f\times g$ 是 $A\times B$ 到 $C\times D$ 中的映射 $(a,b)\mapsto(f(a), g(b))$.

以"id"表示任何集合上的恒等映射.

对于映射的图表

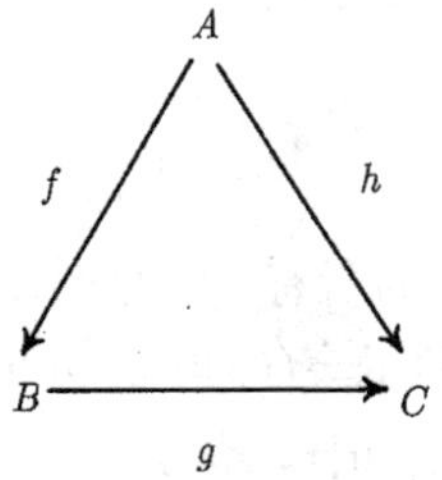

如果 $g\circ f=h$, 则称之为交换的.

用函数这个术语表示到实数集中的映射.

令 $d\geqslant 1$ 是一个整数, 并且令

$$\mathbb{R}^d=\{a: a=(a_1,\cdots,a_d), \text{这里}\, a_i \text{均为实数}\}.$$

那么 $\mathbb{R}^d$ 是 d 维 Euclid 空间. 在 $d=1$ 的情况下, 实直线 $\mathbb{R}^1$ 简记为 $\mathbb{R}$. 任何维数的 Euclid 空间的原点$(0,\cdots,0)$都记作 0. 跟平常一样, 记号$[a,b]$和(a,b)分别表示实直线上的区间 $a\leqslant t\leqslant b$ 和 $a<t<b$. 由

$$r_i(a)=a_i \quad (\text{其中}, a=(a_1,\cdots,a_d)\in\mathbb{R}^d),$$

定义的函数 r_i: $\mathbb{R}^d \to \mathbb{R}$ 称为空间 $\mathbb{R}^d$ 的第 i 个(典范)坐标函数. $\mathbb{R}$ 上的典范坐标函数 r_1 简记为 r. 因而对每个 $a\in \mathbb{R}$,$r(a)=a$. 如果 $f:X\to \mathbb{R}^d$, 则令

$$f_i=r_i \circ f,$$

其中, f_i 称为 f 的第 i 个分量函数.

如果 $f:\mathbb{R} \to \mathbb{R}$,$t\in \mathbb{R}$, 则用

$$\left.\frac{\mathrm{d}}{\mathrm{d}r}\right|_t (f) = \left.\frac{\mathrm{d}f}{\mathrm{d}r}\right|_t = \lim_{h\to 0}\frac{f(t+h)-f(t)}{h}$$

表示 f 在 t 点的导数. 如果 $f:\mathbb{R}^n \to \mathbb{R}$,$1\leqslant i\leqslant n$,$t=(t_1,\cdots,t_n)\in \mathbb{R}^n$, 则用

$$\left.\frac{\partial}{\partial r_i}\right|_t (f) = \left.\frac{\partial f}{\partial r_i}\right|_t = \lim_{h\to 0}\frac{f(t_1,\cdots,t_{i-1},t_i+h,t_{i+1},\cdots,t_n)-f(t)}{h}$$

表示 f 在 t 点关于 r_i 的偏导数.

如果 $p\in \mathbb{R}^d$, 则用 $B_p(r)$ 表示中心在 p 点半径为 r 的开球. 中心在原点、半径为 r 的开球简记为 $B(r)$; 用 $C(r)$ 表示中心在 $\mathbb{R}^d$ 的原点、边长为 $2r$ 的开立方体, 即

$$C(r)=\{(a_1,\cdots,a_d)\in \mathbb{R}^d: \text{对所有 } i,\ |a_i|<r\}.$$

用 $\mathbb{C}$ 表示复数域, 用 $\mathbb{C}^n$ 表示 n 维复空间,

$$\mathbb{C}^n=\{(z_1,\cdots,z_n): z_i\in\mathbb{C}, 1\leqslant i\leqslant n\}.$$

除非另有说明, 则总是在开的意义下使用邻域这个术语. 如果 A 是一个拓扑空间的子集, 那么它的闭包记为 $\overline{A}$. 若 φ 是拓扑空间 X 上的函数, 那么 φ 的支集是由

$$\operatorname{supp}\varphi=\overline{\varphi^{-1}(\mathbb{R}-\{0\})}$$

定义的 X 的子集.

下面要用到 Kronecker(克罗内克)指标

$$\delta_{ij}=\begin{cases}1, & i=j,\\ 0, & i\neq j.\end{cases}$$

如果 $\alpha=(\alpha_1,\cdots,\alpha_d)$ 是由非负整数构成的 d 元组, 那么令

$$[\alpha]=\sum\alpha_i,$$

$$\alpha\,!=\alpha_1!\alpha_2!\cdots\alpha_d!,$$

$$\frac{\partial^\alpha}{\partial r^\alpha}=\frac{\partial^{[\alpha]}}{\partial r_1^{\alpha_1}\cdots\partial r_d^{\alpha_d}}.$$

如果$\alpha=(0,\cdots,0)$, 则令

$$\frac{\partial^\alpha}{\partial r^\alpha}(f)=f.$$

2 微 分 流 形

1.2 定义 令 $U\subset\mathbb{R}^d$ 是开集, 并且令$f:U\to\mathbb{R}$. k是一个非负整数, 如果对于$[\alpha]\leqslant k$, 各偏导数$\dfrac{\partial^\alpha f}{\partial r^\alpha}$存在且在 U 上连续, 则称 f 在 U 上是 C^k 类可微的(或简称 f 是 C^k 的). 特别地, 若 f 是连续的, 则 f 是 C^0 的. 如果 $f:U\to\mathbb{R}^n$, 那么, 若每个分量函数 $f_i=r_i\circ f$ 为 C^k 的, 则 f 是 C^k 类可微的. 如果 f 对所有 $k\geqslant 0$ 是 C^k 的, 则称 f 是 C^∞ 的.

1.3 定义 一个 d 维局部 Euclid 空间 M 是一个 Hausdorff 拓扑空间 M, 而且它的每一个点都有一个邻域同胚于 Euclid 空间 $\mathbb{R}^d$ 的一个开集. 如果φ是连通开集 $U\subset M$ 到 $\mathbb{R}^d$ 的一个开子集上的同胚, 则称φ是一个坐标映射, 将各函数 $x_i=r_i\circ\varphi$ 称为坐标函数, 而将偶(U,φ) (有时记为$(U, x_1,\cdots,x_d)$) 称为一个坐标系. 如果$\varphi(U)$是以 $\mathbb{R}^d$ 的原点为中心的开立方体, 则把坐标系(U,φ)称为立方体坐标系. 如果 $m\in$且$\varphi(m)=0$, 则称该坐标系是以 m 为中心的.

1.4 定义 局部 Euclid 空间 M 上的一个 C^k 类$(1\leqslant k\leqslant\infty)$可微结构$\mathscr{F}$ 是满足下列三个性质的一族坐标系$\{(U_\alpha,\varphi_\alpha)\colon \alpha\in A\}$:

(a) $\displaystyle\bigcup_{\alpha\in A}U_\alpha=M$.

(b) $\varphi_\alpha\circ\varphi_\beta^{-1}$对于所有$\alpha,\beta\in A$ 是 C^k 的.

(c) 集族 $\mathscr{F}$ 关于(b)是极大的, 即如果(U,φ)是一个坐标系并且使得$\varphi\circ\varphi_\alpha^{-1}$和$\varphi_\alpha\circ\varphi^{-1}$对于所有$\alpha\in A$ 都是 C^k 的, 那么$(U,\varphi)\in\mathscr{F}$.

如果 $\mathscr{F}_0=\{(U_\alpha,\varphi_\alpha)\colon\alpha\in A\}$是满足性质(a)和性质(b)的任何一个坐标系族, 那么存在唯一一个包含 $\mathscr{F}_0$的可微结构 $\mathscr{F}$, 即令

$$\mathscr{F}=\{(U,\varphi)\colon \text{对于所有}\,\varphi_\alpha\in\mathscr{F}_0,\varphi\circ\varphi_\alpha^{-1}\,\text{和}\,\varphi_\alpha\circ\varphi^{-1}\,\text{是}\,C^k\,\text{的}\},$$

那么$\mathscr{F}$包含 $\mathscr{F}_0$, 显然(a)满足, 并且容易验证 $\mathscr{F}$ 满足(b). 因为由构造可知 $\mathscr{F}$是极大的, 所以$\mathscr{F}$是包含 $\mathscr{F}_0$的一个可微结构. 显然它是唯一的这种结构.

下面提到局部 Euclid 空间上另外两种基本类型的可微结构, 这就是 C^ω类结

构和复解析结构, 但在本书中并不处理这两种类型. 对于 C^ω类可微结构来说, 要求(b)中的复合映射能够局部地由收敛幂级数给出. 对于 $2d$ 维局部 Euclid 空间上的复解析结构, 则要求坐标系的值域在 d 维复空间 $\mathbb{C}^d$ 中而且是全纯地相互交叠.

一个 C^k 类的(类似地, C^ω类的或复解析的) d 维微分流形是由一个第二可数的 d 维局部 Euclid 空间 M 和一个 C^k类可微结构 $\mathscr{F}$一起构成的偶$(M, \mathscr{F})$. 通常将微分流形$(M,\mathscr{F})$简记为 M, 即提到"微分流形 M"时, 指的就是局部 Euclid 空间 M 连同某个给定的可微结构 $\mathscr{F}$. 只把注意力限制在 C^∞类的情形, 因此总可以用"可微的"表示"C^∞类可微"的意思. 同时也用"光滑"这一术语表示 C^∞可微性. 当提到微分流形时常常只说流形, 而对 C^∞可微性总是作为隐含假定. 一个流形可以看作是一个三元组. 它由一个基础点集和该集合的一个第二可数的局部 Euclid 拓扑以及一个可微结构组成. 如果 X 是一个集合, 那么凡提到 X 上的流形结构, 则意味着要选取 X 的一个第二可数的局部 Euclid 拓扑和一个可微结构.

尽管把注意力集中在 C^∞的情形, 然而许多定理却具有 C^k形式$(k<\infty)$, 基本上, 它们并不比将要得到的形式复杂. 只要写成相应的可微次数即可. 因为当 $1 \leqslant k<\infty$时, 微分一个 C^k函数只可能得出一个 C^{k-1}类的函数.

除非另有说明, 本书将总以 M 和 N 表示微分流形, M^d表示 M 是一个 d 维流形.

1.5　例子

(a) Euclid 空间 $\mathbb{R}^d$ 上的标准可微结构可以通过将 $\mathscr{F}$ 取为包含$(\mathbb{R}^d, i)$的(关于1.4(b)的)极大族而得到, 其中, i: $\mathbb{R}^d \to \mathbb{R}^d$ 是恒等映射.

(b) 令 V 是一个有限维实向量空间, 那么 V 有一个自然的流形结构. 实际上, 如果$\{e_i\}$是 V 的一个基, 那么对偶基$\{r_i\}$的元素是 V 上的整体坐标系的坐标函数. 这样一个整体坐标系唯一地决定 V 上的一个可微结构. 这个可微结构不依赖于基的选取, 因为不同的基给出 C^∞交叠的坐标系. 实际上, 坐标变化完全由一个非奇异的常数矩阵给定.

(c) n 维复空间 $\mathbb{C}^n$ 是一个 $2n$ 维的实向量空间, 因而由例(b), 作为一个 $2n$ 维实流形, 它有一个自然结构. 如果$\{e_i\}$是一个典范复基, 其中, e_i 是一个除了第 i 个位置上为 1, 其他位置全为 0 的 n 元组, 那么

$$\{e_1, \cdots, e_n, \sqrt{-1}\, e_1, \cdots, \sqrt{-1}\, e_n\}$$

是 $\mathbb{C}^n$ 的一个实基, 而且它的对偶基是 $\mathbb{C}^n$ 上的整体典范坐标系.

(d) d 维球面是集合

$$S^d = \{a \in \mathbb{R}^{d+1} : \sum_{i=1}^{d+1} a_i^2 = 1\}.$$

令 $n=(0,\cdots,0,1)$, $s=(0,\cdots,0,-1)$, 那么 S^d 的标准可微结构可以通过取 $\mathscr{F}$ 是包含

(S^d-n, p_n)和(S^d-s, p_s)的极大族而得到，其中，p_n和p_s分别是从 n 和 s 的球极平面投影.

(e) 微分流形$(M,\mathscr{F}_M)$的一个开子集 U本身是一个微分流形并且具有可微结构

$$\mathscr{F}_U=\{(U_\alpha\cap U,\ \varphi_\alpha|_{U_\alpha\cap U}):(U_\alpha,\ \varphi_\alpha)\in\mathscr{F}_M\}.$$

除非另有说明，微分流形的开子集将总是被给出这个自然可微结构.

(f) 一般线性群 $Gl(n,\mathbb{R})$是所有 $n\times n$ 非奇异实矩阵的集合. 若以明显的方式将$\mathbb{R}^{n^2}$ 的点与 $n\times n$ 实矩阵等同，那么行列式就成为$\mathbb{R}^{n^2}$ 上的连续函数，于是$Gl(n,\mathbb{R})$作为$\mathbb{R}^{n^2}$ 的开子集就得到一个流形结构，其中，行列式函数不为零.

(g) 积流形. 令$(M_1,\ \mathscr{F}_1)$和$(M_2,\ \mathscr{F}_2)$分别是 d_1 维和 d_2 维的微分流形，那么$M_1\times M_2$就成为一个 d_1+d_2维的微分流形，并且具有极大族包含

$$\{(U_\alpha\times V_\beta,\varphi_\alpha\times\psi_\beta:U_\alpha\times V_\beta\to\mathbb{R}^{d_1}\times\mathbb{R}^{d_2}):(U_\alpha,\varphi_\alpha)\in\mathscr{F}_1,(V_\beta,\psi_\beta)\in\mathscr{F}_2\}$$

的可微结构 $\mathscr{F}$.

1.6 定义 令 $U\subset M$ 是开的. 对于函数 f: $U\to\mathbb{R}$ 来说，如果 $f\circ\varphi^{-1}$对于 M 上的每个坐标映射φ是 C^∞的，则称f是 U上的 C^∞函数(记为$f\in C^\infty(U)$). 对于连续映射ψ: $M\to N$, 如果$g\circ\psi$ 对于在 N中的开集上定义的所有 C^∞函数 g 是ψ^{-1}(g 的定义域)上的 C^∞函数，则称ψ是 C^∞类可微的，记作$\psi\in C^\infty(M,N)$或简记为$\psi\in C^\infty$. 等价地，连续映射ψ是 C^∞的，当且仅当对 M上的每个坐标映射τ和 N上的每个坐标映射φ, $\varphi\circ\psi\circ\tau^{-1}$是 C^∞的.

显然，两个可微映射的复合仍然是可微的. 注意到映射ψ: $M\to N$是 C^∞的，当且仅当对于每个 $m\in M$, 存在 m 的开邻域 U, 使得$\psi|_U$ 是 C^∞的.

3 第二可数公理

对于流形而言，第二可数公理有许多推论，其中就有流形是正规的、可度量化的而且是仿紧的. 仿紧性蕴涵着单位分解的存在性，对于从局部函数和局部结构拼合成整体函数和整体结构，或者反过来，把整体结构表示成局部结构的局部有限和，单位分解都是一个极为有用的工具. 在给出必要的定义之后，将给出流形具有仿紧性的一个简单的直接证明，然后将导出单位分解的存在性. 显然流形是正则拓扑空间，并且由此及仿紧性容易得出它们的正规性. 这里把证明流形是正规的留作习题. 至于流形可度量化的事实，见文献[13].

1.7 定义 M的一个子集族$\{U_\alpha\}$是子集 $W\subset M$的覆盖，假若 $W\subset\cup U_\alpha$; 若每个 U_α 是开的，那么它就是一个开覆盖. 如果 U_α 的一个子族仍然能覆盖 W, 那么

就把它称为一个子覆盖. 覆盖$\{U_\alpha\}$的一个加细$\{V_\beta\}$也是一个覆盖, 它对于每个β都有一个α使得$V_\beta\subset U_\alpha$. 对于M的子集族$\{A_\alpha\}$来说, 如果每当$m\in M$时都存在m的一个邻域W_m使得$W_m\cap A_\alpha\neq\varnothing$仅对有限多个$\alpha$成立, 则称它是局部有限的. 对于一个拓扑空间来说, 如果它的每一个开覆盖都有一个局部有限的开加细, 则称它是仿紧的.

1.8 定义 M上的单位分解是M上的一个C^∞函数族$\{\varphi_i: i\in I\}$(其中, I是一个任意的指标集, 并不假定为可数的), 使得

(a) 支集族$\{\mathrm{supp}\varphi_i: i\in I\}$是局部有限的.

(b) 对所有$p\in M$, $\sum\limits_{i\in I}\varphi_i(p)=1$, 并且对所有$p\in M$和$i\in I$, $\varphi_i(p)\geqslant 0$. 若对每个i都存在一个α使得$\mathrm{supp}\varphi_i\subset U_\alpha$, 则称单位分解$\{\varphi_i: i\in I\}$从属于覆盖$\{U_\alpha: \alpha\in A\}$. 如果$\mathrm{supp}\varphi_i\subset U_i$对每个$i\in I$成立, 则说它从属于和单位分解有相同指标集的覆盖$\{U_i: i\in I\}$.

1.9 引理 令X是一个拓扑空间. 而且它是局部紧的(每个点至少有一个紧邻域)、Hausdorff 的和第二可数的(如流形), 那么X是仿紧的. 事实上, 每一个开覆盖都有一个可数的、由具有紧闭包的开集组成的局部有限的加细.

证明 首先证明存在一个开集序列$\{G_i: i=1,2,\cdots\}$, 使得

$$(1)\qquad \begin{cases}\overline{G}_i\text{是紧的},\\ \overline{G}\subset G_{i+1},\\ X=\bigcup\limits_{i=1}^{\infty}G_i.\end{cases}$$

令$\{U_i: i=1, 2, \cdots\}$是由具有紧闭包的开集组成的X的一个可数拓扑基. 这样一个基可以从任何可数基开始来选取由那些具有紧闭包的基集构成的子集族得到. X是 Hausdorff 的和局部紧的, 这就蕴涵着这个子集族自身也是一个基. 现在令$G_1=U_1$, 设

$$G_k=U_1\cup\cdots\cup U_{j_k}.$$

其中, 令j_{k+1}是大于j_k且使得

$$\overline{G}_k\subset\bigcup_{i=1}^{j_{k+1}}U_i$$

的最小正整数, 并且定义

$$G_{k+1}=\bigcup_{i=1}^{j_{k+1}}U_i.$$

这就归纳地定义一个满足条件(1)的序列$\{G_k\}$.

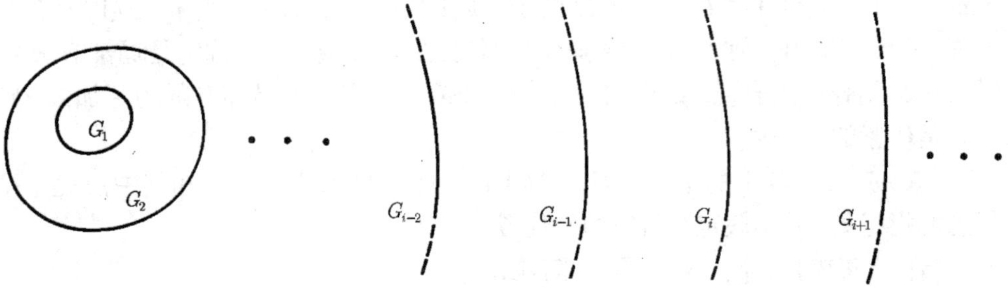

令$\{U_\alpha\colon \alpha\in A\}$是任意一个开覆盖. 集合$\overline{G}_i - G_{i-1}$是紧的而且包含在开集$G_{i+1}-\overline{G}_{i-2}$中. 对于每个$i\geqslant 3$, 选取$\overline{G}_i - G_{i-1}$的开覆盖$\{U_\alpha\cap(G_{i+1}-\overline{G}_{i-2})\colon \alpha\in A\}$的一个有限子覆盖, 并且选取紧集$\overline{G}_2$的开覆盖$\{U_\alpha\cap G_3\colon \alpha\in A\}$的一个有限子覆盖. 容易看出, 由开集组成的这个集族是开覆盖$\{U_\alpha\}$的一个可数的、局部有限的加细, 而且是由具有紧闭包的开集组成的.

1.10　引理　在$\mathbb{R}^d$上存在一个非负的C^∞函数, 它在闭立方体$\overline{C(1)}$上等于 1, 在开立方体$C(2)$的余集上为零.

证明　只要令φ是积

(1)
$$\varphi=(h\circ r_1)\cdots(h\circ r_d),$$

其中, h是实直线上的一个非负C^∞函数, 则φ在$[-1, 1]$上为 1, 而在$(-2, 2)$外为零. 为构造这样一个h, 从函数

(2)
$$f(t)=\begin{cases}e^{-1/t}, & t>0,\\ 0, & t\leqslant 0\end{cases}$$

开始. 它是非负的、C^∞的并且对$t>0$是正的, 那么函数

(3)
$$g(t)=\frac{f(t)}{f(t)+f(1-t)}$$

是非负的、C^∞的而且对于$t\geqslant 1$取值为 1, 对$t\leqslant 0$取值为 0, 于是令

(4)
$$h(t)=g(t+2)g(2-t)$$

就得到所要求的函数h.

1.11　定理(单位分解的存在性)　令M是一个微分流形, 并且$\{U_\alpha\colon \alpha\in A\}$是$M$的一个开覆盖, 那么存在一个从属于$\{U_\alpha\}$的可数单位分解$\{\varphi_i\colon i=1, 2, 3, \cdots\}$,

而且对于每个 i,suppφ_i 都是紧的. 如果不要求紧支集, 那么存在一个从属于$\{U_\alpha\}$的单位分解$\{\varphi_\alpha\}$(即 supp$\varphi_\alpha\subset U_\alpha$)且使得至多可数多个$\varphi_\alpha$不恒等于零.

证明 令序列$\{G_i\}$像在1.9(1)中那样覆盖 M, 并置 $G_0=\varnothing$. 对 $p\in M$, 令 i_p是使得 $p\in M-\overline{G}_{i_p}$ 的最大整数. 选取一个α_p使得 $p\in U_{\alpha_p}$, 并且令(V,τ)是中心在 p 点的坐标系, 使得 $V\subset U_\alpha\cap(G_{i_p+2}-\overline{G}_{i_p})$且使得$\tau(V)$包含闭立方体$\overline{C(2)}$. 定义

(1) $$\psi_p=\begin{cases}\varphi\circ\tau, & \text{在}V\text{上},\\ 0, & \text{在别处},\end{cases}$$

其中, φ是函数 1.10(1), 那么 ψ_p是 M上的一个C^∞ 函数, 它在 p 点的某个开邻域 W_p上取值为1, 并且具有在 $V\subset U_\alpha\cap(G_{i_{p+2}}-\overline{G}_{i_p})$中的紧支集. 对于每个 $i\geqslant1$, 选取由 M中的点 p组成的一个有限点集使得它们相应的 W_p邻域覆盖$\overline{G}_i-G_{i-1}$. 将相应的函数ψ_p排成一个序列ψ_j,j=1,2,3,$\cdots$. ψ_j的支集构成M的一个局部有限的子集族. 因而函数

(2) $$\psi=\sum_{j=1}^{\infty}\psi_j$$

是 M上的一个完全确定的C^∞ 函数, 而且对于每个 $p\in M,\psi(p)>0$. 对每个 i=1,2,3,$\cdots$, 定义

(3) $$\varphi_i=\frac{\psi_i}{\psi},$$

那么函数族$\{\varphi_i$: i=1,2,3,$\cdots\}$构成一个从属于覆盖$\{U_\alpha\}$的单位分解, 而且对于每个 i,suppφ_i都是紧的. 如果当任何φ_i都没有在 U_α中的支集时, 令φ_α恒等于零, 在其他情况下, 令φ_α是那些在 U_α 中有支集的各个φ_i 之和, 那么$\{\varphi_\alpha\}$是一个从属于覆盖$\{U_\alpha\}$的单位分解, 且使得至多可数个φ_α不恒为零. 为了看出φ_α的支集在 U_α中, 注意到, 如果 $\mathscr{A}$ 是闭集的一个局部有限族, 那么$\overline{\bigcup_{A\in\mathscr{A}}A}=\bigcup_{A\in\mathscr{A}}A$. 然而, 要注意到$\varphi_\alpha$的支集未必是紧的.

系 令 G在 M中是开的, 令 A在 M中是闭的, 而且适合 $A\subset G$, 那么存在一个C^∞ 函数φ: $M\to\mathbb{R}$ 使得

(a) 对于所有 $p\in M$, $0\leqslant\varphi(p)\leqslant1$.

(b) 当 $p\in A$ 时, $\varphi(p)=1$.

(c) supp $\varphi\subset G$.

证明 有一个从属于 M 的覆盖$\{G,M-A\}$的单位分解$\{\varphi,\psi\}$适合条件 supp$\varphi\subset G$

和 supp$\psi \subset M-A$, 于是φ就是所要求的函数.

4 切向量和微分

1.12 在 Euclid 空间$\mathbb{R}^d$的一点 p 处具有分量 $v_1,\cdots,v_d$的向量 v 可以看作是可微函数上的一个算子. 特别地, 若 f 在 p 点的一个邻域上是可微的, 那么 v 对 f 指派一个实数 $v(f)$, 它是 f 在 p 点沿 v 方向的方向导数, 即

$$v(f)=v_1\left.\frac{\partial f}{\partial r_1}\right|_p+\cdots+v_d\left.\frac{\partial f}{\partial r_d}\right|_p. \tag{1}$$

向量 v 在可微函数上的这个运算满足两个重要性质: 当 f 和 g 在 p 点附近可微且λ是一个实数时, 有

$$\begin{cases}v(f+\lambda g)=v(f)+\lambda v(g),\\ v(f\cdot g)=f(p)v(g)+g(p)v(f).\end{cases} \tag{2}$$

第一个性质说明 v是线性地作用在函数上, 第二个性质说明 v是一种求导运算. 这就促使我们定义流形上的切向量. 它们是方向导数, 即函数上的线性求导运算. 求导数的运算只依赖于函数的局部性质, 即求导的那一点的任意小邻域上的性质. 为了最方便于表达求导对于函数的这种局部依赖性, 引进函数芽的概念.

1.13 定义 令 $m\in M$. 对于在包含 m 的开集上定义的函数 f 和 g, 如果它们在 m 的某个邻域上一致, 则称它们在 m 点有相同的芽. 这就在定义于 m 的邻域上的 C^∞函数的集合上引进了一个等价关系, 两个函数是等价的, 当且仅当它们有相同的函数芽. 把这些等价类称为芽, 并且把在 m 点的芽的集合记为$\widetilde{F}_m$. 如果 f 是 m的一个邻域上的 C^∞函数, 那么,用 $\mathbf{f}$ 表示它的芽. 函数的加法、数乘以及乘法运算在$\widetilde{F}_m$上诱导一个 $\mathbb{R}$ 上的代数结构. 芽 $\mathbf{f}$ 在 m 点有完全确定的值 $\mathbf{f}(m)$, 这就是芽的任何代表在 m 点的值. 令 $F_m\subset \widetilde{F}_m$ 是在 m 点为零的芽的集合, 那么 F_m是$\widetilde{F}_m$ 的理想, 用 F_m^k 表示它的 k 次幂. F_m^k 是由 F_m的元的 k 重积的所有有限线性组合构成的$\widetilde{F}_m$ 的理想. 各 F_m^k 构成一个递减理想序列$\widetilde{F}_m\supset F_m\supset F_m^2\supset F_m^3\supset\cdots$.

1.14 定义 在点 $m\in M$ 处的一个切向量 v 是代数$\widetilde{F}_m$ 的一个线性求导算子, 即对所有 $\mathbf{f}, \mathbf{g}\in \widetilde{F}_m$ 和$\lambda\in\mathbb{R}$,

(a) $v(\mathbf{f}+\lambda\mathbf{g})=v(\mathbf{f})+\lambda v(\mathbf{g})$.

(b) $v(\mathbf{f}\cdot\mathbf{g})=\mathbf{f}(m)v(\mathbf{g})+\mathbf{g}(m)v(\mathbf{f})$.

用 M_m表示 M 在 m 处的切向量的集合, 并且称之为 M 在 m 点的切空间. 注意到, 如果当 $v,w\in M_m$, $\lambda\in\mathbb{R}$ 时, 把$(v+w)(\mathbf{f})$和$(\lambda v)(\mathbf{f})$定义为

(1) $$\begin{cases}(v+w)(\mathbf{f})=v(\mathbf{f})+w(\mathbf{f}),\\(\lambda v)(\mathbf{f})=\lambda(v(\mathbf{f})),\end{cases}$$

那么, $v+w$和λv仍然是m点的切向量. 因而按这种方式M_m成为一个实向量空间. 向量空间 M_m 的基本性质是它的维数等于 M 的维数, 将在 1.17 节中对其进行证实. 切向量的这个定义在 $C^k(1\leqslant k<\infty)$的情况下是不适宜的(在 1.21 节将进一步讨论 C^k的情况). 给出切向量的这个定义是因为几个方面的原因. 一是这个定义是内蕴的, 即它不依赖于坐标系. 二是它能自然推广到高阶切向量, 在1.26节将会看到.

1.15 如果 $\mathbf{c}$ 是在 m 的一个邻域上取常数值 c 的函数芽, 并且 v 是 m 点的一个切向量, 那么 $v(\mathbf{c})=0$, 因为

$$v(\mathbf{c})=cv(\mathbf{1}),$$

$$v(\mathbf{1})=v(\mathbf{1}\cdot\mathbf{1})=1v(\mathbf{1})+1v(\mathbf{1})=2v(\mathbf{1}).$$

1.16 引理 M_m自然同构于$(F_m/F_m^2)^*$(符号*表示对偶向量空间).

证明 如果 $v\in M_m$, 那么由于求导运算的性质, v 是 F_m上的线性函数且在F_m^2上为零. 反过来, 如果$l\in(F_m/F_m^2)^*$, 那么通过对$\mathbf{f}\in\widetilde{F}_m$置$v_l(\mathbf{f})=l(\{\mathbf{f}-\mathbf{f}(\mathbf{m})\})$来定义 m 点的切向量 v_l(其中, $\mathbf{f}(\mathbf{m})$表示取常数值 $\mathbf{f}(m)$的函数芽, { }则用来表示在 F_m/F_m^2 中的陪集). v_l 在$\widetilde{F}_m$上的线性性质是明显的, 而它是一个求导运算是因为

$$\begin{aligned}v_l(\mathbf{f}\quad\mathbf{g})&=l(\{\mathbf{f}\cdot\mathbf{g}-\mathbf{f}(\mathbf{m})\mathbf{g}(\mathbf{m})\})\\&=l(\{(\mathbf{f}-\mathbf{f}(\mathbf{m}))(\mathbf{g}-\mathbf{g}(\mathbf{m}))+\mathbf{f}(\mathbf{m})(\mathbf{g}-\mathbf{g}(\mathbf{m}))+(\mathbf{f}-\mathbf{f}(\mathbf{m}))\mathbf{g}(\mathbf{m})\})\\&=l(\{(\mathbf{f}-\mathbf{f}(\mathbf{m}))(\mathbf{g}-\mathbf{g}(\mathbf{m}))\})+\mathbf{f}(m)l(\{\mathbf{g}-\mathbf{g}(\mathbf{m})\})+\mathbf{g}(m)l(\{\mathbf{f}-\mathbf{f}(\mathbf{m})\})\\&=\mathbf{f}(m)v_l(\mathbf{g})+\mathbf{g}(m)v_l(\mathbf{f}).\end{aligned}$$

从而得到 M_m到$(F_m/F_m^2)^*$中的映射, 且反之亦然. 容易验证这些映射互逆, 因而它们都是同构.

1.17 定理 $\dim(F_m/F_m^2)=\dim M.$

证明是基于下列微积分的引理[31].

引理 如果 g 在 $\mathbb{R}^d$ 中包围 p 点的一个凸开集 U 上是 $C^k(k\geqslant 2)$类的, 那么对于每个 $q\in U$,

$$
(1)\qquad \begin{aligned} g(q) &= g(p) + \sum_{i=1}^{d} \frac{\partial g}{\partial r_i}\Big|_p (r_i(q) - r_i(p)) \\ &\quad + \sum_{i,j} (r_i(q) - r_i(p))(r_j(q) - r_j(p)) \int_0^1 (1-t) \frac{\partial^2 g}{\partial r_i \partial r_j}\Big|_{(p+t(q-p))} \mathrm{d}t. \end{aligned}
$$

特别地，若 $g\in C^{\infty}$，那么(1)式中的第二个和式决定 F_p^2 的一个元素，因为积分作为 q 的一个函数是 C^{∞}类的.

1.17 的证明 令(U,φ)为 m 点的坐标函数是 $x_1,\cdots,x_d(d=\dim M)$的坐标系. 令 $\mathbf{f}\in F_m$. 将式(1)应用于 $f\circ\varphi^{-1}$，并且与φ复合得到，在 m 的一个邻域上，

$$
f = \sum_{i=1}^{d} \frac{\partial (f\circ\varphi^{-1})}{\partial r_i}\Big|_{\varphi(m)} (x_i - x_i(m)) + \sum_{i,j} (x_i - x_i(m))(x_j - x_j(m))h,
$$

其中，$h\in C^{\infty}$. 因而

$$
\mathbf{f} = \sum_{i=1}^{d} \frac{\partial (f\circ\varphi^{-1})}{\partial r_i}\Big|_{\varphi(m)} (\mathbf{x}_i - \mathbf{x}_i(\mathbf{m})) \bmod F_m^2.
$$

因此$\{\{\mathbf{x}_i - \mathbf{x}_i(\mathbf{m})\}: i=1,\cdots,d\}$张成 F_m / F_m^2，所以 $\dim F_m / F_m^2 \leqslant d$. 可以断言，这些元素是线性无关的. 因为假设

$$
\sum_{i=1}^{d} a_i(\mathbf{x}_i - \mathbf{x}_i(\mathbf{m})) \in F_m^2.
$$

现在,

$$
\sum_{i=1}^{d} a_i(x_i - x_i(m))\circ\varphi^{-1} = \sum_{i=1}^{d} a_i(r_i - r_i(\varphi(m))).
$$

因而

$$
\sum_{i=1}^{d} a_i(\mathbf{r}_i - \mathbf{r}_i(\boldsymbol{\varphi}(\mathbf{m}))) \in F_{\varphi(m)}^2.
$$

但是这就蕴涵着，对于 $j=1,\cdots,d$,

$$
\frac{\partial}{\partial r_j}\Big|_{\varphi(m)} \left(\sum a_i(r_i - r_i(\varphi(m)))\right) = 0,
$$

而这又蕴涵着 a_i必然全为零.

系 $\dim M_m = \dim M$.

1.18 实际上，我们将把切向量作为函数上的运算而不是作为它们的芽上的运算. 如果 f 是在 m 的一个邻域上定义的可微函数且 $v\in M_m$，那么定义

(1) $$v(f)=v(\mathbf{f}).$$

因而当 f 和 g 在 m 的一个邻域上一致时，$v(f)=v(g)$，而且显然有

(2) $$\begin{cases}v(f+\lambda g)=v(f)+\lambda v(g) & (\lambda\in\mathbb{R}),\\ v(f\cdot g)=f(m)v(g)+g(m)v(f),\end{cases}$$

其中，$f+\lambda g$ 和 $f\cdot g$ 被定义在 f 和 g 的定义域的交集上.

1.19 定义 令 (U,φ) 是一个以 $x_1,\cdots,x_d$ 为坐标函数的坐标系，并且令 $m\in U$. 对于每个 $i\in(1,\cdots,d)$，通过对每一个在 m 的一个邻域上为 C^∞ 的函数 f 置

(1) $$\left(\left.\frac{\partial}{\partial x_i}\right|_m\right)(f)=\left.\frac{\partial(f\circ\varphi^{-1})}{\partial r_i}\right|_{\varphi(m)}$$

来定义切向量 $\left.\dfrac{\partial}{\partial x_i}\right|_m\in M_m$. 把式(1)理解为 f 在 m 点沿坐标 x_i 方向的方向导数. 也使用如下记号：

(2) $$\left.\frac{\partial f}{\partial x_i}\right|_m=\left(\left.\frac{\partial}{\partial x_i}\right|_m\right)(f).$$

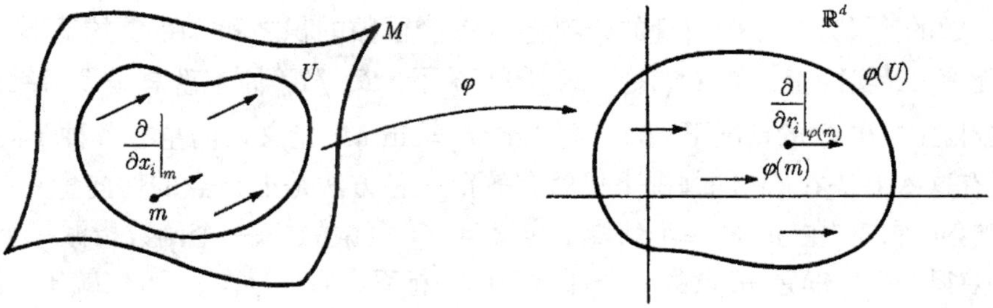

1.20 关于 1.19 的注释

(a) 显然，$\left(\left.\dfrac{\partial}{\partial x_i}\right|_m\right)(f)$ 只依赖于 f 在 m 点的芽，并且满足 1.14 的(a)和(b)，因而 $\left.\dfrac{\partial}{\partial x_i}\right|_m$ 是 m 点处的一个切向量. 而且 $\left\{\left.\dfrac{\partial}{\partial x_i}\right|_m : i=1,\cdots,d\right\}$ 是 M_m 的一个基. 实际

上，它还是与 F_m/F_m^2 的基 $\{\{\mathbf{x}_i-\mathbf{x}_i(\mathbf{m})\}: i=1,\cdots,d\}$ 相对偶的 M_m 的基，因为

$$\left.\frac{\partial}{\partial x_i}\right|_m (x_j - x_j(m)) = \delta_{ij}.$$

(b) 如果 $v\in M_m$，那么

$$v = \sum_{i=1}^{d} v(x_i)\left.\frac{\partial}{\partial x_i}\right|_m .$$

容易验证，当把两边作用于函数 $(x_j-x_j(m))$ 时得出同样的结果.

(c) 设 $(U,\ \varphi)$ 和 $(V,\ \psi)$ 是 m 点处分别具有坐标函数 $x_1,\cdots,x_d$ 和 $y_1,\cdots,y_d$ 的坐标系，那么由注释(b)得

$$\left.\frac{\partial}{\partial y_j}\right|_m = \sum_{i=1}^{d}\left.\frac{\partial x_i}{\partial y_j}\right|_m \left.\frac{\partial}{\partial x_i}\right|_m .$$

注意到，$\dfrac{\partial}{\partial x_i}$ 不仅依赖于 x_i，而且依赖于 φ. 尤其是当 x_1 等于 y_1 时，未必得出 $\dfrac{\partial}{\partial x_1}$ 等于 $\dfrac{\partial}{\partial y_1}$.

(d) 如果我们把定义 1.19 应用于 $\mathbb{R}^d$ 的典范坐标系 $r_1,\cdots,r_d$，那么得到的切向量正是平常的偏导数算子 $\dfrac{\partial}{\partial r_i}$.

1.21 如果要在 $C^k(k<\infty)$ 的情况下来证明 F_m/F_m^2 的维数是有限的，那肯定是要失败的. 因为 1.17 中引理的余项将不是 C^k 函数的积之和，在 C^1 的情形，引理甚至无意义. 实际上，在 $C^k(1\leqslant k<\infty)$ 的情况下，F_m/F_m^2 原本就总是无穷维的(参见文献[21]). 在 C^k 的情况下，为了使 $\dim M_m=\dim M$，定义切向量有各种不同的方法(所有这些方法在 C^∞ 的情况下仍然有效). 一种方法是把 m 点的切向量 v 定义为一个映射，它对(在 m 的一个邻域上定义且 C^k 可微的)每一个函数指派一个实数 $v(f)$，使得若 $(U,\ \varphi)$ 是 m 点的一个邻域上的坐标系，那么存在一个(依赖于 φ 的)实数组 $(a_1,\cdots,a_d)$ 使得

$$v(f) = \sum_{i=1}^{d} a_i \left.\frac{\partial(f\circ\varphi^{-1})}{\partial r_i}\right|_{\varphi(m)} .$$

那么切向量组成的空间还是有限维的，并且以 $\left(\left.\dfrac{\partial}{\partial x_i}\right|_m\right)$ 为基.

1.22 微分 令ψ: $M\to N$是C^∞映射，令$m\in M$. ψ在m点的微分是如下定义的线性映射:

(1) $$\mathrm{d}\psi: M_m\to N_{\psi(m)}.$$

如果$v\in M_m$, 那么$d\psi(v)$是$\psi(m)$处的一个切向量，因而可以描述它如何作用在函数上. 令g是$\psi(m)$的一个邻域上的C^∞函数. 定义$d\psi(v)(g)$为

(2) $$\mathrm{d}\psi(v)(g)=v(g\circ\psi).$$

容易验证，$\mathrm{d}\psi$是一个从M_m到$N_{\varphi(m)}$中的线性映射. 严格说来，这个映射应该记为$\mathrm{d}\psi|_{M_m}$，或简记为$\mathrm{d}\psi_m$. 然而在不会产生混淆时，将省略下标m. 当$\mathrm{d}\psi_m$非奇异时，即(1)的核只有0组成时，称ψ是在m点非奇异的. 跟通常一样，对偶映射

(3) $$\delta\psi : N^*_{\varphi(m)} \to M^*_m$$

是通过要求当$\omega\in N^*_{\varphi(m)}$和$v\in M_m$, 则有

(4) $$\delta\psi(\omega)(v)=\omega(\mathrm{d}\psi(v))$$

而定义的. 在C^∞函数f: $M\to\mathbb{R}$ 的特殊情况下，若$v\in M_m$, $f(m)=r_0$, 那么

(5) $$\mathrm{d}f(v)=v(f)\left.\frac{\mathrm{d}}{\mathrm{d}r}\right|_{r_0}.$$

在这种情况下，通常令$\mathrm{d}f$表示由

(6) $$\mathrm{d}f(v)=v(f)$$

定义的M^*_m的元素，即把$\mathrm{d}f$与$\delta f(\omega)$等同，其中，ω是对偶于$\left.\frac{\mathrm{d}}{\mathrm{d}r}\right|_{r_0}$的1维空间$\mathbb{R}^*_{r_0}$的基. 具体用法从上下文将会清楚.

1.23 关于1.22的注释

(a) 令$(U,x_1,\cdots,x_d)$和$(V,y_1,\cdots,y_d)$分别是m点和$\psi(m)$点处的坐标系，那么从1.22(2)和1.20(b)得到

$$\mathrm{d}\psi\left(\left.\frac{\partial}{\partial x_j}\right|_m\right)=\sum_{i=1}^{l}\left.\frac{\partial(y_i\circ\psi)}{\partial x_j}\right|_m\left.\frac{\partial}{\partial y_i}\right|_{\psi(m)}.$$

矩阵$\left\{\frac{\partial(y_i\circ\psi)}{\partial x_j}\right\}$称为映射$\psi$(关于给定坐标系)的 Jacobi(雅可比)矩阵. 对于

Euclid 空间之间的映射, Jacobi 矩阵总是关于典范坐标系来取的.

(b) 如果$(U,x_1,\cdots,x_d)$是 M 上的一个坐标系, $m\in U$, 那么$\left\{\mathrm{d}x_i\big|_m\right\}$是 M_m^* 的对偶于$\left\{\dfrac{\partial}{\partial x_i}\bigg|_m\right\}$的基. 如果 $f\colon M\to\mathbb{R}$ 是一个 C^∞函数, 那么

$$\mathrm{d}f_m=\sum_{i=1}^{d}\frac{\partial f}{\partial x_i}\bigg|_m \mathrm{d}x_i\big|_m.$$

(c) 链式法则. 令$\psi\colon M\to N$和$\varphi\colon N\to X$都是 C^∞映射, 那么

$$\mathrm{d}(\varphi\circ\psi)_m=\mathrm{d}\varphi_{\psi(m)}\circ\mathrm{d}\psi_m,$$

或简写成$\mathrm{d}(\varphi\circ\psi)=\mathrm{d}\varphi\circ\mathrm{d}\psi$. 检验当映射用通过选取坐标系而得到的矩阵来表达时, 这个方程所呈现的形式是一个有益的练习.

(d) 如果$\psi\colon M\to N$和 $f\colon N\to\mathbb{R}$ 是 C^∞的, 那么$\delta\psi(\mathrm{d}f_{\psi(m)})=\mathrm{d}(f\circ\psi)_m$, 因为当$v\in M$时, $\delta\psi(\mathrm{d}f_{\psi(m)})(v)=\mathrm{d}f(\mathrm{d}\psi(v))=\mathrm{d}(f\circ\psi)_m(v)$.

(e) C^∞映射$\sigma\colon(a,b)\to M$称为 M 上的一条光滑曲线. 令 $t\in(a,b)$, 那么曲线σ在 t 点的切向量就是向量

$$\mathrm{d}\sigma\left(\frac{\mathrm{d}}{\mathrm{d}r}\bigg|_t\right)\in M_{\sigma(t)}.$$

把σ在 t 点的切向量记为$\dot\sigma(t)$.

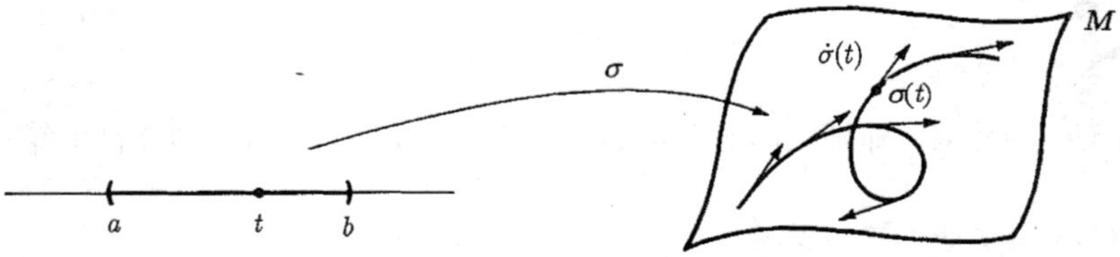

如果 $v\neq 0$ 是 M_m的任一元素, 那么 v 是 M 中一条光滑曲线的切向量. 因为可以很容易地选取一个以 m 为中心的坐标系(U,φ), 使得

$$v=\mathrm{d}\varphi^{-1}\left(\frac{\partial}{\partial r_1}\bigg|_0\right),$$

那么 v 是曲线$t\mapsto\varphi^{-1}(t,0,\cdots,0)$在 0 点的切向量. 应当注意到, 可能许多曲线有相同的切向量, M 中使得$\sigma(t_0)=\tau(t_0)=m$ 的两条光滑曲线σ和τ在 t_0处有相同的切

向量, 当且仅当对在 m 的一个邻域上为 C^∞的所有函数 f, 有

$$\left.\frac{\mathrm{d}(f\circ\sigma)}{\mathrm{d}r}\right|_{t_0}=\left.\frac{\mathrm{d}(f\circ\tau)}{\mathrm{d}r}\right|_{t_0}.$$

如果σ 恰好是 Euclid 空间 $\mathbb{R}^n$ 中的一条曲线, 那么

$$\dot{\sigma}(t)=\left.\frac{\mathrm{d}\sigma_1}{\mathrm{d}r}\right|_t\left.\frac{\partial}{\partial r_1}\right|_{\sigma(t)}+\cdots+\left.\frac{\mathrm{d}\sigma_n}{\mathrm{d}r}\right|_t\left.\frac{\partial}{\partial r_n}\right|_{\sigma(t)}.$$

如果把这个切向量等同于 $\mathbb{R}^n$ 中的元素

$$\left(\left.\frac{\mathrm{d}\sigma_1}{\mathrm{d}r}\right|_t,\cdots,\left.\frac{\mathrm{d}\sigma_n}{\mathrm{d}r}\right|_t\right),$$

则有

$$\dot{\sigma}(t)=\lim_{h\to 0}\frac{\sigma(t+h)-\sigma(t)}{h}.$$

因而由这种等同, 切向量的概念在这种特殊情况下, 与 Euclid 空间中切于一条曲线的几何概念一致.

1.24　定理　令ψ是从连通流形 M 到流形 N 中的一个 C^∞映射. 假若对每个 $m\in M, d\psi_m\equiv 0$, 那么ψ是一个常映射.

证明　令 $n\in\psi(M)$. $\psi^{-1}(n)$是闭的. 只需证明它是开的. 为此, 令 $m\in\psi^{-1}(n)$, 分别选取 m 和 n 的坐标系$(U,x_1,\cdots,x_d)$和$(V,y_1,\cdots,y_c)$, 使得$\psi(U)\subset V$, 那么在 U上,

$$0=\mathrm{d}\psi\left(\frac{\partial}{\partial x_j}\right)=\sum_{i=1}^{c}\frac{\partial(y_i\circ\psi)}{\partial x_j}\frac{\partial}{\partial y_i}\quad(j=1,\cdots,d),$$

这蕴涵着

$$\frac{\partial(y_i\circ\psi)}{\partial x_j}\equiv 0\quad(i=1,\cdots,c;j=1,\cdots,d).$$

因而各个函数 $y_i\circ\psi$ 在 U 上为常数. 这蕴涵着$\psi(U)=n$; 因此$\psi^{-1}(n)$是开的, 从而 $\psi^{-1}(n)=M$.

下面将要看到, 一个微分流形的所有切向量的集合本身以一种自然的方式构成一个微分流形, 称为切丛. 由切空间上的线性泛函构成的类似的对偶物, 称为余切丛.

1.25　切丛和余切丛　令 M是一个带有可微结构 $\mathscr{F}$ 的流形. 令

(1)
$$\begin{cases}T(M)=\bigcup\limits_{m\in M}M_m,\\ T^*(M)=\bigcup\limits_{m\in M}M_m^*.\end{cases}$$

存在自然投影如下:

(2)
$$\begin{cases}\pi:T(M)\to M,\quad \pi(v)=m,\quad 若v\in M_m,\\ \pi^*:T^*(M)\to M,\quad \pi^*(\tau)=m,\quad 若\tau\in M_m^*.\end{cases}$$

令$(U,\ \varphi)\in\mathscr{F}$并且以 $x_1,\cdots,x_d$ 为坐标函数. 对所有 $v\in\pi^{-1}(U)$和$\tau\in(\pi^*)^{-1}(U)$, 定义 $\tilde{\varphi}:\pi^{-1}(U)\to\mathbb{R}^{2d}$ 和 $\tilde{\varphi}^*:(\pi^*)^{-1}(U)\to\mathbb{R}^{2d}$ 为

(3)
$$\begin{cases}\tilde{\varphi}(v)=\big(x_1(\pi(v)),\cdots,x_d(\pi(v)),\mathrm{d}x_1(v),\cdots,\mathrm{d}x_d(v)\big),\\ \tilde{\varphi}^*(\tau)=\left(x_1(\pi^*(\tau)),\cdots,x_d(\pi^*(\tau)),\tau\left(\dfrac{\partial}{\partial x_1}\right),\cdots,\tau\left(\dfrac{\partial}{\partial x_d}\right)\right).\end{cases}$$

注意到 $\tilde{\varphi}$ 和 $\tilde{\varphi}^*$ 都是到 $\mathbb{R}^{2d}$ 的开子集上的一一映射. 下列的步骤概括了 $T(M)$ 上拓扑和可微结构的构造方法. 关于 $T^*(M)$ 的相应构造方法可类似地进行. 证明留作习题.

(a) 如果$(U,\ \varphi)$和$(V,\ \psi)\in\mathscr{F}$, 那么 $\tilde{\psi}\circ\tilde{\varphi}^{-1}$ 是 C^∞的.

(b) 集族$\{\tilde{\varphi}^{-1}(W)$: W在$\mathbb{R}^{2d}$中是开的, $(U,\ \varphi)\in\mathscr{F}\}$构成 $T(M)$的一个拓扑基, 它使得 $T(M)$成为一个第二可数的 $2d$ 维局部 Euclid 空间.

(c) 令$\tilde{\mathscr{F}}$是包含$\{(\pi^{-1}(U,\ \tilde{\varphi})$: $(U,\ \varphi)\in\mathscr{F}\}$的关于 1.4(b)的极大族, 那么$\tilde{\mathscr{F}}$是 $T(M)$上的一个可微结构.

$T(M)$和 $T^*(M)$连同这些可微结构分别被称为切丛和余切丛. 有时, 将 $T(M)$ 的点写成序偶(m,v)是方便的, 其中, $m\in M; v\in M_m$, 对于 $T^*(M)$可作类似的处理.

如果ψ: $M\to N$是 C^∞映射, 那么ψ 的微分定义切丛的一个映射

(4)
$$\mathrm{d}\psi:T(M)\to T(N),$$

其中, 当 $v\in M_m$时, $\mathrm{d}\psi(m,v)=\mathrm{d}\psi_m(v)$. 容易验证(4)是一个 C^∞映射.

1.26[①] **高阶切向量和高阶微分** 将 M_m 看作$(F_m/F_m^2)^*$是有益的, 因为这种观点允许直接推广到高阶切向量. 暂且离开主题来给出这些定义.

回想到 $\tilde{F}_m$ 是 m 点函数芽的代数. $F_m\subset\tilde{F}_m$ 是在 m 点为零的函数芽构成的理

① 在本书的其他地方并未用到本节的材料, 因而可以跳过本节而不影响连贯性.

想. F_m^k ($k\geqslant 1$ 是整数)是 F_m 的元的 k 重积的所有有限线性组合构成的 $\tilde{F}_m$ 的理想.

向量空间 F_m/F_m^{k+1} 称为 m 点的 k 阶微分的空间, 记为 ${}^kM_m$. 像以前一样, $\mathbf{f}$ 表示 f 在 m 点的芽, 而{}表示在 F_m/F_m^{k+1} 中的陪集. 令 f 是 m 的一个邻域上的可微函数. f 在 m 点的 k 阶微分 d^kf 定义为

(1) $$\mathrm{d}^kf=\{\mathbf{f}-\mathbf{f}(\mathbf{m})\}.$$

m 点的一个 k 阶切向量是 $\tilde{F}_m$ 上的一个实线性函数, 它在 F_m^{k+1} 上为零, 而且在由 m 点的一个邻域上为常数的函数芽组成的集合上也为零. 把 m 点的 k 阶切向量构成的实线性空间记为 M_m^k, 那么就有 M_m^k 与 $({}^kM_m)^*$ 的一个自然同构, 因为任何 k 阶切向量在 F_m 上的限制产生 F_m 上的一个在 F_m^{k+1} 上为零的线性函数, 并由此产生 $({}^kM_m)^*$ 的一个元素. 反过来, $({}^kM_m)^*$ 的一个元素唯一地决定一个在 F_m^{k+1} 上为零的 F_m 上的线性函数. 而且这可以通过要求它将常函数芽零化而唯一地扩张成一个 k 阶切向量.

可以通过考虑这些切向量和微分在一个坐标系中所采取的形式将这种高阶切向量的概念与 Euclid 空间中通常的高阶导数的概念联系起来. 令 (U,φ) 是 m 点处的一个坐标系, 以 $x_1,\cdots,x_d$ 为坐标函数, 并且使 $\varphi(U)$ 是 Euclid 空间 $\mathbb{R}^d$ 中的一个凸开集. 令 $\alpha=(\alpha_1,\cdots,\alpha_d)$ 是一个非负整数组. 除了在 1.1 节的约定外, 令

$$(x-x(m))^\alpha=(x_1-x_1(m))^{\alpha_1}\cdots(x_d-x_d(m))^{\alpha_d}.$$

令 f 是 U 上的一个 C^∞ 函数, 那么从 1.17 的引理得

(2) $$f=f(m)+\sum_{[\alpha]=1}^{k}a_\alpha(x-x(m))^\alpha+\sum_{[\alpha]=k+1}h_\alpha(x-x(m))^\alpha,$$

其中, h_α 是 U 上的 C^∞ 函数, 并且

(3) $$a_\alpha=\frac{1}{\alpha!}\frac{\partial^\alpha(f\circ\varphi^{-1})}{\partial r^\alpha}\bigg|_{\varphi(m)}.$$

因此,

(4) $$\mathrm{d}^kf=\sum_{1\leqslant[\alpha]\leqslant k}a_\alpha\{(\mathbf{x}-\mathbf{x}(\mathbf{m}))^\alpha\}.$$

从而集族

(5) $$[\{(\mathbf{x}-\mathbf{x}(\mathbf{m}))^\alpha\}:1\leqslant[\alpha]\leqslant k]$$

张成 ${}^kM_m$. 这些元素在 ${}^kM_m$ 中线性无关的证明是在 1.17 节中论述过的 $k=2$ 情况

下证明的明显推广. 因而集族(5)构成 ${}^kM_m$ 的一个基, 所以 ${}^kM_m$ 是有限维的, 并且维数等于二项式的系数和 $\sum_{j=1}^{k}\binom{d+j-1}{j}$. 作为 ${}^kM_m$ 的对偶空间, M_m^k 也是有限维的, 而且具有相同的维数. 因为 M_m^k 等同于 $({}^kM_m)^*$, 而且这些空间都是有限维的, 所以有 ${}^kM_m$ 与 $(M_m^k)^*$ 的一个标准同构, 而且在此同构之下, 元素 $\mathrm{d}^kf\in{}^kM_m$, 看作 $(M_m^k)^*$ 的元素, 满足

(6) $$\mathrm{d}^kf(v)=v(\mathbf{f}).$$

令

(7) $$\left.\frac{\partial^\alpha f}{\partial x^\alpha}\right|_m=\left.\frac{\partial^\alpha(f\circ\varphi^{-1})}{\partial r^\alpha}\right|_{\varphi(m)}.$$

因为导数是线性的, 又因为 $\dfrac{\partial^\alpha f}{\partial x^\alpha}$ 在 m 点的值只依赖于 f 在 m 点的芽, 而且当 f 在 m 的一个邻域上为常数, 或者当 f 是在 m 点为零的函数的 $[\alpha]+1$ 重积时, $\dfrac{\partial^\alpha f}{\partial x^\alpha}$ 为零, 于是 $\left.\left(\dfrac{\partial^\alpha}{\partial x^\alpha}\right)\right|_m$ 是 m 点的一个 $[\alpha]$ 阶切向量. 由此可知,

(8) $$\left\{\left(\frac{1}{\alpha!}\right)\left.\frac{\partial^\alpha}{\partial x^\alpha}\right|_m:1\leqslant[\alpha]\leqslant k\right\}$$

是 M_m^k 的基, 并且与 ${}^kM_m$ 的基(5)对偶. 如果 v 是 m 点的一个 k 阶切向量, 那么

(9) $$v=\sum_{[\alpha]=1}^{k}b_\alpha\left.\frac{\partial^\alpha}{\partial x^\alpha}\right|_m,$$

其中,

(10) $$b_\alpha=\left(\frac{1}{\alpha!}\right)v((\mathbf{x}-\mathbf{x}(\mathbf{m}))^\alpha).$$

用基(8)表示, 等式(3)变为

(11) $$a_\alpha=\frac{1}{\alpha!}\left.\frac{\partial^\alpha f}{\partial x^\alpha}\right|_m.$$

如同在一阶切向量的情况, 习惯于把切向量看作函数自身上的运算而不是看作它们的芽上的运算. 实际上, 当 f 在 m 的一个邻域上是 C^∞ 的且 v 是 m 点的任何阶的切向量时, 定义

(12) $$v(f)=v(\mathbf{f}).$$

最后，正如在与一个可微映射φ: $M\to N$相伴的切向量和微分之间存在自然映射一样，当$v\in M_m^k$且g是$\varphi(m)$的邻域上的C^∞函数时，也存在由

$$\text{(13)}\quad \begin{cases} \mathrm{d}^k\varphi(v)(g)=v(g\circ\varphi), \\ \delta^k\varphi(\mathrm{d}^k g)=\mathrm{d}^k(g\circ\varphi) \end{cases}$$

定义的线性映射

$$\text{(14)}\quad \begin{cases} \mathrm{d}^k\varphi: M_m^k \to N_{\varphi(m)}^k, \\ \delta^k\varphi: {}^kM_{\varphi(m)} \to {}^kM_m. \end{cases}$$

容易验证，式(13)确实定义映射(14)，而且映射$d^k\varphi$和$\delta^k\varphi$是对偶的.

鉴于引理 1.16，本节中一阶切向量的定义与定义 1.14 是一致的. 而且，已经看到函数f的一阶微分$\mathrm{d}f$的三种解释. 解释(14)与原来的定义 1.22(1)一致；解释(6)与 1.22(6)一致；此外还有另外的解释(1).

5 子流形、微分同胚、反函数定理

1.27 定义 令ψ: $M\to N$是C^∞映射.

(a) 如果$\mathrm{d}\psi_m$对于每一个$m\in M$都是非奇异的，那么ψ是一个浸入.

(b) 如果ψ是一一浸入，那么偶(M,ψ)是N的一个子流形.

(c) 如果ψ是一一浸入，并且它还是一个到内的同胚，那么ψ是一个嵌入，即ψ作为一个到$\psi(M)$内的映射，关于相对拓扑是开的.

(d) 如果ψ把M一一地映射到N上，而且ψ^{-1}是C^∞的，那么ψ是一个微分同胚.

1.28 关于 1.27 的注释 例如，实直线$\mathbb{R}$可以浸入到平面中. 如下图中所列举的情形，其中第一种情况是浸入但不是子流形，第二种情况是子流形但不是嵌入，第三种情况是嵌入.

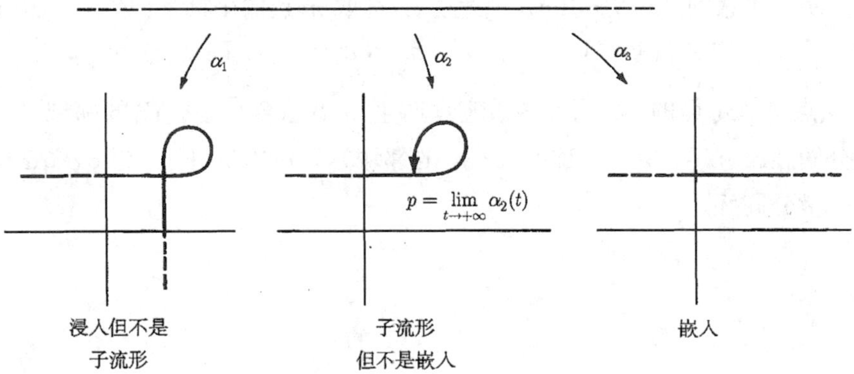

注意到，若(U, φ)是一个坐标系，那么φ: $U \to \varphi(U)$是一个微分同胚.

微分同胚的复合仍然是微分同胚. 因而微分同胚关系是微分流形族上的等价关系. 一个局部 Euclid 空间完全可能具有彼此相异但相互微分同胚的可微结构(见习题2). Milnor在一篇著名的论文中证明了存在这样的局部Euclid空间(如S^7)，它具有互不微分同胚的可微结构[19]. 也存在着这样的局部 Euclid 空间，它根本就没有可微结构[14].

如果ψ是一个微分同胚，那么 $d\psi_m$ 就是一个同构，因为$(d\psi \circ d\psi^{-1})\big|_{\psi(m)}$ 和 $(d\psi^{-1} \circ d\psi)\big|_m$ 都是恒等变换. 反函数定理为我们给出了它的局部逆——当 $d\psi_m$ 是同构时，ψ 在m的一个邻域上是微分同胚. 在回顾反函数定理的严格叙述之前，先给出一个定义，在后面的几个系中将需要它.

1.29　定义　对于在 $m \in M$ 的一个邻域上定义的 C^∞函数的集合$\{y_1,\cdots,y_j\}$来说，如果各微分$dy_1,\cdots,dy_j$在M_m^* 中构成独立集，那么就称集合$\{y_1,\cdots,y_j\}$是m点的独立集.

1.30　反函数定理　令 $U \subset \mathbb{R}^d$ 是开集，令 f: $U \to \mathbb{R}^d$ 是 C^∞映射. 如果 Jacobi 矩阵

$$\left\{\frac{\partial r_i \circ f}{\partial r_j}\right\}_{i,j=1,\cdots,d}$$

在 $r_0 \in U$是非奇异的，那么存在一个开集 V适合 $r_0 \in V \subset U$，而且使得$f|_V$ 把 V一一地映射到开集 $f(V)$上，并且$(f|_V)^{-1}$是 C^∞的.

这是从高等微积分直接接受的结果之一. 至于它的证明，请读者查阅有关文献，如文献[31]或文献[6].

系(a)　假设ψ: $M \to N$是 C^∞映射，$m \in M$，并且 $d\psi$: $M_m \to N_{\psi(m)}$是一个同构，那么存在 m 的一个邻域 U使得ψ: $U \to \psi(U)$是到 N中开集$\psi(U)$上的一个微分同胚.

证明　注意到$\dim M = \dim N$，设为 d. 选取 m点的坐标系(V, φ)与$\varphi(m)$点的坐标系(W, τ)适合$\psi(V) \subset W$. 令$\varphi(m)=p$，$\tau(\psi(m))=q$. 映射$\tau \circ \psi \circ \varphi^{-1}\big|_{\varphi(V)}$ 的微分在 p 点是非奇异的. 因而反函数定理产生 p 点适合$\widetilde{U} \subset \varphi(V)$的邻域$\widetilde{U}$上的一个微分同胚$\alpha$: $\widetilde{U} \to \alpha(\widetilde{U})$，那么在 m 的邻域$U = \varphi^{-1}(\widetilde{U})$上，$\tau^{-1} \circ \alpha \circ \varphi$便是所要求的微分同胚.

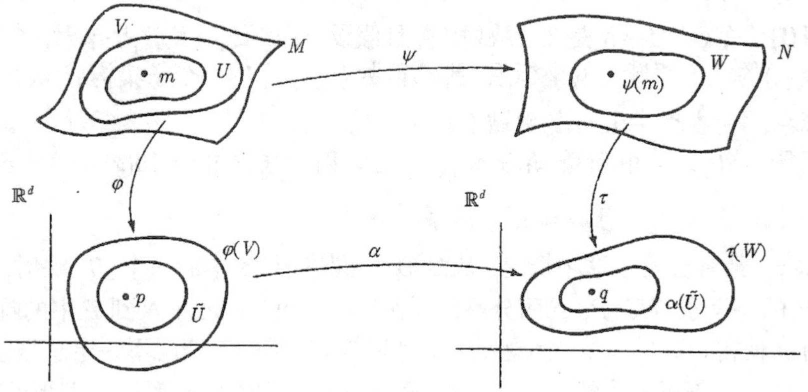

系(b) 设 $\dim M=d$, 并且设 $y_1,\cdots,y_d$是在 $m_0\in M$ 点的一个独立函数集, 那么函数 $y_1,\cdots,y_d$构成 m_0 的一个邻域上的坐标系.

证明 设 y_i在包含 m_0的开集 U上有定义. 定义ψ: $U\to\mathbb{R}^d$为

$$\psi(m)=(y_1(m),\cdots,y_d(m))\quad(m\in U),$$

那么ψ是 C^∞的. 于是$\delta\psi$是$(\mathbb{R}^d_{\psi(m_0)})^*$上的一个同构, 因为

$$\delta\psi(\mathrm{d}r_i)=\mathrm{d}(r_i\circ\psi)=\mathrm{d}y_i,$$

这蕴涵着$\delta\psi|_{\psi(m_0)}$把一个基变成另一个基, 所以微分 $\mathrm{d}\psi_{m_0}$ (它是 $\delta\psi|_{\psi(m_0)}$ 的对偶)是一个同构. 因而反函数定理蕴涵着ψ在 m_0的一个邻域 $V\subset U$上是微分同胚, 所以当限制在 V上时, 函数 $y_1,\cdots,y_d$形成一个坐标系.

系(c) 设 $\dim M=d$, 并且设 $y_1,\cdots,y_l(l<d)$是 m 点的独立函数集, 那么它们在 m 的一个邻域上构成一个坐标系的一部分.

证明 令$(U,x_1,\cdots,x_d)$是 m 点的一个坐标系, 那么$\{\mathrm{d}y_1,\cdots,\mathrm{d}y_l,\mathrm{d}x_1,\cdots,\mathrm{d}x_d\}$张成$M_m^*$. 选取 x_i中的 $d-l$个使得$\{\mathrm{d}y_1,\cdots,\mathrm{d}y_l,\mathrm{d}x_{i_1},\cdots,\mathrm{d}x_{i_{d-l}}\}$是$M_m^*$ 的一个基. 然后应用系(b).

系(d) 令ψ: $M\to N$是 C^∞的, 并且假定 $\mathrm{d}\psi$: $M_m\to N_{\psi(m)}$是满射. 令 $x_1,\cdots,x_l$构成$\psi(m)$的某个邻域上的坐标系, 那么$x_1\circ\psi,\cdots,x_l\circ\psi$ 在 m 的某个邻域上构成坐标系的一部分.

证明 $\mathrm{d}\psi_m$是满射蕴涵着对偶映射 $\delta\psi|_{\psi(m)}$ 是单射. 因而函数$\{x_i\circ\psi:i=1,\cdots,l\}$在 m 点是独立的, 因为$\delta\psi(\mathrm{d}x_i)=\mathrm{d}(x_i\circ\psi)$, 于是断言可从系(c)得出.

系(e) 设$\{y_1,\cdots,y_k\}$是 m 的一个邻域上的 C^∞函数的集合, 使得它们的微分张成M_m^*, 那么$\{y_i\}$的一个子集构成 m 的一个邻域上的坐标系.

证明　容易选取一个子集使它们的微分组成 M_m^* 的一个基. 再应用系(b).

系(f)　令 ψ: $M\to N$ 是 C^∞映射, 并且假设 $\mathrm{d}\psi$: $M_m\to N_{\psi(m)}$是单射. 令 $x_1,\cdots,x_k$ 构成 $\psi(m)$的一个邻域上的坐标系, 那么函数 $\{x_i\circ\psi\}$ 的一个子集构成 m 的邻域上的坐标系. 特别地, ψ在 m 的邻域上是一一的.

证明　$\mathrm{d}\psi_m$ 是单射蕴涵着 $\delta\psi\big|_{\psi(m)}$ 是满射. 这蕴涵着 $\{\mathrm{d}(x_i\circ\psi)=\delta\psi(\mathrm{d}x_i): i=1,\cdots,k\}$ 张成 M_m^*, 于是本系可从系(e)得出.

1.31　经常会发生这种情况, 从流形 N 到流形 M 中的一个 C^∞映射, 设为 ψ, 通过 M 的一个子流形$(P,\ \varphi)$而分解, 即 $\psi(N)\subset\varphi(P)$. 因此有 N 到 P 中的唯一确定的映射 ψ_0 使得 $\varphi\circ\psi_0=\psi$. 问题是: ψ_0 何时是 C^∞类的? 情况不一定总是这样. 例如, 令 N 和 P 都是实直线, 令 M 是平面. 令$(\mathbb{R},\psi)$和$(\mathbb{R},\varphi)$都是"8"形的子流形, 它们具有完全相同的象集; 它们的差别是当 $t\to\pm\infty$时, $\psi(t)$沿水平方向趋向于交点, 而$\varphi(t)$沿着竖直方向趋向于交点. 再设 $\psi(0)=\varphi(0)=0$, 那么 ψ_0 甚至不是连续的, 因为 $\psi_0^{-1}(-1,1)$由原点加上形如$(\alpha,+\infty)$和$(-\infty,-\alpha)$(对某个 $\alpha>0$)的两个开集组成.

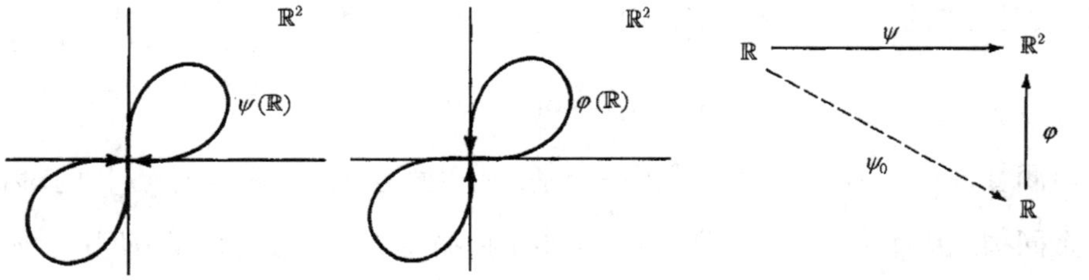

1.32　**定理**　假设 ψ: $N\to M$ 是 C^∞的, $(P,\ \varphi)$是 M 的一个子流形, 并且 ψ通过$(P,\ \varphi)$而分解, 即 $\psi(N)\subset\varphi(P)$. 由于 φ是单射, 所以存在 N 到 P 内的唯一一个映射 ψ_0 使得 $\varphi\circ\psi_0=\psi$.

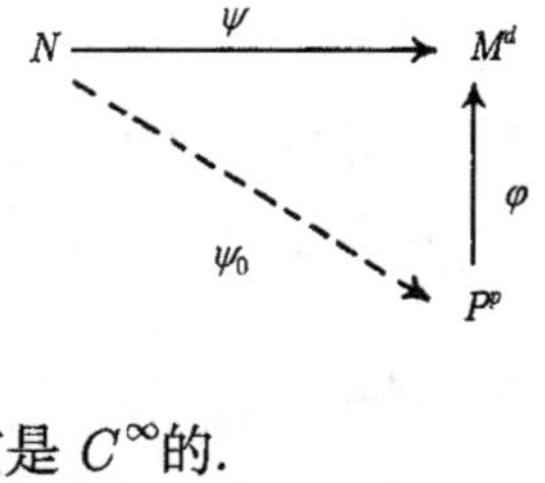

(a) 若 ψ_0 是连续的, 则它是 C^∞的.

(b) 若 φ是一个嵌入, 则 ψ_0 是连续的.

ψ_0 为连续的另一种重要情形发生在当$(P,\ \varphi)$是 M 上的对合分布的积分流形时, 就像将在 1.62 中所看到的那样.

证明 结果(b)是明显的. 因而可以假设 ψ_0 是连续的. 下面来证它是 C^∞的. 只要证明 P 能由各坐标系(U, τ)覆盖使得映射 $\tau\circ\psi_0$ 限制在开集 $\psi_0{}^{-1}(U)$ 上是 C^∞ 的即可. 令 $p\in P$, 令(V, γ)是 M^d 中$\varphi(p)$的邻域上的坐标系, 那么由 1.30 的系(f), 存在从 $\mathbb{R}^d$ 到一个适当的空间(它是通过置某些坐标函数等于 0 而得到的)上的投影使得映射 $\tau=\pi\circ\gamma\circ\varphi$ 生成 p 的邻域 U 上的一个坐标系, 那么

$$
\begin{aligned}
\tau\circ\psi_0\big|_{\psi_0{}^{-1}(U)} &= \pi\circ\gamma\circ\varphi\circ\varphi_\circ\big|_{\psi_0{}^{-1}(U)} \\
&= \pi\circ\gamma\circ\psi\big|_{\psi_0{}^{-1}(U)},
\end{aligned}
$$

而它是 C^∞的.

1.33 关于子流形的进一步注释 对于 M 的子流形(N_1, φ_1)和(N_2, φ_2), 如果存在微分同胚α: $N_1\to N_2$, 使得 $\varphi_1=\varphi_2\circ\alpha$, 则称这两个流形是等价的.

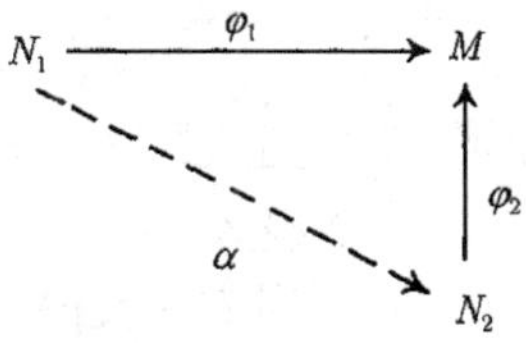

这是 M 的所有子流形组成的集族上的一个等价关系. 每一个等价类ξ有唯一的一个形如(A,i) 的表示, 其中, A是M的一个子集, 并且带有一个流形结构使得包含映射 i: $A\to M$ 成为一个 C^∞浸入, 即如果(N, φ)是ξ的任何代表, 那么 M 的子集 A 必然是$\varphi(N)$. 可以通过要求φ: $N\to A$ 是一个微分同胚而诱导出 A 上的流形结构. 具备了这个流形结构, (A,i)就成为 M 的一个等价于(N, φ)的子流形. 这是 A 上唯一的一个满足(A,i)等价于(N, φ)这一性质的流形结构, 因而这是ξ的唯一一个这样的表示.

以下几节中, 某些定理的结论说明存在满足一定条件的特殊子流形. 唯一性是在上面定义的等价性意义上来说的. 尤其是, 若把 M 的子流形看作子集 $A\subset M$, 并且带有使得包含映射成为 C^∞浸入的流形结构, 那么唯一性就意味着子集是唯一的而且带有唯一的第二可数的局部 Euclid 拓扑和唯一的可微结构.

对于 M 的子流形是(A,i)的情况(其中, i 是包含映射), 常常省略 i 而只说子流形 $A\subset M$.

令 A 是 M 的一个子集, 那么 A 上使(A,i)成为 M 的子流形的可微结构, 如果有则一般不止一个. 例如, 1.31 节中的图示就列举了平面上 "8" 形的两种不同的流形结构, 其中的每一种都使 "8" 形连同包含映射一起成为 $\mathbb{R}^2$ 的一个子流形. 然而, 有下列两个唯一性定理, 它们都包含着关于 A 上拓扑的条件.

(a) 令 M 是一个微分流形且 A 是 M 的子流形. 固定 A 上的一个拓扑, 那么在 A 上至多存在一个可微结构使得(A,i)是 M 的一个子流形, 其中, i 是包含映射.

(b) 仍然令 A 是 M 的子流形. 如果按相对拓扑 A 有一个可微结构使得(A,i)成为 M 的一个子流形, 那么 A 有唯一的一个流形结构(即唯一的第二可数的局部 Euclid 拓扑连同一个唯一的可微结构)使得(A,i)成为 M 的一个子流形.

把证明这些结论留给读者作为习题. 结果(a)可以从应用定理 1.32 来得出. 结果(b)强烈地依赖于关于流形为第二可数的假设. 对于它的证明, 除了应用定理 1.32 之外, 还需要用到习题 6 中的命题.

1.34　片　设(U, φ)是 M 上的一个坐标系, 以 $x_1,\cdots,x_d$为坐标函数; 设 c 是一个整数$(0\leqslant c\leqslant d)$. 令 $a\in\varphi(U)$, 并且令

(1)
$$S=\{q\in U: x_i(q)=r_i(a),\ i=c+1,\cdots,d\}.$$

M 的子空间 S 连同坐标系

(2)
$$\{x_j\big|_S: j=1,\cdots,c\}$$

构成一个流形, 它是 M 的子流形, 称为坐标系(U, φ)的一个片.

1.35　命题　令$\psi:M^c\to N^d$是一个浸入. 令 $m\in M$, 那么存在一个以$\psi(m)$为中心的立方体坐标系(V, φ)和 m 的一个邻域 U 使得$\psi|_U$是 1:1 的而且$\psi(U)$是(V, φ)的一个片.

证明　令(W, τ)是一个以$\psi(m)$为中心的坐标系, 并且以 $y_1,\cdots,y_d$为坐标函数. 由 1.30 的系(f), 可以把坐标函数重新编号使得

(1)
$$\tilde\tau=\pi_c\circ\tau\circ\psi$$

是 m 的邻域V'上的坐标映射, 其中, $\pi_c:\mathbb{R}^d\to\mathbb{R}^c$是到前 c 个坐标上的投影. 定义$(\pi_c\circ\tau)^{-1}(\tilde\tau(V'))$上的函数$\{x_i\}$为

(2)
$$x_i=\begin{cases}y_i & (i=1,\cdots,c),\\ y_i-y_i\circ\psi\circ\tilde\tau^{-1}\circ\pi_c\circ\tau & (i=c+1,\cdots,d).\end{cases}$$

函数集$\{x_i\}$在$\psi(m)$点是独立的, 因为在$\psi(m)$点, 对于某些常数 a_{ij}, 有

(3)
$$\mathrm{d}x_i=\begin{cases}\mathrm{d}y_i & (i=1,\cdots,c),\\ \mathrm{d}y_i+\sum\limits_{j=1}^{c}a_{ij}\mathrm{d}y_j & (i=c+1,\cdots,d).\end{cases}$$

由 1.30 的系(b), $\{x_i\}$构成$\psi(m)$的一个邻域上的坐标系. 令 V是$\psi(m)$的一个邻域使得 $x_1,\cdots,x_d$构成一个立方体坐标系. 以φ表示相应的坐标映射. 令 $U=\psi^{-1}(V)\cap V'$, 那么 U和(V, φ)就是所要求的邻域和坐标系.

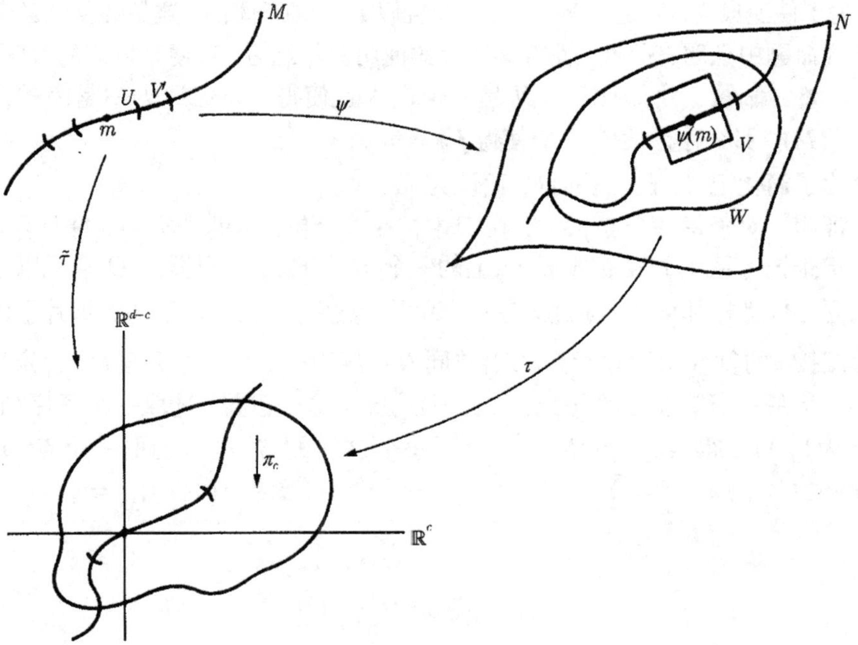

要强调的是，这个命题只是说存在 m 的一个邻域 U 使得 $\psi(U)$ 是坐标系 (V, φ) 的一个片. 即使 (M,ψ) 是 N 的一个子流形，也完全有这样的可能：$\psi(M)\cap V$ 根本就不是一个片，甚至连片的并也不是. 例如，仍然考虑平面上的“8”形子流形：

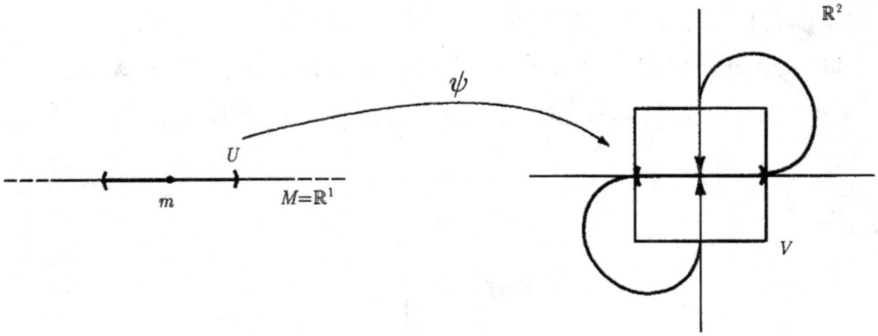

然而，在 (M, ψ) 是一个嵌入子流形的情况下，可以适当选取坐标系 (V, φ) 使得整个 $\psi(M)\cap V$ 是一个单片.

现在来考虑要扩张到什么程度，流形上的 C^∞ 函数的集合才能够决定子流形上的 C^∞ 函数的问题. 令 (M, ψ) 是 N 的一个子流形，于是，若 $f\in C^\infty(N)$，那么 $f|_M$ 当然是 M 上的 C^∞ 函数(更确切地说，$f\circ\psi$ 是 M 上的 C^∞ 函数). 然而，一般其逆并

不成立，即并非 M 上所有的 C^∞ 函数都是由 N 上的 C^∞ 函数限制于 M 上而产生的. 为了使逆成立，假定 ψ 是一个嵌入并且假定 $\psi(M)$ 是闭的，这是必要也是充分的. 在下列命题中证明充分性，而将必要性的证明留作练习，这便是后面的习题 11.

1.36 命题 令 $\psi: M \to N$ 是一个嵌入且使得 $\psi(M)$ 在 N 中是闭的. 如果 $g \in C^\infty(M)$，那么存在 $f \in C^\infty(N)$ 使得 $f \circ \psi = g$.

为了简化记号，隐去映射 ψ，而认为 $M \subset N$.

证明 对于每一个点 $p \in M$，在 N 中存在一个包含 p 的开集 O_p，并且存在 g 的一个扩张把 g 从 $O_p \cap M$ 扩张成 O_p 上的一个 C^∞ 函数 $\tilde{g}_p$. 只需把 O_p 取成以 p 为中心的立方体坐标邻域，使 $M \cap O_p$ 是一个单片；然后把 $\tilde{g}_p$ 定义为 O_p 到该片上的投影后面跟接 g 的复合. 集族 $\{O_p: p \in M\}$ 连同 $N - M$ 构成 N 的一个开覆盖. 由定理 1.11 可知，存在一个单位分解 $\{\varphi_j\}(j=1,2,\cdots)$ 从属于这个覆盖. 选取一个子序列(仍将它记为 $\{\varphi_j\}$)使得 $\operatorname{supp}\varphi_j \cap M \neq \varnothing$. 对于每个这样的 j，可以选取一个点 p_j 使得 $\operatorname{supp}\varphi_j \subset O_{p_j}$，那么 $f = \sum_j \varphi_j \tilde{g}_{p_j}$ 是 N 上的一个 C^∞ 函数，而且 $f|_M = g$.

6 隐函数定理

从反函数定理将得到两个定理，它们提供了证明流形的某些子集是子流形的一种极为有用的方法. 在关于可微映射的适当条件下，其值域的一个子流形的逆像是其定义域的一个子流形. 首先回忆经典隐函数定理的叙述. 这只是基本“隐函数”定理(1.38 节)的一种局部(但在某种程度上更为显然的)形式，将对流形来证明它. 建议读者在阅读 1.38 之后提出 1.37 的一个证明.

1.37 隐函数定理 令 $U \subset \mathbb{R}^{c-d} \times \mathbb{R}^d$ 是开的，令 $f: U \to \mathbb{R}^d$ 是 C^∞ 的. 把 $\mathbb{R}^{c-d} \times \mathbb{R}^d$ 上的典范坐标系记为 $(r_1, \cdots, r_{c-d}, s_1, \cdots, s_d)$. 假设在点 $(r_0, s_0) \in U$，

$$f(r_0, s_0) = 0,$$

而且矩阵

$$\left\{\left.\frac{\partial f_i}{\partial s_j}\right|_{(r_0, s_0)}\right\}_{i,j=1,\cdots,d}$$

是非奇异的，那么存在 r_0 在 $\mathbb{R}^{c-d}$ 中的一个开邻域 V 和 s_0 在 $\mathbb{R}^d$ 中的一个开邻域 W，使得 $V \times W \subset U$，而且存在一个 C^∞ 映射 $g: V \to W$ 使得对于每个 $(p,q) \in V \times W$，

$$(1) \qquad f(p,q) = 0 \quad \Leftrightarrow \quad q = g(p).$$

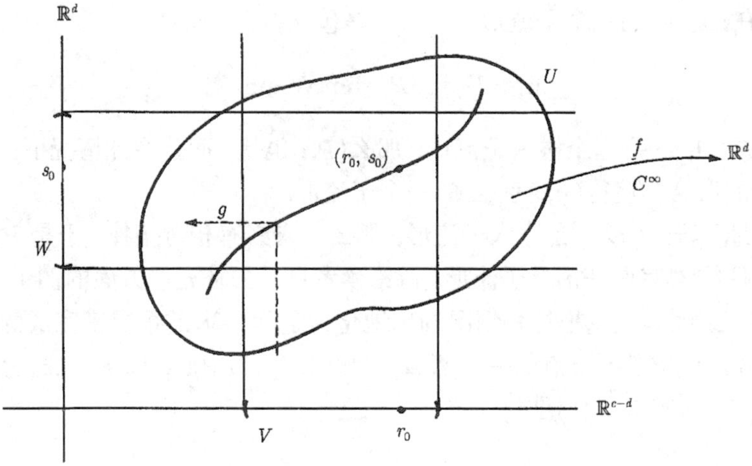

1.38　定理　假定ψ: $M^c \to N^d$是C^∞的, 设n是N的一点, $P=\psi^{-1}(n)$是非空的, 而且$\mathrm{d}\psi$: $M_m \to N_{\psi(m)}$对所有$m \in P$都是满射, 那么P有唯一的流形结构使得(P,i)是M的一个子流形, 其中, i是包含映射. 而且i: $P \to M$实际上是一个嵌入, 并且P的维数是$c-d$.

证明　根据1.33的结果(b), 只要证明按相对拓扑, P有一个可微结构使得(P,i)是M的一个$c-d$维子流形就行了. 为此只需证明若$m \in P$, 那么在M中存在m点的邻域上的一个坐标系使得$P \cap U$是具有恰当维数的单片. 令$x_1,\cdots,x_d$是N中以n为中心的一个坐标系, 那么由于$\mathrm{d}\psi: M_m \to N_n$是满射, 所以从1.30的系(d)可知, 函数族

$$\{y_i = x_i \circ \psi : i = 1,\cdots,d\}$$

构成$m \in M$点的坐标系的一部分. 完成m的邻域U上的一个坐标系$y_1,\cdots,y_d,y_{d+1},\cdots,y_c$, 那么$P \cap U$恰好是由

$$y_1 = y_2 = \cdots = y_d = 0$$

给出的该坐标系的片.

在这个定理中, 只要微分在逆像的每一点上是满射, 就能证明一点的逆像是一个子流形. 一个点可以看作一个0维子流形. 下面通过证明在适当的条件下, 高维子流形的逆像本身就是子流形来推广这个定理.

1.39　定理　假设ψ: $M \to N^d$是C^∞的, 并且假定(O^c, φ)是N的一个子流形. 设当$m \in \psi^{-1}(\varphi(O))$时, 有

$$(1) \qquad N_{\psi(m)} = \mathrm{d}\psi(M_m) + \mathrm{d}\varphi(O_{\varphi^{-1}(\psi(m))})$$

(不必是直和), 那么若 $P=\psi^{-1}(\varphi(O))$并且是非空的, 则可以给定 P 的一个流形结构使得(P,i)是 M 的一个子流形, 其中, i 是包含映射, 而且

(2) $$\dim M-\dim P=\dim N-\dim O.$$

此外, 如果$(O,\ \varphi)$是一个嵌入子流形, 那么(P,i)也是, 而且在此情况下, P 上有唯一的一个流形结构使得(P,i)是 M 的一个子流形.

一般地, 若(O,φ)不是嵌入子流形, 那么 P 未必有相对拓扑, 于是 P 上就没有唯一的流形结构使得(P,i)是子流形. 留给读者自己去补充这方面的例子.

证明　证明是通过把这种情况局部地化为定理 1.38 的情况来完成的. 令 $p\in O$, 由命题 1.35, 能够选择 p 点的一个邻域 W 和以$\varphi(p)$为中心, 以 $x_1,\cdots,x_d$ 为坐标函数的坐标系$(V,\ \tau)$使得$\varphi(W)$是片

(3) $$x_{c+j}=0\quad(j=1,\cdots,d-c).$$

令

(4) $$\pi:\mathbb{R}^d\to\mathbb{R}^{d-c},\quad \pi(a)=(a_{c+1},\cdots,a_d),$$

于是,

(5) $$\pi\circ\tau(\varphi(W))=\{0\}.$$

令

(6) $$U=\psi^{-1}(V).$$

再令

(7) $$\psi_1=\pi\circ\tau\circ\psi|_U:U\to\mathbb{R}^{d-c}.$$

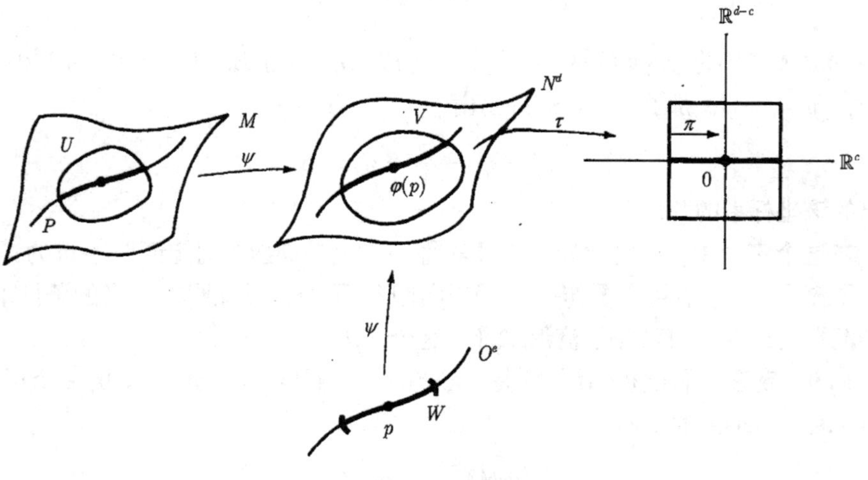

现在, (3)~(7)蕴涵着

(8) $$\psi_1^{-1}(0)=\psi^{-1}(\varphi(W)).$$

对于每个点 $m\in\psi_1^{-1}(0)$，$\mathrm{d}\psi_1|_{M_m}$ 是满射，这是因为 $\mathrm{d}(\pi\circ\tau)|_{N_{\psi(m)}}$ 是满射并且因为由(1), (5)和(7), 有

$$\mathrm{d}(\pi\circ\tau)(N_{\psi(m)})=\mathrm{d}\psi_1(M_m)+\{0\}.$$

因而由 1.38, $\psi^{-1}(\varphi(W))$有唯一的一个流形结构使得$(\psi^{-1}(\varphi(W)), i)$是 M 的一个子流形，而且在这个流形结构中，$\psi^{-1}(\varphi(W))$具有相对拓扑并且维数等于 $\dim M-\dim N+\dim O$. 用这种集合的一个可数族$\{W_i: i=1,2,3,\cdots\}$覆盖 O, 那么

(9) $$P=\bigcup_{i=1}^{\infty}\psi^{-1}(\varphi(W_i)).$$

如果 $i\neq j$, 那么子流形$\psi^{-1}(\varphi(W_i))$和$\psi^{-1}(\varphi(W_j))$相交于彼此的开子集. 由此可知，各个$\psi^{-1}(\varphi(W_i))$上的拓扑之并构成 P 上的一个拓扑基. 由于这个拓扑, P成为一个维数等于 $\dim M-\dim N+\dim O$ 的局部 Euclid 空间，而且 P 是第二可数的，因为式(9)把 P 表示成第二可数的开子集的可数并. 各个$\psi^{-1}(\varphi(W_i))$上的流形结构在交叠处是相容的，因为$\psi^{-1}(\varphi(W_i))$上的流形结构[或$\psi^{-1}(\varphi(W_i))$的任何开子集]的唯一性使得$(\psi^{-1}(\varphi(W_i)), i)$是 M 的子流形(由 1.33 节的结果(b)). 因而 P 上的包含各个$\psi^{-1}(\varphi(W_i))$上的坐标系而且关于 1.4(b)是极大的坐标系族构成 P 上的一个可微结构. 现在从$(\psi^{-1}(\varphi(W_i)), i)$都是子流形这个事实立即得出$(P,i)$是 M 的一个子流形. 如果(O, φ)是一个嵌入，那么可以把坐标邻域 V 选取得充分小使得$\varphi(O)\cap V$ 仅由单个片$\varphi(W)$组成，因而 $U\cap P=\psi^{-1}(\varphi(W))$. 这说明在此情况下，$P$ 有相对拓扑，因此(P,i)是一个嵌入. 在这种情况下，流形结构的唯一性可由 1.33 节的结果(b)得以保证.

1.40 例子

(a) 在$\mathbb{R}^d$上，函数 $f(p)=\sum_{i=1}^{d}r_i(p)^2$ 的微分除在原点之外是满射. 因而由定理 1.38 可知，对于一个常数 $r>0$, 球面 $f^{-1}(r^2)$有唯一的流形结构，而且这个流形结构使得这个球面在包含映射下成为$\mathbb{R}^d$ 的一个子流形. 特别地，这与例 1.5(d)中的流形结构是相同的.

(b) 定义从一般线性群 $Gl(d, \mathbb{R})$[例 1.5(f)]到所有 $d\times d$ 实对称矩阵构成的向量空间上的一个映射ψ为

$$\psi(A)=AA^{\mathrm{t}},$$

其中，A^t是矩阵 A 的转置. 令

$$O(d)=\psi^{-1}(I),$$

其中，I是$d\times d$单位矩阵，在矩阵的乘法运算之下，$O(d)$是 $Gl(d,\mathbb{R})$的子群，称之为正交群. 为了应用定理1.38推出$O(d)$有唯一的流形结构使得$(O(d),i)$是$Gl(d,\mathbb{R})$的子群，并且推出在这个流形结构中 i 是一个嵌入，而且 $O(d)$的维数是$\dfrac{1}{2}d(d-1)$，只需验证在每一个$\sigma\in O(d)$处，$\mathrm{d}\psi_\sigma$是满射. 为此只要验证$\mathrm{d}\psi_1$是满射即可. 因为当$\sigma\in O(d)$时，

$$\psi=\psi\circ r_\sigma,$$

其中，r_σ(由σ产生的右平移)是由 $r_\sigma(\tau)=\tau\sigma$定义的 $Gl(d,\mathbb{R})$上的微分同胚. 细节留给读者作为习题.

7 向 量 场

1.41 定义 1.23(c)中已定义过光滑曲线σ: $(a,b)\to M$ 及其切向量$\dot{\sigma}(t)$. 如果映射σ: $[a,b]\to M$对于某个$\varepsilon>0$能扩张成一个从$(a-\varepsilon, b+\varepsilon)$到 M中的 C^∞映射，则称映射σ是 M 中的一条光滑曲线. 如果存在一个划分 $a=\alpha_0<\alpha_1<\cdots<\alpha_n=b$ 使得$\sigma|_{[\alpha_i,\alpha_{i+1}]}$对于每个 $i=0,1,\cdots,n-1$ 都是光滑的，则称曲线σ: $[a,b]\to M$是分段光滑的. 注意到，分段光滑曲线必定是连续的. 如果σ: $[a,b]\to M$ 是 M 中的一条光滑曲线，那么它的切向量

$$\dot{\sigma}(t)=\mathrm{d}\sigma\left(\left.\frac{\mathrm{d}}{\mathrm{d}r}\right|_t\right)\in M_{\sigma(t)}$$

对于每一个 $t\in[a,b]$都是完全确定的.

1.42 定义 沿曲线σ: $[a,b]\to M$ 的一个向量场 X 是一个提升σ 的映射 X: $[a,b]\to T(M)$，即$\pi\circ X=\sigma$. 如果映射 X: $[a,b]\to T(M)$是 C^∞的，则把向量场 X称为沿σ的光滑(C^∞)向量场. 在 M中开集 U上的向量场 X是 U到 $T(M)$中的一个提升，即映射 X: $U\to T(M)$使得

$$\pi\circ X=U\text{上的恒等映射}.$$

另外，向量场 X是光滑的(C^∞的)意味着 $X\in C^\infty(U,T(M))$. U上光滑向量场的集合依显然的方式构成$\mathbb{R}$上的一个向量空间而且是 U上的 C^∞函数环 $C^\infty(U)$上的模. 若 X是 U上的向量场且 $m\in U$，那么 $X(m)$(常记为 X_m)是 M_m中的一个元素. 如果

f是 U上的 C^∞函数, 那么 $X(f)$也是 U上的函数, 它在 m点的值是 $X_m(f)$.

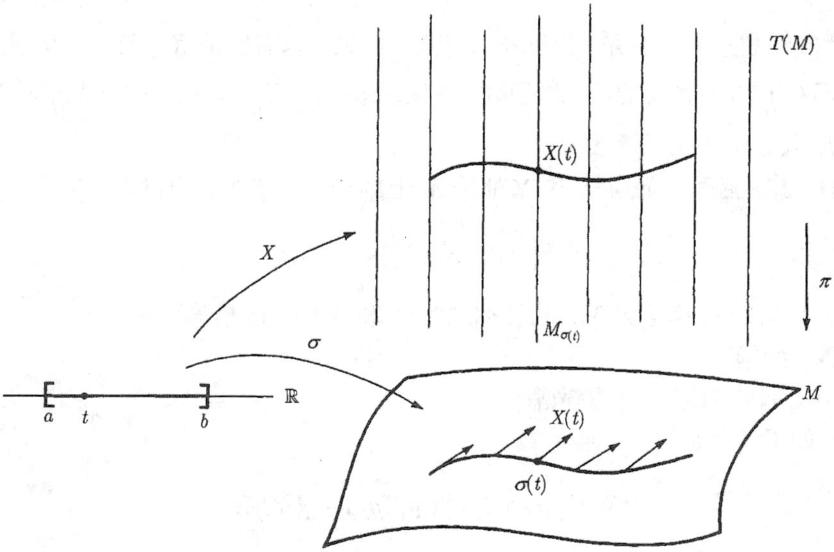

1.43 命题 令 X是 M上的一个向量场, 那么下列论断是等价的:

(a) X是 C^∞的.

(b) 如果$(U,x_1,\cdots,x_d)$是 M上的一个坐标系, 而且$\{a_i\}$是由

$$X|_U = \sum_{i=1}^{d} a_i \frac{\partial}{\partial x_i}$$

定义的 U上的函数族, 那么 $a_i \in C^\infty(U)$.

(c) 当 V在 M中是开的并且 $f \in C^\infty(V)$时, 则有 $X(f) \in C^\infty(V)$.

证明 (a)⇒(b) X 是光滑的就蕴涵着 $X|_U$ 是光滑的, 又因为可微映射的复合仍然是可微的, 由此可知 $\mathrm{d}x_i \circ X|_U$ 是光滑的(回想到 $\mathrm{d}x_i$是$\pi^{-1}(U) \subset T(M)$上的坐标函数, 1.25(3)). 但是,

$$\mathrm{d}x_i \circ X|_U = a_i.$$

因此 a^i是 U上的 C^∞函数.

(b)⇒(c) 只要证明 $X(f)|_U \in C^\infty(U)$ 即可, 其中, $(U,x_1,\cdots,x_d)$是 M 上使得 $U \subset V$的任意一个坐标系. 但是由(b),

$$X(f)|_U = \sum_{i=1}^{d} \alpha_i \frac{\partial f}{\partial x_i},$$

而且右边是 U 上的 C^∞ 函数.

(c)⇒(a) 为证明 X 是 C^∞ 的, 只要证明 $X|_U$ 是 C^∞ 的即可, 其中, $(U,x_1,\cdots,x_d)$ 是 M 上的任意一个坐标系. 为证明 $X|_U$ 是 C^∞ 的, 只需验证 $X|_U$ 与 $\pi^{-1}(U)$ 上的典范坐标函数1.25(3)的复合是 C^∞ 函数. 现在, $x_i\circ\pi\circ X|_U=x$, $\mathrm{d}x_i\circ X|_U=X(x_i)$, 它们全都是 U 上的 C^∞ 函数.

1.44 Lie 括号 如果 X 和 Y 都是 M 上的光滑向量场, 通过置

(1) $$[X,Y]_m(f)=X_m(Yf)-Y_m(Xf)$$

来定义一个新的向量场 $[X,Y]$, 并且称之为 X 和 Y 的 Lie 括号.

1.45 命题

(a) $[X,Y]$ 的确是 M 上的光滑向量场.

(b) 如果 $f,g\in C^\infty(M)$, 那么

$$[fX,gY]=fg[X,Y]+f(Xg)Y-g(Yf)X.$$

(c) $[X,Y]=-[Y,X]$.

(d) $[[X,Y],Z]+[[Y,Z],X]+[[Z,X],Y]=0$ 对 M 上的所有光滑向量场 X,Y,Z 成立.

将证明留作习题. (d)称为 Jacobi 恒等式. 带有一个满足(c)和(d)的双线性运算的向量空间称为 Lie 代数.

1.46 定义 令 X 是 M 上的一个光滑向量场. 如果 M 上的一条光滑曲线 σ, 对于 σ 的定义域中的每个 t 都有

$$\dot\sigma(t)=X(\sigma(t)),$$

那么就称曲线 σ 是 X 的一条积分曲线.

1.47 令 X 是 M 上的光滑向量场, 令 $m\in M$. 现在考虑这样一个问题: X 的过 m 点的积分曲线一定存在吗? 如果存在, 它是否唯一?

一条曲线 $\gamma:(a,b)\to M$ 是 X 的一条积分曲线当且仅当

(1) $$\mathrm{d}\gamma\left(\left.\frac{\mathrm{d}}{\mathrm{d}r}\right|_t\right)=X(\gamma(t))\quad(t\in(a,b)).$$

以坐标来说明这一点. 设 $0\in(a,b)$ 且 $\gamma(0)=m$. 选取 m 点的一个坐标系 (U,φ) 以 $x_1,\cdots,x_d$ 为坐标函数. 由 1.43(b),

(2) $$X|_U=\sum_{i=1}^d f_i\frac{\partial}{\partial x_i},$$

其中，f_i是 U 上的 C^∞函数. 而且，对于每个使得$\gamma(t)\in U$的 t,

(3) $$d\gamma\left(\left.\frac{d}{dr}\right|_t\right)=\sum_{i=1}^{d}\left.\frac{d(x_i\circ\gamma)}{dr}\right|_t\left.\frac{\partial}{\partial x_i}\right|_{\gamma(t)}.$$

因而鉴于(2)和(3)，等式(1)变为

(4) $$\sum_{i=1}^{d}\left.\frac{d(x_i\circ\gamma)}{dr}\right|_t\left.\frac{\partial}{\partial x_i}\right|_{\gamma(t)}=\sum_{i=1}^{d}f_i(\gamma(t))\left.\frac{\partial}{\partial x_i}\right|_{\gamma(t)},$$

因而γ是 X 在$\gamma^{-1}(U)$上的一条积分曲线当且仅当

(5) $$\left.\frac{d\gamma_i}{dr}\right|_t=f_i\circ\varphi^{-1}(\gamma_1(t),\cdots,\gamma_d(t))\quad(i=1,\cdots,d,\ t\in\gamma^{-1}(U)),$$

其中，$\gamma_i=x_i\circ\gamma$. 等式(5)是一个一阶常微分方程组，对于它来说，有基本存在唯一性定理[11]. 当把这些定理译成流形的术语时，就得出下面的定理.

1.48 定理 令 X 是微分流形 M 上的一个 C^∞向量场. 对于每一个 $m\in M$，在 $\mathbb{R}\cup\{\pm\infty\}$中都存在 $a(m)$和 $b(m)$，并且存在一条光滑曲线

(1) $$\gamma_m:(a(m),\ b(m))\to M,$$

使得

(a) $0\in(a(m),\ b(m))$并且$\gamma_m(0)=m$.

(b) γ_m是 X 的一条积分曲线.

(c) 如果μ: $(c,d)\to M$是满足条件(a)和(b)的一条光滑曲线，那么$(c,d)\subset(a(m),\ b(m))$并且$\mu=\gamma_m|_{(c,d)}$.

在下列定义之后，将继续叙述这个定理.

定义 对于每个$t\in\mathbb{R}$，通过置

(2) $$X_t(m)=\gamma_m(t)$$

来定义一个定义域为

(3) $$\mathscr{D}_t=\{m\in M:\ t\in(a(m),\ b(m))\}$$

的变换 X_t.

(d) 对于每个 $m\in M$，存在 m 的一个开邻域 V 和一个$\varepsilon>0$，使得从$(-\varepsilon,\varepsilon)\times V$到 M 中的映射

(4) $$(t,p)\mapsto X_t(p)$$

有定义而且是 C^{∞}的.

(e) 对于每一个 t,$\mathscr{D}_t$是开的.

(f) $\bigcup\limits_{t>0}\mathscr{D}_t = M$.

(g) X_t: $\mathscr{D}_t \to \mathscr{D}_{-t}$是一个微分同胚并以 X_{-t}为逆.

(h) 令 s 和 t 都是实数, 那么 $X_s \circ X_t$ 的定义域包含在 $\mathscr{D}_{s+t}$之中但一般不等于 $\mathscr{D}_{s+t}$. 然而在 s 和 t 两者具有相同符号的情况下, $X_s \circ X_t$ 的定义域是 $\mathscr{D}_{s+t}$, 而且在 $X_s \circ X_t$ 的定义域上有

$$X_s \circ X_t = X_{s+t}. \tag{5}$$

证明 令$(a(m), b(m))$是符合下列条件的所有开区间之并: 这些区间均包含原点, 而且它们是满足把原点映射到 m 点这个条件的 X 的积分曲线的定义域. $(a(m), b(m)) \neq \varnothing$ [由此(f)款成立]可以从将基本存在定理(参见文献[11]28 页定理 4)应用于 1.47 节的方程组(5)而得到. 现在, 如果α和β是 X 的以开区间 A 和 B(适合于 $A \cap B \neq \varnothing$)为定义域的积分曲线, 并且$\alpha$和$\beta$在某一点 $t_0 \in A \cap B$有相同的初始条件$\alpha(t_0)=\beta(t_0)$, 那么由唯一性基本定理(参见文献[11]28 页定理 3), 使得α和β在它上面一致的 $A \cap B$ 的子集非空并且是开的, 而且由连续性它又是闭的; 因此由 $A \cap B$ 的连通性, 这个子集就等于 $A \cap B$. 由此可知, 存在在$(a(m), b(m))$上定义的一条积分曲线γ_m, 而且它满足(a),(b),(c)诸款.

存在一个$\varepsilon>0$ 和 m 点的一个邻域 V使得映射(4)在$(-\varepsilon,\varepsilon)\times V$ 上有定义, 这是文献[11]29 页定理 7 的内容. 映射(4)是光滑的. [因此(d)款成立]可从文献[11]29 页定理 9 关于 1.47 方程组(5)的解对于初值的可微性得出.

接下来证明(h)款. 令 $t \in (a(m), b(m))$, 那么 $s \mapsto \gamma_m(t+s)$ 是 X 的一条积分曲线, 适合初始条件 $0 \mapsto \gamma_m(t)$ 并且具有极大的定义域$(a(m)-t, b(m)+t)$. 从(c)款可知

$$(a(m)-t, b(m)-t)=(a(\gamma_m(t)), b(\gamma_m(t))), \tag{6}$$

而且对于区间(6)中的 s,

$$\gamma_{\gamma_m(t)}(s) = \gamma_m(t+s). \tag{7}$$

令 m 属于 $X_s \circ X_t$ 的定义域, 那么 $t \in (a(m), b(m))$且 $s \in (a(\gamma_m(t)), b(\gamma_m(t)))$, 因而由区间(6), $s+t \in (a(m), b(m))$. 从而 $m \in \mathscr{D}_{s+t}$而且式(5)从式(7)得出. 容易构造出例子说明 $X_s \circ X_t$ 的定义域一般不等于 $\mathscr{D}_{s+t}$(如考虑 $\mathbb{R}^2-\{0\}$ 上适合 $s=-1$ 和 $t=1$ 的向量场 $\dfrac{\partial}{\partial r_1}$). 然而, 如果 s 和 t 二者具有相同的符号, 而且 $m \in \mathscr{D}_{s+t}$, 即若

$s+t\in(a(m),\ b(m))$, 那么由此可知, $t\in(a(m),\ b(m))$, 而且由(6), $s\in(a(\gamma_m(t)),\ b(\gamma_m(t)))$; 因此 m 在 $X_s\circ X_t$ 的定义域中.

如果 $t=0$, 则(e)和(g)是平凡的, 因而假定 $t>0$ 且 $m\in\mathscr{D}_t$[如果 $t<0$, 则由类似的论证可以证明(e)和(g)]. 从(d)款和[0, 1]的紧性可知, 存在$\gamma_m([0,\ 1])$的一个邻域 W 与一个$\varepsilon>0$ 使得映射(4)在$(-\varepsilon,\varepsilon)\times W$ 上有定义而且是 C^∞的. 选取一个充分大的正整数 n 以使得$t/n\in(-\varepsilon,\varepsilon)$. 令$\alpha_1=X_{t/n}\big|_W$, 并且令$W_1=\alpha_1^{-1}(W)$, 那么对于 $i=2,\cdots,n$, 归纳地定义

$$\alpha_i=X_{t/n}\big|_{W_{i-1}}$$

和

$$W_i=\alpha_i^{-1}(W_{i-1}).$$

α_i是开集 $W_{i-1}\subset W$上的一个 C^∞映射. 由此可知, W_n是 W的开子集, W_n包含 m(因为如果将$X_{t/n}$与其自身复合 n 次并应用于 m, 那么得到$\gamma_m(t)$, 并且它在 W 中), 又由(h)款可知

(8) $$\alpha_1\circ\alpha_2\circ\cdots\circ\alpha_n\big|_{W_n}=X_t\big|_{W_n},$$

所以 $W_n\subset\mathscr{D}_t$, 因此 $\mathscr{D}_t$是开的, 这证明(e)款成立.

最后, X_t是 $\mathscr{D}_t$到 $\mathscr{D}_{-t}$上的 1∶1 映射并以 X_{-t}为逆. X_t是 C^∞的(对 X_{-t}也是类似地)可从式(8)得出, 而式(8)把 X_t局部地表示成 C^∞映射的复合. 因此 X_t是从 $\mathscr{D}_t$到 $\mathscr{D}_{-t}$的一个微分同胚, 这证明(g)款成立, 于是定理 1.48 证毕.

1.49 定义 M上的一个光滑向量场 X, 若对所有 t,$\mathscr{D}_t=M$(即对于每个 $m\in M$, γ_m的定义域都是$(-\infty,\infty)$), 则称该向量场是完备的. 在这种情况下, 变换 X_t构成 M 上的一个由实数参数化的变换群, 称之为 X 的单参数群. 如果 X 不是完备的, 那么变换 X_t不能构成一个群, 因为它们的定义域依赖于 t. 在这种情况下, 把变换族 X_t称为 X 的局部单参数群.

1.50 评注 不完备向量场的一个简单例子, 可以考虑在除去原点的平面上的向量场$\dfrac{\partial}{\partial r_1}$而得到. 如果 $a>0$, 那么过$(a,\ 0)$点的极大积分曲线的定义域是$(-a,+\infty)$. 在流形 M 为紧的情况下, M 上的任何 C^∞向量场都是完备的. 证明留作习题.

1.51 定义 令ψ: $M\to N$是 C^∞的. 如果给定 $m\in M$, 存在 m 的一个邻域 U 和$\psi(m)$的一个邻域 V使得$\psi(U)\subset V$, 而且在 V上还存在一个 C^∞向量场 $\tilde{X}$ 使得

$$\tilde{X}\circ\psi\big|_U=X\big|_U,$$

那么沿ψ的光滑向量场 X(即 $X\in C^\infty(M,T(N))$且$\pi\circ X=\psi$)有在 N 中的局部 C^∞ 扩张.

1.52 评注 容易证明, 沿着一个浸入ψ: $M\to N$的 C^∞向量场 X 总有 N 中的局部 C^∞扩张. 可是如果ψ不是浸入, 那么这样的扩张一般不存在. 考虑下面的例子. 首先在实直线中定义沿着一条光滑曲线$\alpha:\mathbb{R}\to\mathbb{R}$的光滑向量场 X. 令

(1) $$\alpha(t)=t^3$$

(即$\alpha=r^3$, 其中, r是$\mathbb{R}$上的典范坐标函数). 并且令

(2) $$X(t)=\dot{\alpha}(t)=\mathrm{d}\alpha\left(\left.\frac{\mathrm{d}}{\mathrm{d}r}\right|_t\right).$$

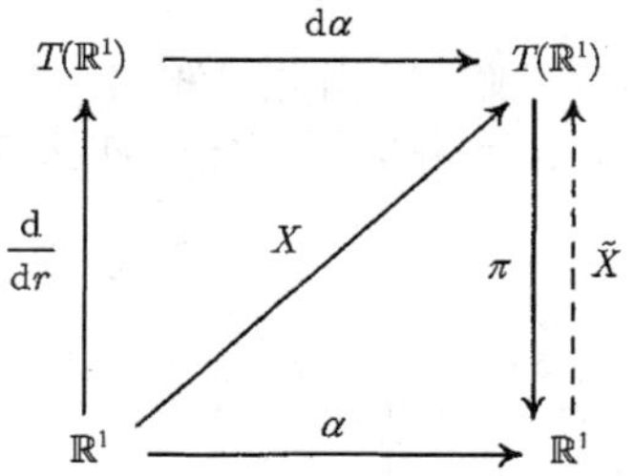

因为α是一个同胚映射, 所以在$\mathbb{R}^1$上有一个诱导向量场$\tilde{X}$使得上面的图表交换. 现在 X 是沿α的一个光滑向量场, 但是$\tilde{X}$不是$\mathbb{R}^1$上的光滑向量场. 为了证明这一点, 令 $u=t^3$, 那么

(3) $$\tilde{X}_u=\tilde{X}_{\alpha(t)}=X(t)=\mathrm{d}\alpha\left(\left.\frac{\mathrm{d}}{\mathrm{d}r}\right|_t\right)$$

$$=\left.\frac{\mathrm{d}\alpha}{\mathrm{d}r}\right|_t\left.\frac{\mathrm{d}}{\mathrm{d}r}\right|_{\alpha(t)}=3t^2\left.\frac{\mathrm{d}}{\mathrm{d}r}\right|_{\alpha(t)}=3u^{2/3}\left.\frac{\mathrm{d}}{\mathrm{d}r}\right|_u.$$

因而

(4) $$\tilde{X}=3r^{2/3}\frac{\mathrm{d}}{\mathrm{d}r},$$

而且函数 $r^{2/3}$在原点是不可微的. 如果通过置

(5) $$\alpha(t)=(t^3,0)$$

将α扩张成一个到平面内的映射, 而且仍然令 $X(t)=\dot{\alpha}(t)$, 那么 X 是沿着平面内的一一 C^∞曲线α的一个光滑向量场, 它不允许任何到$(0,0)$的邻域的局部扩张.

1.53 命题 令 $m\in M^d$, 并且令 X是 M上的一个光滑向量场使得 $X(m)\neq 0$, 那

么在 m 的一个邻域上存在一个以 $x_1,\cdots,x_d$ 为坐标函数的坐标系使得

(1) $$X|_U=\left.\frac{\partial}{\partial x_1}\right|_U.$$

证明 选取一个中心在 m 点、坐标函数为 $y_1,\cdots,y_d$ 的坐标系 (V,τ) 使得

(2) $$X_m=\left.\frac{\partial}{\partial y_1}\right|_m.$$

从 1.48(d)可知，存在一个 $\varepsilon>0$ 和 $\mathbb{R}^{d-1}$ 中原点的一个邻域 W 使得映射

$$\sigma(t,a_2,\cdots,a_d)=X_t(\tau^{-1}(0,a_2,\cdots,a_d))$$

对于 $(t,a_2,\cdots,a_d)\in(-\varepsilon,\varepsilon)\times W\subset\mathbb{R}^d$ 是完全确定的而且是光滑的，于是 σ 在原点是非奇异的，因为

$$\mathrm{d}\sigma\left(\left.\frac{\partial}{\partial r_1}\right|_0\right)=X_m=\left.\frac{\partial}{\partial y_1}\right|_m \quad 和 \quad \mathrm{d}\sigma\left(\left.\frac{\partial}{\partial r_i}\right|_0\right)=\left.\frac{\partial}{\partial y_i}\right|_m \quad (i\geqslant 2).$$

因而由 1.30 的系(a)，$\varphi=\sigma^{-1}$ 是 m 的某个邻域 U 上的坐标映射. 令 $x_1,\cdots,x_d$ 表示坐标系 (U,φ) 的坐标函数，那么由于

$$\mathrm{d}\sigma\left(\left.\frac{\partial}{\partial r_1}\right|_{(t,a_2,\cdots,a_d)}\right)=X_{\sigma(t,a_2,\cdots,a_d)},$$

所以有

$$X|_U=\left.\frac{\partial}{\partial x_1}\right|_U.$$

1.54 定义 令 ψ: $M\to N$ 是 C^∞ 的，对于 M 上的光滑向量场 X 和 N 上的光滑向量场 Y，如果 $\mathrm{d}\varphi\circ X=Y\circ\varphi$，则称它们是 φ 相关的.

1.55 命题 令 ψ: $M\to N$ 是 C^∞ 的，令 X 和 X_1 是 M 上的光滑向量场；令 Y 和 Y_1 是 N 上的光滑向量场. 如果 X 与 Y 是 φ 相关的，X_1 与 Y_1 是 φ 相关的，那么 $[X,X_1]$ 与 $[Y,Y_1]$ 是 φ 相关的.

证明 必须证明 $\mathrm{d}\varphi\circ[X,X_1]=[Y,Y_1]\circ\varphi$. 为此令 $m\in M$ 且 $f\in C^\infty(N)$，那么必须证明

(1) $$\mathrm{d}\varphi([X,X_1]_m)(f)=[Y,Y_1]_{\varphi(m)}(f).$$

直接展开定义式得

$$
\begin{aligned}
(2)\qquad \mathrm{d}\varphi([X,X_1])_m(f) &= [X,X_1]_m(f\circ\varphi)\\
&= X_m(X_1(f\circ\varphi)) - X_1|_m(X(f\circ\varphi))\\
&= X_m((\mathrm{d}\varphi\circ X_1)(f)) - X_1|_m((\mathrm{d}\varphi\circ X)(f))\\
&= X_m(Y_1(f)\circ\varphi) - X_1|_m(Y(f)\circ\varphi)\\
&= \mathrm{d}\varphi(X_m)(Y_1(f)) - \mathrm{d}\varphi(X_1|_m)(Y(f))\\
&= Y_{\varphi(m)}(Y_1(f)) - Y_1|_{\varphi(m)}(Y(f))\\
&= [Y,Y_1]_{\varphi(m)}(f).
\end{aligned}
$$

8 分布和 Frobenius 定理

1.56 定义 令 c 是一个整数, $1\leqslant c\leqslant d$. d 维流形 M 上的一个 c 维分布 $\mathscr{D}$ 就是在 M 的每一个点 m 上对 M_m 的 c 维子空间 $\mathscr{D}(m)$ 的一种选择. 如果对 M 中的每个 m 都存在 m 的一个邻域 U 并且在 U 上存在 c 个 C^∞ 类的向量场 $X_1,\cdots,X_c$ 使得它们在 U 的每一点上张成 $\mathscr{D}$, 那么 $\mathscr{D}$ 是光滑的. 对于 M 上的一个向量场 X 来说, 如果对每个 $m\in M$, 都有 $X_m\in\mathscr{D}(m)$, 那么就说 X 属于分布 $\mathscr{D}(X\in\mathscr{D})$(或者说 X 在分布 $\mathscr{D}$ 中). 一个光滑分布 $\mathscr{D}$, 如果当 X 和 Y 是在 $\mathscr{D}$ 中的光滑向量场时, 有 $[X,Y]\in\mathscr{D}$, 则称分布 $\mathscr{D}$ 是对合的(或者称为完全可积的).

1.57 定义 对于 M 的一个子流形 (N,ψ) 来说, 如果对每个 $n\in N$, 都有

$$(1)\qquad \mathrm{d}\psi(N_n)=\mathscr{D}(\psi(n)),$$

则称 (N,ψ) 是 M 上的分布 $\mathscr{D}$ 的一个积分流形.

1.58 评注 本节的目的是要证明, 过 M 的每一点存在 $\mathscr{D}$ 的积分流形的充分与必要条件为: $\mathscr{D}$ 是对合的. 或许有时会用“完全可积的”这个说明性的词汇来代替“对合的”这一术语. 要求积分流形是这样一个子流形: 它的切空间与由分布决定的子空间一致. 可以通过只要求子流形在每一点的切空间被包含于而不必等于分布来定义一个较弱的积分流形概念. 可能会出现这样的情况: 分布 $\mathscr{D}$ 在有低维“积分流形”的意义上是“可积的”, 但在没有极大维数的积分流形的意义上不是完全可积的. 除非另有特别说明, 对于分布的积分流形概念总是采用极大维数的积分流形的意义, 即如同在 1.57 节中所定义的那样.

1.59 命题 令 $\mathscr{D}$ 是 M 上的一个光滑分布使得过 M 的每一点都有 $\mathscr{D}$ 的一个积分流形, 那么 $\mathscr{D}$ 是对合的.

证明 令 X 和 Y 都是 $\mathscr{D}$ 中的光滑向量场, 令 $m\in M$. 必须证明 $[X,Y]_m\in\mathscr{D}(m)$.

令(N,ψ)是$\mathscr{D}$的过m点的一个积分流形，而且假定$\psi(n_0)=m$. 因为$\mathrm{d}\psi\colon N_n\to\mathscr{D}(\psi(n))$在$N$中的每一个点$n$都是同构，所以存在$N$上的向量场$\tilde{X}$, $\tilde{Y}$使得

(1)
$$\begin{cases}\mathrm{d}\psi\circ\tilde{X}=X\circ\psi,\\ \mathrm{d}\psi\circ\tilde{Y}=Y\circ\psi.\end{cases}$$

容易验证$\tilde{X}$和$\tilde{Y}$是光滑的. 由命题 1.55, $[\tilde{X},\tilde{Y}]$与$[X,Y]$是ψ相关的. 因此$[X,Y]_m=\mathrm{d}\psi([\tilde{X},\tilde{Y}]_{n_0})\in\mathscr{D}(m)$.

1.60　定理(Frobenius)　令$\mathscr{D}$是M^d上的一个c维C^∞对合分布. 令$m\in M$, 那么存在$\mathscr{D}$的一个过m的积分流形. 实际上，存在一个以m为中心，以$x_1,\cdots,x_d$为坐标函数的立方体坐标系(U,φ)使得片

(1)
$$x_i=\text{常数},\quad \text{所有}\ i\in\{c+1,\cdots,d\}$$

都是$\mathscr{D}$的积分流形. 而且如果(N,ψ)是$\mathscr{D}$的连通积分流形使得$\psi(N)\subset U$, 那么$\psi(N)$位于这些片之一中.

证明　用关于c的归纳法来证明定理的存在性部分. 对于$c=1$的情况，选取一个位于$\mathscr{D}$中的、在m的一个开邻域上定义的向量场X使得$X(m)\neq0$, 那么命题 1.53 产生m点的一个坐标系(U,φ), 它可以取为中心的立方体的，使得$X|_U=\dfrac{\partial}{\partial x_1}$. 因此定理对于$c=1$成立.

现在设对于$c-1$定理成立，证明它对于c维分布$\mathscr{D}$成立. 因为$\mathscr{D}$是光滑的，所以在m的一个邻域$\tilde{V}$上存在张成$\mathscr{D}$的光滑向量场$X_1,\cdots,X_c$. 由命题 1.53, 存在以m为中心并且适合$V\subset\tilde{V}$的坐标系$(V,y_1,\cdots,y_d)$使得

(2)
$$X_1|_V=\frac{\partial}{\partial y_1}.$$

在V上，令

(3)
$$\begin{cases}Y_1=X_1,\\ Y_i=X_i-X_i(y_1)X_1\quad(i=2,\cdots,c),\end{cases}$$

那么向量场$Y_1,\cdots,Y_c$是在V中张成$\mathscr{D}$的独立C^∞向量场. 令S是片$y_1=0$, 并且令

(4)
$$Z_i=Y_i|_S\quad(i=2,\cdots,c).$$

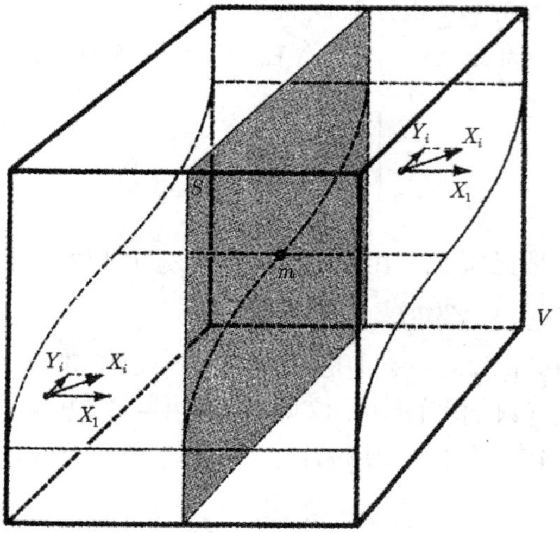

那么因为(2)和(3)蕴涵着

(5) $$Y_i(y_1)=0 \quad (i=2,\cdots,c),$$

所以 Z_i 实际上是 S 上的向量场, 即当 $q\in S$ 时, $Z_i(q)\in S_q$. Z_i 张成 S 上的一个 $c-1$ 维光滑分布. 可以断言这个分布是对合的. 实际上, Z_i 与 Y_i 是 i 相关的(i 是 S 在 M 中的包含映射), 因此由命题 1.55, Z_i 的 Lie 括号与 Y_i 的 Lie 括号也是 i 相关的. 但是 $[Y_i, Y_j](i,j\geqslant 2)$ 没有沿 Y_1 方向的分量(应用于 y_1 等于 0). 因此存在 C^∞ 函数 c_{ijk}, 使得在 V 上

(6) $$[Y_i,Y_j]=\sum_{k=2}^{c} c_{ijk}Y_k,$$

因而

(7) $$[Z_i,Z_j]=\sum_{k=2}^{c} c_{ijk}\Big|_S Z_k.$$

这证明 S 上的分布是对合的. 由归纳假设, 在 S 中存在 m 的某个邻域上的中心坐标系 $w_2,\cdots,w_d$ 使得对所有 $i\in\{c+1,\cdots,d\}$, 由 $w_i=$常数定义的片恰好是这个邻域上由 $Z_2,\cdots,Z_c$ 张成的分布的积分流形.

函数

(8) $$\begin{cases} x_1=y_1, \\ x_j=w_j\circ\pi \quad (j=2,\cdots,d) \end{cases}$$

(其中, π: $V\to S$ 是 y 坐标系中的自然射影)于 m 在 M 中的某个邻域上有定义, 它

们在 m 点是独立的，而且它们在 m 点全为零. 因而在 m 的一个适当邻域 U 上有一个以 $x_1,\cdots,x_d$ 为坐标函数的中心立方体坐标系(U,φ). 现在证明在 U 上,

(9) $$Y_i(x_{c+r})\equiv 0 \quad (i=1,\cdots,c;\ r=1,\cdots,d-c).$$

由此可知，向量场 $\dfrac{\partial}{\partial x_i},\cdots,\dfrac{\partial}{\partial x_c}$ 在 U 的每一点构成 $\mathscr{D}$ 的基，因而片(1)是 $\mathscr{D}$ 的积分流形.

为了证明(9)，我们首先注意到(8)蕴涵着在 U 上

(10) $$\frac{\partial x_j}{\partial y_1}=\begin{cases}1 & (j=1),\\ 0 & (j=2,\cdots,d),\end{cases}$$

从而(2), (3)及(10)蕴涵着在 U 上

(11) $$Y_1=\frac{\partial}{\partial x_1},$$

所以(9)对 $i=1$ 肯定成立. 现在令 $i\in\{2,\cdots,c\}$, $r\in\{1,\cdots,d-c\}$，那么由(11)，有

(12) $$\frac{\partial}{\partial x_1}(Y_i(x_{c+r}))=Y_1(Y_i(x_{c+r}))=[Y_1,Y_i](x_{c+r}).$$

$\mathscr{D}$ 的对合性蕴涵着有函数 c_{ik}，使得

(13) $$[Y_1,Y_i]=\sum_{k=1}^{c}c_{ik}Y_k.$$

利用(13)，则(12)变为

(14) $$\frac{\partial}{\partial x_1}(Y_i(x_{c+r}))=\sum_{k=2}^{c}c_{ik}Y_k(x_{c+r}) \quad (i=2,\cdots,c;\ r=1,\cdots,d-c).$$

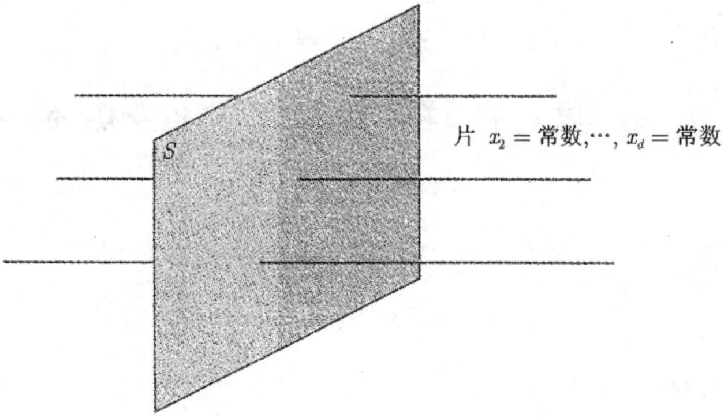

固定 U 的形如 x_2=常数,⋯,x_d=常数的一个片. 在这样一个片上, $Y_i(x_{c+r})$仅为 x_1 的函数, 而且(14)变为关于 x_1 的 $c-1$ 维齐次线性微分方程组. 这样的微分方程组对于给定的初始值有唯一的解[11]. 因为方程组是齐次的, 所以零函数是一个解. 但是每个这样的片在 $S\cap U$ 中有唯一一个点, 而且在 $S\cap U$ 上,

(15) $$Y_i(x_{c+r})=Z_i(w_{c+r})=0 \quad (i=2,\cdots,c).$$

第一个等式从(4)和(8)得出; 第二个等式可从下列事实得出: S 上由 Z_i 决定的分布的积分流形是由 w 坐标系中的适当的片给出的. 从(14)和(15)得知, 函数 $Y_i(x_{c+r})$ 在 U 上必然恒为零, 因而(9)成立, 于是归纳步骤完成.

最后设$(N,\ \psi)$是 $\mathscr{D}$ 的一个连通积分流形并且使得$\psi(N)\subset U$. 令π是$\mathbb{R}^d$ 到最后 $d-c$ 个坐标上的射影, 那么 $\mathscr{D}$ 中的向量被 $\mathrm{d}(\pi\circ\varphi)$ 零化. 因而对于每个 $n\in N$,

$$\mathrm{d}(\pi\circ\varphi\circ\psi)\big|_n\equiv 0\,.$$

由定理 1.24, $\pi\circ\varphi\circ\psi$ 是一个常值映射, 因为 N 是连通的. 从而$\psi(N)$包含在由(1)所表示的一个片中.

1.61 评注 Frobenius(弗罗贝尼乌斯)定理的经典形式显得与 1.60 节中的形式很不相同. 经典的 Frobenius 定理可以表述如下:

令 U 和 V 分别为 $\mathbb{R}^m$ 和 $\mathbb{R}^n$ 中的开集. 在 $\mathbb{R}^m$ 上使用坐标 $r_1,\cdots,r_m$ 而在 $\mathbb{R}^n$ 上使用坐标 $s_1,\cdots,s_n$. 令

(1) $$b:U\times V\to M(n,m)$$

是从 $U\times V$ 到所有 $n\times m$ 实矩阵的集合中的一个 C^∞映射, 令 $(r_0,s_0)\in U\times V$. 如果在 $U\times V$ 上,

(2) $$\frac{\partial b_{i\beta}}{\partial r_\gamma}-\frac{\partial b_{i\gamma}}{\partial r_\beta}+\sum_{j=1}^{n}\left(\frac{\partial b_{i\beta}}{\partial s_j}b_{j\gamma}-\frac{\partial b_{i\gamma}}{\partial s_j}b_{j\beta}\right)=0$$

$$(i=1,\cdots,n;\gamma,\beta=1,\cdots,m),$$

那么存在 r_0 在 U 中的邻域 U_0 和 s_0 在 V 中的邻域 V_0 以及唯一的一个 C^∞映射

(3) $$\alpha:U_0\times V_0\to V,$$

使得若

$$\alpha_s(r)=\alpha(r,s) \quad (r\in U_0,\ s\in V_0),$$

则对所有 $(r,s)\in U_0\times V_0$,

(4)
$$\begin{cases}\alpha_s(r_0)=s,\\ \mathrm{d}\alpha_s\big|_r=b(r,\alpha(r,s)).\end{cases}$$

方程(4)是所谓的全微分方程. 在(1)中说明映射的微分应像一个图函数, 并且在(2)中得到带有特定初始条件的这样一个映射存在的充分必要条件. 可以证明这种形式等价于定理 1.60. 例如, 若从 M^d 上的一个对合的 c 维 C^∞ 分布 $\mathscr{D}$ 和一个点 $m\in M$ 开始, 则能够从经典形式得出定理 1.60 如下: 首先选取 m 点的一个坐标系 $(W,\ \tau)$, 以 $y_1,\cdots,y_d$ 为坐标函数且适合 $\tau(W)=U\times V\subset\mathbb{R}^c\times\mathbb{R}^{d-c}$, 而且在 $U\times V$ 上存在 C^∞ 函数 $f_{ji}(i=1,\cdots,c;\ j=1,\cdots,d-c)$ 使得向量场

(5)
$$Y_i=\frac{\partial}{\partial y_i}+\sum_{j=1}^{d-c}f_{ji}\circ\tau\frac{\partial}{\partial y_{c+j}}\quad(i=1,\cdots,c)$$

在 W 上张成 $\mathscr{D}$, 那么可以像在(1)中那样通过置

(6)
$$b(r,s)=\{f_{ji}(r,s)\}$$

来定义一个映射 b. 结果, $\mathscr{D}$ 的对合性蕴涵着(2)被满足, 而且从映射 α 就能得到所要求的坐标系 1.60(1). 反过来也能用类似的方法从 1.60 得出定理的经典形式.

第 2 章将给出以微分形式和微分理想表述的 Frobenius 定理的另一种形式.

在定理 1.32 中曾经考虑过这样一种情形: 一个 C^∞ 映射 ψ: $N\to M$ 通过 M 的一个子流形$(P,\ \varphi)$分解使得 $\psi=\varphi\circ\psi_0$, 其中, $\psi_0:N\to P$, 并且找出了 ψ_0 为 C^∞ 的充分条件. 有一种重要情况发生在当$(P,\ \varphi)$是 M 上的一个对合分布的积分流形时.

1.62 定理 设 ψ: $N\to M^d$ 是 C^∞ 的, $(P^c,\ \varphi)$是 M 上一个对合分布 $\mathscr{D}$ 的积分流形, 而且 ψ 通过$(P,\ \varphi)$分解, 即 $\psi(N)\subset\varphi(P)$. 令 ψ_0: $N\to P$ 是使得 $\varphi\circ\psi_0=\psi$ 的(唯一)映射.

(1)

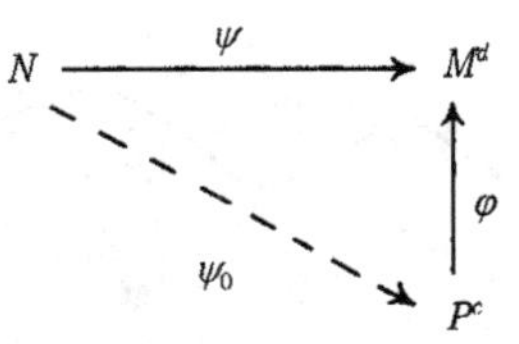

那么 ψ_0 是连续的[因此由 1.32(a)可知它是 C^∞ 的].

证明 令 p 属于 P 中的一个开集 U, 令 $n\in\psi_0^{-1}(p)$. 利用定理 1.60 可以得到一个开集 $\tilde{U}$ 适合 $p\in\tilde{U}\subset U$ 和一个以 $\varphi(P)$ 为中心、以 $x_1,\cdots,x_d$ 为坐标函数的立方体坐标系$(V,\ \tau)$使得片

(2) $$x_i = \text{常数} \quad (\text{对所有} i \in \{c+1, \cdots, d\})$$

是 $\mathscr{D}$ 在 V 中的积分流形，并且使得 $\varphi\left(\tilde{U}\right)$ 就是片

(3) $$x_{c+1} = \cdots = x_d = 0 .$$

的

$\psi^{-1}(V)$在 N 中是开的. 令 W 是$\psi^{-1}(V)$的包含 n 的分支，那么 W 是开的. 为证明ψ_0是连续的，只需证明$\psi_0(W) \in \tilde{U} \subset U$. 由图表(1)的可交换性和$\varphi$的内射性，只需证明$\psi(W)$在 V的片(3)中即可. 由于ψ是连续的且 W是连通的，因此$\psi(W)$是连通的. 此外，$\psi(W)$与片(3)至少有一个公共点$\psi(n)$. 这样一来，由于$\psi(W)$在$\varphi(P)\cap V$的一个分支中，所以只要证明$\varphi(P)\cap V$的分支都包含在具有形式(2)的片中就行了.

令 C 是$\varphi(P)\cap V$的一个分支，令$\pi : V \to \mathbb{R}^{d-c}$被定义为

(4) $$\pi(m)=(x_{c+1}(m),\cdots,x_d(m)),$$

那么因为 P 是第二可数的，又因为$\varphi(P)\cap V$是片(2)的并是由于(P, φ)是 $\mathscr{D}$的一个积分流形. 由此可知$\pi(\varphi(P)\cap V)$是由 $\mathbb{R}^{d-c}$ 中的可数多个点组成的. 从而$\pi(C)$是 $\mathbb{R}^{d-c}$ 的一个连通可数子集；因此$\pi(C)$是单独的一个点，并且 C 在单个片中.

1.63 定义 流形 M 上分布 $\mathscr{D}$的一个极大积分流形(N, ψ)是 $\mathscr{D}$的一个连通积分流形，并且它在 M 中的象不是 $\mathscr{D}$的任何其他连通积分流形的真子集，即不存在 $\mathscr{D}$的连通积分流形(N_1, ψ_1)使$\psi(N)$是$\psi_1(N_1)$的真子集.

1.64 定理 令 $\mathscr{D}$是 M^d上的一个对合的 c 维 C^∞分布. 令 $m\in M$, 那么过 m 点有 $\mathscr{D}$的唯一一个极大连通积分流形,而且 $\mathscr{D}$的过 m 点的每一个连通积分流形均包含在这个极大连通积分流形之中.

证明 存在性. 令 K 是 M 中所有这样一些点的集合：对于这种点 P 来说有一条分段光滑的曲线连接 m 和 p, 而且曲线的光滑部分都是 $\mathscr{D}$的 1 维积分曲线，即它的切向量属于 $\mathscr{D}$. 由定理 1.60 和

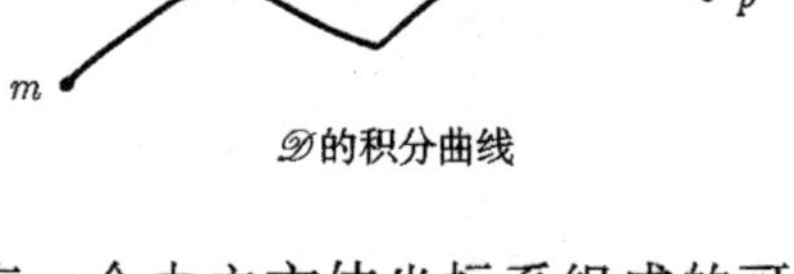

$\mathscr{D}$的积分曲线

M 的第二可数性，M 有一个由立方体坐标系组成的可数覆盖$\{(U_i, x_1^i, \cdots, x_d^i) : i = 0,1,2,\cdots\}$使得 $\mathscr{D}$在 U_i中的积分流形是片

(1) $$x_{c+j}^i = \text{常数} \quad (\text{对所有} j \in \{1,\cdots,d-c\}).$$

假定 $m\in U$.

现在令 $p\in K$, 那么存在一个指标 i_p 使得 $p\in U_{i_p}$, 而且 U_{i_p} 有一个片 S_{i_p} 具有(1)的形式且包含 p. 注意到 $S_{i_p}\subset K$. 从 1.60 可知, 当 p 遍历 K 时, 所有这种 S_{i_p} 的所有开子集组成的集族形成 K 上的一个局部 Euclid 拓扑的基. 而且如果取包含集族

(2)
$$\left\{\left(S_{i_p}, x_1^{i_p}\Big|_{S_{i_p}}, \cdots, x_c^{i_p}\Big|_{S_{i_p}}\right): p\in K\right\}$$

的坐标系[关于 1.4(b)]的极大族, 那么就得到 K 上的一个可微结构. 可以断言, 带有这种拓扑和可微结构的 K 是一个连通的 c 维可微流形. K 显然是连通的, 因为由构造方法可知它是道路连通的. 只需证明 K 上的拓扑是第二可数的即可. 为此固定一个 $i\in(0,1,\cdots)$. 只需证明在 K 中至多有可数个 U_i 的片. U_i 的位于 K 中的每个点能够由一条其值域也在 K 中的分段光滑曲线与 m 相连接. 对于连接从 m 到 U_i 中的点的每一条这样的曲线对应着(虽然不是唯一地)坐标邻域的一个有限序列

(3)
$$U_0, U_{i_1}, \cdots, U_{i_n}, U_i,$$

使得曲线依次通过它们. 因而曲线从 U_0 的包含 m 的片开始, 穿过 U_{i_1} 的某个片, 然后经过 U_{i_2} 的某个片, 如此继续下去, 经过有限步直至到达 U_i 的一个片. 因为从 U_0 到 U_i 至多有可数多个这样的序列,所以只需证明对每个这样的序列有至多可数个按上面方式可以到达的 U_i 的片. 为此只需注意到对任何 $j,k\in\{0,1,\cdots\}$, U_j 的单个片只能与 U_k 的至多可数个片相交. 因为若 S 是 U_j 的单个片, 那么 $S\cap U_k$ 是 S 的一个开子流形, 因此它至多由可数个分支构成, 每个这样的分支是 $\mathscr{D}$ 在 U_k 中的一个连通积分流形, 因此位于 U_k 的单个片中. 这就证明了 K 的第二可数性.

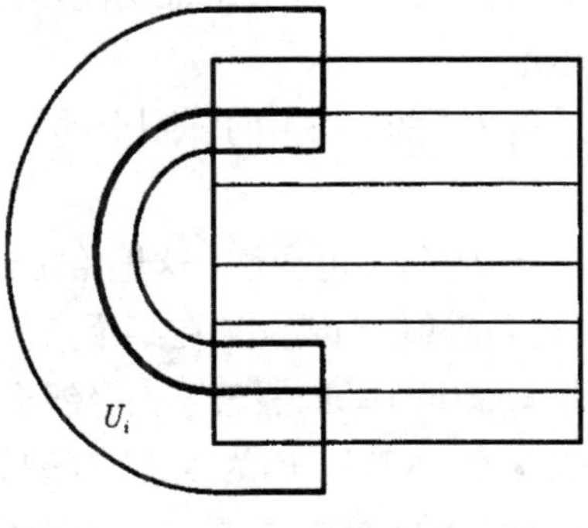

现在(K, i)(其中, $i: K\to M$ 是包含映射)是 M 的一个子流形, 并且是 $\mathscr{D}$ 的通过 m 点的一个连通积分流形. 而且(K, i)还是 $\mathscr{D}$ 的一个极大的连通积分流形. 因为若令(N, ψ)是 $\mathscr{D}$ 的通过 m 点的任何连通的积分流形, 并且令 $p\in\psi(N)$, 都会有一条分段光滑曲线 c: $[0, 1]\to N$, 将 $\psi^{-1}(m)$ 连接到 $\psi^{-1}(p)$(因为连通流形都是道路连通的),

那么 $\psi\circ c$ 是 $\mathscr{D}$ 的连接 m 到 p 的一条分段光滑的 1 维积分曲线, 因而 $p\in K$, 从而 $\psi(N)\subset K$. 这就证明 K 是极大的. 这样就证明了 $\mathscr{D}$ 的经过 m 点的极大连通积分流形 (K,i) 的存在性, 并且证明了 $\mathscr{D}$ 的经过 m 点的每个连通积分流形的象在 K 中.

唯一性(参考 1.33). 令 (N,ψ) 是 $\mathscr{D}$ 的经过 m 点的任何其他极大连通积分流形. 正如上面所看到的, $\psi(N)\subset K$; 因而 ψ 可以分解如下:

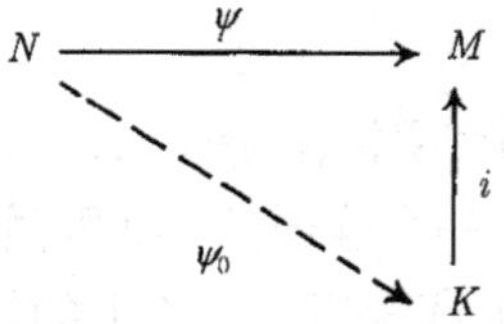

由定理 1.62, ψ_0 是 C^∞ 的, 而且是 1: 1 的和非奇异的, 因为 ψ 是 1: 1 的和非奇异的. ψ_0 还是到上的, 因为 (N,ψ) 是 $\mathscr{D}$ 的经过 m 点的一个极大积分流形这一事实蕴涵着 $\psi(N)$ 不可能是 K 的真子集. 从 1.30 反函数定理的系(a)可知 ψ_0 是一个微分同胚. 因而 (N,ψ) 和 (K,i) 是等价的, 于是 $\mathscr{D}$ 的经过 m 点的极大连通积分流形是唯一的.

习　　题

1. 证明在例 1.5(d)中, 实际上得到了 S^d 上的一个可微结构.

2. 实直线 $\mathbb{R}$ 上通常的可微结构可通过取 $\mathscr{F}$ 是包含恒等映射的极大族而得到. 令 $\mathscr{F}_1$ 是包含映射 $t\mapsto t^3$ 的极大族[关于 1.4(b)]. 证明 $\mathscr{F}\neq\mathscr{F}_1$, 但 $(\mathbb{R},\mathscr{F})$ 和 $(\mathbb{R},\mathscr{F}_1)$ 是微分同胚的.

3. 令 $\{U_\alpha\}$ 是流形 M 的一个开覆盖. 证明存在一个加细 $\{V_\alpha\}$ 使得对于每个 α, $\bar{V}_\alpha\subset U_\alpha$.

4. 利用流形是正则的和仿紧的这个事实来证明流形是正规拓扑空间.

5. 证明 1.25(a), (b)和(c).

6. 证明: 如果 ψ: $M\to N$ 是 C^∞ 的、1: 1 的、到上的且处处是非奇异的, 那么 ψ 是一个微分同胚.

这个命题强烈地依赖于 M 的第二可数性. 这里给出证明的概述. 这个映射 ψ 是微分同胚当且仅当 $\mathrm{d}\psi$ 处处是满射. 如果 $\mathrm{d}\psi$ 在某个点上不是满射, 那么 M 的维数小于 N 的维数. 令 $\dim M=p,\dim N=d$. 假若 $p<d$, 那么可得出矛盾如下: 令 (U,φ) 是 N 上的一个坐标系使得 $\varphi(U)=\mathbb{R}^d$. 因为 ψ 把 M 映到 N 上, 所以 $\varphi\circ\psi$ 的值域是整个 $\mathbb{R}^d$. 现在我们来说明这将产生矛盾. 一种方法是利用命题 1.35 看出 $\varphi\circ\psi$ 的值域是 $\mathbb{R}^d$ 中的无处稠密集的可数并, 因此由 Baire 范畴定理, 它不可能是整个 $\mathbb{R}^d$. 另一种方法是利用下述事实: $p<d$ 说明 $\varphi\circ\psi$ 的值域在 $\mathbb{R}^d$ 中的测度为 0. 这也是一个矛盾(其中, 若 $\mathbb{R}^d$ 中的一个集合能被一系列球所覆盖, 而这些球之

并的体积可以任意小, 那么这个集合的测度为 0). $\varphi\circ\psi$ 的值域在 $\mathbb{R}^d$ 中的测度为 0, 可从 M 的第二可数性和 C^1 映射 $\mathbb{R}^p\to\mathbb{R}^d$ 的值域测度为 0 得出. 而这又可从下列事实得出: C^1 映射 $\mathbb{R}^d\to\mathbb{R}^d$ 把零测集变成零测集. 为了证明后者, 注意到如果 $f:\mathbb{R}^d\to\mathbb{R}^d$ 是 C^1 的且 A 是 $\mathbb{R}^d$ 中的紧集, 那么 f 在 A 上有一个 Lipschitz 常数 K 使得

$$\|f(x)-f(y)\|\leqslant K\|x-y\| \quad (x,y\in A).$$

这样一来, f 将 A 中的球的体积至多能放大 K^d 倍, 因此它将 A 中的零测集映射成零测集.

7. 证明 1.33(a)和(b).

8. 从定理 1.38 推出经典的隐函数定理 1.37.

9. 令 $f:\mathbb{R}^2\to\mathbb{R}$ 是由

$$f(x,y)=x^3+xy+y^3+1$$

定义的. 对于点 $p=(0,0), p=\left(\frac{1}{3},\frac{1}{3}\right), p=\left(-\frac{1}{3},-\frac{1}{3}\right)$ 中的哪些点, $f^{-1}(f(p))$ 是 $\mathbb{R}^2$ 中的嵌入子流形?

10. 令 M 是一个 n 维紧流形, 令 $f:M\to\mathbb{R}^n$ 是 C^∞ 的. 证明 f 不可能处处是非奇异的.

11. 试举出反例来证明: 如果将闭的或嵌入的假设删去, 那么命题 1.36 将不再成立. 实际上能够证明更多的结果. 这就是, 如果 (M,ψ) 是 N 的一个子流形使得当 $g\in C^\infty(M)$ 时, 则有 N 上的一个 C^∞ 函数 f 使得 $f\circ\psi=g$, 那么 ψ 是一个嵌入, 而且 $\psi(M)$ 在 N 中是闭的.

12. 补充 1.40(a)和(b)的细节.

13. 证明命题 1.45.

14. 实直线上的每一个向量场都是完备的吗?

15. 证明: 如果 $(U,x_1,\cdots,x_d)$ 是 M 上的一个坐标系, 那么在 U 上 $\left[\frac{\partial}{\partial x_i},\frac{\partial}{\partial x_j}\right]=0$.

16. 令 $N\subset M$ 是一个子流形. 令 γ: $(a,b)\to M$ 是一条 C^∞ 曲线使得 $\gamma(a,b)\subset N$. 证明: 对于每个 $t\in(a,b)$, $\gamma(t)\in N_{\gamma(t)}$ 未必成立.

17. 证明紧流形上的任何 C^∞ 向量场都是完备的.

18. 证明 C^∞ 映射 $f:\mathbb{R}^2\to\mathbb{R}^1$ 不可能是一一的.

19. 补充 Frobenius 定理的两种形式 1.60 与 1.61 等价性的细节.

20. 令 $\varphi: N\to M$ 是 C^∞ 的, 令 X 是 N 上的一个 C^∞ 向量场. 假设当 $\varphi(p)=\varphi(q)$

时, $d\varphi(X(p))=d\varphi(X(q))$. 在 M 上有光滑向量场 Y 是与 X φ相关的吗?

21. 环面是流形 $S^1\times S^1$. 把 S^1 看作复平面上的单位圆周. 通过置 $\varphi(t)=\left(e^{2\pi it}, e^{2\pi i\alpha t}\right)$(其中, α 是个无理数)来定义一个映射 $\varphi:\mathbb{R}\to S^1\times S^1$. 证明 $(\mathbb{R},\varphi)$ 是 $S^1\times S^1$ 的一个稠密子流形. 这个子流形被称为环面上的相错线.

22. 令$\gamma(t)$是 M 上的向量场 X 的一条积分曲线. 设$\dot{\gamma}(t)=0$ 对某个 t 成立. 证明γ是一个常映射, 即其值域仅由一个点组成.

23. 微分流形 M上的Riemann结构是对每个切空间 M_m上的正定内积$\langle\,,\rangle_m$ 的一种光滑的选取, 其中光滑是在下述意义上来说的: 当 X和 Y是 M上的 C^∞向量场时, 则$\langle X, Y\rangle$ 是 M上的 C^∞函数. 证明每个微分流形上都存在 Riemann 结构. 在证明中将要用到单位分解. 一个Riemann流形是指一个带有Riemann结构的微分流形.

24. 考虑带有标准射影 $\pi_1: M\times N\to M$ 和 $\pi_2: M\times N\to N$ 的积流形 $M\times N$.

(a) 证明 $\alpha:\tilde{M}\to M\times N$ 是 C^∞的当且仅当 $\pi_1\circ\alpha$ 和 $\pi_2\circ\alpha$ 是 C^∞的.

(b) 证明映射 $v\mapsto(d\pi_1(v), d\pi_2(v))$ 是 $(M\times N)_{(m,n)}$ 与 $M_m\oplus N_n$ 的一个同构.

(c) 令 X和 Y分别是 M和 N上的 C^∞向量场, 那么由(b), X和 Y规范地决定 $M\times N$ 上的向量场 $\tilde{X}=(X,0)$ 和 $\tilde{Y}=(0,Y)$ 证明 $[\tilde{X},\tilde{Y}]=0$.

(d) 令 $(m_0,n_0)\in M\times N$, 并且通过置

$$i_{n_0}(m)=(m,n_0),$$
$$i_{m_0}(n)=(m_0,n).$$

定义内射 $i_{n_0}: M\to M\times N$ 和 $i_{m_0}: N\to M\times N$. 令 $v\in(M\times N)_{(m_0,n_0)}$, 令 $v_1=d\pi_1(v)\in M_{m_0}$, $v_2=d\pi_2(v)\in N_{n_0}$. 令 $f\in C^\infty(M\times N)$. 证明

$$v(f)=v_1(f\circ i_{n_0})+v_2(f\circ i_{m_0}).$$

第 2 章　张量和微分形式

许多向量空间和代数很自然地与切空间 M_m 联系在一起. 适度光滑地将这些空间的元素分配到 M 中的点上, 就会产生出各种类型的张量场和微分形式. 本章首先从多重线性代数得出某些相关事实, 然后从 2.14 节开始把这些概念应用到流形上.

1　张量和外代数

贯穿 2.1~2.13 节, 始终用 V, W 和 U 来表示有限维实向量空间. 通常, 用 V^* 表示由 V 上的所有实值线性函数组成的 V 的对偶空间.

2.1　定义　令 $F(V,W)$是 $\mathbb{R}$ 上的自由向量空间, 它的生成元是 $V\times W$ 的点. 因而 $F(V,W)$由适合 $v\in V$ 和 $w\in W$ 的偶(v,w)的所有有限线性组合构成的. 令 $R(V,W)$是由 $F(V,W)$的具有下列形式的所有元素的集合生成的 $F(V,W)$的子空间:

$$(1)\qquad \begin{cases}(v_1+v_2,w)-(v_1,w)-(v_2,w)\\(v,w_1+w_2)-(v,w_1)-(v,w_2)\\(av,w)-a(v,w)\\(v,aw)-a(v,w)\end{cases}\quad \begin{pmatrix}a\in\mathbb{R}\\v,v_1,v_2\in V\\w,w_1,w_2\in W\end{pmatrix}.$$

商空间 $F(V, W)/R(V, W)$称作 V和 W 的张量积,记为$V\otimes W$, 包含 $F(V,W)$的元素(v,w)的$V\otimes W$ 陪集记作$v\otimes w$. 从(1)可知, 在$V\otimes W$ 中有下列恒等式:

$$(v_1+v_2)\otimes w=v_1\otimes w+v_2\otimes w,$$
$$v\otimes(w_1+w_2)=v\otimes w_1+v\otimes w_2,$$
$$a(v\otimes w)=av\otimes w=v\otimes aw.$$

2.2　容易建立张量积的下列性质, 把它留给读者作为习题.

(a) 泛映射性. 令φ表示从 $V\times W$到$V\otimes W$ 中的双线性映射$(v,w)\mapsto v\otimes w$, 那么当 U是一个向量空间且$l: V\times W\to U$是一个双线性映射时, 存在唯一的一个线性映射 $\tilde{l}: V\otimes W\to U$ 使得下列图表交换:

(1)

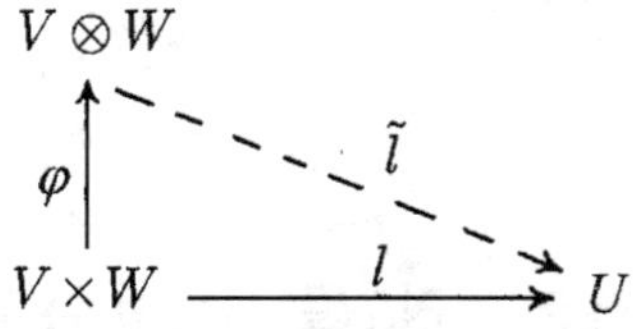

由 $V\otimes W$ 和 φ 组成的偶称作解以 $V\otimes W$ 为定义域的双线性映射的泛映射问题. 而且从下述意义上说 $V\otimes W$ 和 φ 关于这个性质是唯一的: 如果 X 是一个向量空间, $\tilde{\varphi}: V\times W\to X$ 是一个具有上述泛映射性质的双线性映射, 那么存在一个同构 $\alpha: V\otimes W\to X$ 使得 $\alpha\circ\varphi=\tilde{\varphi}$.

(b) $V\otimes W$ 与 $W\otimes V$ 标准同构.

(c) $V\otimes(W\otimes U)$ 与 $(V\otimes W)\otimes U$ 标准同构.

(d) 由性质(a), 从 $V^*\times W$ 到向量空间 $\mathrm{Hom}(V,W)$ 中的双线性映射唯一地决定一个线性映射 $\alpha: V^*\otimes W\to\mathrm{Hom}(V,W)$, 其中, 向量空间 $\mathrm{Hom}(V,W)$ 是对于 $f^*\in V^*, v\in V, w\in W$, 由 $(f,w)(v)=f(v)\cdot w$ 定义的从 V 到 W 的线性变换构成的. α 是一个同构. 结果,

$$\dim V\otimes W=(\dim V)(\dim W). \tag{2}$$

(e) 令 $\{e_i: i=1,\cdots,c\}$ 和 $\{f_j: j=1,\cdots,d\}$ 分别是 V 和 W 的基, 那么 $\{e_i\otimes f_j: i=1,\cdots,c; j=1,\cdots,d\}$ 是 $V\otimes W$ 的基.

2.3 定义 与 V 相伴的 (r,s) 型张量空间 $V_{r,s}$ 就是向量空间

$$\underbrace{V\otimes\cdots\otimes V}_{r\text{个}}\otimes\underbrace{V^*\otimes\cdots\otimes V^*}_{s\text{个}}. \tag{1}$$

直和

$$T(V)=\sum V_{r,s}\quad(r,s\geqslant 0) \tag{2}$$

(其中, $V_{0,0}=\mathbb{R}$) 称作 V 的张量代数. $T(V)$ 的元素是由各个 $V_{r,s}$ 的元素构成的 $\mathbb{R}$ 上的有限线性组合, 称为张量. 在 $\otimes$ 乘法之下, $T(V)$ 是一个结合的、非交换的分次代数, 其中, 如果 $u=u_1\otimes\cdots\otimes u_{r_1}\otimes u_1^*\otimes\cdots\otimes u_{s_1}^*$ 属于 V_{r_1,s_1}, $v=v_1\otimes\cdots\otimes v_{r_2}\otimes v_1^*\otimes\cdots\otimes v_{s_2}^*$ 属于 V_{r_2,s_2}, 那么它们的积 $u\otimes v$ 定义为 $u\otimes v=u_1\otimes\cdots\otimes u_{r_1}\otimes v_1\otimes\cdots\otimes v_{r_2}\otimes u_1^*\otimes\cdots\otimes u_{s_1}^*\otimes v_1^*\otimes\cdots\otimes v_{s_2}^*$, 并且它属于 $V_{r_1+r_2,s_1+s_2}$. 把一个特定张量空间 $V_{r,s}$ 中的张量称为 (r,s) 次齐次的. 一个齐次张量(比方说是 (r,s) 次的), 如果它能写成

$$v_1 \otimes \cdots \otimes v_r \otimes v_1^* \otimes \cdots \otimes v_s^*$$

的形式, 其中, $v_i \in V(i=1,\cdots,r), v_j^* \in V^*(j=1,\cdots,s)$, 则将它称为可分解的.

2.4　定义　令 $C(V)$表示 $T(V)$的子代数$\sum_{k=0}^{\infty} V_{k,0}$. 令 $I(V)$表示由形如 $v \otimes v(v \in V)$的元素的集合生成的 $C(V)$的双边理想, 并且置

(1) $$I_k(V) = I(V) \cap V_{k,0} .$$

由此可得

(2) $$I(V) = \sum_{k=0}^{\infty} I_k(V) ,$$

而且它是 $C(V)$的分次理想. V的外代数$\Lambda(V)$是指分次代数 $C(V)/I(V)$. 如果置

(3) $$\Lambda_k(V) = V_{k,0} / I_k(V) \quad (k \geqslant 2), \ \Lambda_0 = \mathbb{R}, \ \Lambda_1(V) = V ,$$

那么

$$\Lambda(V) = \sum_{k=0}^{\infty} \Lambda_k(V) .$$

用$\wedge$表示代数$\Lambda(V)$中的乘法运算, 并且称之为楔积或外积. 特别地, 包含 $v_1 \otimes \cdots \otimes v_k$ 的剩余类是$v_1 \wedge \cdots \wedge v_k$.

2.5　定义　多重线性映射

(1) $$h: \overbrace{V \times \cdots \times V}^{r\text{个}} \to W ,$$

如果对于 r个字母上的置换群 S_r 中的所有置换π, 都有

(2) $$h(v_{\pi(1)},\cdots,v_{\pi(r)}) = (\operatorname{sgn} \pi) h(v_1,\cdots,v_r) \quad (v_1,\cdots,v_r \in V) ,$$

则称 h是交错的. 式中 $\operatorname{sgn}\pi$是置换π的符号(如果π是偶置换取+1, 若π为奇置换取 −1). 把所有交错多线性函数

$$\overbrace{V \times \cdots \times V}^{r\text{个}} \to \mathbb{R}$$

构成的向量空间记为 $A_r(V)$,并且为了方便, 令 $A_0(V) = \mathbb{R}$.

2.6　将外代数的下列性质留给读者作为习题:

(a) 如果$u \in \Lambda_k(V)$，$v \in \Lambda_l(V)$，那么$u \wedge v \in \Lambda_{k+l}(V)$而且$u \wedge v = (-1)^{kl} v \wedge u$.

(b) 如果$e_1,\cdots,e_d$是V的一个基，那么

$$\{e_\Phi\} \tag{1}$$

是$\Lambda(V)$的一个基，其中，Φ取遍$\{1,\cdots,d\}$的所有子集，当然也包括空集，当Φ是$\{1,\cdots,d\}$的子集$\{i_1,\cdots,i_r\}$时，$e_\Phi = e_{i_1} \wedge \cdots \wedge e_{i_r} (i_1 < \cdots < i_r)$；当$\Phi = \varnothing$时，$e_\Phi = 1$. 特别地，

$$\begin{cases} \Lambda_d(V) \cong \mathbb{R}, \\ \Lambda_{d+j}(V) = \{0\} \quad (j > 0). \end{cases} \tag{2}$$

而且由此可知，

$$\begin{cases} \dim \Lambda(V) = 2^d, \\ \dim \Lambda_k(V) = \dbinom{d}{k} = \dfrac{d!}{k!(d-k)!} \quad (0 \leqslant k \leqslant d). \end{cases} \tag{3}$$

提示：注意到各元素$\{e_\Phi\}$张成$\Lambda(V)$. 为证明它们还是线性无关的，首先就要证明$e_1 \wedge \cdots \wedge e_d$在$\Lambda_d(V)$中不为零. 为此必须证明$e_1 \otimes \cdots \otimes e_d$不属于$I(V)$. 用基向量$e_1,\cdots,e_d$表示$I(V)$的一个任意元素，并证明它不可能等于$e_1 \otimes \cdots \otimes e_d$. 然后对于整个集合$\{e_\Phi\}$的线性无关性，以$e_i$的适当积去乘等式$\sum a_\Phi e_\Phi = 0$并且置于$\Lambda_d(V)$中，则可推出各个$a_\Phi$全部为零.

(c) 泛映射性. 令φ表示$V \times \cdots \times V$ (k个) 到$\Lambda_k(V)$中的映射$(v_1,\cdots,v_k) \mapsto v_1 \wedge \cdots \wedge v_k$，那么$\varphi$是一个交错的多重线性映射，于是对于$V \times \cdots \times V$ (k个)到向量空间W中的每个交错多重线性映射h, 唯一地对应一个线性映射$\tilde{h}: \Lambda_k(V) \to W$使得$\tilde{h} \circ \varphi = h$.

(4)

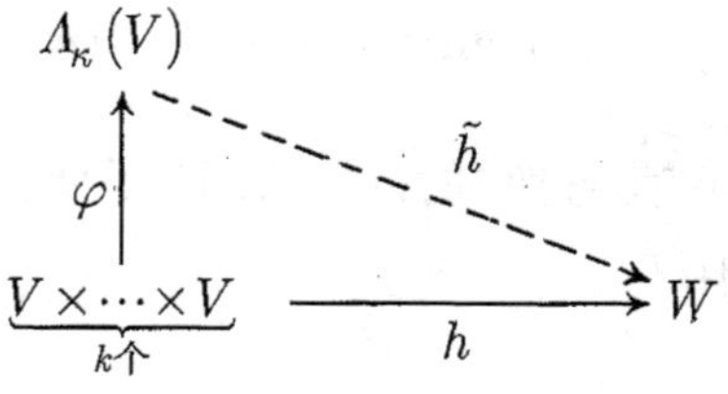

把由$\Lambda_k(V)$和φ组成的偶称为解以$V \times \cdots \times V$为定义域的交错多重线性映射的泛映射问题，而且在下述意义上这是唯一的解：如果X是一个向量空间并且$\tilde{\varphi}: V \times \cdots \times V \to X$是一个同样具有交错多重线性映射的泛映射性质的，以

$V\times\cdots\times V$ 为定义域的交错多重线性映射，那么就有一个同构 $\alpha:\Lambda_k(V)\to X$ 使得 $\alpha\circ\varphi=\tilde{\varphi}$.

在 $W=\mathbb{R}$ 的特殊情况下，图表(4)确立 $\Lambda(V_k)^*$ 与 $V\times\cdots\times V$ (k 个)上的所有交错多重线性函数组成的向量空间 $A_k(V)$ 之间的一个自然同构

(5)
$$\Lambda_k(V)^*\cong A_k(V).$$

从性质(b)得知，对于 $k>\dim V$, $A_k(V)=\{0\}$.

下面考虑空间 $V_{r,s}$ ，$\Lambda_k(V)$，$\Lambda(V)$ 与在 V 的对偶空间 V^* 上建立的相应空间 $(V^*)_{r,s}$，$\Lambda_k(V^*)$，$\Lambda(V^*)$ 之间的各种对偶性.

2.7　定义　令 V 和 W 是有限维实向量空间. V 和 W 的配对是一个双线性映射 $(\ ,\ ):V\times W\to\mathbb{R}$. 如果当 W 中的 $w\neq 0$ 时存在元素 $v\in V$ 使得 $(v,w)\neq 0$ ，且当 V 中的 $v\neq 0$ 时存在元素 $w\in W$ 使得 $(v,w)\neq 0$ ，则把这个配对称作是非奇异的.

令 V 和 W 是由 $(\ ,\ )$ 非奇异配对的. 而且用 $\varphi(v)(w)=(v,w)$ $(v\in V,w\in W)$ 定义

(1)
$$\varphi:V\to W^*.$$

由此可知 φ 是 $1:1$ 的. 类似地有一个 $1:1$ 映射 $W\to V^*$. 因此 V 和 W 有相同的维数，由此可知，φ 是 V 和 W^* 的一个同构. 因而 V 和 W 的一个非奇异配对以一种标准的方式产生一个同构 $\varphi:V\to W^*$, 而且类似地可产生一个同构 $W\to V^*$.

2.8　定义　$(V^*)_{r,s}$ 与 $V_{r,s}$ 的非奇异配对. 这个配对是一个双线性映射 $(V^*)_{r,s}\times V_{r,s}\to\mathbb{R}$ ，它在可分解元素

$$v^*=v_1^*\otimes\cdots\otimes v_r^*\otimes u_{r+1}\otimes\cdots\otimes u_{r+s}\in(V^*)_{r,s}$$

和

$$u=u_1\otimes\cdots\otimes u_r\otimes v_{r+1}^*\otimes\cdots\otimes v_{r+s}^*\in V_{r,s}$$

上得出下式:

(1)
$$(v^*,u)=v_1^*(u_1)\cdots v_{r+s}^*(u_{r+s}).$$

容易验证，只有唯一一个这样的双线性映射，而且它是一个非奇异配对，这个配对确立一个同构

(2)
$$(V^*)_{r,s}\cong(V_{r,s})^*.$$

另一方面，泛映射性质 2.2(a)的明显扩张说明有一个自然同构

(3) $$(V_{r,s})^* \cong M_{r,s}(V),$$

其中，$M_{r,s}(V)$是所有多重线性函数

$$\overbrace{V\times\cdots\times V}^{r\text{个}}\times\overbrace{V^*\times\cdots\times V^*}^{s\text{个}}\to\mathbb{R}$$

构成的向量空间. 在同构(3)之下，如果$\tilde{h}\in(V_{r,s})^*$，那么$M_{r,s}(V)$中相应的多重线性函数 h 满足

(4) $$h(v_1,\cdots,v_r,v_1^*,\cdots,v_s^*)=\tilde{h}(v_1\otimes\cdots\otimes v_r\otimes v_1^*\otimes\cdots\otimes v_s^*).$$

最后，从(2)和(3)得到一个同构

(5) $$(V^*)_{r,s}\cong M_{r,s}(V).$$

2.9　定义　$\Lambda_k(V^*)$ 与 $\Lambda_k(V)$ 的非奇异配对. 这个配对是双线性映射 $\Lambda_k(V^*)\times\Lambda_k(V)\to\mathbb{R}$，它在 $\Lambda_k(V^*)$ 中的可分解元 $v^*=v_1^*\wedge\cdots\wedge v_k^*$ 和 $\Lambda_k(V)$ 中的可分解元 $u=u_1\wedge\cdots\wedge u_k$ 上得出

(1) $$(v^*,u)=\det(v_i^*(u_j)).$$

同样容易验证，有唯一一个这样的双线性映射而且它是一个非奇异配对. 对于 k=0 来说，配对只是实数的乘法. 这个配对确立一个同构

(2) $$\Lambda_k(V^*)\cong\Lambda_k(V)^*.$$

将(2)式与 2.6(5)的自然同构

(3) $$\Lambda_k(V)^*\cong\Lambda_k(V)$$

相比较，就得到同构

(4) $$\Lambda_k(V^*)\cong\Lambda_k(V).$$

利用同构(2)，并且注意到有限直和的对偶空间标准同构于对偶空间的直和，则得到同构

(5) $$\Lambda(V^*)=\sum_{k=0}^{\infty}\Lambda_k(V^*)\cong\sum_{k=0}^{\infty}\Lambda_k(V)^*\cong\Lambda(V)^*,$$

而且从(3)可得出同构

(6) $$\Lambda(V)^* \cong A(V)=\sum_{k=0}^{\infty}A_k(V).$$

今后，无需进一步说明就可通过配对(1)而使用$\Lambda(V^*)$与$\Lambda(V)^*$的等价式(5).

2.10　关于 2.9 的注释

(a) 如果$\{e_1,\cdots,e_d\}$是V的一个基，并且在V^*中的对偶基为$\{\gamma_1,\cdots,\gamma_d\}$，那么在 2.6(b)中定义的基$\{e_\Phi\}$和$\{\gamma_\Phi\}$是$\Lambda(V)$和$\Lambda(V^*)$在同构 2.9(5)下的对偶基.

(b) 2.9 节的式(5)和式(6)确定了下列同构：

$$\Lambda(V^*)\cong\Lambda(V)^*\cong A(V).$$

其中，第二个同构是从泛映射性质 2.6(c)得出的自然同构；第一个同构，暂且称之为α，则是由对于配对 2.9(1)的选择所产生的. 在平常的应用中还有另一种配对，它是通过以

(1) $$(v^*,u)=\frac{1}{k!}\det(v_i^*(u_j))$$

代替 2.9(1)得到的. 这个配对给出$\Lambda(V^*)$和$\Lambda(V)^*$的另一个不同的同构，称之为β. 由于$\Lambda(V^*)$在楔乘之下是一个代数，所以通过上面的两种同构得到$A(V)$上的两种代数结构$\wedge_\alpha$和$\wedge_\beta$. 不难看出，若$f\in A_p(V), g\in A_q(V)$，那么$A(V)$上的这些诱导代数结构呈现出下列形式：

(2) $$f\wedge_\alpha g(v_1,\cdots,v_{p+q})=\sum_{p,q\text{乱序排列}}(\operatorname{sgn}\pi)f(v_{\pi(1)},\cdots,v_{\pi(p)})g(v_{\pi(p+1)},\cdots,v_{\pi(p+q)})$$

和

(3) $$f\wedge_\beta g(v_1,\cdots,v_{p+q})=\frac{1}{(p+q)!}\sum_{\pi\in S_{p+q}}(\operatorname{sgn}\pi)f(v_{\pi(1)},\cdots,v_{\pi(p)})g(v_{\pi(p+1)},\cdots,v_{\pi(p+q)}).$$

在这里，如果$\pi(1)<\pi(2)<\cdots<\pi(p)$且$\pi(p+1)<\cdots<\pi(p+q)$，那么置换$\pi\in S_{p+q}$称为一个“$p,q$乱序置换”. 从(2)和(3)得出

(4) $$f\wedge_\alpha g=\frac{(p+q)!}{p!q!}f\wedge_\beta g.$$

如考虑$p=q=1$的情况. 令γ和δ属于$V^*=A_1(V)$，令$v,w\in V$，那么$\gamma\wedge_\alpha\delta$和$\gamma\wedge_\beta\delta\in A_2(v)$，

而且

(5) $$\gamma\wedge_{\alpha}\delta(v,w)=\gamma(v)\delta(w)-\gamma(w)\delta(v),$$

而

(6) $$\gamma\wedge_{\beta}\delta(v,w)=\frac{1}{2}(\gamma(v)\delta(w)-\gamma(w)\delta(v)).$$

下面只使用配对 2.9(1). 它有一个优点，那就是它可以避免像(6)中$\frac{1}{2}$之类的因子.

2.11　$\Lambda(V)$上的线性变换　用$\mathrm{End}(\Lambda(V))$表示$\Lambda(V)$的所有自同态(即从$\Lambda(V)$到$\Lambda(V)$中的线性变换)组成的向量空间. 令$u\in\Lambda(V)$. 乘以 u 的左乘运算是由

(1) $$\varepsilon(u)v=u\wedge v\quad(v\in\Lambda(V))$$

定义的$\Lambda(V)$的自同态$\varepsilon(u)$. $\varepsilon(u)$的转置$i(u)$是$\Lambda(V)^*$的一个自同态. 在$\Lambda(V)^*$与$\Lambda(V^*)$的等同之下，转置$i(u)$也可以看作$\Lambda(V^*)$的自同态，而且把这个自同态称为乘以 u 的内乘. 用$\Lambda(V)$与$\Lambda(V^*)$的配对将$i(u)$定义为

(2) $$(i(u)v^*,w)=(v^*,\varepsilon(u)w)=(v^*,u\wedge w)\quad(v^*\in\Lambda(V^*),w\in\Lambda(V))$$

如果$u\in V$，那么对于每一个 k, $i(u)$把$\Lambda_k(V^*)$映射到$\Lambda_{k-1}(V^*)$中. 特别地，若$v^*\in V^*$，那么$i(u)v^*\in\mathbb{R}$，而且

$$i(u)v^*=(i(u)v^*,1)=(v^*,\varepsilon(u)\cdot 1)=(v^*,u)=v^*(u).$$

对于$\Lambda(V)$(或一般任何分次代数)的自同态l，有

(a) 若$l(u\wedge v)=l(u)\wedge v+u\wedge l(v)\quad[u,v\in\Lambda(V)]$，那么它是一个求导运算.

(b) 若$l(u\wedge v)=l(u)\wedge v+(-1)^p u\wedge l(v)\quad(u\in\Lambda_p(V),v\in\Lambda(V))$，则它是求反导数运算.

(c) 若对于每个 j, $l:\Lambda_j(V)\to\Lambda_{j+k}(V)$，那么 l 是 k 次的(当 $i<0$ 时，假定$\Lambda_i(V)=\{0\}$).

容易看出，$l\in\mathrm{End}(V)$是一个求反导数运算当且仅当在可分解元上有

(3) $$l(v_1\wedge\cdots\wedge v_j)=\sum_{i=1}^{j}(-1)^{i+1}v_1\wedge\cdots\wedge l(v_i)\wedge\cdots\wedge v_j.$$

2.12　命题　若$u\in V$，那么$i(u)$是一个-1次的求反导数运算.

证明　从定义 2.11(2), 若 $u \in V$, 那么显然 $i(u)$的次数是−1. 为了证明 $i(u)$是求反导数运算, 要验证 2.11(3)成立. 为此只要看出当与 $\Lambda(V)$ 的一个形如 $w_2 \wedge \cdots \wedge w_j$ 的元素配对时, 2.11(3)两边给出同样的结果即可. 也就是必须证明

$$(1)\qquad (i(u)(v_1^* \wedge \cdots \wedge v_j^*), w_2 \wedge \cdots \wedge w_j)$$

$$= \left(\sum_{i=1}^{i} (-1)^{i+1} v_1^* \wedge \cdots \wedge i(u) v_i^* \wedge \cdots \wedge v_j^*, w_2 \wedge \cdots \wedge w_j \right).$$

现在, 式(1)的左边等于

$$(v_1^* \wedge \cdots \wedge v_j^*, u \wedge w_2 \wedge \cdots \wedge w_j) = \det(v_i^*(w_l)),$$

置 $w_1 = u$. 式(1)的右边为

$$\sum_{i=1}^{j} (-1)^{i+1} v_i^*(u)(v_1^* \wedge \cdots \wedge \hat{v}_i^* \wedge \cdots \wedge v_j^*, w_2 \wedge \cdots \wedge w_j)$$

$$= \sum_{i=1}^{j} (-1)^{i+1} v_i^*(u) \det(v_k^*(w_l)) \quad (k = 1, \cdots, \hat{i}, \cdots j; l = 2, \cdots, j)$$

$$= \det(v_i^*(w_l)) \quad (i = 1, \cdots, j; l = 1, \cdots, j).$$

(其中, 某个字符上面的符号^表示把该字符删去.)

2.13　线性变换的作用　令 $l : V \to W$ 是一个线性变换, 那么 l 能够扩张成一个代数同态

$$(1)\qquad l : \Lambda(V) \to \Lambda(W),$$

其中,

$$l(v_1 \wedge \cdots \wedge v_k) = l(v_1) \wedge \cdots \wedge l(v_k), \quad l(1) = 1.$$

转置 $\delta l : W^* \to V^*$ 也能扩张成一个代数同态

$$(2)\qquad \delta l : \Lambda(W^*) \to \Lambda(V^*).$$

$\Lambda(V^*)$ 与 $\Lambda(V)^*$ 的同构 2.9(5)以及 $\Lambda(W^*)$ 与 $\Lambda(W)^*$ 的同构, 在(2)是(1)的转置的意义上是自然的, 即

$$(3)\qquad (\delta l(w^*), v) = (w^*, l(v)) \quad (w^* \in \Lambda(W^*), v \in \Lambda(V)).$$

2　张量场和微分形式

2.14　定义　令 M 是一个微分流形, 定义

(1) $$T_{r,s}(M)=\bigcup_{m\in M}(M_m)_{r,s}\text{ 为 }M\text{ 上的}(r,s)\text{型张量丛.}$$

(2) $$\Lambda_k^*(M)=\bigcup_{m\in M}\Lambda_k(M_m^*)\text{ 是 }M\text{ 上的外 }k\text{ 丛.}$$

(3) $$\Lambda^*(M)=\bigcup_{m\in M}\Lambda(M_m^*)\text{ 为 }M\text{ 上的外代数丛.}$$

在 $k=0$ 和 $(r,s)=(0,0)$ 的情况下, 式(1)和式(2)中的并运算是实直线拷贝的不交并, 而且 M 的每一个点对应一个实直线的拷贝. $T_{r,s}(M)$, $\Lambda_k^*(M)$ 和 $\Lambda^*(M)$ 都具有自然的流形结构使得到 M 上的标准投影映射是 C^∞ 的. 如果 (U,φ) 是 M 上以 $y_1,\cdots,y_d$ 为坐标函数的坐标系, 那么对于 $m\in U$, 由 M_m 的基 $\left\{\dfrac{\partial}{\partial y_i}\right\}$ 和 M_m^* 的基 $\{\mathrm{d}y_i\}$ 即可得出 $(M_m)_{r,s}$, $\Lambda_k(M_m^*)$ 以及 $\Lambda(M_m^*)$ 的基. 例如, $\Lambda_k(M_m^*)$ 的基是 $\{\mathrm{d}y_{i_1}\wedge\cdots\wedge\mathrm{d}y_{i_k}:i_1<\cdots<i_k\}$. 利用这些基, 就能定义 U 在各自的投影映射下分别在 $T_{r,s}(M)$, $\Lambda_k^*(M)$ 和 $\Lambda^*(M)$ 中的逆像到 $\varphi(U)\times$(适当维数的 Euclid 空间)的映射. 通过要求这些映射是坐标系, 就能得到 $T_{r,s}(M)$, $\Lambda_k^*(M)$ 和 $\Lambda^*(M)$ 上的自然的流形结构, 正如以前在 1.25 中对 $T(M)$ 和 $T^*(M)$ 所做的那样(顺便说一下, $T^*(M)$ 就是 $\Lambda_1^*(M)$).

2.15　定义　对于从 M 到 $T_{r,s}(M)$, $\Lambda_k^*(M)$ 或 $\Lambda^*(M)$ 中的一个 C^∞ 映射, 如果它与标准投影的复合是恒等映射, 那么相应地分别称之为 M 上的 (r,s) 型(光滑)张量场, M 上的 k 次(微分)形式或 M 上的(微分)形式. 由于我们所考虑的张量场和微分形式, 在这种意义上总是光滑的, 所以除非为了特别强调, 将把定语“光滑”和“微分”省略.

2.16　评注　提升 $\alpha:M\to T_{r,s}(M)$ 是一个 (r,s) 型光滑张量场当且仅当对 M 上的每个坐标系 $(U,y_1,\cdots,y_d)$,

(1) $$\alpha|_U=\sum a_{i_1,\cdots,i_r;j_1,\cdots,j_s}\frac{\partial}{\partial y_{i_1}}\otimes\cdots\otimes\frac{\partial}{\partial y_{i_r}}\otimes\mathrm{d}y_{j_1}\otimes\cdots\otimes\mathrm{d}y_{j_s},$$

其中, $a_{i_1,\cdots,i_r;j_1,\cdots,j_s}\in C^\infty(U)$ (在经典的张量概念中, 在切向量上用下标; 在函数和

微分上使用上标, 而在系数上则相反. 因而(1)中的单项呈现出下列形式:

$$a^{i_1,\cdots,i_r}_{j_1,\cdots,j_s}\frac{\partial}{\partial y^{i_1}}\otimes\cdots\otimes\frac{\partial}{\partial y^{i_r}}\otimes \mathrm{d}y^{j_1}\otimes\cdots\otimes \mathrm{d}y^{j_s}).$$

提升 $\beta: M\to \Lambda_k^*(M)$ 是 k 次微分形式, 当且仅当对 M 上的每个坐标系 $(U,y_1,\cdots,y_d)$,

(2) $$\beta\,|_U=\sum_{i_1,<,\cdots,<i_k} b_{i_1,\cdots,i_k}\mathrm{d}y_1\wedge\cdots\wedge \mathrm{d}y_{i_k},$$

其中, $b_{i_1,\cdots,i_k}$ 是 U 上的 C^∞ 函数.

2.17　定义　用 $E^k(M)$ 表示 M 上所有光滑 k 形式的集合, 而且用 $E^*(M)$ 表示 M 上所有微分形式的集合. $E^0(M)$ 可等同于 $C^\infty(M)$; 实际上, 微分流形 $\Lambda_0^*(M)$ 就是 $M\times\mathbb{R}$, 而 M 到 $M\times\mathbb{R}$ 中的光滑提升就是 M 上的 C^∞ 函数的图. 可以对形式进行加法和数乘运算, 还可给出一种乘积运算 $(\wedge)$. 如果 $\omega,\ \varphi\in E^*(M)$, $c\in\mathbb{R}$, 那么 $\omega+\varphi$, $c\omega$ 和 $\omega\wedge\varphi$ 分别是在 m 点取值为 $\omega_m+\varphi_m$, $c\omega_m$ 和 $\omega_m\wedge\varphi_m$ 的形式. 在 f 是 0 形式且 $\omega\in E^*(M)$ 的情况下, $f\wedge\omega$ 简写成 $f\omega$. 从而 $E^*(M)$ 不仅具有环 $C^\infty(M)$ 上的模结构而且关于楔积具有 $\mathbb{R}$ 上的分次代数结构.

2.18　令 $\omega\in E^*(M)$, 那么 $\omega_m\in\Lambda_k(M_m^*)$, 而且[通过对偶性 2.9(4)]可以把它看作 M_m 上的交错多重线性函数. 因此若 $X_1,\cdots,X_k$ 是 M 上的向量场, 那么 $\omega(X_1,\cdots,X_k)$ 有意义——它是一个在 m 点取值为

(1) $$\omega(X_1,\cdots,X_k)(m)=\omega_m(X_1(m),\cdots,X_k(m))$$

的函数. 因而, 如果令 $\mathfrak{X}(M)$ 表示 M 上光滑向量场的 $C^\infty(M)$ 模, 那么

(2) $$\omega:\overbrace{\mathfrak{X}(M)\times\cdots\times\mathfrak{X}(M)}^{k\text{个}}\to C^\infty(M),$$

而且它是从模 $\mathfrak{X}(M)$ 到 $C^\infty(M)$ 中的一个交错多重线性映射. 需强调指出, ω 在 C^∞ 模 $\mathfrak{X}(M)$ 上是多重线性的, 即每当 $f,g\in C^\infty(M)$, $X_1,\cdots,X_{i-1},X,Y,X_{i+1},\cdots,X_k\in\mathfrak{X}(M)$ 时, 就有

(3) $$\begin{aligned}&\omega(X_1,\cdots,X_{i+1},fX+gY,X_{i+1},\cdots,X_k)\\&=f\omega(X_1,\cdots,X_{i-1},X,X_{i+1},\cdots,X_k)+g\omega(X_1,\cdots,X_{i-1},Y,X_{i+1},\cdots,X_k).\end{aligned}$$

反过来, 注意到模 $\mathfrak{X}(M)$ 到 $C^\infty(M)$ 中的任何交错 $C^\infty(M)$ 多重线性映射(2)定

义一个形式，这将是有用的；因为能够断定若ω是这样一个映射，那么$\omega(X_1,\cdots,X_k)(m)$只依赖于向量场$X_i$在 m 点的值. 暂且假定这一点，那么由此可知ω在M_m上定义一个交错多重线性函数ω_m，并由此定义$\Lambda_k(M_m^*)$的一个元素，即若给定$(v_1,\cdots,v_k)\in M_m\times\cdots\times M_m$，则可选取$V_1,\cdots,V_k\in\mathfrak{X}(M)$使得$V_i(m)=v_i(i=1,\cdots,k)$，并且定义

$$\omega_m(v_1,\cdots,v_k)=\omega(V_1,\cdots,V_k)(m). \tag{4}$$

根据断言，$\omega_m(v_1,\cdots,v_k)$是完全确定的，它不依赖于扩张V_i的选取. 因而ω给出M到$\Lambda^*(M)$中的一个提升$m\mapsto\omega_m$，并且容易看出它是光滑的，因此ω是一个形式.

为了记号简单，以ω是模$\mathfrak{X}(M)$到$C^\infty(M)$中的一个线性映射为例来证明断言. 令$X\in\mathfrak{X}(M)$. 要证明$\omega(X)(m)$只依赖于$X(m)$. 只需证明当$X(m)=0$时，$\omega(X)(m)=0$即可. 令$(U,x_1,\cdots,x_d)$是 m 点的一个坐标系，那么在 U 上有$X=\sum a_i\left(\dfrac{\partial}{\partial x_i}\right)$，其中，$a_i(m)=0$. 现在令$\varphi$是这样一个$C^\infty$函数:它在 m 的一个邻域$V\subset U$上取值为 1，而在$M-U$的一个邻域上取值为零(见 1.10)，那么向量场X_i[它在U上是$\varphi\left(\dfrac{\partial}{\partial X_i}\right)$，而在其他地方为0]是$M$上的一个$C^\infty$向量场；函数$\tilde{a}_i$(它在$U$上是$\varphi a_i$而在别处为 0)属于$C^\infty(M)$，而且

$$X=\sum\tilde{a}_iX_i+(1-\varphi^2)X. \tag{5}$$

从而

$$\omega(X)(m)=\sum\tilde{a}_i(m)\omega(X_i)(m)+((1-\varphi^2)(m))(\omega(X)(m))=0. \tag{6}$$

因而就像已经证明的那样，当$X(m)=0$时，$\omega(X)(m)=0$.

最后指出，通过对偶性 2.8(5)可以对张量场给出类似的解释. 如果 T 是一个(r,s)型张量场，那么可以把 T 看作一个映射

$$T:\overbrace{E^1(M)\times\cdots\times E^1(M)}^{r个}\times\overbrace{\mathfrak{X}(M)\times\cdots\times\mathfrak{X}(M)}^{s个}\to C^\infty(M), \tag{7}$$

它关于$C^\infty(M)$模$E^1(M)$和$\mathfrak{X}(M)$是$C^\infty(M)$多重线性的.

注意到当$\omega,\varphi\in E^1(M),X,Y\in\mathfrak{X}(M)$时，2.10(b)的公式(2)所呈现出的简单形式. 在这种情况下，有

$$\omega\wedge\varphi(X,Y)=\omega(X)\varphi(Y)-\omega(Y)\varphi(X). \tag{8}$$

2.19　定义　如果 $f \in C^{\infty}(M)$，那么微分 $\mathrm{d}f$ 是 $T(M)$ 到 $\mathbb{R}$ 中的光滑映射，而且它在每个切空间上都是线性的. 因而可以把 $\mathrm{d}f$ 看作是一个 1 形式，$\mathrm{d}f: M \to \Lambda_1^*(M)$. 把 1 形式 $\mathrm{d}f$ 称为 0 形式 f 的外导数，而且这个外微分算子 d 有一个由下列定理给出的到 $E^*(M)$ 的重要扩张.

2.20　定理(外微分)　存在唯一的一个+1 阶反导数算子 $\mathrm{d}: E^*(M) \to E^*(M)$，使得

(1) $d^2 = 0$.

(2) 当 $f \in C^{\infty}(M) = E^0(M)$ 时，$\mathrm{d}f$ 是 f 的微分.

证明　存在性. 令 $p \in M$. 令 $E^*(p)$ 是由在 M 的包含 p 点的开子集上定义的所有光滑形式的集合，并且 $E^k(p)$ 是相应的 k 形式的集合. 固定 p 点的一个坐标系 $(U, x_1, \cdots, x_d)$. 如果 $\omega \in E^*(p)$，那么

(3)
$$\omega \mid_{(\mathrm{dom}\omega)\cap U} = \sum a_{\Phi} \mathrm{d}x_{\Phi},$$

其中，$a_{\Phi} \in C^{\infty}((\mathrm{dom}\omega)\cap U)$，$\Phi$ 遍历 $\{1,\cdots,d\}$ 的所有子集，而且当 $\Phi = \{i_1 < \cdots < i_r\}$ 时，$\mathrm{d}x_{\Phi}$ 就是 $\mathrm{d}x_{i_1} \wedge \cdots \wedge \mathrm{d}x_{i_r}$，或当 $\Phi = \varnothing$ 时，它是常函数 1，定义 $\mathrm{d}\omega$ 在 p 点为

(4)
$$\mathrm{d}\omega_p = \sum \mathrm{d}a_{\Phi} \mid_p \wedge \mathrm{d}x_{\Phi} \mid_p \in \Lambda(M_p^*).$$

必须证明 $\mathrm{d}\omega_p$ 的定义不依赖于坐标系的选取. 但是首先给出下列性质:

(a) $\omega \in E^r(p) \Rightarrow \mathrm{d}\omega_p \in \Lambda_{r+1}(M_p^*)$.

(b) $\mathrm{d}\omega_p$ 只依赖于 ω 在 p 点的芽.

(c) $\mathrm{d}(a_1\omega_1 + a_2\omega_2) \mid_p = a(\mathrm{d}\omega_1) \mid_p + a_2(\mathrm{d}\omega_2) \mid_p (a_i \in \mathbb{R}, \omega_i \in E^*(p))$，其中，$a_1\omega_1 + a_2\omega_2$ 的定义域是(ω_1 的定义域$\cap \omega_2$ 的定义域).

(d) $\mathrm{d}(\omega_1 \wedge \omega_2) \mid_p = \mathrm{d}\omega_1 \mid_p \wedge \omega_2 \mid_p + (-1)^r \omega_1 \mid_p \wedge \mathrm{d}\omega_2 \mid_p \quad (\omega_1 \in E^r(p), \omega_2 \in E^*(p))$.

鉴于性质(b)和(c)，只需在 p 的某个邻域上对 $\omega_1 = f\mathrm{d}x_{i_1} \wedge \cdots \wedge \mathrm{d}x_{i_r}$ 和 $\omega_2 = g\mathrm{d}x_{j_1}, \wedge \cdots \wedge \mathrm{d}x_{j_s}$ 来验证(d)即可. 对于 $r=s=0$ 的情况，性质(d)就是 $\mathrm{d}(f \cdot g) \mid_p = \mathrm{d}f_p \cdot g(p) + f(p) \cdot \mathrm{d}g_p$，对于 r 或 s 中只有一个为 0 的情况是类似的. 现在设 $r > 0$ 且 $s > 0$，如果 $\{i_1, \cdots, i_r\} \cap \{j_1, \cdots, j_s\} \neq \varnothing$，那么两边为 0，因而假定这个交是空集，那么

$$(f\mathrm{d}x_{i_1} \wedge \cdots \wedge \mathrm{d}x_{i_r}) \wedge (g\mathrm{d}x_{j_1} \wedge \cdots \wedge \mathrm{d}x_{j_s}) = \varepsilon f \cdot g\mathrm{d}x_{l_1} \wedge \cdots \wedge \mathrm{d}x_{l_{r+s}},$$

其中，$l_1 < \cdots < l_{r+s}$，ε 是所进行的置换的符号. 因而有

$$\begin{aligned}
\mathrm{d}(\omega_1 \wedge \omega_2)|_p &= \mathrm{d}(\varepsilon f \cdot g \mathrm{d}x_{l_1} \wedge \cdots \wedge \mathrm{d}x_{l_{r+s}})|_p \\
&= \varepsilon(\mathrm{d}f_p \cdot g(p) + f(p) \cdot \mathrm{d}g_p) \wedge \mathrm{d}x_{l_r}|_p \wedge \cdots \wedge \mathrm{d}x_{l_{r+s}}|_p \\
&= (\mathrm{d}f_p \wedge \mathrm{d}x_{i_1}|_p \wedge \cdots \wedge \mathrm{d}x_{i_r}|_p) \wedge (g(p)\mathrm{d}x_{j_1}|_p \wedge \cdots \wedge \mathrm{d}x_{j_s}|_p) \\
&\quad + (-1)^r (f(p)\mathrm{d}x_{i_1}|_p \wedge \cdots \wedge \mathrm{d}x_{i_r}|_p) \wedge (\mathrm{d}g_p \wedge \mathrm{d}x_{j_1}|_p \wedge \cdots \wedge \mathrm{d}x_{j_s}|_p) \\
&= \mathrm{d}\omega_1|_p \wedge \omega_2|_p + (-1)^r \omega_1|_p \wedge \mathrm{d}\omega_2|_p .
\end{aligned}$$

(e) 如果 f 是 p 点的邻域上的 C^∞ 函数，那么 $\mathrm{d}(\mathrm{d}f)|_p = 0$. 因为在 $(\mathrm{dom} f) \cap U$ 上，$\mathrm{d}f = \sum \left(\dfrac{\partial f}{\partial x_i}\right) \mathrm{d}x_i$，所以

$$\mathrm{d}(\mathrm{d}f)\big|_p = \sum \mathrm{d}\left(\frac{\partial f}{\partial x_i}\right)\bigg|_p \wedge \mathrm{d}x_i|_p = \sum_{i,j} \frac{\partial^2 f}{\partial x_j \partial x_i}\bigg|_p \mathrm{d}x_j\big|_p \wedge \mathrm{d}x_i\big|_p .$$

但是 $\left(\dfrac{\partial^2 f}{\partial x_j \partial x_i}\right)(p) = \left(\dfrac{\partial^2 f}{\partial x_i \partial x_j}\right)(p)$，　而 $\mathrm{d}x_j|_p \wedge \mathrm{d}x_i|_p = -\mathrm{d}x_i|_p \wedge \mathrm{d}x_j|_p$. 因此 $\mathrm{d}(\mathrm{d}f)|_p = 0$.

现在可以断定 d 在 p 点的定义不依赖于坐标选取. 因为令 d' 在 $E^*(p)$ 上是关于另一个坐标系而定义的，并且令 $\omega \in E^*(p)$，那么 ω 在 $(\mathrm{dom}\omega) \cap U$ 上由式(3)给出，又因为 d' 也必然满足性质(a) ~ (e). 由此可知

(5)
$$\begin{aligned}
\mathrm{d}'(\omega)|_p &= \mathrm{d}'(\textstyle\sum a_\Phi \mathrm{d}x_{i_1} \wedge \cdots \wedge \mathrm{d}x_{i_r})|_p && (\text{由(b)}) \\
&= \textstyle\sum \mathrm{d}'(a_\Phi \mathrm{d}x_{i_1} \wedge \cdots \wedge \mathrm{d}x_{i_r})|_p && (\text{由(c)}) \\
&= \textstyle\sum \mathrm{d}'(a_\Phi)|_p \wedge \mathrm{d}x_{i_1}|_p \wedge \cdots \wedge \mathrm{d}x_{i_r}|_p \\
&\quad + \textstyle\sum (-1)^{k-1} a_\Phi|_p \mathrm{d}x_{i_1}|_p \wedge \cdots \wedge \mathrm{d}'(\mathrm{d}x_{i_k})|_p \wedge \cdots \wedge \mathrm{d}x_{i_r}|_p && (\text{由(d)}) \\
&= \textstyle\sum \mathrm{d}(a_\Phi)|_p \wedge \mathrm{d}x_{i_1}|_p \wedge \cdots \wedge \mathrm{d}x_{i_r}|_p && (\text{由(e)}) \\
&= \mathrm{d}\omega_p.
\end{aligned}$$

如果 $\omega \in E^*(M)$，那么定义 $\mathrm{d}\omega$ 是这样一个形式，它就像是从 M 到 $\Lambda^*(M)$ 中将 p 变成 $\mathrm{d}\omega_p$ 的一个提升. 由此可知，$\mathrm{d}^2 = 0$，因为若 $\omega \in E^*(M)$，$p \in M$，那么 $\mathrm{d}\omega$ 在 p 的一个坐标邻域上具有形式 $\sum \mathrm{d}a_\Phi \wedge \mathrm{d}x_\Phi$，从而由性质(e)和性质(d),

$$\mathrm{d}(\mathrm{d}\omega)\,|_p = \sum \mathrm{d}(\mathrm{d}a_\Phi \wedge \mathrm{d}x_\Phi)\,|_p = 0\,.$$

由此可知, d 是 $E^*(M)$ 的+1 阶反导数算子并且满足(1)和(2).

唯一性. 令 d' 也是 $E^*(M)$ 的一个满足(1)和(2)的+1 阶反导数算子. 首先证明, 如果 $\omega \in E^*(M)$ 并且ω在 p 的一个邻域上为零, 那么 $\mathrm{d}'\omega\,|_p = 0$. 选取一个 C^∞ 函数φ使得它在 p 的一个邻域上为 0, 而在 $M-W$ 的一个邻域上为 1, 那么 $\varphi\omega = \omega$ 并且

$$\mathrm{d}'(\omega)\,|_p = \mathrm{d}'(\varphi\omega)\,|_p = \mathrm{d}'(\varphi)\,|_p \wedge \omega_p + \varphi(p)\mathrm{d}'\omega\,|_p = 0\,.$$

现在, d' 仅在 $E^*(M)$ 的元素上有定义, 即只在 M 上整体定义的形式上有定义. 希望能在 $E^*(M)$ 上对每个点 $p \in M$ 来定义 d'. 如果 $\omega \in E^*(M)$, 那么可以把ω扩张成 M 上的一个与ω在 p 点有相同的芽的形式. 简单地令φ是一个 C^∞ 函数并且使它在 p 的一个邻域上取值为 1, 而且具有在ω的定义域内的支集, 那么 $\varphi\omega \in E^*(M)$ ($\varphi\omega$在ω的定义域之外被定义为 0), 并且在 p 点的一个邻域上$\varphi\omega$与ω一致. 因而可以定义

$$\mathrm{d}'(\omega)\,|_p = \mathrm{d}'(\varphi\omega)\,|_p\,,$$

而且由上面的评注, 这个定义不依赖于扩张的选取. 因而 $\mathrm{d}'(\omega)\,|_p$ 对 $E^*(p)$ 中的所有 ω 都有定义并且显然满足性质(a)~(e). [在(d)中, 通过对适当的φ用 $\varphi\omega_1 \wedge \varphi\omega_2$ 将 $\omega_1 \wedge \omega_2$ 扩张成 M 上的一个形式; 在(e)中, 注意到 $\mathrm{d}'(\mathrm{d}f)\big|_p = \mathrm{d}'(\varphi\mathrm{d}f)\big|_p = \mathrm{d}'(\mathrm{d}(\varphi f))\big|_p = 0$. 因为 $\mathrm{d}\varphi(p) = 0$, 又因为 d' 满足(1)和(2)]. 等式(5)现在蕴涵着每当 $\omega \in E^*(p)$, 特别是每当 $\omega \in E^*(M)$ 时, $\mathrm{d}'(\omega)\,|_p = \mathrm{d}(\omega)\,|_p$. 这就证明了唯一性.

注意到, 从上面的证明显然有当 U 是 M 中的开集时, $\mathrm{d}\omega\,|_U = \mathrm{d}(\omega\,|_U)$.

2.21　内乘以向量场　令 X 是 M 上的一个光滑向量场, 令 $\omega \in E^*(M)$. 用 X 对ω的内乘积是形式 $i(X)\omega$, 它在 m 点的值是以 X_m 乘 ω_m 的内积(见 2.11(2)):

(1)
$$(i(X)\omega)\,|_m = i(X_m)(\omega_m)\,.$$

从 2.16(2)容易得知 $i(X)\omega$ 是光滑的. 再从 2.12 可知 $i(X): E^*(M) \to E^*(M)$ 是一个 −1 阶反导数算子.

2.22　映射的效应　令 $\psi: M \to N$ 是一个光滑映射, 令 $m \in M$, 那么就有微分 $\mathrm{d}\psi: M_m \to N_{\psi(m)}$, 它的转置是 $\delta\psi: N^*_{\psi(m)} \to M^*_m$, 而且诱导的代数同态是 $\delta\psi: \Lambda(N^*_{\psi(m)}) \to \Lambda(M^*_m)$. 如果$\omega$是 N 上的一个形式, 那么通过置

(1) $$\delta\psi(\omega)|_m = \delta\psi(\omega|_{\psi(m)})$$

能够将ω拉回成 M 上的形式. 这是微分形式特别优美的特征之一. 在光滑映射下, 能将它们从映射的值域拉回到定义域. 另一方面, 向量场在映射之下就不能表现出这样好的性态.

2.23　命题　令 $\psi: M \to N$ 是一个光滑映射, 那么

(a) $\delta\psi: E^*(N) \to E^*(M)$ 而且它是一个代数同态.

(b) $\delta\psi$ 与 d 交换, 即 $\mathrm{d}(\delta\psi(\omega)) = \delta\psi(\mathrm{d}\omega) \quad (\omega \in E^*(N))$.

(c) 对于 $\omega \in E^k(N)$ 和 M 上的向量场 $X_1,\cdots,X_k$, $\delta\psi(\omega)(X_1,\cdots,X_k)(m) = \omega_{\psi(m)}(\mathrm{d}\psi(X_1(m)),\cdots,\mathrm{d}\psi(X_k(m)))$.

证明　从2.13, 结论(c)是明显的; 2.13(2)和定义2.22(1)蕴涵着 $\delta\psi$ 是一个代数同态. 在证实对于 $\omega \in E^*(N)$ 来说 $\delta\psi(\omega)$ 实际上是一个光滑形式之前, 注意到(b)的下列特殊情况:如果 $f \in C^\infty(N)$, 那么 $\delta\psi(f) = f \circ \psi \in C^\infty(M)$, 而且 1.23(d)蕴涵着

(1) $$\delta\psi(\mathrm{d}f) = \mathrm{d}(f \circ \psi) = \mathrm{d}(\delta\psi(f)).$$

现在令 $\omega \in E^*(N), m \in M$. 选取 $\psi(m)$ 的一个坐标系 $(U, x_1,\cdots,x_d)$ 和 m 的一个邻域 V 使得 $\psi(V) \subset U$, 那么就有 U 上的 C^∞ 函数 a_Φ 使得

(2) $$\omega|_U = \sum a_\Phi \mathrm{d}x_{i_1} \wedge \cdots \wedge \mathrm{d}x_{i_r}.$$

由此可得

(3) $$\delta\psi(\omega)|_V = \sum a_\Phi \circ \psi \mathrm{d}(x_{i_1} \circ \psi) \wedge \cdots \wedge \mathrm{d}(x_{i_r} \circ \psi),$$

这是 V 上的一个光滑形式. 因此 $\delta\psi(\omega) \in E^*(M)$, 从而(a)得证. 为了完成(b)的证明, 利用(3)得

(4) $$\begin{aligned} \mathrm{d}(\delta\psi(\omega))|_m &= \mathrm{d}(\sum a_\Phi \circ \psi \mathrm{d}(x_{i_1} \circ \psi) \wedge \cdots \wedge \mathrm{d}(x_{i_r} \circ \psi))|_m \\ &= \sum (\mathrm{d}(a_\Phi \circ \psi) \wedge \mathrm{d}(x_{i_1} \circ \psi) \wedge \cdots \wedge \mathrm{d}(x_{i_r} \circ \psi))|_m \\ &= \delta\psi(\sum \mathrm{d}a_\Phi \wedge \mathrm{d}x_{i_1} \wedge \cdots \wedge \mathrm{d}x_{i_r})|_m \\ &= \delta\psi(\mathrm{d}\omega)|_m. \end{aligned}$$

因而(b)得证, 于是证明全部完成.

3 Lie 导数

2.24　定义　把张量场和微分形式对于向量场进行微分运算，把所得到的导数称为 Lie(李)导数，现在将它定义如下．在流形 M 上固定一个光滑向量场 X．回想起曾用 X_t 表示与 X 相伴的局部单参数变换群(见 1.48)．令 Y 是 M 上的另一个光滑向量场．我们将定义 Y 在点 $m\in M$ 处关于 X 的导数．首先沿着 X 的过 m 点的积分曲线移到 $X_t(m)$ 点，并在该点处为 Y 赋值．然后通过微分同胚 X_{-t} 的微分 $\mathrm{d}X_{-t}$ 将 $Y_{X_t(m)}$ 移回到 M_m．在 M_m 中取向量 $\mathrm{d}X_{-t}(Y_{X_t(m)})$ 与 Y_m 的差，并将这个差除以 t，然后再取当 $t\to 0$ 时的极限．换句话说，考虑 M_m 值的光滑函数 $t\mapsto \mathrm{d}X_{-t}(Y_{X_t(m)})$，并且取它在 $t=0$ 点的导数．结果得到 M_m 中的一个向量，将它称为 Y 在 m 点关于 X 的 Lie 导数，并记为 $(L_XY)_m$．因而定义

$$(1)\qquad (L_XY)_m=\lim_{t\to 0}\frac{\mathrm{d}X_{-t}(Y_{X_t(m)})-Y_m}{t}=\left.\frac{\mathrm{d}}{\mathrm{d}t}\right|_{t=0}(\mathrm{d}X_{-t}(Y_{X_t}(m))).$$

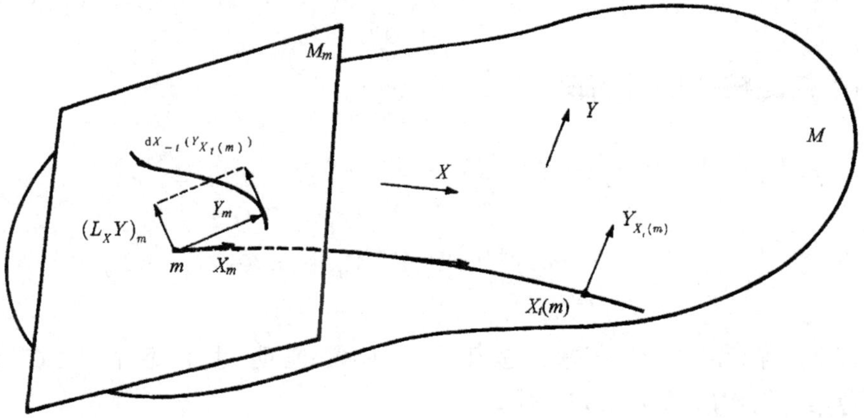

可以用类似的方法定义一个微分形式 ω 关于向量场 X 的 Lie 导数．只是在这种情况下，是在 $X_t(m)$ 点为 ω 赋值，然后通过 δX_t 拉回到 $\Lambda(M_m^*)$，并且在那里取与 $\omega(m)$ 的差，除以 t，再取当 $t\to 0$ 时的极限．因而定义

$$(2)\qquad (L_X\omega)_m=\lim_{t\to 0}\frac{\delta X_t(\omega_{X_t(m)})-\omega_m}{t}=\left.\frac{\mathrm{d}}{\mathrm{d}t}\right|_{t=0}(\delta X_t(\omega_{X_t(m)})).$$

在命题 2.25 中将肯定 $L_X\omega$ 和 L_XY 的光滑性．Lie 导数能够以明显的方式扩张到任

意张量场上. 如果 T 是一个(r,s)型张量场, 那么$(L_XT)_m$是$(M_m)_{(r,s)}$值的函数在 $t=0$的导数, 如果

$$T\,|_{X_t(m)}= v_1\otimes\cdots\otimes v_r\otimes v_1^*\otimes\cdots\otimes v_s^*,$$

那么这个导数在t点的值是

$$\mathrm{d}X_{-t}(v_1\otimes\cdots\otimes v_r)\otimes\delta X_t(v_1^*\otimes\cdots\otimes v_s^*).$$

2.25 命题 令X是M上的C^∞向量场, 那么

(a) 当$f\in C^\infty(M)$时, $L_Xf=X(f)$.

(b) 对于M上的每个C^∞向量场$Y, L_XY=[X,Y]$.

(c) $L_X:E^*(M)\to E^*(M)$, 而且它是一个与d交换的求导算子.

(d) 在$E^*(M)$上, $L_X=i(X)\circ\mathrm{d}+\mathrm{d}\circ i(X)$.

(e) 令$\omega\in E^p(M)$, 令$Y_0,\cdots,Y_p$是M上的C^∞向量场, 那么

$$L_{Y_0}(\omega(Y_1,\cdots,Y_p))=(L_{Y_0}\omega)(Y_1,\cdots,Y_p)+\sum_{i=1}^{p}\omega(Y_1,\cdots,Y_{i-1},L_{Y_0}Y_i,Y_{i+1},\cdots,Y_p).$$

(f) 假设条件同(e)中所设, 那么

$$\mathrm{d}\omega(Y_0,\cdots,Y_p)=\sum_{i=0}^{p}(-1)^iY_i\omega(Y_0,\cdots,\hat{Y}_i,\cdots,Y_p)$$
$$+\sum_{i<j}(-1)^{i+j}\omega([Y_i,Y_j],Y_0,\cdots,\hat{Y}_i,\cdots,\hat{Y}_j,\cdots,Y_p).$$

证明 把(a)留作习题. 至于(b), 只需证明对于每个$f\in C^\infty(M)$, $L_XY(f)=[X,Y]f$. 令$m\in M$, 那么

$$(1)\qquad (L_XY)(f)=\left(\lim_{t\to 0}\frac{dX_{-t}Y_{X_t(m)}-Y_m}{t}\right)(f)$$
$$=\left.\frac{\mathrm{d}}{\mathrm{d}t}\right|_{t=0}[(\mathrm{d}X_{-t}(Y_{X_t(m)}))(f)]$$
$$=\left.\frac{\mathrm{d}}{\mathrm{d}t}\right|_{t=0}[Y_{X_t(m)}(f\circ X_{-t})].$$

在$\mathbb{R}^2$中(0,0)的一个邻域上, 通过令

(2)
$$H(t,u)=f(X_{-t}(Y_u(X_t(m))))$$

来定义一个实值函数 H, 那么由(a),

(3)
$$Y_{X_t(m)}(f\circ X_{-t})=\left.\frac{\partial}{\partial r_2}\right|_{(t,0)} H(t,u),$$

并且(1)变成

(4)
$$(L_XY)_m(f)=\left.\frac{\partial^2 H}{\partial r_1\partial r_2}\right|_{(0,0)}.$$

为了求出这个导数的值, 令

(5)
$$K(t,u,s)=f(X_s(Y_u(X_t(m)))),$$

那么 $H(t,u)=K(t,u,-t)$. 由链式法则可得

(6)
$$\left.\frac{\partial^2 H}{\partial r_1\partial r_2}\right|_{(0,0)}=\left.\frac{\partial^2 K}{\partial r_1\partial r_2}\right|_{(0,0,0)}-\left.\frac{\partial^2 K}{\partial r_3\partial r_2}\right|_{(0,0,0)}.$$

现在, $K(t,u,0)=f(Y_u(X_t(m)))$. 因此

(7)
$$\begin{cases}\left.\dfrac{\partial K}{\partial r_2}\right|_{(t,0,0)}=Y_{X_t(m)}(f),\\[2ex]\left.\dfrac{\partial^2 K}{\partial r_1\partial r_2}\right|_{(0,0,0)}=X_m(Yf).\end{cases}$$

同样, $K(0,u,s)=f(X_s(Y_u(m)))$. 由此

(8)
$$\begin{cases}\left.\dfrac{\partial K}{\partial r_3}\right|_{(0,u,0)}=Xf(Y_u(m)),\\[2ex]\left.\dfrac{\partial^2 K}{\partial r_2\partial r_3}\right|_{(0,0,0)}=Y_m(Xf).\end{cases}$$

现在(b)款可从(4)与(6)~(8)得出. (b)的一个直接推论为 L_XY 是一个光滑向量场.

对于结果(c), 首先把 L_X 看作从 $E^*(M)$ 到形式中的映射, 它并不是先验光滑的, 并且注意到导数的性质可以在定义 2.24(2)中取极限之前通过加减适当的项直

接得出. 其次, 验证当应用于函数时, L_X 与 d 交换, 即有

$$(9)\qquad (L_X(\mathrm{d}f))_m = \mathrm{d}(L_X f)_m \quad (f \in C^\infty(M), m \in M).$$

因为式(9)两边都是 M_m^* 的元素, 所以只需证明当把它们应用于 M_m 中的任意向量 Y_m 时有相同的效果. 右边给出

$$(10)\qquad \mathrm{d}(L_X f)_m(Y_m) = Y_m(L_X f) = Y_m\left(\left.\frac{\mathrm{d}}{\mathrm{d}t}\right|_{t=0}(f \circ X_t)\right),$$

其中, $f \circ X_t$, 对于某个 $\varepsilon > 0$ 和 m 点在 M 中的某个邻域 W, 可以看作 $(-\varepsilon,\varepsilon)\times W$ 上的 C^∞ 函数(1.48(d)). 式(9)的左边给出

$$(11)\qquad \begin{aligned}(L_X(\mathrm{d}f))_m(Y_m) &= \left\{\left.\frac{\mathrm{d}}{\mathrm{d}t}\right|_{t=0}(\delta X_t(\mathrm{d}f_{X_t(m)}))\right\}(Y_m)\\ &= \left.\frac{\mathrm{d}}{\mathrm{d}t}\right|_{t=0}(\delta X_t(\mathrm{d}f_{X_t(m)})(Y_m))\\ &= \left.\frac{\mathrm{d}}{\mathrm{d}t}\right|_{t=0}(\mathrm{d}f(\mathrm{d}X_t(Y_m))) = \left.\frac{\mathrm{d}}{\mathrm{d}t}\right|_{t=0}(Y_m(f \circ X_t)).\end{aligned}$$

现在, 令 Y 是 Y_m 的到 W 上的一个向量场上的扩张, 那么根据第 1 章习题 24(c), $\frac{\mathrm{d}}{\mathrm{d}t}$ 和 Y 有到 $(-\varepsilon,\varepsilon)\times W$ 的向量场上的典范扩张, 在那里它们满足 $\left[\frac{\mathrm{d}}{\mathrm{d}t}, Y\right] \equiv 0$. 这个事实连同式(10)和式(11)一起就蕴涵着式(9). 最后, 为了看出形式 $L_X\omega$ 实际上是光滑的并验证 L_X 与 d 在整个 $E^*(M)$ 上交换, 像在 2.16(2)中那样用局部坐标简单地表示一个任意形式 ω, 并且利用等式(9)、结果(a)以及 L_X 是一个求导算子的事实进行计算.

对于结果(d), 注意到 L_X 和 $i(X)\circ \mathrm{d} + \mathrm{d}\circ i(X)$ 都是在 $E^*(M)$ 上与 d 交换的求导算子, 并且在函数上有相同的效果, 那么(d)可以从在局部坐标系中的简单计算而得出.

把(e)留作习题. 证明并不困难, 只是必须在展开定义方面坚持不懈地努力. 另外还要通过限制到局部坐标系上来验证等式. 首先在一个坐标邻域中对于 $\omega = f\mathrm{d}x_1 \wedge \mathrm{d}x_2$ 的情况来证明它.

最后, 结果(f)可以从(e)通过使用(d)和关于 p 的归纳法而得出. 对于 p=1 的情况, 从(e)得

(12) $$L_{Y_0}(\omega(Y_1))=(L_{Y_0}\omega)(Y_1)+\omega[Y_0,Y_1].$$

将(a)和(b)用于式(12), 则得到

$$\begin{aligned}Y_0\omega(Y_1)&=((i(Y_0)\circ \mathrm{d}+\mathrm{d}\circ i(Y_0))\omega)(Y_1)+\omega[Y_0,Y_1]\\&=\mathrm{d}\omega(Y_0,Y_1)+Y_1(\omega(Y_0))+\omega[Y_0,Y_1],\end{aligned}$$

这就是在 $p=1$ 情况下的结果(f). 现在假定(f)对 $p-1$ 成立, 那么通过再次从(e)开始并且应用(d)和归纳假设就可得出(f)对于 p 成立.

4　微 分 理 想

本节的目的是给出 Frobenius 定理用微分形式表达的一种形式. 然后阐述通过求出它们的图而得到映射的有用的 E.Cartan 方法.

2.26　定义　令 $\mathscr{D}$ 是 M 上的 p 维 C^∞ 分布. 对于一个 q 形式 ω 来说, 如果对每个 $m\in M$, 当 $v_1,\cdots,v_q\in\mathscr{D}(m)$ 时,

(1) $$\omega_m(v_1,\cdots v_q)=0,$$

则称这个形式 ω 零化 $\mathscr{D}$. 对于形式 $\omega\in E^*(M)$, 如果 ω 的每个齐次部分均能零化 $\mathscr{D}$, 则称 ω 零化 $\mathscr{D}$. 令

(2) $$\mathscr{T}(\mathscr{D})=\{\omega\in E^*(M):\omega\text{零化}\mathscr{D}\}.$$

2.27　定义　如果 M 上的一族 1 形式 $\omega_1,\cdots,\omega_n$, 对于每个 $m\in M$, 均能构成 M_m^* 中的独立集, 则把这族 1 形式称作独立的.

2.28　命题　令 $\mathscr{D}$ 是 M 上的一个 p 维光滑分布, 那么

(a) $\mathscr{T}(\mathscr{D})$ 是 $E^*(M)$ 的一个理想.

(b) $\mathscr{T}(\mathscr{D})$ 局部地是由 $d-p$ 个独立 1 形式生成的, 即对于每个 $m\in M$, 都对应 m 的一个邻域 U 和 U 上的独立 1 形式 $\omega_1,\cdots,\omega_{d-p}$ 组成的集合, 使得

(i) 如果 $\omega\in\mathscr{T}(\mathscr{D})$, 那么 $\omega|_U$ 属于由 $\omega_1,\cdots,\omega_{d-p}$ 生成的 $E^*(U)$ 的理想.

(ii) 如果 $\omega\in E^*(M)$, 而且 M 有一个由(如上的)集合 U 构成的覆盖使得对于覆盖中的每个 $U,\omega|_U$ 属于由 $\omega_1,\cdots,\omega_{d-p}$ 生成的理想, 那么 $\omega\in\mathscr{T}(\mathscr{D})$.

(c) 如果 $\mathscr{T}\subset E^*(M)$ 是由 $d-p$ 个独立 1 形式局部生成的理想, 那么在 M 上存在一个唯一的 p 维 C^∞ 分布使得 $\mathscr{T}=\mathscr{T}(\mathscr{D})$.

证明　(a)款可以从 $\mathscr{T}(\mathscr{D})$ 的定义以及 $E^*(M)$ 中乘法的定义而得出.

令$m \in M$. 由于$\mathscr{D}$是p维的和光滑的, 所以存在着在m的一个邻域上的每一点有定义而且张成$\mathscr{D}$的C^∞向量场$X_{d-p+1},\cdots,X_d$. 这组向量场能被添加成一族光滑向量场$X_1,\cdots,X_d$, 并使之在m的邻域U的每一个点n处均构成M_n的一个基. 令$\omega_1,\cdots,\omega_d$是对偶的1形式, 即对于U中的每个n,

$$\omega_i(X_j)(n) = \delta_{ij}\,(\text{Kronecker 指标}),$$

那么$\omega_1,\cdots,\omega_{d-p}$就是所要求的$U$上的1形式. 它们是$U$上独立的光滑1形式. 如果$\omega \in \mathscr{T}(\mathscr{D})$, 那么$\omega|_U = \sum a_\Phi \omega_{i_1} \wedge \cdots \wedge \omega_{i_r}$, 其中, Φ遍历非空子集$\{i_1,\cdots,i_r\} \subset \{1,\cdots,d\}$, 而且其中的$a_\Phi$必然恒为零, 除非$\{i_1,\cdots,i_r\} \cap \{1,\cdots,d-p\} \neq \varnothing$. 因而$\omega|_U$属于$E^*(M)$的由$\omega_1,\cdots,\omega_{d-p}$生成的理想. 反之, 若$\omega$是一个形式且使得对在$M$的某个覆盖中的每一个这样的$U$, $\omega|_U$属于$E^*(U)$的由$\omega_1,\cdots,\omega_{d-p}$生成的理想, 那么显然$\omega \in \mathscr{T}(\mathscr{D})$. 这就证明了(b)款.

对于(c)款, 令$m \in M$, 并且令独立的1形式$\omega_1,\cdots,\omega_{d-p}$在$m$的一个邻域U上生成$\mathscr{T}$. 定义$\mathscr{D}(m)$是$M_m$的一个子空间, 它的零化子是由集族$\{\omega_i(m): i = 1,\cdots,d-p\}$张成的$M_m^*$的子空间. 由此可知, $\mathscr{D}$是M上的p维光滑分布, 并且$\mathscr{T} = \mathscr{T}(\mathscr{D})$, $\mathscr{D}$的唯一性从$\mathscr{D} \neq \mathscr{D}_1$蕴涵着$\mathscr{T}(\mathscr{D}) \neq \mathscr{T}(\mathscr{D}_1)$这个事实得出.

2.29 定义 如果一个理想$\mathscr{T} \subset E^*(M)$在外微分运算d下是封闭的, 即

$$\text{(1)} \qquad \mathrm{d}(\mathscr{T}) \subset \mathscr{T},$$

那么称它是一个微分理想.

2.30 命题 M上的C^∞分布$\mathscr{D}$是对合的, 当且仅当理想$\mathscr{T}(\mathscr{D})$是一个微分理想.

证明 令ω是$\mathscr{T}(\mathscr{D})$中的一个q形式, 令$X_0,\cdots,X_q$是位于$\mathscr{D}$中的光滑向量场. 那么2.25(f)连同$\mathscr{D}$的对合性就蕴涵着$\mathrm{d}\omega(X_0,\cdots,X_q) \equiv 0$. 因此$\mathrm{d}\omega \in \mathscr{T}(\mathscr{D})$, 并且$\mathscr{T}(\mathscr{D})$是一个微分理想. 反过来, 假设$\mathscr{T}(\mathscr{D})$是一个微分理想. 令$Y_0$和$Y_1$是位于$\mathscr{D}$中的向量场, 并且令$m \in M$. 由2.28(b), 在$m$的一个邻域$U$上有生成$\mathscr{T}(\mathscr{D})$的独立的1形式$\omega_1,\cdots,\omega_{d-p}$. 通过乘以一个在$m$的一个邻域上为1并且具有在$U$中的支集的$C^\infty$函数而把这些形式扩张到$M$上, 把这些扩张后的形式仍然记为$\omega_1,\cdots,\omega_{d-p}$. 由2.25(f), 对于$i = 1,\cdots,d-p$, 有

$$\text{(1)} \qquad \omega_i[Y_0,Y_1] = -d\omega_i(Y_0,Y_1) + Y_0\omega_i(Y_1) - Y_1\omega_i(Y_0).$$

因为$\mathscr{T}(\mathscr{D})$是微分理想, 又因$\omega_i \in \mathscr{T}(\mathscr{D})$, 所以式(1)的右边在$M$上恒为零. 因而

对于 $i=1,\cdots,d-p, \omega_i([Y_0,Y_1])(m)=0$. 由于 $\mathscr{D}(m)$是 M_m 的一个子空间，而且其零化子是由集族 $\{\omega_i(m): i=1,\cdots,d-p\}$ 所张成的 M_m^* 的子空间. 因而 $[Y_0,Y_1](m)\in\mathscr{D}(m)$，并且 $\mathscr{D}$是对合的.

2.31　定义　如果 M 的一个子流形 (N,ψ) 对于每个 $\omega\in\mathscr{I}$ 都有 $\delta\psi(\omega)\equiv 0$，那么该子流形就是理想 $\mathscr{I}\subset E^*(M)$ 的一个积分流形. 对于理想 $\mathscr{I}$的一个连通积分流形，如果它的象不是这个理想的其他任何连通流形的象的真子集，那么就称之为极大的.

于是立即可知，有 Frobenius 定理 1.64 的以微分理想表述的下列形式.

2.32　定理　令 $\mathscr{I}\subset E^*(M)$是一个由 d–p 个独立 1 形式局部生成的微分理想. 令 $m\in M$，那么经过 m 点存在唯一的一个极大连通积分流形，并且这个积分流形是 p 维的.

2.33　现在考虑这样一种方法，在某些情况下，它使得能够通过找出映射的作为微分理想的积分流形的图来求出这个映射. 这在第 3 章的 Lie 群论中将有重要应用，并且在诸如 Riemann 几何中的等距嵌入等这样一些领域中也有重要应用，如读者可以参见文献[2]的 10.8 节.

设 $f:N^c\to M^d$ 是 C^∞ 的，并且设 $\{\omega_i\}$ 是 M上的某个形式族. 令 π_1 和 π_2 分别表示从 $N\times M$ 到 N和 M上的自然投影. 对于每个 i，通过置

$$\mu_i=\delta\pi_1\delta f(\omega_i)-\delta\pi_2(\omega_i) \tag{1}$$

来定义 $N\times M$ 上的一个形式 μ_i. 令 $\mathscr{I}$是 $E^*(N\times M)$ 的由 μ_i 生成的理想.

由于 f的图是 $N\times M$ 的子流形(N,g)，其中，

$$g(n)=(n,f(n)). \tag{2}$$

可以断言这个图是理想 $\mathscr{I}$的一个积分流形. 为此只要证明 $\delta g(\mu_i)=0$ 对于每个 i 成立即可. 由于 $\pi_1\circ g=\mathrm{id}$ 且 $\pi_2\circ g=f$，所以由此可得

$$\delta g(\mu_i)=\delta(\pi_1\circ g)\delta f(\omega_i)-\delta(\pi_2\circ g)(\omega_i)=\delta f(\omega_i)-\delta f(\omega_i)=0.$$

这样，从一个映射 $f:N\to M$ 和 M 上的一族形式开始，已经看到 f 的图是 $N\times M$ 上的某个形式理想的积分流形. 现在假定从流形 M^d 开始，并假设存在 M 上的 1 形式的一个基 $\omega_1,\cdots,\omega_d$，即对于每一个 $m\in M,\{\omega_i(m)\}$ 是 M_m^* 的一个基(这样的基一般不存在，但是在许多有趣的情况下它确实存在，而且对于这些情况，下述方法是非常有用的). 再设有流形 N^c 和 N上的一族 1 形式 $\alpha_1,\cdots,\alpha_d$，并且希望求出映射 $f:N\to M$ 使得

(3) $$\delta f(\omega_i)=\alpha_i$$

对于$i=1,\cdots,d$成立. 如果映射 f 存在, 那么就像已经指出的那样, 它的图将是某个形式理想的积分流形. 因而试图从理想来求出图. 通过置

(4) $$\mu_i=\delta\pi_1(\alpha_i)-\delta\pi_2(\omega_i)$$

来定义$N\times M$上的形式μ_i, 并且令 $\mathscr{T}$是由它们所生成的$E^*(N\times M)$的理想. 如果$\mathscr{T}$恰好是一个微分理想, 那么就能从$\mathscr{T}$的一个积分流形(至少是局部地)得到所要求的映射 f, 即可以通过求出它的作为一个适当微分理想的积分流形的图而得到f. 因而假设$\mathscr{T}$是一个微分理想, 并且令$(n_0,m_0)\in N\times M$, 那么因为$\mathscr{T}$是局部地(实际上是全局地)由 d 个独立 1 形式生成的, 所以 Frobenius 定理就保证了过(n_0,m_0)点 $\mathscr{T}$ 有一个 c 维极大连通积分流行 I. 令$q\in I$. 可以断言, $\mathrm{d}\pi_1|_{I_q}$ 是 1:1 的. 因为假设 $v\in I_q$ 且 $\mathrm{d}\pi_1(v)=0$, 那么由于 $\mu_i(v)=0$, 所以由 (4) 可知$\omega_i(\mathrm{d}\pi_2(v))=0$对$i=1,\cdots,d$成立, 而且这蕴涵着$\mathrm{d}\pi_2(v)=0$, 因为$\omega_i$构成 M 上 1 形式的一个基. 但是如果$\mathrm{d}\pi_1(v)=0$和$\mathrm{d}\pi_2(v)=0$都成立, 那么 v=0. 因此$\mathrm{d}\pi_1|_{I_q}$是1:1的. 因而$\pi_1|_I:I\to N$局部是一个微分同胚, 因而存在(n_0,m_0)在I中的邻域V和n_0的邻域 U使得$\pi_1|_V:V\to U$是微分同胚. 定义$f:U\to M$为

(5) $$f=\pi_2\circ(\pi_1|_V)^{-1},$$

那么$f(n_0)=m_0$, f的图是I的开子流形, 而且有

(6) $$\delta f(\omega_i)=\alpha_i|_U.$$

因为令$v\in U_n$对于某个$n\in U$成立, 那么由（4）

$$\begin{aligned}0&=\mu_i(\mathrm{d}(\pi_1|_V)^{-1}(v))=\alpha_i(v)-\omega_i(\mathrm{d}\pi_2\circ\mathrm{d}(\pi_1|_V)^{-1}(v))\\&=\alpha_i(v)-\delta f(\omega_i)(v),\end{aligned}$$

这证明(6)成立, 因而已局部地得到了所要求的映射, 即给定$n_0\in N$和$m_0\in M$的任意一种选择, 那么在由(4)生成的理想$\mathscr{T}$是一个微分理想的假设之下, 我们求出了 n_0 的一个开邻域 U 和一个C^∞映射$f:U\to M$使得$f(n_0)=m_0$, 并且使得$\delta f(\omega_i)=\alpha_i|_U$, 而且只有唯一一个这样的映射. 更确切地说, 如果$m_0\in M$并且U是n_0在N中的任何连通开邻域而且对U来说存在一个C^∞映射$f:U\to M$使得

$f(n_0)=m_0$，且使得 $\delta f(\omega_i)=\alpha_i|_U$ 对于 $i=1,\cdots,d$ 成立，那么在 U 上有唯一一个这样的映射. 因为若令 $\tilde{f}$ 是其他任何一个这样的映射，令 $(U,\tilde{g})$ 和 (U,g) 分别是 $\tilde{f}$ 和 f 在 U 上的图. 因而对于 $n\in U$，

$$\tilde{g}(n)=(n,\tilde{f}(n)),\quad g(n)=(n,f(n)). \tag{7}$$

那么根据本节开头部分所作的评述，不仅 (U,g) 是 $\mathscr{T}$ 的过 (n_0,m_0) 的积分流形，而且 $(U,\tilde{g})$ 也是. 于是，U 有非空的子集使得 g 和 $\tilde{g}$ 在该子集上一致. 因为它包含 n_0，而且由连续性它是闭的，此外它还是开的. 因为令 $\tilde{g}(n)=g(n)$，则从积分流形的唯一性可知，存在 n 的充分小的邻域 W 和 $\tilde{W}$ 使得

$$g(W)=\tilde{g}(\tilde{W}), \tag{8}$$

那么由(7)可知，$W=\tilde{W}$，而且

$$g|_W=\tilde{g}|_W. \tag{9}$$

从而由于 U 是连通的，故在 U 上 $g=\tilde{g}$，而这蕴涵着在 U 上 $f=\tilde{f}$. 这证明唯一性成立.

在适当的情况下，可以断定 $\pi_1|_I$ 是 N 的一个覆盖，那么如果 N 是单连通的，则可推出存在唯一的一个 C^∞ 映射 $f:N\to M$ 使得 $f(n_0)=m_0$ 而且使得(3)成立. 在第 3 章将给出这种方法的几个具体应用以证明某些映射的存在性和唯一性. 这种方法最初是由 E.Cartan 用于求 Riemann 流形在 Euclid 空间中的局部等距嵌入的问题.

将本节的结果概括为下列定理.

2.34　定理　令 N^c 和 M^d 是微分流形，令 π_1 和 π_2 分别是从 $N\times M$ 到 N 和 M 上的标准投影. 设存在 M 上 1 形式的一个基 $\{\omega_i:i=1,\cdots,d\}$.

(a) 如果 $f:N\to M$ 是 C^∞ 的，那么 f 的图是由

$$\{\delta\pi_1\delta f(\omega_i)-\delta\pi_2(\omega_i):i=1,\cdots,d\} \tag{1}$$

生成的 $N\times M$ 上的形式理想的积分流形.

(b) 如果 $\{\alpha_i:i=1,\cdots,d\}$ 是 N 上的 1 形式，而且由

$$\{\delta\pi_1(\alpha_i)-\delta\pi_2(\omega_i):i=1,\cdots,d\} \tag{2}$$

生成的 $N\times M$ 上的形式的理想是一个微分理想，那么给定 $n_0\in N$ 和 $m_0\in M$，存

在 n_0 的一个邻域 U 和一个 C^∞ 映射 $f:U\to M$ 使得 $f(n_0)=m_0$，并且使得

$$\delta f(\omega_i)=\alpha_i\,|_U\quad(i=1,\cdots,d)\,. \tag{3}$$

此外，如果 U 是包含 n_0 的任何连通开集而且对它来说存在一个 C^∞ 映射 $f:U\to M$ 满足 $f(n_0)=m_0$ 和等式（3），那么在 U 上存在唯一一个这样的映射.

习　题

1. 补充 2.2(a)~(e)的证明.
2. (a) 证明齐次张量一般不是可分解的.
   (b) 证明:如果 $\dim V\leqslant 3$，那么 $\Lambda(V)$ 中的每个齐次元都是可分解的.
   (c) 令 $\dim V>3$，给出 $\Lambda(V)$ 的一个不可分解的齐次元的例子.
   (d) 令α是一个微分形式，$\alpha\wedge\alpha\equiv 0$ 成立吗?
3. 补充证明 2.6(a)~(c)
4. 推导出 2.10 节的公式(2)~(4).
5. 证明:当 $f\in C^\infty(M)$ 且 X 是 M 上的一个 C^∞ 向量场时，有 $L_Xf=Xf$ 成立.
6. 令 X 和 Y 是 M 上的 C^∞ 向量场并且伴有相应的局部单参数群 X_t 和 Y_t. 令 $m\in M$，并且对于充分小的ε，令

$$\beta(t)=Y_{-\sqrt{t}}X_{-\sqrt{t}}Y_{\sqrt{t}}X_{\sqrt{t}}(m)$$

对于 $t\in(-\varepsilon,\varepsilon)$ 成立. 证明

$$[X,Y]\,|_m\,f=\lim_{t\to 0}\frac{f(\beta(t))-f(\beta(0))}{t}\,. \tag{1}$$

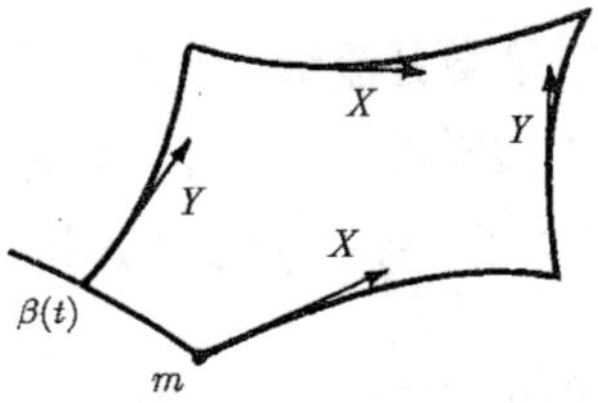

如果 $\beta(t)$ 在 $t=0$ 时是光滑曲线，那么式(1)的右边就应当是 β 在 $t=0$ 时的切向量作用于函数 f 上的结果. 可是由于 $\sqrt{t}$ 的缘故 β 在 $t=0$ 点一般不是光滑的. 因而式(1)中极限的存在性成为一个问题，然而本习题断言这条曲线 β，即使它在 $t=0$ 不是光滑的，也能按通常的方式在 M_m 中定义切向量，而且这个向量恰好是 $[X,Y]\,|_m$.

7. 证明 2.25(e).

8. 令 M 是连通的, 令 $\pi: M\times N \to N$ 是自然投影. 证明: $M\times N$ 上的 p 形式 ω 对于 N 上的某个 p 形式 α 是 $\delta\pi(\alpha)$, 当且仅当 $i(X)\omega=0$ 和 $L_X\omega=0$ 对 $M\times N$ 上的每一个向量场 X 成立, 而且对于该向量场 X 来说 $\mathrm{d}\pi(X(m,n))=0$ 在每一点 $(m,n)\in M\times N$ 成立.

9. 证明:向量空间 V 的元素 $v_1,\cdots,v_r$ 是线性无关的当且仅当 $v_1\wedge\cdots\wedge v_r\neq 0$.

10. 证明:线性无关集 $\{v_1,\cdots,v_r\}$ 和 $\{w_1,\cdots,w_r\}$ 是向量空间 V 的同一个 r 维子空间的基当且仅当 $v_1\wedge\cdots\wedge v_r=cw_1\wedge\cdots\wedge w_r$, 其中必有 $c\neq 0$, 而且在此情况下, $c=\det A$, 其中, $A=(a_{ij})$ 并且 $v_i=\sum a_{ij}w_j$.

11. 令 $\mathscr{T}$ 是由 r 个独立 1 形式局部生成的 M 上的一个形式理想. 比方说, $\mathscr{T}$ 在 U 上是由 $\omega_1,\cdots,\omega_r$ 生成的, 那么 $\mathscr{T}$ 是一个微分理想的条件与下列两个条件中的每一个等价:

(a) $\mathrm{d}\omega_i=\sum\limits_j \omega_{ij}\wedge\omega_j$ 对于某些 1 形式 ω_{ij} 成立[对于每个这样的 $(U,\omega_1,\cdots,\omega_r)$ 成立].

(b) 如果 $\omega=\omega_1\wedge\cdots\wedge\omega_r$, 那么 $\mathrm{d}\omega=\alpha\wedge\omega$ 对于某个 1 形式 α 成立[对每个这样的 $(U,\omega_1,\cdots,\omega_r)$ 成立].

12. 令 V 是一个 n 维向量空间, 令 l 是 V 上的一个线性变换. 由于 $\Lambda_n(V)$ 是 1 维的, 所以 l 在 $\Lambda_n(V)$ 上诱导的线性变换就是乘以一个常数的乘法. 定义 l 的行列式是这个常数. 如果 A 是一个 $n\times n$ 矩阵, 令 $v_1,\cdots,v_n$ 是 V 的一个基, 令 l 是 V 上的这样一个线性变换, 它关于这个基的矩阵是 A, 那么就把 l 的行列式定义作 A 的行列式. 证明 A 的行列式不依赖于所选取的基 $v_1,\cdots,v_n$. 利用这个定义推导出行列式的标准性质. 例如, 推出展开式

$$\det A=\sum_\pi(\operatorname{sgn}\pi)a_{1\pi(1)}\cdots a_{n\pi(n)},$$

其中, $A=(a_{ij})$, $\operatorname{sgn}\pi$ 是置换 π 的符号, 而且 π 遍历 n 个字母上的所有置换. 再证明两个矩阵之积的行列式等于他们的行列式之积.

13. 令 V 是一个 n 维实内积空间. 按照下述办法将内积从 V 扩张到整个 $\Lambda(V)$ 上:令具有不同次数的齐次元素的内积等于零, 而令

$$\langle w_1\wedge\cdots\wedge w_p, v_1\wedge\cdots\wedge v_p\rangle=\det\langle w_i,v_j\rangle, \tag{1}$$

然后再线性地扩张到整个 $\Lambda_p(V)$ 上. 证明: 如果 $e_1,\cdots,e_n$ 是 V 的一个规范正交基, 那么 $\Lambda(V)$ 的相应基 2.6(1)是 $\Lambda(V)$ 的规范正交基.

因为 $\Lambda_n(V)$ 是 1 维的, 所以 $\Lambda_n(V)-\{0\}$ 有两个分支, V 上的一个定向就是对

$\Lambda_n(V)-\{0\}$ 的分支的一种选择. 如果 V 是一个定向的内积空间, 那么就有一个线性变换

(2) $$*:\Lambda(V)\to\Lambda(V),$$

称之为星变换. 它是由下列要求所完全确定的:对于 V 的任何规范正交基 $e_1,\cdots,e_n$ (特别是, 对于一个给定基的任何重排),

(3) $$\begin{cases}*(1)=\pm e_1\wedge\cdots\wedge e_n, *(e_1\wedge\cdots\wedge e_n)=\pm 1,\\ *(e_1\wedge\cdots\wedge e_p)=\pm e_{p+1}\wedge\cdots\wedge e_n\end{cases}$$

其中, 如果 $e_1\wedge\cdots\wedge e_n$ 在 $\Lambda_n(V)-\{0\}$ 的由定向决定的那个分支中则取“+”号,否则就取“–”号. 注意到

(4) $$*:\Lambda_p(V)\to\Lambda_{n-p}(V).$$

证明在 $\Lambda_p(V)$ 上,

(5) $$**=(-1)^{p(n-p)}.$$

再证明对于任意的 $v,\ w\in\Lambda_p(V)$, 它们的内积由

(6) $$\langle v,w\rangle=*(w\wedge *v)=*(v\wedge *w)$$

给出.

14. 令 V 是一个实内积空间, 就像习题 13 中那样. 令 $\gamma:\Lambda_{p+1}(V)\to\Lambda_p(V)$ 是以 $\xi\in V$ 左外乘的伴随映射, 即对于 $v\in\Lambda_{p+1}(V)$ 和 $w\in\Lambda_p(V)$

$$\langle\gamma(v),w\rangle=\langle v,\xi\wedge w\rangle.$$

证明

$$\gamma(v)=(-1)^{np}*(\xi\wedge(*v)).$$

15. 令 $\xi\in V$. 证明以 ξ 左外乘与其自身的复合

$$\Lambda_p(V)\xrightarrow{\xi\wedge}\Lambda_{p+1}(V)\xrightarrow{\xi\wedge}\Lambda_{p+2}(V)$$

是一个正合序列, 即前一个映射的象是后一个映射的核.

16. **Cartan(嘉当)引理** 令 $p\leqslant d$, 令 $\omega_1,\cdots,\omega_p$ 是 M^d 上的 1 形式, 他们是逐点线性无关的. 令 $\theta_1,\cdots,\theta_p$ 是 M 上的 1 形式使得

$$\sum_{i=1}^{p}\theta_i \wedge \omega_i = 0\,.$$

证明在 M 上存在适合 $A_{ij} = A_{ji}$ 的 C^∞ 函数 A_{ij} 使得

$$\theta_i = \sum_{j=1}^{p} A_{ij}\omega_j \quad (i = 1,\cdots,p)\,.$$

第 3 章　Lie　　群

Lie(李)群无疑是最重要的一类特殊微分流形. Lie 群是微分流形，它本身也是群，而且其中的群运算是光滑的. 众所周知的例子有一般线性群、酉群、正交群以及特殊线性群等.

本章将为 Lie 群研究奠定基础. 对于 Lie 氏理论来说，头等重要的是 Lie 群与其关于左不变向量场的 Lie 代数之间的关系. 本章将研究子群与子代数之间的对应以及 Lie 群的同态与其 Lie 代数的同态之间的对应关系；研究指数映射的性质，指数映射是对由矩阵的幂组成的任意 Lie 群的一种推广，而且它给出了 Lie 群及其 Lie 代数之间的关键关系；研究伴随表示、证明闭子群定理，并考虑齐性流形的基本性质和例子；还将顺便导出典型线性群的许多性质.

1　Lie 群及其 Lie 代数

3.1　定义　一个 Lie 群 G 是一个微分流形，而且它还被赋予一个群结构使得由 $(\sigma,\tau)\mapsto\sigma\tau^{-1}$ 定义的映射 $G\times G\to G$ 是 C^∞ 的.

贯穿本章，G 和 H 始终表示 Lie 群，而且通用 e 表示 Lie 群的单位元.

3.2　评注

(a) 令 G 是一个 Lie 群，那么映射 $\tau\mapsto\tau^{-1}$ 是 C^∞ 的，因为它是 C^∞ 映射的复合 $\tau\mapsto(e,\tau)\mapsto\tau^{-1}$. 同样，$G\times G\to G$ 中的映射 $(\sigma,\tau)\mapsto\sigma\tau$ 也是 C^∞ 的，因为它是 C^∞ 映射的复合 $(\sigma,\tau)\to(\sigma,\tau^{-1})\mapsto\sigma\tau$.

(b) Lie 群的单位分支本身也是一个 Lie 群. 一个 Lie 群的各个分支是相互微分同胚的.

(c) 因为第二可数性已经包括在微分流形的定义 1.4 中，所以 Lie 群总是第二可数的. 特别地，它们至多能有可数多个分支. 可是应当指出，如果将第二可数性从 Lie 群的定义中删去，那么连通的 Lie 群(那些具有可数个分支的 Lie 群也同样)仍然应当是第二可数的. 它的证明留作习题. 需要用到这样一个事实：一个连通 Lie 群是其单位元的任何邻域的幂之并(见 3.18).

3.3 Lie 群的例子

(a) Euclid 空间 $\mathbb{R}^n$ 在向量加法之下成为一个 Lie 群.

(b) 非零复数集 $\mathbb{C}^*$ 在乘法下构成一个 Lie 群.

(c) 单位圆周 $S^1 \subset \mathbb{C}^*$ 是一个 Lie 群, 并且带有从 $\mathbb{C}^*$ 诱导的乘法.

(d) 两个 Lie 群的积 $G\times H$ 自身也是一个 Lie 群, 而且带有积流形的结构和直积群的结构, 即 $(\sigma_1,\tau_1)(\sigma_2,\tau_2)=(\sigma_1\sigma_2,\tau_1\tau_2)$.

(e) n 重环面 T^n (n 是一个正整数)是 Lie 群, 它是 Lie 群 S^1 与其自身的 n 次乘积.

(f) 所有 $n\times n$ 非奇异实数矩阵组成的流形 $Gl(n,\mathbb{R})$ 在矩阵乘法之下是一个 Lie 群.

(g) 所有 $n\times n$ 非奇异上三角实矩阵(主对角线以下的所有元素全为零)的集合在矩阵的乘法之下是一个 Lie 群.

(h) 令 $\mathbb{R}^*$ 表示非零实数, 令 K 为积流形 $\mathbb{R}^*\times\mathbb{R}$. 在 K 上由

$$(s,t)(s_1,t_1)=(ss_1,st_1+t)$$

定义的群结构使 K 成为一个 Lie 群. 这个 Lie 群称为 $\mathbb{R}$ 的仿射运动群, 因为如果把 K 的元素 (s,t) 与仿射运动 $x\to sx+t$ 等同, 那么 K 中的乘法就是仿射运动的复合.

(i) 令 K 是积流形 $Gl(n,\mathbb{R})\times\mathbb{R}^n$. 通过置 $(A,v)\cdot(A_1,v_1)=(AA_1,Av_1+v)$ 在 K 上定义一个群结构. 由于这个群结构使得 K 成为一个 Lie 群, 将这个 Lie 群称为 $\mathbb{R}^n$ 的仿射运动群, 因为如果把 K 的元素 (A,v) 与 $\mathbb{R}^n$ 的仿射运动 $x\mapsto Ax+v$ 等同, 那么 K 中的乘法就是仿射运动的复合.

3.4 定义 $\mathbb{R}$ 上的一个 Lie 代数 $\mathfrak{g}$ 是一个实向量空间 $\mathfrak{g}$ 连同一个双线性算子 $[\,,\,]$: $\mathfrak{g}\times\mathfrak{g}\to\mathfrak{g}$ (称之为括号), 使得对于所有 $x,y,z\in\mathfrak{g}$,

(a) 反交换性. $[x,y]=-[y,x]$.

(b) Jacobi 恒等式. $[[x,y],z]+[[y,z],x]+[[z,x],y]=0$.

Lie 代数概念的重要性在于跟每个 Lie 群密切联系的有一个特定的有限维 Lie 代数, 而且 Lie 群的性质反映在其 Lie 代数的性质中. 例如, 连通的、单连通的 Lie 群(在同构意义下)是完全由它们的 Lie 代数决定的. 于是这些 Lie 群的研究大部分归结为其 Lie 代数的研究.

3.5 Lie 代数的例子

(a) 流形 M 上的所有光滑向量场组成的向量空间在关于向量场的 Lie 括号运算之下形成一个 Lie 代数.

(b) 如果使所有括号都等于 0, 那么任何向量空间都能成为一个 Lie 代数. 这样的 Lie 代数称为 Abel 的(交换的).

(c) 如果置

$$[A,B]=AB-BA\,,$$

那么所有 $n\times n$ 实矩阵组成的向量空间 $\mathfrak{gl}(n,\mathbb{R})$ 构成一个 Lie 代数.

(d) 对于一个以 x,y 为基的 2 维向量空间, 如果置

$$[x,x]=[y,y]=0\,,\quad [x,y]=y\,,$$

并且作双线性扩张, 那么该线性空间成为一个 Lie 代数.

(e) $\mathbb{R}^3$ 连同向量空间叉积的双线性运算 $X\times Y$ 一起成为一个 Lie 代数.

以上所列举的例子是 Lie 代数的证明留给读者作为习题.

3.6 定义 令 $\sigma\in G$. 由 σ 的左平移和由 σ 的右平移是对所有 $\tau\in G$ 分别由

(1) $$\begin{cases} l_\sigma(\tau)=\sigma\tau \\ r_\sigma(\tau)=\tau\sigma \end{cases}$$

定义的 G 上的微分同胚 l_σ 和 r_σ. 如果 V 是 G 的一个子集, 那么分别用 $V\sigma$ 和 σV 来表示 $r_\sigma(V)$ 和 $l_\sigma(V)$. 对于 G 上的一个向量场 X (并不事先假定为光滑的), 如果对于每个 $\sigma\in G$, X 与其自身都是 l_σ 相关的, 即

(2) $$\mathrm{d}l_\sigma\circ X=X\circ l_\sigma\,,$$

那么就称该向量场 X 是左不变的. 把 Lie 群 G 上的所有左不变向量场的集合用相应的小写德文字母 $\mathfrak{g}$ 来表示.

3.7 命题 令 G 是一个 Lie 群并且令 $\mathfrak{g}$ 是其左不变向量场的集合.

(a) $\mathfrak{g}$ 是一个实向量空间, 而且由 $\alpha(X)=X(e)$ 定义的映射 α: $\mathfrak{g}\to G_e$ 是从 $\mathfrak{g}$ 到 G 在单位元处的切空间 G_e 的同构, 所以 $\dim\mathfrak{g}=\dim G_e=\dim G$.

(b) 左不变向量场都是光滑的.

(c) 两个左不变向量场的 Lie 括号自身也是一个左不变向量场.

(d) 在向量场的 Lie 括号运算下 $\mathfrak{g}$ 构成一个 Lie 代数.

证明 显然 $\mathfrak{g}$ 是一个实向量空间并且 α 是线性的. α 为内射是因为: 如果 $\alpha(X)=\alpha(Y)$, 那么对于每个 $\sigma\in G$,

(1) $$X(\sigma)=\mathrm{d}l_{\sigma}(X(e))=\mathrm{d}l_{\sigma}(Y(e))=Y(\sigma),$$

因此 $X=Y$. 此外，α 还是满射，因为如果 $x\in G_e$，对于每个 $\sigma\in G$，令 $X(\sigma)=\mathrm{d}l_{\sigma}(x)$，那么 $\alpha(X)=x$，而且 X 是左不变的，因为对于 G 中的所有 σ 和 τ,

$$X(\tau\sigma)=\mathrm{d}l_{\tau\sigma}(x)=\mathrm{d}l_{\tau}\mathrm{d}l_{\sigma}(x)=\mathrm{d}l_{\tau}(X(\sigma)).$$

这就证明 (a) 款成立.

对于 (b) 款，令 $X\in\mathfrak{g}$，令 $f\in C^{\infty}(G)$. 只需证明 $Xf\in C^{\infty}(G)$. 由于

(2) $$Xf(\sigma)=X_{\sigma}f=\mathrm{d}l_{\sigma}(X_e)f=X_e(f\circ l_{\sigma}).$$

因而需要证明 $\sigma\mapsto X_e(f\circ l_{\sigma})$ 是 G 上的 C^{∞} 函数. 通过把这个函数表示成 C^{∞} 映射的适当复合来做到这一点. 令 $G\times G\to G$ 表示群的乘法，$\varphi(\sigma,\tau)=\sigma\tau$. 而且令 i_e^1 和 i_{σ}^2 是由

(3) $$\begin{cases} i_e^1(\tau)=(\tau,e),\\ i_{\sigma}^2(\tau)=(\sigma,\tau). \end{cases}$$

定义的 $G\to G\times G$ 的映射. 令 Y 是 G 上使得 $Y(e)=X(e)$ 的任何 C^{∞} 向量场，那么 $(0,Y)$ 是 $G\times G$ 上的光滑向量场，而且 $[(0,Y)(f\circ\varphi)]\circ i_e^1$ 是 G 上的 C^{∞} 函数. 利用第 1 章习题 24 的(d)款，得出

$$\begin{aligned}[(0,Y)(f\circ\varphi)]\circ i_e^1(\sigma)&=(0,Y)_{(\sigma,e)}(f\circ\varphi)\\ &=0_{\sigma}(f\circ\varphi\circ i_e^1)+Y_e(f\circ\varphi\circ i_{\sigma}^2)\\ &=X_e(f\circ\varphi\circ i_{\sigma}^2)=X_e(f\circ l_{\sigma}).\end{aligned}$$

因而 $\sigma\to X_e(f\circ l_{\sigma})$ 是 G 上的光滑函数. 这就证明(b)款成立.

因为由(b), 左不变向量场都是光滑的，所以它们的 Lie 括号有定义. 如果 X 是与其自身 l_{σ} 相关的，并且 Y 也是与其身 l_{σ} 相关的，那么根据 1.55，$[X,Y]$ 就 l_{σ} 相关于 $[X,Y]$. 因而两个左不变向量场的 Lie 括号还是一个左不变向量场. 于是(d)款就成为 1.45 节的一个直接推论.

3.8 定义 Lie 群 G 的 Lie 代数定义为 G 上左不变向量场的 Lie 代数 $\mathfrak{g}$. 或者，可以把 G 的 Lie 代数看作在单位元处具有 Lie 代数结构的切空间 G_e，而这个 Lie 代数结构是通过要求 $\mathfrak{g}$ 和 G_e 的向量空间同构 3.7(a)是 Lie 代数同构而诱导的. 从这种等价的观点来看待 Lie 代数常常是方便的. 尤其是，(在 3.10 节和 3.37 节)将会看到典型群的 Lie 代数可以用它们在单位元处的切空间的术语给出特别漂亮

的解释.

3.9 关于向量空间作为流形的注释 在 1.5(b)中，任何有限维实向量空间V都能以一种自然的方式成为一个微分流形. 令$\{e_i\}$是V的一个基，$\{r_i\}$为对偶基. 令$p \in V$. 那么就有一个由

(1) $$\sum a_i \frac{\partial}{\partial r_i}\Big|_p \leftrightarrow \sum a_i e_i$$

给定的V在p点的切空间V_p与V自身的自然等同. 容易看出这个等同不依赖于所选取的基. 当把向量空间的切向量说成向量空间自身的元素时，将会经常使用这个等同关系. 特别地，若$\sigma(t)$是V中的一条光滑曲线，那么

(2) $$\dot{\sigma}(t_0) = \lim_{t \to t_0} \frac{\sigma(t) - \sigma(t_0)}{t - t_0}.$$

3.10 Lie 群及其 Lie 代数的例子

(a) 实直线 $\mathbb{R}$ 在加法之下是一个 Lie 群. 左不变向量场就是常向量场$\left\{\lambda\left(\frac{\mathrm{d}}{\mathrm{d}r}\right) : \lambda \in \mathbb{R}\right\}$. 任何两个这样的向量场的括号为 0.

(b) 一般线性群. 所有$n \times n$实矩阵的集合$\mathfrak{gl}(n,\mathbb{R})$是一个$n^2$维的实向量空间. 矩阵可按分量进行加法和数乘. 正如已提到过的那样，如果置$[A,B] = AB - BA$，那么$\mathfrak{gl}(n,\mathbb{R})$就成为一个 Lie 代数.

一般线性群$Gl(n,\mathbb{R})$作为$\mathfrak{gl}(n,\mathbb{R})$中使得行列式函数不为零的开子集，而继承了它的流形结构，而且在矩阵的乘法之下成为一个 Lie 群. 令x_{ij}是$\mathfrak{gl}(n,\mathbb{R})$上的整体坐标函数，它对每个矩阵指派它的第$ij$个元素. 于是，如果$\sigma,\tau \in Gl(n,\mathbb{R})$，那么$x_{ij}(\sigma\tau^{-1})$是$\{x_{kl}(\sigma)\}$和$\{x_{kl}(\tau)\}$的一个具有非零分母的有理函数，这证明映射$(\sigma,\tau) \mapsto \sigma\tau^{-1}$是$C^\infty$的.

现在令$\mathfrak{g}$是$Gl(n,\mathbb{R})$的 Lie 代数. 令$\alpha : \mathfrak{gl}(n,\mathbb{R})_e \to \mathfrak{gl}(n,\mathbb{R})$是$\mathfrak{gl}(n,\mathbb{R})$在单位矩阵$e$处的切空间到$\mathfrak{gl}(n,\mathbb{R})$自身的标准同构. 因而对于$v \in \mathfrak{gl}(n,\mathbb{R})_e$，

(1) $$\alpha(v)_{ij} = v(x_{ij}),$$

那么由于$Gl(n,\mathbb{R})_e = \mathfrak{gl}(n,\mathbb{R})_e$，所以有一个由

(2) $$\beta(X) = \alpha(X(e))$$

定义的自然映射$\beta : \mathfrak{g} \to \mathfrak{gl}(n,\mathbb{R})$. 可以断言$\beta$是一个 Lie 代数同构而且以这种方

式可将 $\mathfrak{gl}(n,\mathbb{R})$ 看作 $Gl(n,\mathbb{R})$ 的 Lie 代数. 显然 β 是向量空间的同构. 只需证明当 $X,Y\in\mathfrak{g}$ 时,

(3) $$\beta([X,Y])=[\beta(X),\beta(Y)].$$

于是,

(4) $$(x_{ij}\circ l_\sigma)(\tau)=x_{ij}(\sigma\tau)=\sum_k x_{ik}(\sigma)x_{kj}(\tau).$$

由于 Y 是一个左不变向量场, 所以

(5) $$\begin{aligned}(Y(x_{ij}))(\sigma)&=\mathrm{d}l_\sigma(Y_e)(x_{ij})=Y_e(x_{ij}\circ l_\sigma)\\&=\sum_k x_{ik}(\sigma)Y_e(x_{kj})=\sum_k x_{ik}(\sigma)\alpha(Y_e)_{kj}\\&=\sum_k x_{ik}(\sigma)\beta(Y)_{kj}.\end{aligned}$$

利用式(5), 能够立即计算出 $\beta([X,Y])$ 的第 ij 个分量:

(6) $$\begin{aligned}\beta([X,Y])_{ij}&=[X,Y]_e(x_{ij})=X_e(Y(x_{ij}))-Y_e(X(x_{ij}))\\&=\sum_k\left\{X_e(x_{ik})\beta(Y)_{kj}-Y_e(x_{ik})\beta(X)_{kj}\right\}\\&=\sum_k\left\{\beta(X)_{ik}\beta(Y)_{kj}-\beta(Y)_{ik}\beta(X)_{kj}\right\}\\&=[\beta(X),\beta(Y)]_{ij}.\end{aligned}$$

因此 β 是一个 Lie 代数同构.

(c) 令 V 是一个 n 维实向量空间. 令 $\mathrm{End}(V)$ 表示 V 上的所有线性算子的集合(V 的自同态的集合), 令 $\mathrm{Aut}(V)\subset\mathrm{End}(V)$ 表示非奇异算子(自同构)组成的子集. $\mathrm{End}(V)$ 是一个 n^2 维的实向量空间. 而且如果置

(7) $$[l_1,l_2]=l_1\circ l_2-l_2\circ l_1,$$

那么它就成为一个 Lie 代数. V 的一个基决定从 $\mathrm{End}(V)$ 到 $\mathfrak{gl}(n,\mathbb{R})$ 的一个微分同胚, 而且把 $\mathrm{Aut}(V)$ 映射到 $Gl(n,\mathbb{R})$ 上. 由此可知, $\mathrm{Aut}(V)$ 作为 $\mathrm{End}(V)$ 的开子集继承一个流形结构, 而且它在复合运算之下成为 Lie 群. 在 $\mathrm{End}(V)$ 与 $\mathrm{End}(V)_e=\mathrm{Aut}(V)_e$ (其中, e 表示 V 上的恒等变换)的自然等同之下, $\mathrm{End}(V)$ 从 $\mathrm{Aut}(V)$ 的 Lie 代数继承一个 Lie 代数的结构. 这个诱导的 Lie 代数结构恰好就是以式(7)所刻画的那个 Lie 代数结构.

(d) 令 $\mathfrak{gl}(n,\mathbb{C})$ 表示所有 $n\times n$ 复矩阵的集合, 令 $Gl(n,\mathbb{C})\subset\mathfrak{gl}(n,\mathbb{C})$ 是由其中

的非奇异矩阵组成的子集. $Gl(n,\mathbb{C})$ 被称为复一般线性群. $\mathfrak{gl}(n,\mathbb{C})$ 是一个 $2n^2$ 维的实向量空间，并且具有由 δ_{ij} 和 $\sqrt{-1}\delta_{ij}(i,j=1,\cdots,n)$ 组成的基，其中，δ_{ij} 是其元素除了在 ij 处是 1，其余全为 0 的矩阵；而且如果置 $[A,B]=AB-BA$，那么 $\mathfrak{gl}(n,\mathbb{C})$ 构成一个 Lie 代数. $Gl(n,\mathbb{C})$ 作为 $\mathfrak{gl}(n,\mathbb{C})$ 的开子集继承一个流形结构，而且在矩阵的乘法之下成为一个 Lie 群. 因为考虑到完全类似于例(b)中的情况，所以可以看出 $Gl(n,\mathbb{C})$ 的 Lie 代数与 $\mathfrak{gl}(n,\mathbb{C})$ 的自然等同是一个 Lie 代数的同构. 因而可以把 $\mathfrak{gl}(n,\mathbb{C})$ 看作 $Gl(n,\mathbb{C})$ 的 Lie 代数.

(e) 类似地，与例(c)类比，如果 V 是一个 n 维复向量空间，并且用 $\mathrm{End}(V)$ 表示 V 上的复线性变换的集合，用 $\mathrm{Aut}(V)\subset\mathrm{End}(V)$ 表示其中非奇异变换的集合，那么 $\mathrm{Aut}(V)$ 是一个 $2n^2$ 维 Lie 群并以 $\mathrm{End}(V)$ 为其 Lie 代数.

3.11 定义 对于 G 上的一个形式 ω，如果对每一个 $\sigma\in G$，

$$\delta l_\sigma \omega = \omega\,, \tag{1}$$

则称之为左不变的. 就像在左不变向量场的情况那样，不必假定左不变形式是光滑的，因为光滑性是左不变性的一个推论. 以 $E^p_{l\mathrm{inv}}(G)$ 表示 G 上左不变 p 形式构成的向量空间，并且令

$$E^*_{l\mathrm{inv}}(G)=\sum_{p=0}^{\dim G} E^p_{l\mathrm{inv}}(G)\,. \tag{2}$$

左不变的 1 形式也被称为 Maurer-Cartan(毛瑞尔-嘉当)形式.

下列命题是 3.7 节中左不变形式的类似结果. 它的证明是直接的，留给读者作为习题.

3.12 命题

(a) 左不变形式是光滑的.

(b) $E^*_{l\mathrm{inv}}(G)$ 是由 G 上的所有光滑形式构成的代数 $E^*(G)$ 的一个子代数. 而且映射 $\omega\to\omega(e)$ 是从 $E^*_{l\mathrm{inv}}(G)$ 到 $\Lambda(G^*_e)$ 上的一个代数同构. 特别地，这个映射给出 $E^1_{l\mathrm{inv}}(G)$ 到 G^*_e，因而也是到 $\mathfrak{g}^*$ 的一个自然同构. 以这种方式把 $E^1_{l\mathrm{inv}}(G)$ 看作 G 的 Lie 代数的对偶空间.

(c) 如果 ω 是一个左不变的 1 形式而 X 是一个左不变的向量场，那么 $\omega(X)$ 是 G 上的一个常函数，而且当像在(b)中那样把 ω 看作 $\mathfrak{g}$ 的对偶空间的元素时，这个常数恰好就是 ω 作用在 X 上的结果. (或者把 $\omega(X)$ 看作 G 上的常函数，或者看作

相应的实数, 具体情况依据上下文而定.)

(d) 如果 $\omega \in E^1_{l\mathrm{inv}}(G)$ 且 $X,Y \in \mathfrak{g}$, 那么从 2.25(f)可得

$$\mathrm{d}\omega(X,Y) = -\omega[X,Y]. \tag{1}$$

(e) 令 $\{X_1,\cdots,X_d\}$ 是 $\mathfrak{g}$ 的一个基, 并且以 $\{\omega_1,\cdots,\omega_d\}$ 作为 $E^1_{l\mathrm{inv}}(G)$ 的对偶基, 那么存在常数 c_{ijk} 使得

$$[X_i,X_j] = \sum_{k=1}^{d} c_{ijk}X_k \tag{2}$$

(c_{ijk} 称作 G 关于 $\mathfrak{g}$ 的基 $\{X_i\}$ 的结构常数). 它们满足

$$\begin{cases} c_{ijk} + c_{jik} = 0, \\ \sum\limits_{r}(c_{ijr}c_{rks} + c_{jkr}c_{ris} + c_{kir}c_{rjs}) = 0. \end{cases} \tag{3}$$

ω_i 的外导数由 Maurer-Cartan 方程

$$\mathrm{d}\omega_i = \sum_{j<k} c_{jki}\omega_k \wedge \omega_j \tag{4}$$

给出.

2 同　态

3.13 定义 一个映射 $\varphi: G \to H$, 如果它是 C^∞ 的同时又是抽象群的同态, 那么说它是一个(Lie 群)同态. 另外, 如果 φ 还是一个微分同胚, 那么就称 φ 是一个同构. 一个 Lie 群与其自身的同构称为自同构. 如果对于某个向量空间 V, $H = \mathrm{Aut}(V)$, 或者 $H = Gl(n,\mathbb{C})$ 或 $Gl(n,\mathbb{R})$, 那么把同态 $\varphi: G \to H$ 称为 Lie 群 G 的表示.

设 $\mathfrak{g}$ 和 $\mathfrak{h}$ 都是 Lie 代数, 如果映射 $\psi: \mathfrak{g} \to \mathfrak{h}$ 是线性的并且保持括号(对所有 $X,Y \in \mathfrak{g}, \psi[X,Y] = [\psi(X),\psi(Y)]$), 那么称它是一个(Lie 代数)同态. 另外, 如果 ψ 还是1:1的和到上的, 那么就说 ψ 是一个同构. $\mathfrak{g}$ 与其自身的同构称为自同构. 如果对于某个向量空间 $V, \mathfrak{h} = \mathrm{End}(V)$, 或者 $\mathfrak{h} = \mathfrak{gl}(n,\mathbb{C})$ 或 $\mathfrak{gl}(n,\mathbb{R})$, 那么就把同态 $\psi: \mathfrak{g} \to \mathfrak{h}$ 称为 Lie 代数 $\mathfrak{g}$ 的表示.

令 $\varphi: G \to H$ 是一个同态, 那么 φ 把 G 的单位元映射到 H 的单位元, φ 的微分 $\mathrm{d}\varphi$ 是 G_e 到 H_e 中的线性变换. 通过把在单位元处的切空间与 Lie 代数自然等同的方法, G_e 到 H_e 中的这个线性变换 $\mathrm{d}\varphi$ 诱导 $\mathfrak{g}$ 到 $\mathfrak{h}$ 的一个线性变换, 仍然把它记

为 $\mathrm{d}\varphi$. 因而有

$$\mathrm{d}\varphi:\mathfrak{g}\to\mathfrak{h}, \tag{1}$$

其中, 如果 $X\in\mathfrak{g}$, 那么 $\mathrm{d}\varphi(X)$ 是 H 上使得

$$\mathrm{d}\varphi(X)(e)=\mathrm{d}\varphi(X(e)) \tag{2}$$

的唯一一个左不变向量场.

3.14 定理 令 G 和 H 分别是带有 Lie 代数 $\mathfrak{g}$ 和 $\mathfrak{h}$ 的 Lie 群, 并且令 $\varphi:G\to H$ 是一个同态, 那么

(a) X 和 $\mathrm{d}\varphi(X)$ 对于每个 $X\in\mathfrak{g}$ 都是 φ 相关的.

(b) $\mathrm{d}\varphi:\mathfrak{g}\to\mathfrak{h}$ 是一个 Lie 代数的同态.

证明 令 $\widetilde{X}=\mathrm{d}\varphi(X)$, 那么 $\widetilde{X}$ 与 X 是 φ 相关的. 因为 φ 是一个同态, 所以 $l_{\varphi(\sigma)}\circ\varphi=\varphi\circ l_\sigma$, 因此,

$$\begin{aligned}\widetilde{X}(\varphi(\sigma))&=\mathrm{d}l_{\varphi(\sigma)}\widetilde{X}(e)=\mathrm{d}l_{\varphi(\sigma)}\mathrm{d}\varphi(X(e))\\&=\mathrm{d}(l_{\varphi(\sigma)}\circ\varphi)X(e)=\mathrm{d}(\varphi\circ l_\sigma)X(e)=\mathrm{d}_\varphi(X(\sigma)).\end{aligned} \tag{1}$$

这就证明了(a)款成立. 现在令 $X,Y\in\mathfrak{g}$, 那么为了证明(b)款, 必须证明

$$\widetilde{[X,Y]}=[\widetilde{X},\widetilde{Y}]. \tag{2}$$

由命题 1.55, $[X,Y]\varphi$ 相关于左不变向量场 $[\widetilde{X},\widetilde{Y}]$. 特别有

$$[\widetilde{X},\widetilde{Y}](e)=\mathrm{d}\varphi([X,Y](e)). \tag{3}$$

但是由定义 3.13(2), $\widetilde{[X,Y]}$ 是 H 上唯一一个左不变向量场使得它在单位元处的值是 $d\varphi([X,Y](e))$. 因此式(2)成立. 于是定理得证.

3.15 左不变形式上同态的效应 令 $\varphi:G\to H$ 是一个同态, 那么 $\delta\varphi$ 把 H 上的左不变形式拉回到 G 上的左不变形式, 因为当 ω 是 H 上的左不变形式时,

$$\begin{aligned}\delta l_\sigma\delta\varphi(\omega)&=\delta(\varphi\circ l_\sigma)\omega=\delta(l_{\varphi(\sigma)}\circ\varphi)\omega\\&=\delta\varphi\delta l_{\varphi(\sigma)}(\omega)=\delta\varphi(\omega).\end{aligned} \tag{1}$$

此外, 对于映射 $\delta\varphi:E^1_{l\mathrm{inv}}(H)\to E^1_{l\mathrm{inv}}(G)$, 当把它看作 $\mathfrak{h}$ 的对偶空间到 $\mathfrak{g}$ 的对偶空间的映射时, 它恰好是 $\mathrm{d}\varphi:\mathfrak{g}\to\mathfrak{h}$ 的转置, 即

$$(\delta\varphi(\omega))(X)=\omega(\mathrm{d}\varphi(X))\quad(\omega\in E^1_{l\mathrm{inv}}(H),X\in\mathfrak{g}). \tag{2}$$

回想到，若 $\{\omega_1,\cdots,\omega_d\}$ 是 $E^1_{l\text{inv}}(H)$ 的一个基，那么就有结构常数 $\{c_{ijk}\}$ [见 3.12(4)]，使得

(3) $$\mathrm{d}\omega_i=\sum_{j<k}c_{jki}\omega_k\wedge\omega_j.$$

由于 d 和 $\delta\varphi$ 交换，所以

(4) $$\mathrm{d}(\delta\varphi(\omega_i))=\sum_{j<k}c_{jki}\delta\varphi(\omega_k)\wedge\delta\varphi(\omega_j).$$

令 π_1 和 π_2 分别是 $G\times H$ 到 G 和 H 上的标准射影，那么由独立 1 形式族

(5) $$\{\delta\pi_1\delta\varphi(\omega_i)-\delta\pi_2(\omega_i):i=1,\cdots,d\}$$

生成的 $G\times H$ 上的形式理想 $\mathscr{I}$ 是微分理想. 为了使用式(4)，对于每个 i 得到

(6) $$\begin{aligned}&\mathrm{d}(\delta\pi_1\delta\varphi(\omega_i)-\delta\pi_2(\omega_i))\\&=\sum_{j<k}c_{jki}(\delta\pi_1\delta\varphi(\omega_k)\wedge\delta\pi_1\delta\varphi(\omega_j)-\delta\pi_2(\omega_k)\wedge\delta\pi_2(\omega_j))\\&=\sum_{j<k}c_{jki}\big[\{\delta\pi_1\delta\varphi(\omega_k)-\delta\pi_2(\omega_k)\}\wedge\delta\pi_1\delta\varphi(\omega_j)\\&\quad+\delta\pi_2(\omega_k)\wedge\{\delta\pi_1\delta\varphi(\omega_j)-\delta\pi_2(\omega_j)\}\big],\end{aligned}$$

它属于理想 $\mathscr{I}$. 而且注意到生成微分理想 $\mathscr{I}$ 的 1 形式(5)，它们自身也是 $G\times H$ 上的左不变 1 形式. 这可以从把 $\delta l_{(\sigma,\xi)}$ 应用于(5)[其中，$(\sigma,\xi)\in G\times H$]，并且利用 $\pi_1\circ l_{(\sigma,\xi)}=l_\sigma\circ\pi_1$ 和 $\pi_2\circ l_{(\sigma,\xi)}=l_\xi\circ\pi_2$ 立即得出. 再注意到在 2.33 的意义下，$E^1_{l\text{inv}}(H)$ 的基 $\{\omega_i\}$ 是 H 上 1 形式的基.

为了完成 $G\times H$ 上的微分理想的上述构造，只需直接从 Lie 代数的同态开始即可，而无需从 Lie 群的同态着手. 令 G 和 H 都是 Lie 群，而且令 $\psi:\mathfrak{g}\to\mathfrak{h}$ 是它们 Lie 代数的同态. ψ 有一个转置 $\psi^*:E^1_{l\text{inv}}(H)\to E^1_{l\text{inv}}(G)$，即

(7) $$(\psi^*(\omega))(X)=\omega(\psi(X))\quad(\omega\in E^1_{l\text{inv}}(H),X\in\mathfrak{g}).$$

令 $\{\omega_i\}$ 是 $E^1_{l\text{inv}}(H)$ 的一个基. 那么可以断言，由独立 1 形式族

(8) $$\{\delta\pi_1(\psi^*(\omega_i))-\delta\pi_2(\omega_i):i=1,\cdots,d\}$$

生成的 $G\times H$ 上的形式理想 $\mathscr{I}$ 是微分理想. 这可从类似于式(6)的计算并注意到

(9) $$d(\psi^*(\omega_i))=\sum_{j<k}c_{jki}\psi^*(\omega_k)\wedge\psi^*(\omega_j)$$

而得出. 为了证明式(9), 只需证明它的两边在 G 上的任意一对左不变向量场 X 和 Y 上均有同样的结果:

$$(10)\qquad \begin{aligned} d(\psi^*(\omega_i))(X,Y) &= -\psi^*(\omega_i)[X,Y] = -\omega_i[\psi(X),\psi(Y)] \\ &= d\omega_i(\psi(X),\psi(Y)) = \sum_{j<k} c_{jki}\omega_k \wedge \omega_j(\psi(X),\psi(Y)) \\ &= \sum_{j<k} c_{jki}\psi^*(\omega_k) \wedge \psi^*(\omega_j)(X,Y). \end{aligned}$$

其中, 第一个和第三个等式从 3.12(1)得出. 最后注意到, 在这种情况下, 形式(8)在 $G \times H$ 上是左不变的.

我们将在各种情况下证明同态的存在性和唯一性中使用 $G \times H$ 的这些理想.

3.16 定理 令 G 是连通的, 令 φ 和 ψ 是 G 到 H 中的同态并且使得从 $\mathfrak{g}$ 到 $\mathfrak{h}$ 中的 Lie 代数同态 $d\varphi$ 和 $d\psi$ 是恒等的, 那么 $\varphi = \psi$.

证明 因为 $d\varphi = d\psi$, 所以有

$$(1)\qquad d\varphi = d\psi : E^1_{l\text{inv}}(H) \to E^1_{l\text{inv}}(G).$$

从而有两个从连通流形 G 到 H 中的 C^∞ 映射 φ 和 ψ, 它们在 $e \in G$ 处是一致的, 而且两者在把 1 形式的基从 H 拉回方面具有相同的效果. 这样一来, 因为由 1 形式 3.15(5)生成的 $G \times H$ 上形式的理想是微分理想, 所以从 2.34(b)可知 $\varphi = \psi$.

3 Lie 子群

3.17 定义 如果 (H,φ) 满足:

(a) H 是一个 Lie 群.

(b) (H,φ) 是 G 的一个子流形.

(c) $\varphi: H \to G$ 是一个群同态,

那么 (H,φ) 就是 Lie 群 G 的一个 Lie 子群. 另外, 如果 $\varphi(H)$ 是 G 的一个闭子集, 那么 (H,φ) 就称为 G 的闭子群.

令 $\mathfrak{g}$ 是一个 Lie 代数. 对于 $\mathfrak{g}$ 的一个子空间 $\mathfrak{h} \subset \mathfrak{g}$, 如果当 $X,Y \in \mathfrak{h}$ 时, $[X,Y] \in \mathfrak{h}$, 那么子空间 $\mathfrak{h}$ 就是 $\mathfrak{g}$ 的一个子代数. 一个子代数 $\mathfrak{h} \subseteq \mathfrak{g}$ 在从 $\mathfrak{g}$ 诱导的括号运算下, 显然构成一个 Lie 代数.

令 (H,φ) 是 G 的一个 Lie 子群, 而且 $\mathfrak{h}$ 和 $\mathfrak{g}$ 分别是它们的 Lie 代数, 那么 $d\varphi$ 给出 $\mathfrak{h}$ 与 $\mathfrak{g}$ 的子代数 $d\varphi(\mathfrak{h})$ 的一个同构.

有好几个定理均断言存在满足一定条件的唯一子群, 而且像在子流形的情况那样(有关情况在 1.33 节), 鉴于对子群的定义, 唯一性需要稍作说明. 如果存在一

个 Lie 群同构 $\alpha: H \to H_1$ 使得 $\varphi_1 \circ \alpha = \varphi$，那么就认为 G 的两个子群 (H,φ) 和 (H_1,φ_1) 是等价的. 这是 G 的 Lie 子群上的一个等价关系，并且 Lie 子群的唯一性是指在这种等价意义下的唯一性. 就像在子流形的情况那样(见 1.33 节)，G 的 Lie 子群的每个等价类有唯一的一个形如 (A,i) 的表示，其中，A 是 G 的一个子集，它是 G 的一个抽象子群，而且它有一个流形结构(不必带有相对拓扑)使 A 成为一个 Lie 子群并且使得包含映射 $i: A \to G$ 产生一个子流形，从而成为 G 的一个 Lie 子群. 当希望按现今这种形式考虑 G 的一个子群时(即看作 G 的一个实际子集时)，通常不提及任何映射而只说 G 的 Lie 子群 A，对于包含映射则是心照不宣. 另外，通常把 A 的 Lie 代数 $\mathfrak{a}$ 与 $di(\mathfrak{a})$ 等同，并且作为 G 的 Lie 代数的一个子代数却只是简单地说成 A 的 Lie 代数. 尤其是，把 A 上的一个左不变向量场 X 与 G 上的左不变向量场 $di(X)$ 等同，而 X 与 $di(X)$ 是包含相关的.

现在要证明 Lie 群论的基本定理之一，它断言在一个 Lie 群的连通 Lie 子群与它的 Lie 代数的子代数之间有一个 1:1 对应. 但是首先需要下列命题.

3.18 命题 令 G 是一个连通 Lie 群. 令 U 是 e 的一个邻域，那么

(1)
$$G = \bigcup_{n=1}^{\infty} U^n ,$$

其中，U^n 是由 U 的元素的所有 n 重积组成的(称为 U 生成 G).

证明 令 V 是 U 的一个包含 e 的开子集使得 $V = V^{-1}$（其中，$V^{-1} = \{\sigma^{-1} : \sigma \in V\}$）. 例如，$V = U \cap U^{-1}$ 就使 $V = V^{-1}$ 成立. 令

(2)
$$H = \bigcup_{n=1}^{\infty} V^n \subset \bigcup_{n=1}^{\infty} U^n ,$$

那么 H 是 G 的一个抽象子群而且是 G 的开子集，因为 $\sigma \in H$ 蕴涵 $\sigma V \subset H$. 因而每个模 H 的陪集在 G 中是开的. 由于 H 是所有模 H 的陪集中那些不同于 H 自身的陪集之并在 G 中的余集. 因此 H 又是 G 的闭子集. 因为 G 是连通的，而且 H 又是非空的，所以 H 必然是整个 G. 这与(2)一起就蕴涵(1).

3.19 定理 令 G 是一个 Lie 群并带有 Lie 代数 $\mathfrak{g}$. 再令 $\tilde{\mathfrak{h}} \subset \mathfrak{g}$ 是一个子代数. 那么 G 有唯一的一个连通 Lie 子群 (H,φ) 使得 $\mathrm{d}\varphi(\mathfrak{h}) = \tilde{\mathfrak{h}}$.

证明 通过对每一个 $\sigma \in G$，置

(1)
$$\mathscr{D}(\sigma) = \{X(\sigma) : X \in \tilde{\mathfrak{h}}\}$$

来定义 G 上的一个分布 $\mathscr{D}$. 令 $\dim \tilde{\mathfrak{h}} = d$. 那么 $\mathscr{D}$ 是 d 维的. 因为 $\mathscr{D}$ 整体上是由 $\tilde{\mathfrak{h}}$ 的基 $X_1,\cdots,X_d$ 张成的，所以 $\mathscr{D}$ 是光滑的. 而且 $\mathscr{D}$ 还是对合的，因为如果 X 和 Y 是

位于 $\mathscr{D}$ 内的向量场，那么就有 G 上的 C^∞ 函数 $\{a_i\}$ 和 $\{b_i\}$ 使得 $X=\sum a_i X_i$ 和 $Y=\sum b_i X_i$，因而

$$(2)\qquad [X,Y]=\sum_{i,j=1}^{d}\{a_i b_j[X_i,X_j]+a_i X_i(b_j)X_j-b_j X_j(a_i)X_i\},$$

它仍然是 $\mathscr{D}$ 中的一个向量场，因为 $\tilde{\mathfrak{h}}$ 是 $\mathfrak{g}$ 的一个子代数.

令 (H,φ) 是 $\mathscr{D}$ 的过 e 的极大连通积分流形(见 1.64). 令 $\sigma\in\varphi(H)$. 由于 $\mathscr{D}$ 在左平移下是不变的，所以 $(H,l_{\sigma^{-1}}\circ\varphi)$ 也是 $\mathscr{D}$ 的经过 e 的积分流形. 因而由极大性，$l_{\sigma^{-1}}\circ\varphi(H)\subset\varphi(H)$. 因此若 $\sigma\in\varphi(H),\tau\in\varphi(H)$，那么 $\sigma^{-1}\tau\in\varphi(H)$. 由此可知，$\varphi(H)$ 是 G 的一个抽象子群. 从而能够诱导出 H 上的一个群结构使得 $\varphi:H\to G$ 是抽象群的同态. 于是只剩下要验证 H 是一个 Lie 群，即验证映射 $\alpha:H\times H\to H$ 是 C^∞ 的，其中，$\alpha(\sigma,\tau)=\sigma\tau^{-1}$. 现在使得 $(\sigma,\tau)\mapsto\varphi(\sigma)\varphi(\tau)^{-1}$ 的映射 $\beta:H\times H\to G$ 是 C^∞ 的，而且有下列交换图表:

(3)

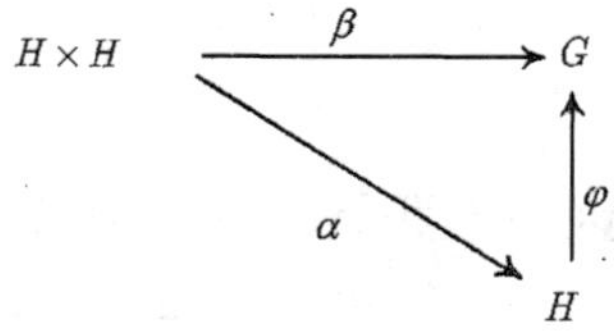

因为 (H,φ) 是 G 上一个对合分布的积分流形，所以从 1.62 可知，α 是 C^∞ 的. 从而 (H,φ) 是 G 的一个 Lie 子群；而且若 $\mathfrak{h}$ 是 H 的 Lie 代数，那么显然有 $\mathrm{d}\varphi(\mathfrak{h})=\tilde{\mathfrak{h}}$.

为证唯一性，令 (K,ψ) 是 G 的另一个连通 Lie 子群并且满足 $\mathrm{d}\psi(\tilde{\mathfrak{k}})=\tilde{\mathfrak{h}}$，那么 (K,ψ) 也必定是 $\mathscr{D}$ 的过 e 的一个积分流形. 由 (H,φ) 的极大性，$\psi(K)\subset\varphi(H)$，而且有唯一确定的映射 η 使得 $\varphi\circ\eta=\psi$:

(4)

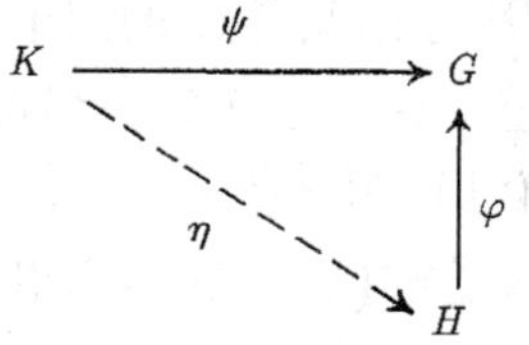

由 1.62，η 是光滑的，因而是 Lie 群的一个单同态. 此外，η 还是处处非奇异的；特别是在单位元的一个邻域上 η 是一个微分同胚，因此由 3.18 可知，它又是一个满射. 从而 η 是一个 Lie 群同构，于是子群 (K,ψ) 和 (H,φ) 是等价的. 这就证明了唯一性.

系(a) 一个 Lie 群的连通 Lie 子群与它的 Lie 代数的子代数之间存在一个 1 : 1 对应.

系(b) 令 (H,φ) 是 G 的一个 Lie 子群. 那么若 $\widetilde{H}$ 是 H 的一个分支, 则 $(\widetilde{H},\varphi|_{\widetilde{H}})$ 是 G 上由 $\mathfrak{g}$ 的子代数 $\mathrm{d}\varphi(\mathfrak{h})$ 决定的对合分布的极大连通积分流形.

用 G 的微分理想来重述定理 3.19 的证明的部分内容如下(见习题 6):

系(c) 设由 Lie 群 G^c 上的一族独立的左不变 1 形式 $\{\omega_1,\cdots,\omega_{c-d}\}$ 生成的理想 $\mathscr{I}$ 是微分理想, 那么 $\mathscr{I}$ 的过 $e\in G$ 的极大连通积分流形 I^d 是 G 的 Lie 子群.

下列定理可与子流形的情况进行对比(见 1.33 节).

3.20 定理 如果 Lie 群 G 的抽象子群 A 有一个流形结构(即有一个第二可数的局部 Euclid 拓扑连同一个可微结构)使得 (A,i) 成为 G 的一个子流形, 其中, i 是包含映射, 那么它有唯一的一个这样的流形结构, 而且按这个流形结构 A 是一个 Lie 群, 因此 (A,i) 是 G 的一个 Lie 子群.

证明 首先证明对于任何这样的流形结构, A 都将是一个 Lie 群. 令 $\mathscr{D}$ 是 G 上由 A 在单位元处的切空间的左平移所决定的分布. 可以断定 (A,i) 是 $\mathscr{D}$ 的过单位元 $e\in G$ 的积分流形.

我们要告诫读者, 这并不是显然的, 而且对它的证明要谨慎. 问题是, 如果 $\gamma(t)$ 是 A 中的一条光滑曲线, 而且 σ 在 A 中, 那么 $l_\sigma\circ\gamma(t)$ 是 G 中的光滑曲线, 它在 A 中, 但从逻辑上说它在 A 中有可能不再是光滑的. 因而可能有 $\mathscr{D}(\sigma)$ 的元素不是 A 的切向量. 必须证明这种情形不可能发生. 令 $\dim A=k$. 如果对于某个 $\sigma\in A$, 切空间 A_σ 不包含在 $\mathscr{D}(\sigma)$ 中, 那么能求出 $k+1$ 条在 G 中光滑的曲线, 它们位于 A 中而且在 σ 处有独立的切向量. 平移到单位元处则得到在 G 中光滑的曲线 $\gamma_1(t),\cdots,\gamma_{k+1}(t)$, 它们位于 A 中, 在 $t=0$ 时经过 e 并且在 e 处有独立的切向量. 请注意到这还不构成矛盾. 例如, 在平面 $\mathbb{R}^2$ 中有两条光滑曲线在原点处有独立的切向量而且位于 1 维的 "8" 形子流形中(见 1.31 节). 其次, 考虑映射

$$(5)\qquad (t_1,\cdots,t_{k+1})\mapsto\gamma_1(t_1)\cdots\gamma_{k+1}(t_{k+1}).$$

这个映射在原点处是非奇异的, 因而是从 $\mathbb{R}^{k+1}$ 的原点的一个邻域到 G 中的一个微分同胚, 而且它的象包含在 A 中, 因为各条曲线 γ_i 在 A 中而且 A 是一个子群. 映射(5)能被扩张成从 $\mathbb{R}^n$ 中原点的一个邻域到 G 中单位元的一个邻域 U 的微分同胚, 其中, $n=\dim G$. 将这个微分同胚的逆与包含映射 $i:A\to G$ 复合, 就得到 A 的开子流形 $U\cap A$ 到 $\mathbb{R}^n$ 中的一个 C^∞ 浸入, 而且它的象包含 $\mathbb{R}^{k+1}\subset\mathbb{R}^n$ 中的一个开子集. 于是这与 A 是第二可数的并且具有维数 k 的事实矛盾(见第 1 章习题 6). 因而 $A_\sigma=D(\sigma)$ 对于每个 $\sigma\in A$ 成立, 所以 (A,i) 是 $\mathscr{D}$ 的一个积分流形.

由此可知, 对于任何 $\sigma\in G$, (A,l_σ) 是 $\mathscr{D}$ 的过 σ 的一个积分流形. 因而由 1.59,

$\mathscr{D}$ 是一个对合分布，那么由类似于 3.19(3)中的论证可知，$A\times A\to A$ 中的映射 $(\sigma,\tau)\mapsto\sigma\tau^{-1}$ 是 C^∞ 的，而这证明 A 是一个 Lie 群. 现在假设在 A 上有两个流形结构均使 (A,i) 成为子流形. 分别用 A_1 和 A_2 表示 A 带有这两个流形结构，那么 (A_1,i) 和 (A_2,i) 都是 G 上的对合分布的积分流形. 因此将定理 1.62 应用于交换图表

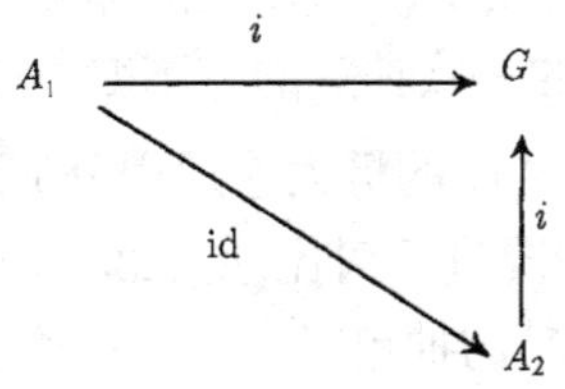

就蕴涵着恒等映射 $\mathrm{id}:A_1\to A_2$ 是一个微分同胚. 因而在 A 上有唯一一个这样的流形结构.

因此若 Lie 群的一个子集能够在包含映射下形成一个 Lie 子群，那么它能且只能按一种方式这样做，即群结构、拓扑结构以及可微结构都是唯一确定的，因而可以毫不含糊地断定 Lie 群 G 的一个子集 A 是 G 的一个 Lie 子群. 这意味着 A 是 G 的一个抽象子群并且有一个也是唯一的一个流形结构使 A 成为一个 Lie 群，于是 (A,i) 成为 G 的一个 Lie 子群.

现在已经能够确切地描述在什么情况下一个 Lie 子群 $A\subseteq G$ 具有相对拓扑.

3.21 定理 令 (H^d,φ) 是 G^c 的一个 Lie 子群. 那么 φ 是一个嵌入(即按相对拓扑 φ 是 H 到 $\varphi(H)$ 的同胚)当且仅当 (H,φ) 是 G 的一个闭子群(即 $\varphi(H)$ 在 G 中是闭的).

证明 假设 $\varphi(H)$ 在 G 中是闭的. 只要证明存在某个非空开集 $V\subset H$ 使得 $\varphi|_V$ 是 V 到 $\varphi(H)$ 中的同胚就行了，其中，$\varphi(H)$ 具有相对拓扑. 因为到那时，从 φ 与左平移交换 $(\varphi\circ l_\sigma=l_{\varphi(\sigma)}\circ\varphi)$ 的事实可知 φ 在整个 H 上是一个嵌入. 由定理 3.19 系(b)和定理 1.60 知道存在 $e\in G$ 的一个立方体中心坐标系 (U,τ) 使得 $\varphi(H)\cap U$ 由形如

(1) $$\tau_i=\text{常数},\ (\text{对所有 } i\in\{d+1,\cdots,c\})$$

的片的(至多可数)并组成，在这些片中至少包括过 e 的片. 令 C 是 U 的一个包含 e 的闭集，它在 τ 下的象是一个立方体; 再令 S 是由

(2) $$\tau_1=0,\ \cdots,\ \tau_d=0$$

给出的 C 的片，那么 $\tau(\varphi(H)\cap S)$ 是 $\mathbb{R}^{c-d}$ 的一个可数的非空闭子集.

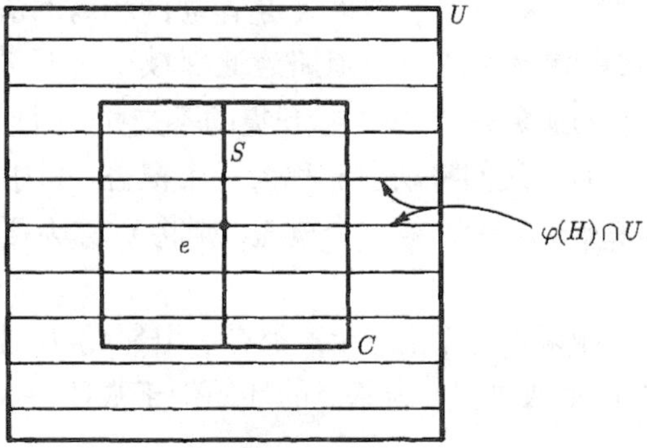

由于 Euclid 空间的任何可数闭子集必有孤立点. 另一方面, 这样一个带有诱导度量的集合应当是一个能够表为无处稠密集的可数并的完备度量空间, 但是根据 Baire 范畴定理[27], 这是不可能的. 因而在片 $\varphi(H)\cap U$ 的集族中有一个孤立的片, 称之为 S_0, 从而 $\varphi^{-1}(S_0)$ 是 H 的一个开子集, 而且 φ 在此开子集上给出一个到 $\varphi(H)$ 中的嵌入.

反过来, 设 φ 是一个嵌入. 令 $\{\sigma_i\}$ 是 $\varphi(H)$ 中收敛于 $\sigma\in G$ 的一个点列. 因为 φ 是嵌入, 所以存在单位元 $e\in G$ 处的一个立方体坐标系 (U,τ) 使得 $\varphi(H)\cap U$ 是由单个片, 称之为 S 组成的. 选取单位元的邻域 $V\subset W\subset U$, 使它们关于 τ 是立方体的并且满足 $V^{-1}V\subset\overline{W}\subset U$. 由于 $\sigma_i\to\sigma$, 所以有一个充分大的 N 使得对于 $n\geqslant N$, 就有 $\sigma_n\in\sigma V$. 因此对于 $n\geqslant N$, $\sigma_N^{-1}\sigma_n\in\overline{W}$. 同样有 $\sigma_N^{-1}\sigma_n\in\varphi(H)$. 因而 $\sigma_N^{-1}\sigma_n\in S\cap\overline{W}$, 并且收敛于 $\sigma_N^{-1}\sigma$. 因此 $\sigma_N^{-1}\sigma$ 也必然在 $S\cap\overline{W}$ 中. 因此 $\sigma_N^{-1}\sigma\in\varphi(H)$. 由此 $\sigma\in\varphi(H)$, 从而 $\varphi(H)$ 是闭的.

4 覆 盖

我们假定读者在一定程度上熟悉同伦、基本群、单连通性及覆盖空间的概念. 在定理 3.23 中将叙述所需要的关于覆盖空间的三个基本事实, 其证明的概要在本章末的习题 7 中. 至于证明的细节以及关于覆盖空间其他事实可在有关文献中找到, 如文献[27]或[28].

3.22 定义 在叙述定理 3.23 之前, 先来回顾几个定义并规定一些记号. 令 $\pi_1(X,x_0)$ 表示拓扑空间 X 关于基点 $x_0\in X$ 的基本群; 令 $\pi:(X,x_0)\to(Y,y_0)$ 表示从拓扑空间 X 到拓扑空间 Y 的、把 X 的基点 x_0 变为 Y 的基点 y_0 的映射; 把相应的基本群的诱导同态记为 $\pi_*:\pi_1(X,x_0)\to\pi_1(Y,y_0)$.

在“单连通”的定义中将事先假定连通性. 这就是说, 假定一个单连通空间 X 首先是一个连通的拓扑空间, 它的基本群是平凡的.

对于一个连续满射$\pi: X \to Y$，如果X是连通的和局部道路连通的拓扑空间(任一点的每个邻域均包含该点的一个道路连通邻域)，并且若每一点$y \in Y$都有一个邻域V，它在π下的逆象是X中一些开集的不交并，而且这些开集中的每一个在π下均同胚于V，那么我们将映射π称为一个覆盖. Y中的这种邻域V被称作是均匀覆盖的. 如果$\pi: X \to Y$是一个覆盖，则将Y称为覆盖的底，而把X称为覆盖空间.

一个拓扑空间Y，如果每一个点$y \in Y$都有一个邻域 U使得以y为基点且位于U中的每一个环在Y中通过以y为基点的环同伦于常环，那么把拓扑空间Y称作半局部单连通的.

3.23 定理

(a) 令$\pi:(X,x_0) \to (Y,y_0)$是一个覆盖. 令Z是一个道路连通和局部道路连通的拓扑空间，令$\alpha:(Z,z_0) \to (Y,y_0)$是一个连续映射使得$\alpha_*(\pi_1(Z,z_0)) \subset \pi_*(\pi_1(X,x_0))$，那么存在唯一的连续映射$\widetilde{\alpha}:(Z,z_0) \to (X,x_0)$使得$\pi \circ \widetilde{\alpha} = \alpha$.

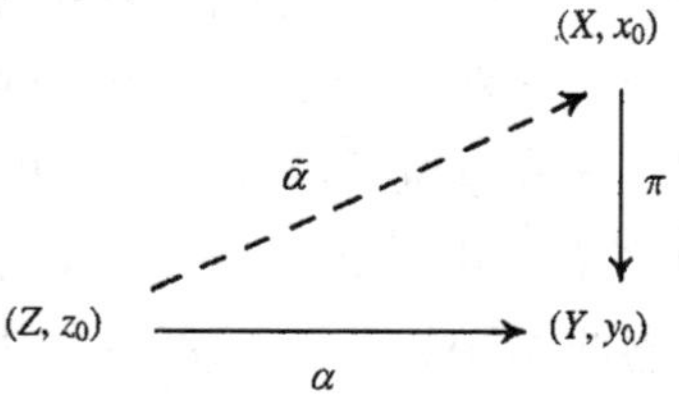

(b) 如果X是一个道路连通的、局部道路连通的且半局部单连通的拓扑空间，那么X有一个单连通的覆盖空间.

(c) 如果$\pi: X \to Y$是一个覆盖并且Y是单连通的，那么π是一个同胚.

3.24 单连通覆盖群 令$\pi:\tilde{M} \to M$是微分流形M的一个覆盖，那么$\tilde{M}$自动成为一个局部 Euclid 的、第二可数的(见习题 8)Hausdorff 空间，而且$\tilde{M}$上有唯一的一个可微结构使得覆盖映射π是C^∞的和非奇异的. 这个可微结构可以单纯通过要求从π得出的均匀覆盖开集上的局部同胚是微分同胚得到.

令G是一个连通 Lie 群，由 3.23(b)可知，G有一个覆盖$\pi:\tilde{G} \to G$而且$\tilde{G}$是单连通的. 正如看到的那样，$\tilde{G}$有唯一的可微结构使得π是C^∞的和非奇异的. 下面要证明在$\tilde{G}$中可诱导一个群结构使$\tilde{G}$成为一个 Lie 群并且使π成为一个 Lie 群同态. 考虑映射$\alpha:\tilde{G}\times\tilde{G} \to G$使得$\alpha(\tilde{\sigma},\tilde{\tau}) = \pi(\tilde{\sigma})\pi(\tilde{\tau})^{-1}$. 选取$\tilde{e} \in \pi^{-1}(e)$. 由于$\tilde{G}\times\tilde{G}$是单连通的，从而由 3.23(a)可知，存在唯一的映射$\tilde{\alpha}:\tilde{G}\times\tilde{G} \to \tilde{G}$使得$\pi \circ \tilde{\alpha} = \alpha$，并且使得$\tilde{\alpha}(\tilde{e},\tilde{e}) = \tilde{e}$. 对于$\tilde{G}$中的$\tilde{\sigma}$和$\tilde{\tau}$，定义

$$\tilde{\tau}^{-1} = \tilde{\alpha}(\tilde{e},\tilde{\tau}), \quad \tilde{\sigma}\tilde{\tau} = \tilde{\alpha}(\tilde{\sigma},\tilde{\tau}^{-1}). \tag{1}$$

从应用 3.23(a)的唯一性部分容易得出 $\tilde{\sigma}\tilde{e}=\tilde{e}\tilde{\sigma}=\tilde{\sigma}$，因为 $\tilde{G}\to\tilde{G}$ 的映射 $\tilde{\sigma}\mapsto\tilde{e}\tilde{\sigma}$ 、$\tilde{\sigma}\mapsto\tilde{\sigma}\tilde{e}$ 和 $\tilde{\sigma}\mapsto\tilde{\sigma}$ 都使得下列图表交换，而且它们都将 $\tilde{e}$ 映射到 $\tilde{e}$.

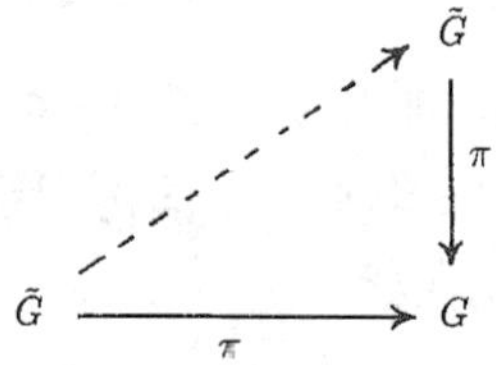

这样一来，由于 $\tilde{G}$ 是单连通的，所以从 3.23(a)中的唯一性可知，这些映射都是恒等的. 类似地，有 $\tilde{\sigma}\tilde{\sigma}^{-1}=\tilde{\sigma}^{-1}\tilde{\sigma}=\tilde{e}$ ，并且对所有 $\tilde{\sigma},\tilde{\tau},\tilde{\gamma}\in\tilde{G},(\tilde{\sigma}\tilde{\tau})\tilde{\gamma}=\tilde{\sigma}(\tilde{\tau}\tilde{\gamma})$. 因而(1)使 $\tilde{G}$ 成为一个抽象群；又因为 $\tilde{\alpha}$ 是光滑的，所以 $\tilde{G}$ 是一个 Lie 群. 另外，(1)还蕴涵着 $\pi(\tilde{\tau}^{-1})=\pi(\tilde{\tau})^{-1}$ 和 $\pi(\tilde{\sigma}\tilde{\tau})=\pi(\tilde{\sigma})\pi(\tilde{\tau})$，因此 $\pi:\tilde{G}\to G$ 是一个 Lie 群同态. 从而证明了下列定理.

3.25 定理 每一个连通 Lie 群都有一个单连通的覆盖空间，这个覆盖空间自身也是一个 Lie 群从而使得覆盖映射成为一个 Lie 群同态.

3.26 命题 令 G 和 H 是连通 Lie 群，令 $\varphi:G\to H$ 是一个同态，那么 φ 是一个覆盖映射当且仅当 $\mathrm{d}\varphi:G_e\to H_e$ 是一个同构.

证明 首先假定 φ 是一个覆盖. 那么 $\mathrm{d}\varphi|_{G_e}$ 必定是单射. 若不然，则因 φ 是一个同态，从而 $\mathrm{d}\varphi$ 在 G 的每一点就会有一个非平凡的核，并且这些核将会形成 G 上的一个对合分布，其积分流形都将在 φ 下被坍缩成一点. 因而 φ 将无处是局部一一的，这与覆盖性质相矛盾. $\mathrm{d}\varphi|_{G_e}$ 也必然是满射，因为如若不然，(G,φ) 就将局部成为 H 的真子流形，这又与覆盖的局部同胚性相矛盾. 因而 $\mathrm{d}\varphi:G_e\to H_e$ 是一个同构.

反过来，假设 $\mathrm{d}\varphi:G_e\to H_e$ 是一个司构. 那么 φ 处处是局部微分同胚. 因而由 3.18，φ 把 G 映射到 H 上，因为 φ 是一个同态，又因为 $\varphi(H)$ 在连通 Lie 群 H 中包含单位元的一个邻域. G 肯定是道路连通和局部道路连通的，因而要证明 φ 是一个覆盖映射，就只剩下要证明 H 的每一个点被包含在一个均匀覆盖邻域中. 令

$$D=\ker\varphi=\varphi^{-1}(e), \tag{1}$$

那么由于 φ 是一个局部微分同胚，所以 D 是 G 的一个离散正规子群，其中“离散”的意思是指若 $\sigma\in D$ ，则在 G 中有一个开子集 V 使得 $V\cap D=\sigma$. 因为 $(\sigma,\tau)\mapsto\sigma^{-1}\tau$ 是 $G\times G\to G$ 的一个连续映射（实际上是 C^∞ 的），所以在 G 中存在 e 的一个邻域 V 使得

(2) $$\left(V^{-1}V\right)\cap D=e.$$

可以断言$\varphi(H)$在H中是e的一个被φ均匀覆盖的邻域. 首先, $\varphi|_V$是1:1的, 因为若$\sigma,\tau\in V$且$\varphi(\sigma)=\varphi(\tau)$, 那么$\varphi\left(\sigma^{-1}\tau\right)=e$, 因此由(2), $\sigma^{-1}\tau=e$, 从而$\sigma=\tau$. 此外, 在G的每一点$\mathrm{d}\varphi$都是一个同构. 因而$\varphi|_V$是从V到e在H中的开邻域$\varphi(H)$的一个微分同胚. 现在断言

(3) $$\varphi^{-1}(\varphi(V))=\bigcup_{\theta\in D}V\theta.$$

包含关系$\supset$是明显的. 为了证明$\subset$, 假设$\varphi(\sigma)\in\varphi(V)$, 那么就存在$\tau\in V$使得$\varphi(\tau)=\varphi(\sigma)$. 因此$\tau^{-1}\sigma\in D$且$\sigma\in V\tau^{-1}\sigma$, 这证明(3)成立. 最后, 若$\theta_1\neq\theta_2\in D$, 则$V\theta_1\cap V\theta_2=\varnothing$. 因为假若$\sigma\in V\theta_1\cap V\theta_2$, 那么$\sigma=\tau\theta_1=\eta\theta_2$对于某个$\tau,\eta\in V$成立, 那么$\tau^{-1}\eta\in D$且$\tau^{-1}\eta\in V^{-1}V$; 因此由(2), $\tau=\eta$, 这就蕴涵着$\theta_1=\theta_2$. 因而$\varphi(V)$是$e\in H$的一个均匀覆盖邻域. 由此可知, $\varphi(\sigma V)$是$\varphi(\sigma)$在H中的一个开邻域而且被开集$\sigma V\theta$的不交并均匀覆盖, 其中$\theta\in D$. 因而φ是一个覆盖映射.

5　单连通 Lie 群

3.27　定理　令G和H分别是以$\mathfrak{g}$和$\mathfrak{h}$为Lie代数的Lie群, 并且G是单连通的. 令ψ: $\mathfrak{g}\to\mathfrak{h}$是一个同态. 那么存在唯一的一个同态$\varphi:G\to H$使得$\mathrm{d}\varphi=\psi$.

证明　唯一性已在3.16中证明.

令$\{\omega_i\}$是H上左不变1形式的基, 令ψ^*是ψ的转置[见3.15(7)]. 根据3.15, $G\times H$上的1形式

(1) $$\left\{\delta\pi_1\left(\psi^*\left(\omega_i\right)\right)-\delta\pi_2\left(\omega_i\right)\right\}$$

(其中, π_1和π_2分别是$G\times H$到G和H上的标准投影)是左不变的, 而且它们生成的理想$\mathscr{I}$是一个微分理想. 因而由定理3.19系(c), $\mathscr{I}$的通过$(e,e)\in G\times H$的极大连通积分流形I是$G\times H$的一个Lie子群而且它的维数等于G的维数. 从2.33知道, $\left(\pi_1|_I\right):I\to G$是非奇异的, 因此由3.26, 它是一个覆盖同态. 由假定G是单连通的, 因此由3.23(c)和反函数定理, $\left(\pi_1|_I\right):I\to G$是一个同构. 定义$\varphi:G\to H$为

(2) $$\varphi = \pi_2 \circ \left(\pi_1|_I\right)^{-1},$$

那么φ是一个 Lie 群同态, 再根据 2.33(6),

$$\delta\varphi(\omega_i) = \psi^*(\omega_i).$$

因而$\mathrm{d}\varphi = \psi$, 于是定理得证.

系 如果单连通 Lie 群 G 和 H 具有同构的 Lie 代数, 那么 G 和 H 同构.

有一个归功于 Ado(阿多)的定理[12]199说到, 每一个 Lie 代数, 对于某个 n, 在 $\mathfrak{gl}(n,\mathbb{R})$ 中都有一个忠实(1:1 的)表示, 对此将不予证明. 但是由此定理, 如果 $\mathfrak{g}$ 是一个 Lie 代数, 那么就有一个 Lie 群, 特别是有一个单连通的 Lie 群, 以 $\mathfrak{g}$ 为 Lie 代数. 鉴于这一结果, 有

3.28 定理 在Lie代数的同构类和单连通Lie群的同构类之间存在一个一一对应.

6 指数映射

3.29 定义 一个同态$\varphi:\mathbb{R}\to G$被称为 G 的一个单参数子群.

3.30 定义 令 G 是一个 Lie 群, 并且令 $\mathfrak{g}$ 为其 Lie 代数. 令 $X\in\mathfrak{g}$, 那么

(1) $$\lambda\frac{\mathrm{d}}{\mathrm{d}r} \mapsto \lambda X$$

是$\mathbb{R}$ 的 Lie 代数到 $\mathfrak{g}$ 中的同态. 因为实直线是单连通的, 所以由 3.27, 存在唯一的单参数子群

(2) $$\exp_X : \mathbb{R} \to G,$$

使得

(3) $$\mathrm{d}\exp_X\left(\lambda\frac{\mathrm{d}}{\mathrm{d}r}\right) = \lambda X.$$

换句话说, $t\mapsto\exp_X(t)$是 G 的唯一一个单参数子群使得它在 0 点的切向量是 $X(e)$. 把指数映射

(4) $$\exp : \mathfrak{g} \to G$$

定义为

(5) $$\exp(X) = \exp_X(1).$$

采用这个术语的理由在 3.35(13)中将成为显然的, 那里将证明对于一般线性群指

数映射实际上是由矩阵的指数给出的.

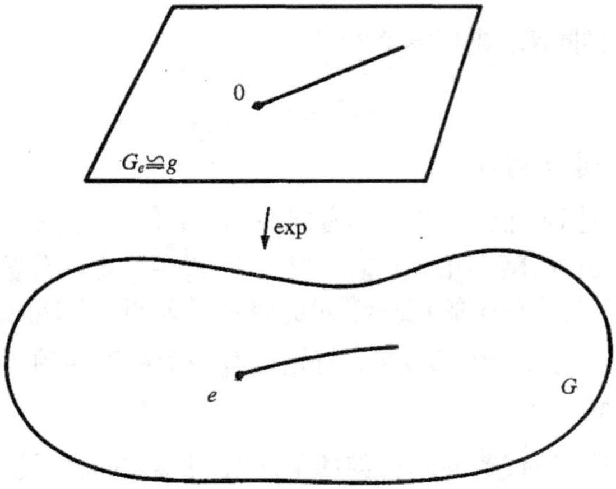

3.31 定理 令 X 属于 Lie 群 G 的 Lie 代数 $\mathfrak{g}$, 那么

(a) $\exp(tX) = \exp_X(t), \quad \forall t \in \mathbb{R}$.

(b) $\exp(t_1 + t_2)X = (\exp t_1 X)(\exp t_2 X), \quad \forall t_1, t_2 \in \mathbb{R}$.

(c) $\exp(-tX) = (\exp tX)^{-1}, \quad \forall t \in \mathbb{R}$.

(d) $\exp : \mathfrak{g} \to G$ 是 C^∞ 的而且 $\mathrm{d}\exp : \mathfrak{g}_0 \to G_e$ (按通常的等同)是恒等映射. 因此 exp 给出 $\mathfrak{g}$ 中 0 的一个邻域到 G 中 e 的一个邻域上的微分同胚.

(e) $l_\sigma \circ \exp_X$ 是 X 的唯一一条在 0 点取值为 σ 的积分曲线. 作为一个特殊结论, 左不变向量场总是完备的.

(f) 与左不变向量场 X 相伴的微分同胚的单参数群 X_t 由

$$X_t = r_{\exp_X(t)}$$

给出.

证明 由 3.14, $\left(\dfrac{\mathrm{d}}{\mathrm{d}r}\right)$ 与 $\mathrm{d}\exp_X\left(\dfrac{\mathrm{d}}{\mathrm{d}r}\right)$(它就是 X)是 $\exp_X$ 相关的. 因而 $\exp_X$ 是 X 的一条积分曲线而且是唯一使 $\exp_X(0) = e$ 的一条积分曲线. 因为 X 是左不变的, 所以 $l_\sigma \circ \exp_X$ 也是 X 的一条积分曲线, 而且是唯一一条在 0 点取值为 σ 的积分曲线. 从而(e)款得证, 而且(f)是(e)的直接推论. 现在把从 $\mathbb{R}$ 到 G 中的映射 φ 和 ψ 分别定义为

$$(1) \qquad \psi(t) = \exp_{sX}(t) \text{ 和 } \varphi(t) = \exp_X(st),$$

其中 $s \in \mathbb{R}$. 注意到 ψ 是 sX 的唯一一条使得 $\psi(0) = e$ 的积分曲线. 现在

$$d\varphi\left(\left.\frac{d}{dr}\right|_t\right)=d\exp_X\left(s\left.\frac{d}{dr}\right|_{st}\right)=sX\Big|_{\exp_X(st)}.$$

因而 φ 也是 sX 的一条积分曲线并且使得 $\varphi(0)=e$. 由积分曲线的唯一性[1.48(c)], $\varphi=\psi$. 这样一来,

(2) $$\exp_{sX}(t)=\exp_X(st)\quad(s,t\in\mathbb{R},X\in\mathfrak{g}).$$

置 t=1, 并把 s 变为 t, 则得到(a)款. 由于 $\exp_X$ 是从 $\mathbb{R}$ 到 G 中的同态, 所以(b)款和(c)款立即从(a)款得出. 对于(d)款, 通过置

$$V(\sigma,X)=\big(X(\sigma),0\big)\in G_\sigma\oplus\mathfrak{g}_X$$

来定义 $G\times\mathfrak{g}$ 上的向量场 V, 那么 V 是一个光滑向量场, 而且根据(e)款, V 的经过 (σ,X) 的积分曲线是

$$t\mapsto(\sigma\exp tX,X).$$

或者说, 与向量场 V 相伴的局部单参数变换群由

$$V_t(\sigma,X)=(\sigma\exp tX,X)$$

给出. 特别地, V 是完备的, 因此 V_1 在整个 $G\times\mathfrak{g}$ 上有定义并且是光滑的. 令 $\pi:G\times\mathrm{g}$ 是到 G 上的投影. 那么,

$$\exp X=\pi\circ V_1(e,X).$$

从而把 exp 表示成了 C^∞ 映射的复合, 因此 exp 是 C^∞ 的. $d\exp:\mathfrak{g}_0\to G_e$ 是恒等映射, 这是直接的, 因为 tX 是 $\mathfrak{g}$ 中的一条曲线, 它在 t=0 的切向量是 X, 再由(a)款, $\exp tX$ 是 G 中的一条曲线且它在 t=0 的切向量是 X(e).

3.32 定理 令 $\varphi:H\to G$ 是一个同态, 那么下列图表是交换的:

(1) $$\begin{array}{ccc} H & \xrightarrow{\ \varphi\ } & G \\ \uparrow{\scriptstyle\exp} & & \uparrow{\scriptstyle\exp} \\ \mathfrak{h} & \xrightarrow{\ d\varphi\ } & \mathfrak{g} \end{array}$$

证明 令 $X\in\mathfrak{h}$, 那么 $t\mapsto\varphi(\exp tX)$ 是 G 中的一条光滑曲线, 它在 0 点的切向量是 $d\varphi\big(X(e)\big)$. 这也是 G 的一个单参数子群, 因为 φ 是一个同态. 但是 $t\mapsto\exp t\big(d\varphi(X)\big)$ 是 G 的唯一一个在 0 点的切向量是 $\big(d\varphi(X)\big)(e)$ 的单参数子群. 因而

(2) $$\varphi(\exp tX)=\exp t\big(d\varphi(X)\big),$$

由此,

$$\varphi(\exp X) = \exp\big(\mathrm{d}\varphi(X)\big). \tag{3}$$

3.33 命题 令(H,φ)是 G 的一个 Lie 子群, 令 $X \in \mathfrak{g}$. 如果 $X \in \mathrm{d}\varphi(\mathfrak{h})$, 那么对所有 t, $\exp tX \in \varphi(H)$. 反之, 若 $\exp tX \in \varphi(H)$对于某个开区间中的 t 成立, 那么 $X \in \mathrm{d}\varphi(\mathfrak{h})$.

证明 如果 $X \in \mathrm{d}\varphi(\mathfrak{h})$, 那么根据 3.32, 对所有 t, $\exp tX \in \varphi(H)$. 另一方面, 如果 $\exp tX \in \varphi(H)$对于 t 在某个区间 I 中成立, 那么对 $t \in I$, 映射 $t \mapsto \exp tX$ 能表示成复合映射 $\varphi \circ \alpha$, 根据 1.62, α 是从 I 到 H 中的光滑映射. 令 $t_0 \in I$, 并且令 $\tilde{X}$ 是由 $\dot{\alpha}(t_0)$ 决定的 H 上的左不变向量场. 那么 $\mathrm{d}\varphi\big(\tilde{X}\big) = X$.

3.34 定理 令 A 是 Lie 群 G 的一个抽象子群, 令 $\mathfrak{a}$ 是 $\mathfrak{g}$ 的一个子空间. 令 U 是 $\mathfrak{g}$ 中 0 的一个邻域, 并且在指数映射下微分同胚于 G 中单位元的一个邻域 V. 设

$$\exp(U \cap \mathfrak{a}) = A \cap V, \tag{1}$$

那么 A 关于相对拓扑是 G 的一个 Lie 子群, $\mathfrak{a}$ 是 $\mathfrak{g}$ 的子代数, 而且 $\mathfrak{a}$ 是 A 的 Lie 代数.

证明 只需证明按相对拓扑, 子群 A 有一个可微结构使得(A,i)是 G 的一个子流形, 其中, i 是包含映射.因为到那时, 根据 3.20, 附加了这个流形结构(而不是别的流形结构)使 A 成为 G 的一个 Lie 子群, 而且从命题 3.33 可知, A 的 Lie 代数是 $\mathfrak{a}$. 令

$$\varphi = \exp\big|_{U\cap\mathfrak{a}} : U \cap \mathfrak{a} \to A \cap V,$$

那么所要求的 A 上的可微结构就是包含集族

$$\left\{\left(A \cap \sigma V, \varphi^{-1} \circ l_{\sigma^{-1}}\right) : \sigma \in A\right\}$$

的光滑交叠的坐标系的极大族.

3.35 例子 下面将会看到对于一般复线性群来说, 指数映射

$$\exp : \mathfrak{gl}(n,\mathbb{C}) \to Gl(n,\mathbb{C}) \tag{1}$$

可由矩阵的指数给出. 用 I 而不是用 e 来表示 $Gl(n,\mathbb{C})$ 中的单位矩阵. 对于 $A \in \mathfrak{gl}(n,\mathbb{C})$, 令

$$\mathrm{e}^A = I + A + \frac{A^2}{2!} + \cdots + \frac{A^j}{j!} + \cdots. \tag{2}$$

为了看出它有意义, 即式(2)的右边收敛, 注意到, 实际上式(2)右边对于 A 在 $\mathfrak{gl}(n,\mathbb{C})$ 的一个有界区域中是一致收敛的.对于给定的 $\mathfrak{gl}(n,\mathbb{C})$ 的一个有界区域 Ω,

有一个 $\mu > 0$ 使得对这个区域中的任何矩阵 A，$|x_{ik}(A)| \leqslant \mu$ 对于矩阵 A 的每一个分量 $x_{ik}(A)$ 成立. 由归纳法容易得出 $|x_{ik}(A^j)| \leqslant n^{j-1}\mu^j$. 因而由 Weierstrass 的 M 检验法可知，每个级数

$$\sum_{j=0}^{\infty} \frac{x_{ik}(A^j)}{j!} \quad (1 \leqslant i \leqslant n, 1 \leqslant k \leqslant n) \tag{3}$$

对于 Ω 中的 A 一致收敛. 因而式(2)右边对于 Ω 中的 A 一致收敛. 现在，令 $S_j(A)$ 是级数(2)的第 j 个部分和，即

$$S_j(A) = I + A + \frac{A^2}{2!} + \cdots + \frac{A^j}{j!}, \tag{4}$$

并且令 $B \in \mathfrak{gl}(n,\mathbb{C})$. 那么由于 $C \mapsto BC$ 是 $\mathfrak{gl}(n,\mathbb{C})$ 到其自身的一个连续映射，所以由此可得

$$B\left(\lim_{j\to\infty} S_j(A)\right) = \lim_{j\to\infty}\left(BS_j(A)\right). \tag{5}$$

尤其是，如果 $B \in Gl(n,\mathbb{C})$，那么 $B\left(\lim_{j\to\infty} S_j(A)\right)B^{-1} = \lim_{j\to\infty} BS_j(A)B^{-1}$ 由此可得

$$B\mathrm{e}^A B^{-1} = \mathrm{e}^{BAB^{-1}}. \tag{6}$$

存在一个 $B \in Gl(n,\mathbb{C})$ 使得 BAB^{-1} 成为上三角矩阵，即主对角线以下的所有元素全为零(只要把 B 取成这样一个矩阵的逆，它的列 $v_1,\cdots,v_n$ 是如下决定的：令 l 是 $\mathbb{C}$ 的一个线性变换，它关于标准基的矩阵是 A，令 v_1 是 l 的特征向量，并且归纳地令 v_{i+1} 是 $\pi_i \circ l|W_i$ 的特征向量，其中，W_i 是由 $v_1,\cdots,v_i$ 张成的 $\mathbb{C}^n$ 的子空间 V_i 的任何余空间，而且 π_i 是 $\mathbb{C}^n = V_i \oplus W_i$ 到 W_i 上的投影). 如果 BAB^{-1} 的对角线元是 $\lambda_1,\cdots,\lambda_n$，那么 $\mathrm{e}^{BAB^{-1}}$ 也是一个上三角矩阵，并且其对角线元是 $\mathrm{e}^{\lambda_1},\cdots,\mathrm{e}^{\lambda_n}$. 特别地，$\det \mathrm{e}^{BAB^{-1}} \neq 0$，所以从(6)可得，对于每一个 $A \in \mathfrak{gl}(n,\mathbb{C})$，

$$\text{因为} \qquad \mathrm{e}^A \in Gl(n,\mathbb{C}). \tag{7}$$

因为矩阵的迹是它的特征值之和，它的行列式是其特征值的积，所以还证明了

$$\det \mathrm{e}^A = \mathrm{e}^{\operatorname{tr} A}. \tag{8}$$

下面将证明若 $AB = BA$，则

(9)
$$\mathrm{e}^{A+B}=\mathrm{e}^{A}\cdot\mathrm{e}^{B}.$$

由定义，$\mathrm{e}^{A+B}=\lim\limits_{j\to\infty}S_j(A+B)$．由矩阵的乘法给出从 $\mathfrak{gl}(n,\mathbb{C})\times\mathfrak{gl}(n,\mathbb{C})$ 到 $\mathfrak{gl}(n,\mathbb{C})$ 的连续映射这个事实得到 $\mathrm{e}^{A}\cdot\mathrm{e}^{B}=\lim\limits_{j\to\infty}S_j(A)\cdot S_j(B)$. 因此，要证明(9)，只需证明

(10)
$$\lim_{j\to\infty}\left\{S_j(A)\cdot S_j(B)-S_j(A+B)\right\}=0.$$

然而，

(11)
$$S_j(A)\cdot S_j(B)-S_j(A+B)=\sum\frac{B^lA^k}{l!k!},$$

其中，求和遍历适合 $1\leqslant l\leqslant j,1\leqslant k\leqslant j,j+1\leqslant l+k\leqslant 2j$ 的所有整数 l 和 k. 如果 $\mu>1$ 是 A 和 B 的所有元素的绝对值的一个上界，那么由此可知，式(11)右边的每一种取值的绝对值有界，并由下式给出它的一个上界：

(12)
$$\sum\frac{n^{(l+k-1)}\mu^{(l+k)}}{l!k!}\leqslant\frac{(n\mu)^{2j}\left(j^2\right)}{[j/2]!},$$

其中，$[j/2]$ 是小于或等于 $j/2$ 的最大整数. 当 $j\to\infty$ 时，式(12)右边的估计式趋于零. 这证明式(10)成立，从而也就证明了式(9).

考虑从 $\mathbb{R}$ 到 $Gl(n,\mathbb{C})$ 中的映射 $t\mapsto\mathrm{e}^{tA}$．此映射是光滑的. 因为 e^{tA} 的每个元素的实部和虚部都是 t 的幂级数，而且收敛半径为无穷大. 它在 0 点的切向量是 A(直接逐项微分幂级数)，而且由式(9)，这个映射是一个同态. 因而 $t\mapsto\mathrm{e}^{tA}$ 是 $Gl(n,\mathbb{C})$ 的唯一一个在 0 点的切向量是 A 的单参数子群. 所以 $Gl(n,\mathbb{C})$ 的指数映射(1)由矩阵的指数

(13)
$$\exp(A)=\mathrm{e}^{A}\quad\left(A\in\mathfrak{gl}(n,\mathbb{C})\right)$$

给出. 如果 $A\in\mathfrak{gl}(n,\mathbb{R})$，那么 $\mathrm{e}^{A}\in Gl(n,\mathbb{R})$，而且 $A\to\mathrm{e}^{A}$ 是实一般线性群的指数映射. 类似地，指数映射

(14)
$$\exp:\mathrm{End}(V)\to\mathrm{Aut}(V)$$

由自同态的指数给出，其中，V 是实的或复的向量空间. 如果 $l\in\mathrm{End}(V)$，那么

(15) $$\exp(l)=1+l+\frac{l^2}{2!}+\cdots+\frac{l^j}{j!}+\cdots,$$

其中, l^j 表示“l 与其自身的 j 次复合”, 而 1 是恒等变换.

3.36 评注 如果 $\varphi: G \to \mathrm{Aut}(V)$ 是一个表示, 并且 $X \in \mathfrak{g}$, 那么从 3.35 和定理 3.32 可得

(1) $$\varphi(\exp X)=1+\mathrm{d}\varphi(X)+\frac{[\mathrm{d}\varphi(X)]^2}{2!}+\cdots.$$

再从定理 3.32 和 3.9 式(2)得

(2) $$\mathrm{d}\varphi(X)=\lim_{t\to 0}\frac{\varphi(\exp tX)-1}{t}=\left.\frac{\mathrm{d}}{\mathrm{d}t}\right|_{t=0}(\varphi(\exp tX)).$$

3.37 $Gl(n,\mathbb{C})$ 的子群 利用 3.34 和 3.35, 通过取 $\mathfrak{gl}(n,\mathbb{C})$ 的子代数的幂, 可直接得出 $Gl(n,\mathbb{C})$ 的一些典型 Lie 子群. 已经有一个例子, 即 $Gl(n,\mathbb{R})$ 是 $Gl(n,\mathbb{C})$ 的一个闭 Lie 子群并以 $\mathfrak{gl}(n,\mathbb{R})\subset\mathfrak{gl}(n,\mathbb{C})$ 为 Lie 代数.令 $A\in\mathfrak{gl}(n,\mathbb{C})$, 那么 A 的转置是使得 $\left(A^{\mathrm{t}}\right)_{ij}=A_{ji}$ 的矩阵 A^{t}. 而 A 的复共轭是矩阵 $\bar{A}$, 它的第 ij 个元素 $\left(\bar{A}\right)_{ij}$ 是 A_{ij} 的复共轭 $\bar{A}_{ij}$. 其中, n 当然是一个 $\geqslant 1$ 的整数.

(a) 酉群. $U(n)=\left\{A\in Gl(n,\mathbb{C}): A^{-1}=\bar{A}^{t}\right\}$.

(b) 特殊线性群. $Sl(n,\mathbb{C})=\left\{A\in Gl(n,\mathbb{C}): \det A=1\right\}$.

(c) 复正交群. $O(n,\mathbb{C})=\left\{A\in Gl(n,\mathbb{C}): A^{-1}=A^{t}\right\}$.

这些群中的每一个都是 $Gl(n,\mathbb{C})$ 的抽象子群和闭子集. 将利用 3.34 证明它们都是 Lie 子群. 它们的 Lie 代数分别是

(a′) 反 Hermite(埃尔米特)矩阵. $\mathfrak{u}(n)=\left\{A\in\mathfrak{gl}(n,\mathbb{C}): \bar{A}+A^{\mathrm{t}}=\mathbf{0}\right\}$.

(b′) 零迹矩阵. $\mathfrak{sl}(n,\mathbb{C})=\left\{A\in\mathfrak{gl}(n,\mathbb{C}): \mathrm{tr}A=0\right\}$.

(c′) 反对称矩阵. $\mathfrak{o}(n,\mathbb{C})=\left\{A\in\mathfrak{gl}(n,\mathbb{C}): A+A^{\mathrm{t}}=\mathbf{0}\right\}$.

这些例子中每一个都是 $\mathfrak{gl}(n,\mathbb{C})$ 的子代数. 为了应用 3.34, 令 U 是 0 在 $\mathfrak{gl}(n,\mathbb{C})$ 中的一个邻域, 并且使它在指数映射下微分同胚于 $Gl(n,\mathbb{C})$ 中单位元的一个邻域 V. 另外, 可以假定如果 $A\subset U$, 那么 $\bar{A}$, A^t 和 $-A$ 也都属于 U. 并且 $|\mathrm{tr}\,A|<2\pi$. 为了让 W 是 0 在 $\mathfrak{gl}(n,\mathbb{C})$ 中的这样一个邻域: 它对于使指数映射是微分同胚来说是足够小的, 并且对于使迹条件被满足来说也是充分小的, 那么令 $U=W\cap\bar{W}\cap W^{\mathrm{t}}\cap(-W)$. 还要假定 $\exp(U\cap\mathfrak{gl}(n,\mathbb{R}))=Gl(n,\mathbb{R})\cap V$.

如果 $A\in U\cap\mathfrak{u}(n)$, 那么 $\left(\overline{\mathrm{e}^{A}}\right)^{\mathrm{t}}=\mathrm{e}^{\bar{A}^{\mathrm{t}}}=\mathrm{e}^{-A}$, 因此 $\left(\overline{\mathrm{e}^{A}}\right)^{\mathrm{t}}\mathrm{e}^{A}=\mathrm{e}^{-A}\cdot\mathrm{e}^{A}=\mathrm{e}^{0}=I$,

这就蕴涵着 $e^A \in U(n) \cap V$. 反过来，假设 $A \in U$，并且设 $e^A \in U(n) \cap V$, 那么 $e^{-A} = \left(e^A\right)^{-1} = \left(\overline{e^A}\right)^{t} = e^{\overline{A}^t}$，这就蕴涵着 $-A = \overline{A}^t$，因为 $-A$ 和 $\overline{A}^t$ 也属于 U, 而且因为在 U 上指数映射是1:1的.因而 $A \in U \cap \mathfrak{u}(n)$.从3.34可知,$U(n)$是$Gl(n,\mathbb{C})$的一个闭 Lie 子群并且以 $\mathfrak{u}(n)$ 为 Lie 代数. 类似的论证说明 $O(n,\mathbb{C})$ 是 $Gl(n,\mathbb{C})$ 的一个闭 Lie 子群，而且具有 Lie 代数 $\mathfrak{o}(n,\mathbb{C})$.

如果 $A \in \mathfrak{sl}(n,\mathbb{C})$，那么由 3.35(8)，$\det e^A = 1$，因此 $e^A \in Sl(n,\mathbb{C})$. 反过来，若 $\det e^A = 1$，那么根据 3.35(8)，对于某个整数 $j, \mathrm{tr}A = (2\pi i)j$. 如果另外还有 $A \in U$，那么 $\mathrm{tr}A = 0$. 因而 3.34 蕴涵着 $Sl(n,\mathbb{C})$ 是 $Gl(n,\mathbb{C})$ 的一个以 $\mathfrak{sl}(n,\mathbb{C})$ 为 Lie 代数的闭 Lie 子群.

从定理 3.34 并考虑到如上所给的结果立即可知，特殊酉群 $SU(n)$ [由定义它就是 $U(n) \cap Sl(n,\mathbb{C})$] 是 $Gl(n,\mathbb{C})$ 的一个闭 Lie 子群而且具有 Lie 代数 $\mathfrak{su}(n)$，这是由零迹的反 Hermite 矩阵组成的 $\mathfrak{gl}(n,\mathbb{C})$ 的子代数；由定义实特殊线性群 $Sl(n,\mathbb{R})$ 就是 $Sl(n,\mathbb{C}) \cap Gl(n,\mathbb{R})$，它是 $Gl(n,\mathbb{R})$ 的一个闭 Lie 子群并以零迹实矩阵组成的 $\mathfrak{sl}(n,\mathbb{R})$ 为 Lie 代数；由定义，正交群 $O(n)$ 就是 $U(n) \cap Gl(n,\mathbb{R})$，它是 $Gl(n,\mathbb{R})$ 的一个闭 Lie 子群并且以实反对称矩阵组成的 $\mathfrak{o}(n)$ 为 Lie 代数；而由 $O(n) \cap Sl(n,\mathbb{R})$ 定义的特殊正交群 $SO(n)$ 是 $Gl(n,\mathbb{R})$ 的一个闭 Lie 子群. 而且也以实反对称矩阵组成的 $\mathfrak{o}(n)$ 为 Lie 代数.

这些例子中的每一个均为 $Gl(n,\mathbb{R})$ 或 $Gl(n,\mathbb{C})$ 的闭子群，而且从定理 3.34 或定理 3.21 知道在每种情况下 Lie 拓扑都是相对拓扑.

酉群是紧的，不仅因为它是闭的，而且它在 $Gl(n,\mathbb{C})$ 中还是有界的，因为 $A^t\overline{A} = I$ 蕴涵着对每个 i 的都有 $\sum_j \left|A_{ij}\right|^2 = 1$，而这又蕴涵着 $\left|A_{ij}\right|^2 \leqslant 1$. 由此可知 $SU(n)$，$O(n)$ 和 $SO(n)$ 也都是紧的.

这些 Lie 群的维数容易从它们的 Lie 代数算出. $U(n)$ 是 n^2 维的；$Sl(n,\mathbb{C})$ 是 $2n^2-2$ 维的；$O(n,\mathbb{C})$ 是 $n(n-1)$ 维的；$SU(n)$ 是 n^2-1 维的；$Sl(n,\mathbb{R})$ 是 n^2-1 维的；$O(n)$ 和 $SO(n)$ 都是 $\frac{1}{2}n(n-1)$ 维的.

7 连 续 同 态

3.38 定理 令 $\varphi: \mathbb{R} \to G$ 是以实直线 $\mathbb{R}$ 到 Lie 群 G 中的连续同态，那么 φ 是 C^∞ 的.

证明 只要证明φ在 0 点的一个邻域上是C^{∞}的即可. 因为一旦证明了这一点, 再与适当的左平移复合可得φ处处是C^{∞}的. 令 V是$e \in G$ 的一个邻域而且在指数映射下与$0 \in \mathfrak{g}$的一个邻域 U微分同胚. 可以假定 U是星形的, 即每当 $X \in U$ 时, 对于$0 \leqslant t \leqslant 1$, 都有 $tX \in U$, 而且令

$$U' = \left\{\frac{X}{2} : X \in U\right\}.$$

选取$t_0 > 0$充分小, 使得$\varphi(t) \in \exp(U')$对$|t| \leqslant t_0$成立. 令 n 是一个正整数, 那么在U'中有唯一确定的元素 X和 Y使得$\exp X = \varphi(t_0/n)$和$\exp Y = \varphi(t_0)$. 可以断定$nX = Y$. 因为

$$\exp(nX) = \varphi(t_0) = \exp(Y),$$

又因为 exp 在U'上是单射, 所以只需证明$nX \in U'$. 由于$X \in U'$, 所以令$1 \leqslant j < n$, 并且假定$jX \in U'$. 要证$(j+1)X \in U'$. 现在$(j+1)X \in U$, 而且$\exp((j+1)X) = \varphi((j+1)t_0/n)$, 由假设它属于$\exp(U')$. 因为exp在$U$上是单射, 故由此可知, $(j+1)X \in U'$. 因此如所断言的那样, $nX \in U'$而且$nX = Y$. 令 m 是一个适合$0 < |m| \leqslant n$的整数. 如果 m 是正的, 那么$\varphi(mt_0/n) = \varphi(t_0/n)^m = \exp(Y/n)^m = \exp(mY/n)$; 如果 m 是负的, 那么同样有$\varphi(mt_0/n) = \varphi((-m)t_0/n)^{-1} = \exp((-m)Y/n)^{-1} = \exp(mY/n)$. 由连续性可知, 对于$|t| \leqslant t_0$, $\varphi(t) = \exp(tY/t_0)$. 因而$\varphi$是$C^{\infty}$的.

3.39 定理 令$\varphi: H \to G$是 Lie 群的连续同态. 那么φ是C^{∞}的.

证明 令H是d维的, 而且令$X_1, \cdots, X_d$是$\mathfrak{h}$的一个基. 由

$$(1) \qquad \alpha(t_1, \cdots, t_d) = (\exp t_1 X_1) \cdots (\exp t_d X_d)$$

定义的映射$\alpha: \mathbb{R}^d \to H$是$C^{\infty}$的, 并且由 3.31(d)它在$0 \in \mathbb{R}^d$是非奇异的, 所以有$0 \in \mathbb{R}^d$的一个邻域 V 在α之下微分同胚于 H 中 e 的一邻域 U. 由于$t \mapsto \varphi(\exp tX_i)$是从$\mathbb{R}$到 G 中的连续同态, 因而由 3.38, 它是C^{∞}的. 从而$\varphi \circ \alpha$是 C^{∞} 的, 且因此$\varphi|_U$ [它能表示成$(\varphi \circ \alpha) \circ \alpha^{-1}|_U$] 是 C^{∞} 的. 由于$\varphi|_{\sigma U} = l_{\varphi(\sigma)} \circ \varphi \circ l_{\sigma^{-1}}|_{\sigma U}$, 所以$\varphi$在整个$H$上是$C^{\infty}$的.

3.40 定义 拓扑群G是一个具有拓扑的抽象群G而且使得$G \times G \to G$的映射$(\sigma, \tau) \mapsto \sigma\tau^{-1}$是连续的.

3.41　定理 3.39 的系　一个第二可数的局部 Euclid 的拓扑群至多能有一个可微结构使它成为一个 Lie 群.

证明　恒等映射能够给出任何两个这种可微结构之间的微分同胚.

Lie 群论的一个突出问题是要决定是否每一个连通的局部 Euclid 的拓扑群都有一个可微结构使之成为一个 Lie 群. 这个问题曾由 Hilbert(希尔伯特)在 1900 年国际数学家大会上的著名讲演中提出, 并且在 1952 年由 Gleason 与 Montgomery 和 Zippen 得出肯定的解答[20].

Lie 群上的 C^∞ 结构曾有专门论述. 在文献[23]中可以找到这样的结论: Lie 群上的 C^∞ 结构包含一个解析结构, 即一族解析交叠的坐标系(坐标映射的复合 $\varphi_\alpha \circ {\varphi_\beta}^{-1}$ 由收敛幂级数局部表示). 按照这种说法, 定理 3.39 的一个类似结果可叙述为: Lie 群的每一个连续同态是解析的. 由此可以得出, Lie 群上的 C^∞ 结构包含着一个唯一的解析结构.

8　闭　子　群

3.42　定理　令 G 是一个 Lie 群, 令 A 是 G 的一个抽象闭子群, 那么 A 有唯一的一个流形结构使 A 成为 G 的一个 Lie 子群.

根据定理 3.21, A 上这个流形结构中的拓扑必然是相对拓扑.

证明　唯一性已在定理 3.20 中证明. 令

(1)
$$\mathfrak{a} = \left\{X \in \mathfrak{g} : \exp tX \in A \text{对所有} t \in \mathbb{R} \text{成立}\right\}.$$

证明的思想是说明 $\mathfrak{a}$ 是 $\mathfrak{g}$ 的一个子空间, 并且应用定理 3.34. 从定义(1)显然有, 若 $X \in \mathfrak{a}$, 那么对任何 $t \in \mathbb{R}$ 亦有 $tX \in \mathfrak{a}$. 现在令 $X, Y \in \mathfrak{a}$, 设

(2)
$$\lim_{n\to\infty}\left(\exp\frac{t}{n}X\exp\frac{t}{n}Y\right)^n = \exp\big(t(X+Y)\big).$$

因为 A 是闭的, 所以式(2)的左边属于 A. 因此式(2)蕴涵着 $X+Y \in \mathfrak{a}$. 暂且假定式(2)成立, 那么就证明了 $\mathfrak{a}$ 是 $\mathfrak{g}$ 的一个子空间, 并将利用这一点来完成定理的证明. 将单独用一个引理来解决式(2)的证明.

一旦证明了在 $\mathfrak{g}$ 中存在 0 的一个邻域 U 在指数映射下与 G 中 e 的一个邻域 V 微分同胚使得

(3)
$$\exp\big(U \cap \mathfrak{a}\big) = V \cap A.$$

那么本定理将从定理 3.34 得出.

反之, 假设没有这样的 U 存在, 那么在 $\mathfrak{a}$ 中有 0 的一个邻域 W 和一个序列 $\{\sigma_k\} \subset A$ 使得在 G 中 $\sigma_k \to e$, 并且

$$(4) \qquad \sigma_k \notin \exp(W).$$

令 $\mathfrak{b}$ 是 $\mathfrak{a}$ 在 $\mathfrak{g}$ 中的任何补子空间. 从 3.31(d)可知, 由 $\alpha(X,Y) = \exp X \exp Y$ 定义的映射 $\alpha : \mathfrak{a} \times \mathfrak{b} \to G$ 是 C^∞ 的并且在 $(0,0)$ 是非奇异的. 因而有 0 在 $\mathfrak{a}$ 中的邻域 $W_\mathfrak{a} \subset W$ 和 0 在 $\mathfrak{b}$ 中的邻域 $W_\mathfrak{b}$ 使得 $\alpha|_{W_\mathfrak{a} \times W_\mathfrak{b}}$ 是从 $W_\mathfrak{a} \times W_\mathfrak{b}$ 到 e 在 G 中的一个邻域 $\tilde{V}$ 的微分同胚. 如果能够选取 $W_\mathfrak{b}$ 充分小使得

$$(5) \qquad A \cap \exp\left(W_\mathfrak{b} - \{0\}\right) = \varnothing,$$

那么就可得出矛盾如下: 对于 k 充分大, $\sigma_k \in \tilde{V}$, 从而 $\sigma_k = \exp X_k \exp Y_k$ 对 $X_k \in W_\mathfrak{a}$ 和 $Y_k \in W_\mathfrak{b}$ 成立, 其中由(4), $Y_k \neq 0$. 但是 $\sigma_k \in A$, 同样还有 $\exp X_k \in A$; 因而 $\exp Y_k \in A$, 而这与式(5)矛盾.

最后证明可以选取 $W_\mathfrak{b}$ 使它满足式(5). 仍然用反证法来证. 假设有一个序列 $\{Y_i\} \subset W_\mathfrak{b}$ 使得 $Y_i \neq 0$, $Y_i \to 0$ 而且 $\exp Y_i \in A$, 那么就有一个子序列 $\{Y_j\}$ 和一个满足 $t_j \to 0$ 的正实数序列 $\{t_j\}$, 使得序列 $\{Y_j/t_j\}$ 收敛于 $W_\mathfrak{b}$ 中的某个 $Y \neq 0$ (在 $\mathfrak{b}$ 上选取一个范数使得其单位球面在 $W_\mathfrak{b}$ 中, 并且令 t_i 是 Y_i 的范数). 对于 $t > 0$, 令 $n_j(t)$ 是小于或等于 (t/t_j) 的最大整数, 那么

$$\frac{t}{t_j} - 1 < n_j(t) \leqslant \frac{t}{t_j},$$

因而 $\lim\limits_{j\to\infty} t_j n_j(t) = t$. 从而

$$\exp tY = \exp\left(\lim_{j\to\infty} n_j(t) Y_j\right) = \lim_{j\to\infty}\left(\exp Y_j\right)^{n_j(t)},$$

它属于 A. 由于 $\exp(-tY) = (\exp tY)^{-1}$, 那么对于所有实数 t, $\exp tY \in A$, 而这蕴涵着 $Y \in \mathfrak{a}$. 这与 Y 是 $W_\mathfrak{b}$ 的非零元的事实矛盾.

为了完成证明需要下列引理, 显然它蕴涵着式(2)成立.

引理　令 G 是一个带有 Lie 代数 $\mathfrak{g}$ 的 Lie 群. 如果 $X, Y \in \mathfrak{g}$, 那么对于 t 充分小,

$$(6) \qquad \exp tX \exp tY = \exp\left\{t(X+Y) + O\left(t^2\right)\right\},$$

其中, $O\left(t^2\right)$ 表示 t 的一个 $\mathfrak{g}$ 值的 C^∞ 函数使得 $\left(1/t^2\right)O\left(t^2\right)$ 在 t=0 是有界的.

证明　对于 t 充分小, 在 $\mathfrak{g}$ 中有一条 C^∞ 曲线 $Z(t)$ 使得

(7) $$\exp tX \exp tY = \exp Z(t).$$

因为曲线

$$t \mapsto \exp tX \cdot \exp tY$$

在 $t=0$ 点的切向量是 $X(e)+Y(e)$ (见习题 11)，由此可知，$Z(t)$ 在 $t=0$ 点的切向量是 $X+Y$，所以在 $t=0$ 点附近 $Z(t)$ 的带积分余项的 Taylor 展开式具有下列形式:

(8) $$Z(t) = t(X+Y) + O\left(t^2\right),$$

其中，$O\left(t^2\right)$ 是 t 的 C^∞ $\mathfrak{g}$ 值函数使得 $\left(1/t^2\right)O\left(t^2\right)$ 在 $t=0$ 点是有界的. 从式(7)和式(8)就可得出式(6).

3.43 定理 令 $\psi: G \to K$ 是一个 Lie 群同态. 如果 $A = \ker\psi, \mathfrak{a} = \ker \mathrm{d}\psi$，那么 A 是 G 的一个闭 Lie 子群而且带有 Lie 代数 $\mathfrak{a}$.

证明 A 是 G 的一个抽象闭子群，因此由 3.42, A 是 G 的一个 Lie 子群. 如果 $X \in \mathfrak{g}$，那么根据 3.33(连同 $H=A$ 和 φ 是包含映射)，X 属于 A 的 Lie 代数当且仅当对所有 $t \in \mathbb{R}$, $\exp tX \in A$，而这种情况发生，当且仅当对所有 $t \in \mathbb{R}$, $\psi(\exp tX) = e$. 由 3.32，这后一条件等价于对所有 $t \in \mathbb{R}, \exp t\mathrm{d}\psi(X) = e$，而这种情况发生，当且仅当 $\mathrm{d}\psi(X) = 0$，即当且仅当 $X \in \mathfrak{a}$.

9 伴随表示

3.44 定义 令 M 是一个流形，令 G 是一个 Lie 群. 把对所有 $\sigma, \tau \in G$ 和 $m \in M$ 使得

(1) $$\mu(\sigma\tau, m) = \mu(\sigma, \mu(\tau, m)), \quad \mu(e, m) = m$$

的 C^∞ 映射 $\mu: G \times M \to M$ 称为 G 在 M 上的左作用. 如果 $\mu: G \times M \to M$ 是 G 在 M 上的左作用，那么对于一个固定的 $\sigma \in G$，映射 $m \mapsto \mu(\sigma, m)$ 是 M 上的一个微分同胚，将它记为 μ_σ. 类似地，一个 C^∞ 映射 $\mu: M \times G \to M$ 使得

(2) $$\mu(m, \sigma\tau) = \mu(\mu(m, \sigma), \tau), \quad \mu(m, e) = m$$

对所有 $\sigma, \tau \in G$ 和 $m \in M$ 成立，则称之为 G 在 M 上的右作用.

3.45 定理 令 $\mu: G \times M \to M$ 是 G 在 M 上的左作用. 假设 $m_0 \in M$ 是一个不动点，即对于每个 $\sigma \in G$，均有 $\mu_\sigma(m_0) = m_0$，那么由

(1) $$\psi(\sigma) = \mathrm{d}\mu_\sigma \Big|_{M_{m_0}}$$

定义的映射

(2) $$\psi : G \to \mathrm{Aut}\left(M_{m_0}\right)$$

是 G 的一个表示.

证明 因为

(3) $$\psi(\sigma\tau) = \mathrm{d}\mu_{\sigma\tau}\Big|_{M_{m_0}} = \mathrm{d}(\mu_\sigma \circ \mu_\tau)\Big|_{M_{m_0}} = \psi(\sigma)\psi(\tau),$$

所以 ψ 是一个同态. 剩下只要证明 ψ 是 C^∞ 的. 为此, 只需证明 ψ 与 $\mathrm{Aut}\left(M_{m_0}\right)$上的任意坐标函数的复合是 C^∞ 的. 于是通过选取 M_{m_0} 的一个基, 然后利用这个基把 $\mathrm{Aut}\left(M_{m_0}\right)$与非奇异矩阵等同而得到 $\mathrm{Aut}\left(M_{m_0}\right)$上的一个坐标系. 通过把 $\mathrm{Aut}\left(M_{m_0}\right)$的元应用于 M_{m_0} 的基, 然后再应用对偶基而得到与这个元素伴随的矩阵. 因而只要证明如果 $v_0 \in M_{m_0}, \alpha \in M_{m_0}^*$, 那么

(4) $$\sigma \mapsto \alpha\left(\mathrm{d}\mu_\sigma(v_0)\right)$$

是 G 上的一个函数即可. 为了(4), 只需证明

(5) $$\sigma \mapsto \mathrm{d}\mu_\sigma(v_0)$$

是 G 到 M_{m_0} 中的一个 C^∞ 映射, 或者等价地证明(5)是 G 到 $T(M)$中的一个 C^∞ 映射. 但是(5)恰好是下列 C^∞ 映射的复合:

$$G \to T(G)\times T(M) \to T(G\times M) \to T(M)$$

其中, 第一个映射为 $\sigma \mapsto \left((\sigma,0),(m_0,v_0)\right)$, 第二个映射是 $T(G)\times T(M)$ 到 $T(G\times M)$的标准微分同胚, 第三个映射是 $\mathrm{d}\mu$. 因而 ψ 是 C^∞ 的.

3.46 伴随表示 一个 Lie 群 G 通过内自同构

(1) $$a : G\times G \to G, \quad a(\sigma,\tau) = \sigma\tau\sigma^{-1} = a_\sigma(\tau)$$

左作用于它自身. 单位元是这个作用的不动点. 因此由 3.45, 映射

(2) $$\sigma \mapsto \mathrm{d}a_\sigma\Big|_{G_e} \cong \mathfrak{g}$$

是 G 到 $\mathrm{Aut}(\mathfrak{g})$的一个表示. 把它称作伴随表示并且记为

(3)
$$\mathrm{Ad}: G \to \mathrm{Aut}(\mathfrak{g}).$$
把伴随表示的微分记为 ad, 即

(4)
$$\mathrm{d}(\mathrm{Ad}) = \mathrm{ad},$$

并且把 $\mathrm{Ad}(\sigma)$ 记为 Ad_σ, 把 $\mathrm{ad}(X)$ 记为 ad_X. 因而由 3.32, 得到交换图表

(5)
$$\begin{array}{ccc} G & \xrightarrow{\mathrm{Ad}} & \mathrm{Aut}(\mathfrak{g}) \\ {\scriptstyle \exp}\uparrow & & \uparrow{\scriptstyle \exp} \\ \mathfrak{g} & \xrightarrow{\mathrm{ad}} & \mathrm{End}(\mathfrak{g}) \end{array}$$

同样把 3.32 应用于 G 的自同构 a_σ, 就得到交换图表

(6)
$$\begin{array}{ccc} G & \xrightarrow{a_\sigma} & G \\ {\scriptstyle \exp}\uparrow & & \uparrow{\scriptstyle \exp} \\ \mathfrak{g} & \xrightarrow{\mathrm{Ad}_\sigma} & \mathfrak{g} \end{array}$$

换言之, 有

(7)
$$\exp t\mathrm{Ad}_\sigma(X) = \sigma(\exp tX)\sigma^{-1}.$$
在 $G = \mathrm{Aut}(V)$ 的特殊情况下, 上面的图表变为

(8)
$$\begin{array}{ccc} \mathrm{Aut}(V) & \xrightarrow{\mathrm{Ad}} & \mathrm{Aut}(\mathrm{End}\ V) \\ {\scriptstyle \exp}\uparrow & & \uparrow{\scriptstyle \exp} \\ \mathrm{End}(V) & \xrightarrow{\mathrm{ad}} & \mathrm{End}(\mathrm{End}\ V) \end{array}$$

$$\begin{array}{ccc} \mathrm{Aut}(V) & \xrightarrow{a_B} & \mathrm{Aut}(V) \\ {\scriptstyle \exp}\uparrow & & \uparrow{\scriptstyle \exp} \\ \mathrm{End}(V) & \xrightarrow{\mathrm{Ad}_B} & \mathrm{End}(V) \end{array}$$

其中 $B \in \mathrm{Aut}(V)$. 如果另外还有 $C \in \mathrm{End}(V)$, 那么

(9)
$$\mathrm{Ad}_B(C) = B \circ C \circ B^{-1}.$$

由于从 3.36(2), 利用 3.35(15)和 3.35(6), 得到

$$\mathrm{Ad}_B(C)=\left.\frac{\mathrm{d}}{\mathrm{d}t}\right|_{t=0}\left(a_B(\exp tC)\right)=\left.\frac{\mathrm{d}}{\mathrm{d}t}\right|_{t=0}\left(B\circ \mathrm{e}^{tC}\circ B^{-1}\right)$$
$$=\left.\frac{\mathrm{d}}{\mathrm{d}t}\right|_{t=0}\mathrm{e}^{tB\circ C\circ B^{-1}}=B\circ C\circ B^{-1}.$$

类似地，在 $G=Gl(n,\mathbb{R})$ (或 $Gl(n,\mathbb{C})$)，$B\in Gl(n,\mathbb{R})$ 和 $C\in \mathfrak{gl}(n,\mathbb{R})$ 的情况下，则有

(10) $$\mathrm{Ad}_B(C)=BCB^{-1}.$$

3.47 命题 令 G 是一个 Lie 群并且以 $\mathfrak{g}$ 为 Lie 代数，令 $X,Y\in\mathfrak{g}$，那么

(1) $$\mathrm{ad}_X Y=[X,Y].$$

证明 由 3.36(2),

(2) $$\mathrm{ad}_X Y=\left(\left.\frac{\mathrm{d}}{\mathrm{d}t}\right|_{t=0}\mathrm{Ad}(\exp tX)\right)Y$$
$$=\left.\frac{\mathrm{d}}{\mathrm{d}t}\right|_{t=0}\mathrm{Ad}_{\exp tX}(Y)=\left.\frac{\mathrm{d}}{\mathrm{d}t}\right|_{t=0}\mathrm{d}\left(a_{\exp tX}\right)(Y).$$

因而若像平常那样，以 X_t 表示伴随于 X 的微分同胚的单参数群，那么

(3) $$\mathrm{ad}_X Y(e)=\left.\frac{\mathrm{d}}{\mathrm{d}t}\right|_{t=0}\mathrm{d}\left(r_{\exp(-tX)}\right)\left(\mathrm{d}\left(l_{\exp tX}\right)(Y(e))\right)$$
$$=\left.\frac{\mathrm{d}}{\mathrm{d}t}\right|_{t=0}\mathrm{d}\left(r_{\exp(-tX)}\right)\left(Y\left|_{\exp tX}\right.\right)$$
$$=\left.\frac{\mathrm{d}}{\mathrm{d}t}\right|_{t=0}\mathrm{d}(X_{-t})\left(Y_{X_t(e)}\right)$$
$$=(L_X Y)(e)=[X,Y](e).$$

最后一个等式从 2.25(b)得出. 因为 $\mathrm{ad}_X Y$ 和 $[X,Y]$ 都是左不变的，所以(1)是(3)的直接推论.

3.48 定理 令 $A\subseteq G$ 是连通 Lie 群 G 的一个连通 Lie 子群，那么 A 是 G 的正规子群当且仅当 A 的 Lie 代数 $\mathfrak{a}$ 是 $\mathfrak{g}$ 的一个理想.

证明 设 $\mathfrak{a}$ 是 $\mathfrak{g}$ 的理想. 令 $Y\in\mathfrak{a}$，$X\in\mathfrak{g}$，且 $\sigma=\exp X$，那么

(1) $$\sigma(\exp Y)\sigma^{-1} = \exp \mathrm{Ad}_\sigma(Y) \qquad [3.46(7)]$$

$$= \exp\left((\exp \mathrm{ad}_X)(Y)\right) \qquad [3.46(5)]$$

$$= \exp\left(Y + [X,Y] + \frac{(\mathrm{ad})^2 X}{2!}(Y) + \cdots\right). \qquad [3.35(15)和\ 3.47]$$

在假定 $\mathfrak{a}$ 是 $\mathfrak{g}$ 的理想的条件下, (1)的最后一节中的级数收敛于 $\mathfrak{a}$ 的一个元, 于是

(2) $$\sigma(\exp Y)\sigma^{-1} \in A,$$

那么, 由 3.18 和 3.31(d), A 是由形如 $\exp Y$ 的元素生成的, 而 G 由形如 $\exp X$ 的元素生成. 这与(2)一起就蕴涵着 A 是 G 的正规子群.

反之, 假设 A 是 G 的正规子群, 令 s 和 t 是实数. 令 $Y \in \mathfrak{a}$, $X \in \mathfrak{g}$ 并且令 $\sigma = \exp tX$. 那么根据(1),

(3) $$\sigma(\exp sY)\sigma^{-1} = \exp \mathrm{Ad}_\sigma(sY) = \exp s\left\{(\exp \mathrm{ad}_{tX})(Y)\right\}.$$

因为 A 是正规的, 所以 $\sigma(\exp sY)\sigma^{-1} \in A$; 因而从(3)和 3.33 得知对所有 $t \in \mathbb{R}$, $(\exp \mathrm{ad}_{tX})(Y) \in \mathfrak{a}$. 于是,

(4) $$(\exp \mathrm{ad}_{tX})(Y) = \left(\exp t(\mathrm{ad}_X)\right)(Y)$$

$$= Y + t[X,Y] + \frac{t^2}{2!}[X,[X,Y]] + \cdots,$$

这是 $\mathfrak{a}$ 中的一条光滑曲线, 它在 t=0 点的切向量是 $[X,Y]$. 从而 $[X,Y] \in \mathfrak{a}$, 而且 $\mathfrak{a}$ 是 $\mathfrak{g}$ 的一个理想.

3.49 定义

(a) $\mathfrak{g}$ 的中心$=\{X \in \mathfrak{g} : [X,Y] = 0$对所有$Y \in \mathfrak{g}$成立$\}$.

(b) G 的中心$=\{\sigma \in G : \sigma\tau = \tau\sigma$对所有$\tau \in G$成立$\}$.

3.50 定理 令 G 是一个连通 Lie 群. 那么 G 的中心是伴随表示的核.

证明 令 σ 属于 G 的中心. 令 $X \in \mathfrak{g}$, 那么对所有 $t \in \mathbb{R}$,

(1) $$\exp tX = \sigma(\exp tX)\sigma^{-1} = \exp t\mathrm{Ad}_\sigma(X).$$

因而 $X = \mathrm{Ad}_\sigma(X)$, 所以 $\sigma \in \ker(\mathrm{Ad})$. 反过来, 令 $\sigma \in \ker(\mathrm{Ad})$. 那么式(1)仍然成立. 因而在 G 中 σ 可与 e 的一个邻域中的每一个元交换. 因为 G 是连通的, 所以 σ 与 G 的一切元交换. 因而 σ 在 G 的中心内.

系(a) 令 G 是一个连通 Lie 群, 那么 G 的中心是 G 的一个闭 Lie 子群, 并且

以 $\mathfrak{g}$ 的中心为其 Lie 代数.

系(b) 一个连通 Lie 群 G 是 Abel 群当且仅当它的 Lie 代数 $\mathfrak{g}$ 是交换的.

3.51 命题 令 X, Y 属于 Lie 群 G 的 Lie 代数 $\mathfrak{g}$, 那么

$$[X,Y]=0 \ \Rightarrow \ \exp(X+Y)=\exp X \exp Y .$$

证明 由 X 和 Y 张成的 $\mathfrak{g}$ 的子空间 $\mathfrak{a}$ 是 $\mathfrak{g}$ 的一个子代数, 而且 G 的相应的连通 Lie 子群 A 是 Abel 群, 令

$$\alpha(t)=\exp tX \exp tY ,$$

那么 α 是从 $\mathbb{R}$ 到 G 中的一个 C^∞ 映射而且是一个同态, 因为 A 是 Abel 群. α 在 0 点的切向量是 $X(e)+Y(e)$ (见习题 11), 于是对所有 t,

$$\exp tX \exp tY=\exp t(X+Y) .$$

3.52 评注 回想到在 3.27 中曾叙述过 Ado 定理, 它断言任何 Lie 代数 $\mathfrak{g}$ 都有在某个 $\mathfrak{gl}(n,\mathbb{R})$ 中的忠实表示, 由此可知, 存在一个以 $\mathfrak{g}$ 为 Lie 代数的 Lie 群. 如果 $\mathfrak{g}$ 的中心是平凡的, 那么就能从伴随表示得到这样一个忠实表示. 类似地, 由 $\mathrm{ad}_X(Y)=[X,Y]$ 定义 $\mathrm{ad}:\mathfrak{g}\to \mathrm{End}(\mathfrak{g})$, 并且可以验证这是一个 Lie 代数同态. 如果 $\mathfrak{g}$ 的中心是平凡的, 那么 ad 是 1:1 的, 所以有 $\mathfrak{g}$ 在 $\mathrm{End}(\mathfrak{g})$ 中的一个忠实表示. 连同 3.19 节一起, 这就为“每一个具有平凡中心的 Lie 代数必定是某个 Lie 群的 Lie 代数”这一断言给出了一种简单的证明.

10 双线性运算和双线性形式的自同构与求导

3.53 定义 令 V 是一个有限维的实向量空间或复向量空间. V 上的一个双线性运算是一个线性映射 $\psi: V\otimes V\to V$, 当 V 是一个实向量空间(或复向量空间)时, 张量积也相应地取在实数域(或复数域)上. 使用记号

$$\psi(v\otimes w)=\{v,w\} .$$

(a) 令

$$\mathrm{A}_\psi(V)=\{\alpha\in \mathrm{Aut}(V):\alpha\{v,w\}=\{\alpha(v),\alpha(w)\} \text{ 对所有 } v,w\in V \text{ 成立}\}.$$

$A_\psi(V)$ 的元素是 V 的自同构, 它保持双线性运算 ψ.

(b) 令

$$\mathfrak{d}_\psi=\{l\in \mathrm{End}(V): l\{v,w\}=\{l(v),w\}+\{v,l(w)\} \text{ 对所有 } v,w\in V \text{ 成立}\}.$$

把 $\mathfrak{d}_\psi$ 的元素称为双线性运算 ψ 的导数.

3.54　定理　$A_\psi(V)$ 是 $\mathrm{Aut}(V)$ 的一个以 $\mathfrak{d}_\psi$ 为 Lie 代数的闭 Lie 子群.

证明　容易验证 $\mathfrak{d}_\psi$ 是 $\mathrm{End}(V)$ 的一个子代数，而 $A_\psi(V)$ 是 $\mathrm{Aut}(V)$ 的一个抽象闭子群. 根据定理 3.42，$A_\psi(V)$ 是 $\mathrm{Aut}(V)$ 的闭 Lie 子群. 令 $\mathfrak{a}$ 是 $A_\psi(V)$ 的 Lie 代数. 只需证明 $\mathfrak{a}=\mathfrak{d}_\psi$ 即可.

如果 $l\in\mathfrak{a}$，那么 $\exp tl\in A_\psi(V)$，因此

(1)　$$(\exp tl)\{v,w\}=\{(\exp tl)(v),(\exp tl)(w)\}.$$

式(1)的两边都是 V 中的光滑曲线. 取它们在 t=0 的导数，则得到

(2)　$$l\{v,w\}=\{l(v),w\}+\{v,l(w)\},$$

这证明 $l\in\mathfrak{d}_\psi$ [注意到 $V\otimes V$ 中的曲线 $\varphi(t)\otimes\psi(t)$ 在 $t=0$ 点的导数(或切向量)等于 $\dot\varphi(0)\otimes\psi(0)+\psi(0)\otimes\dot\psi(0)$].

反过来，假定 $l\in\mathfrak{d}\psi$，为证明 $l\in\mathfrak{a}$，只需证明对所有 t，$\exp tl\in A_\psi(V)$. 令 $l\otimes 1$ 表示由

$$(l\otimes 1)(v\otimes w)=l(v)\otimes w$$

定义的 $V\otimes V$ 的自同态. $l\in\mathfrak{d}_\psi$ 的事实意味着对于 V 中的所有 v 和 w，有

(3)　$$l\{v,w\}=\{l(v),w\}+\{v,l(w)\},$$

而且这能被表示成

(4)　$$l\circ\psi=\psi\circ(l\otimes 1+1\otimes l).$$

从式(4)得到

(5)　$$l^n\circ\psi=\psi\circ(l\otimes 1+1\otimes l)^n,$$

于是,

(6)　$$\mathrm{e}^{tl}\circ\psi=\psi\circ\mathrm{e}^{t(l\otimes 1+1\otimes l)}.$$

由于 $(l\otimes 1)\circ(1\otimes l)=(1\otimes l)\circ(l\otimes 1)$，所以可把 3.35(9)应用于式(6)的右边，那么由 $\mathrm{e}^{t(l\otimes 1)}=\mathrm{e}^{tl\otimes 1}$,等式(6)变为

(7)　$$\mathrm{e}^{tl}\circ\psi=\psi\circ\mathrm{e}^{t(l\otimes 1)}\circ\mathrm{e}^{t(1\otimes l)}=\psi\circ(\mathrm{e}^{tl}\otimes 1)\circ(1\otimes\mathrm{e}^{tl})=\psi\circ\mathrm{e}^{tl}\otimes\mathrm{e}^{tl}.$$

因而对于 V 中的所有 v 和 w，

$$(\exp tl)\{v,w\}=\{(\exp tl)(v),(\exp tl)(w)\},$$

这蕴涵着对所有 $t\in\mathbb{R}$，$\exp tl\in A_\psi(V)$，因而 $\mathfrak{a}=\mathfrak{d}_\psi$，于是定理得证.

3.55　定义　仍然令 V 是域 F 上的有限维向量空间，其中，F 为 $\mathbb{R}$ 或 $\mathbb{C}$. V 上的双线性形式 B 是线性映射 $B:V\otimes V\to F$，使用记号 $B(v\otimes w)=(v,w)$.

(a) 令

$$A_B(V)=\{\alpha\in \mathrm{Aut}(V):\alpha(v,w)=(\alpha(v),\alpha(w))\text{对所有 }v,w\in V\text{ 成立}\}.$$

$A_B(V)$的元素是 V的保持双线性形式 B 的自同构.

(b) 令

$$\mathfrak{d}_B=\{l\in \mathrm{End}(V):(l(v),w)+(v,l(w))=0\text{对所有 }v,w\in V\text{ 成立}\}.$$

把 $\mathfrak{d}_B$ 的元素称为双线性形式 B 的导数.

3.56 定理 $A_B(V)$是$\mathrm{Aut}(V)$ 的一个以 $\mathfrak{d}_B$ 为 Lie 代数的闭 Lie 子群.

其证明类似于定理 3.54 的证明, 把它留给读者作为习题.

3.57 定理 3.54 和 3.56 的应用

(a) 令 V是一个带有内积运算 B的实向量空间. 根据定理3.56, V的保持内积的自同构构成一个闭 Lie 子群 $A_B(V)\subset \mathrm{Aut}(V)$, 它的 Lie 代数是内积 B 的导数的 Lie 子代数 $\mathfrak{d}_B\subset \mathrm{End}(V)$, 选取 V 的一个标准正交基, 现在考虑 $\mathrm{Aut}(V)$ 与 $Gl(n,\mathbb{R})$ 的 Lie 群同构以及伴随的$\mathrm{End}(V)$ 与 $\mathfrak{gl}(n,\mathbb{R})$ 的 Lie 代数同构, 它是由伴随于 V 上的其矩阵关于这个基的每个线性变换决定的. 容易看出, $A_B(V)$被映射到正交群 $O(n)\subset Gl(n,\mathbb{R})$ 上, $\mathfrak{d}_B$ 被映射到 $\mathfrak{gl}(n,\mathbb{R})$ 中的反对称矩阵的集合 $\mathfrak{o}(n)$ 上, 这就提供了对于"正交群 $O(n)$ 是 $Gl(n,\mathbb{R})$ 的一个以 $\mathfrak{o}(n)$ 为 Lie 代数的闭 Lie 子群"这一事实的另一种证明.

(b) Lie 代数 $\mathfrak{g}$ 有一个双线性运算 —— 括号[,]. $\mathfrak{g}$ 的保持括号运算的自同构恰好是 $\mathfrak{g}$ 的 Lie 代数同构. 把它们记为 $A(\mathfrak{g})$. 根据 3.54, $A(\mathfrak{g})$ 是 $\mathrm{Aut}(\mathfrak{g})$的一个闭 Lie 子群, 而且以[,]的导数为 Lie 代数, 将它记为 $\mathfrak{d}(\mathfrak{g})$.

设 G是一个以 $\mathfrak{g}$ 为 Lie 代数的单连通 Lie 群. 令 $A(G)$是 G 的所有 Lie 群自同构组成的群. 由 $\psi(\alpha)=\mathrm{d}\alpha$ 定义的映射

$$\psi:A(G)\to A(\mathfrak{g})$$

是一个同态, 而且由 3.16 它是 1:1 的, 由 3.27 它还是到上的. 因而可以通过 ψ 诱导 A(G) 上的一个流形结构, 使 A(G) 成为一个 Lie 群, 并且带有与 $\mathfrak{d}(\mathfrak{g})$同构的 Lie 代数.

11 齐性流形

3.58 定理 令 H 是 Lie 群 G 的一个闭子群, 令 G/H 是模 H 的左陪集的集合$\{\sigma H:\sigma\in G\}$. 令π: $G\to G/H$ 表示自然投影 $\pi(\sigma)=\sigma H$, 那么 G/H 有唯一

的一个流形结构，使得

(a) π是C^{∞}的.

(b) 存在G/H在 G 中的光滑截面，即如果$\sigma H\in G/H$，则有σH 的一个邻域 W和一个C^{∞}映射$\tau:W\to G$使得$\pi\circ\tau=\mathrm{id}$.

证明　存在性. 通过要求 U在G/H中是开的当且仅当$\pi^{-1}(U)$是 G中的开集而将G/H拓扑化. 由于这个拓扑π成为一个开映射，这是因为若 W在 G中是开的，那么

$$\pi^{-1}(\pi(W))=\bigcup_{h\in H}Wh,$$

这蕴涵着$\pi(W)$在G/H中是开的. 此外，G/H还是 Hausdorff 的. 为了看出这一点，首先注意到由那些存在一个$h\in H$使得$\sigma=\tau h$的所有偶(σ,τ)组成的集合$R\subset G\times G$是一个闭集，因为$R=\alpha^{-1}(H)$，其中，α是$G\times G$到 G 中的连续映射$(\sigma,\tau)\to\tau^{-1}\sigma$. 如果$\sigma H$和$\tau H$是$G/H$中不同的点，那么$(\sigma,\tau)$不属于 R，因而在 G 中存在σ的开邻域 V 和τ的开邻域 W 使得$(V\times W)\cap R=\varnothing$，那么$\pi(V)$和$\pi(W)$分别是$\sigma H$和$\tau H$的互不相交的开邻域，这就是证明了$G/H$是Hausdorff的. G上的一个可数拓扑基在π下映射成G/H上的一个可数拓扑基. 因而G/H是第二可数的.

根据3.42，闭子群H是G的一个Lie子群. 设G是d维的而H是$d-k$维的. 为了证明G/H是局部 Euclid 的，并且为了在G/H上得到一个由光滑交叠的坐标系组成的覆盖，首先证明在 G 中的e点处存在一个以$x_1,\cdots,x_{\mathrm{d}}$为坐标函数的立方体中心坐标系$(U,\varphi)$，使得具有形式

(1)　$$x_i=\text{常数}\quad\text{对所有 }i\in\{1,\cdots,k\}\text{成立}$$

的互不相同的片位于 H的不同左陪集上. 令$\mathscr{D}$是由 H的 Lie 代数决定的 G上的分布，那么由 1.60，在 G中的e点处有一个立方体中心坐标系$\{V,\varphi\}$以$x_1,\cdots,x_{\mathrm{d}}$为坐标函数使得$\mathscr{D}$在 V中的积分流形是具有形式(1)的片. 由于 H是 G的一个闭子群，因此它作为一个 Lie 子群具有相对拓扑，可以将 V选取得充分小，使得

(2)　$$V\cap H=\text{经过}\,e\,\text{的片}\,S_0.$$

选取 e的关于坐标系(V,φ)为立方体的邻域 U和 V，使得

(3)　$$V_1V_1\subset V,\ U^{-1}U\subset V_1.$$

现在设σ和τ是U的位于模 H的同一个陪集中的两点，因此$\sigma\in\tau H$. 于是，

(4)　$$\tau^{-1}\sigma\in V_1\cap H=V_1\cap S_0.$$

因而$\sigma \in \tau(V_1 \cap S_0)$. 由于$\tau(V_1 \cap S_0)$是$\mathscr{D}$的积分流形，由$V_1$在式(3)中的选择可知该流形在$V$中，而且它是连通的. 因此$\tau(V_1 \cap S_0)$在$V$的单个片中，所以$\sigma$和$\tau$在同一片中. 反过来，容易看出单个片在单个陪集中. 因而(U,φ)就是所要求的坐标系.

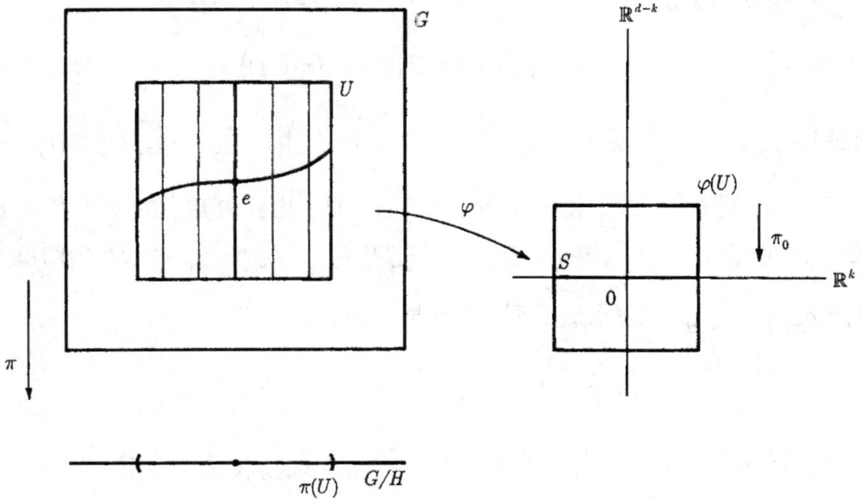

令S是$\varphi(U)$的一个片. 使得$x_{k+1},\cdots,x_d$在该片上为零. 令$\tilde{\varphi}^{-1}$是由

(5) $$\tilde{\varphi}^{-1} = \pi \circ \varphi^{-1}\Big|_S : S \to \pi(U)$$

定义的映射，那么由坐标系(U,φ)的选取，$\tilde{\varphi}^{-1}$是一一的而且还是连续的从而是一个开映射; 因此它是一个同胚. 令$\tilde{\varphi}$是它的逆，

(6) $$\tilde{\varphi} : \pi(U) \to S \subset \mathbb{R}^k,$$

那么$(\pi(U),\tilde{\varphi})$是G/H中单位陪集处的一个坐标系. 通过左平移即可得到G/H的其他陪集处的坐标系. 实际上，如果$\sigma \in G$，那么令$\tilde{l}_\sigma$是由G上的左平移诱导的G/H的同胚，即

(7) $$\tilde{l}_\sigma(\tau H) = \sigma\tau H.$$

于是对于每个$\sigma H \in G/H$，可以通过置

(8) $$\tilde{\varphi}_{\sigma H} = \tilde{\varphi} \circ \tilde{l}_{\sigma^{-1}}\Big|_{\tilde{l}_\sigma}(\pi(U))$$

定义一个映射$\tilde{\varphi}_{\sigma H}$，那么$\left(\tilde{l}_\sigma(\pi(U)), \tilde{\varphi}_{\sigma H}\right)$就是$\sigma H$处的一个坐标系. 注意到按照这

种记号, 即 $\tilde{\varphi}_{\mathrm{H}}$ 恰好是映射 $\tilde{\varphi}$. 可以断定, 通过把坐标系族

$$(9)\qquad \left\{\left(\tilde{l}_{\sigma}(\pi(U)),\tilde{\varphi}_{\sigma H}\right):\sigma\in G\right\}$$

极大化就能得到 G/H 上的一个可微结构. 只需验证在交叠处的可微性即可. 所以令 $\left(\tilde{l}_{\sigma_1}(\pi(U)),\tilde{\varphi}_{\sigma_1 H}\right)$ 和 $\left(\tilde{l}_{\sigma_2}(\pi(U)),\tilde{\varphi}_{\sigma_2 H}\right)$ 是两个这样的坐标系, 并且令

$$(10)\qquad V=\tilde{\varphi}_{\sigma_1 H}(\tilde{l}_{\sigma_1}(\pi(U))\cap\tilde{l}_{\sigma_2}(\pi(U))).$$

必须证明 $\tilde{\varphi}_{\sigma_2 H}\circ\tilde{\varphi}_{\sigma_1 H}^{-1}\Big|_V$ 是 C^∞ 的. 令 $t\in V$, 那么由于 $\tilde{l}_{\sigma_2^{-1}}\circ\tilde{l}_{\sigma_1}\circ\tilde{\varphi}^{-1}(t)\in\pi(U)$, 所以存在一个元素 $g\in H$, 使得 $\sigma_2^{-1}\sigma_1\varphi^{-1}(t)g\in U$. 由此可知, 在 V 中存在 t 的一个邻域 W 使得 $\sigma_2^{-1}\sigma_1\varphi^{-1}(W)g\in U$. 只要证明 $\tilde{\varphi}_{\sigma_2 H}\circ\tilde{\varphi}_{\sigma_1 H}^{-1}|_W$ 是 C^∞ 的即可. 但是能够把 $\tilde{\varphi}_{\sigma_2 H}\circ\tilde{\varphi}_{\sigma_1 H}^{-1}|_W$ 表示成下列 C^∞ 映射的复合:

$$(11)\qquad \tilde{\varphi}_{\sigma_2 H}\circ\tilde{\varphi}_{\sigma_1 H}^{-1}|_W=\pi_0\circ\varphi\circ r_g\circ l_{\sigma_2^{-1}\sigma_1}\circ\varphi^{-1}|_W,$$

其中, π_0 是 $\varphi(U)$ 到 S 上的标准投影. 因而 $\tilde{\varphi}_{\sigma_2 H}\circ\tilde{\varphi}_{\sigma_1 H}^{-1}|_V$ 是 C^∞ 的.

对于 G/H 上的这个可微结构而言, 投影映射 $\pi:G\to G/H$ 是 C^∞ 的. 实际上, π 限制于一个形如 $l_\sigma(U)$ 的开集上, 不过是复合映射 $\tilde{\varphi}_{\sigma H}^{-1}\circ\pi_0\circ\varphi\circ l_{\sigma-1}\Big|_{l_\sigma(U)}$ 而已. 因而结果(a)成立; 而对于(b)来说, 在 σH 的邻域 $\tilde{l}_\sigma(\pi(U))$ 上, $l\sigma\circ\varphi^{-1}\circ\tilde{\varphi}_{\sigma H}$ 是 G/H 在 G 中的一个局部光滑的截面.

唯一性、令 $(G/H)_1$ 表示 G/H 带有满足(a)和(b)的另一个可微结构.

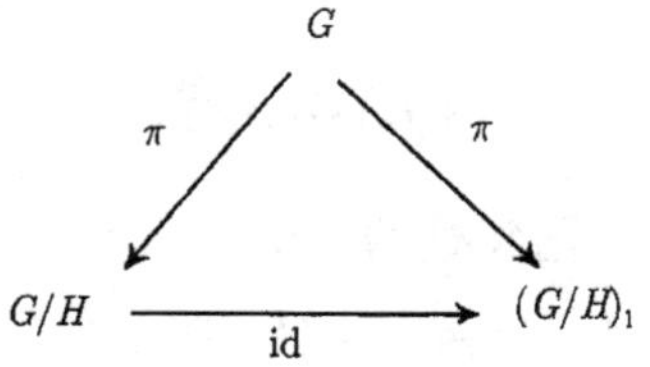

那么恒等映射及其逆都是 C^∞ 的, 因为它们都能局部表示成到 G 中的局部光滑截面跟 π 的复合. 因而 id 是一个微分同胚, 这就证明了唯一性.

3.59　定义　对于形如 G/H 的流形, 其中, G 是一个 Lie 群, H 是 G 的一个闭子群, 而且流形结构是满足定理 3.58 的(a)款和(b)款的唯 一的一 个流形结构, 则称之为齐性流形.　　则

3.60　评注　注意到 f 是 G/H 上的 C^∞ 函数当且仅当 $f\circ\pi$ 是 G 上的 C^∞ 函数, 因为若 f 是 C^∞ 的, 那么 $f\circ\pi$ 一定是 C^∞ 的. 反之, 若 $f\circ\pi$ 是 C^∞ 的, 那么由于 f

能够局部地表示成 G/H 在 G 中的一个光滑截面与 $f\circ\pi$ 的复合，所以 f 也是 C^∞ 的.

3.61　定义　令

(1)
$$\eta: G\times M\to M$$

是 G 在 M 上的一个左作用(见 3.44)，并像通常那样，令

(2)
$$\eta_\sigma(m)=\eta(\sigma,m)\,.$$

如果 e 是 G 的唯一使 η_e 成为 M 上的恒等映射的元素，那么称这个作用是有效的. 如果当 m 和 n 属于 M，均在 G 中存在一个 σ 使得 $\eta_\sigma(m)=n$，那么把这个作用称为可迁的. 令 $m_0\in M$，而且令

(3)
$$H=\{\sigma\in G:\eta_\sigma(m_0)=m_0\}\,,$$

那么 H 是 G 的一个闭子群，称为 m_0 点的迷向群. 作用 η 限制在 H 上就给出 H 在 M 上的一个左作用，并且以 m_0 为不动点. 因此由 3.45，有表示

(4)
$$\alpha: H\to \mathrm{Aut}(M_{m_0})\,,$$

其中，$\alpha(\sigma)=\mathrm{d}\eta_\sigma\big|_{M_{m_0}}$. 把 M_{m_0} 的线性变换群 $\alpha(H)$ 称为 m_0 点的线性迷向群.

3.62　定理　令 $\eta: G\times M\to M$ 是 Lie 群 G 在流形 M 上的一个可迁的左作用. 令 $m_0\in M$，令 H 是 m_0 点的迷向群. 由 $\widetilde{\beta}(\sigma H)=\eta_\sigma(m_0)$ 定义一个映射

(1)
$$\widetilde{\beta}: G/H\to M\,,$$

那么 $\widetilde{\beta}$ 是一个微分同胚.

证明　首先，注意到 $\widetilde{\beta}$ 是完全确定的. 因为对于作何 $h\in H, \eta_{\sigma h}(m_0)=\eta_\sigma(\eta_h(m_0))=\eta_\sigma(m_0)$，由于 G 的可迁作用 $\widetilde{\beta}$ 是满射. 又因为若 $\widetilde{\beta}(\sigma H)=\widetilde{\beta}(\tau H)$，那么 $\eta_{\tau^{-1}\sigma}(m_0)=m_0$，这蕴涵着 $\tau^{-1}\sigma\in H$，即 $\sigma H=\tau H$，所以 $\widetilde{\beta}$ 又是单射. 鉴于第 1 章的习题 6，只要证明 $\widetilde{\beta}$ 是 C^∞ 的而且 $\mathrm{d}\widetilde{\beta}$ 在每一点是非奇异的即可.

根据评注 3.60，$\widetilde{\beta}$ 是 C^∞ 的当且仅当 $\widetilde{\beta}\circ\pi$ 是 C^∞ 的，其中，π 是 G 到 G/H 上的自然投影. 但是，

(2)
$$\widetilde{\beta}\circ\pi=\eta\circ i_{m_0}\,,$$

其中，i_{m_0} 是由

(3)
$$i_{m_0}(\sigma)=(\sigma,m_0)$$

定义的 G 到 $G\times M$ 中的 C^∞ 映射. 因而 $\widetilde{\beta}$ 是 C^∞ 的.

令 $\beta=\widetilde{\beta}\circ\pi$. 由于 $\mathrm{d}\pi|_{G_\sigma}$ 的核是 $(\sigma H)_\sigma\subset G_\sigma$, 所以为了证明 $\mathrm{d}\widetilde{\beta}|_{(G/H)_{\sigma H}}$ 是非奇异的, 只要证明 $\mathrm{d}\pi|_{G_\sigma}$ 的核也是 $(\sigma H)_\sigma$ 即可. 因为对于每个 $\sigma\in G$,

$$\beta=\eta_\sigma\circ\beta\circ l_{\sigma^{-1}}, \tag{4}$$

所以只需证明 $\mathrm{d}\beta|_{G_e}$ 的核是 H_e 即可. 无疑, $He\subset\ker(\mathrm{d}\beta|G_e)$, 因此令 $x\in\ker\left(\mathrm{d}\beta|_{G_e}\right)$. 为了证明 $x\in H_e$, 只需证明对所有 $t\in\mathbb{R}$, 都有 $\exp tX\in H$, 其中, X 是 G 上由 x 决定的左不变向量场. 为此只要证明 M 中曲线 $t\mapsto\beta(\exp tX)$ 的切向量恒为零即可, 因为那时有 $\beta(\exp tX)\equiv m_0$, 而这蕴涵着 $\exp tX\in H$ 对所有 t 成立. 该曲线在 t 点的切向量是

$$\begin{aligned}\mathrm{d}\beta(X_{\exp tX})&=\mathrm{d}(\eta_{\exp tX}\circ\beta\circ l_{\exp(-tX)})(x_{\exp tX})\\&=\mathrm{d}\eta_{\exp tX}\circ\mathrm{d}\beta(X(e))=\mathrm{d}\eta_{\exp tX}\circ\mathrm{d}\beta(x)=0,\end{aligned}$$

因而 $\mathrm{d}\widetilde{\beta}$ 是处处非奇异的. 于是定理得证.

3.63　评注　如果 G 是一个 Lie 群且 H 是 G 的一个闭子群, 那么有 G 在齐性流形 G/H 上的一个自然的左作用 $\tilde{l}$, 即

$$\tilde{l}:G\times G/H\to G/H,\quad \tilde{l}(\sigma,\tau H)=\sigma\tau H. \tag{1}$$

容易验证 $\tilde{l}$ 是 C^∞ 的并且确实给出 G 在 G/H 上的一个左作用. 而且显然 $\tilde{l}$ 是一个可迁的作用. 于是, 对于 G 中的每一个 σ, $\tilde{l}_\sigma$ [记号与 3.61(2)中相同]是 G/H 上的一个微分同胚, 而且给定 G/H 的任何两点 τH 和 γH, 都有一个微分同胚 $\tilde{l}_{\tau\gamma^{-1}}$ 将 γH 映射到 τH. 形如 G/H 的微分流形被称作齐性流形的理由是它们拥有微分同胚的这个可迁群. 反之, 定理 3.62 说明: 若一个流形 M 在 3.61(1)的意义上具有微分同胚组成的一个可迁群, 那么 M 微分同胚于齐性流形 G/H.

从定理 3.62 得出 G/H 上的流形结构的另一个特征, 即集合 G/H 有唯一的一个流形结构使得自然映射(1)是 C^∞ 的.

3.64　定理　令 G 是一个 Lie 群而且 H 是 G 的一个正规闭子群. 那么齐性流形 G/H 连同它的自然群结构一起成为一个 Lie 群.

证明　只需验证 $G/H\times G/H\to G/H$ 的映射

$$(\sigma H,\tau H)\mapsto\sigma\tau^{-1}H \tag{1}$$

是 C^∞ 的. 令 $\alpha_\sigma:W_\sigma\to G$ 和 $\alpha_\tau:W_\tau\to G$ 是 G/H 在 G 中分别在 σH 的邻域 W_σ 上和 τH 的邻域 W_τ 上的局部截面. 那么映射(1)能够局部表示成下列 C^∞ 映射

的复合:

(2) $$\pi\circ\varphi\circ(\alpha_\sigma\times\alpha_\tau),$$

其中，$\varphi:G\times G\to G$ 是映射 $\varphi(\sigma,\tau)=\sigma\tau^{-1}$.

3.65 齐性流形的例子

(a) 令 $\{e_i:i=1,2,\cdots,n\}$ 是 $\mathbb{R}^n$ 的标准基，其中，e_i 是除第 i 个位置为 1，其余全为 0 的 n 元组. 通过要求

(1) $$\sigma(e_j)=\sum_i\sigma_{ij}e_i,$$

每个矩阵 $\sigma\in Gl(n,\mathbb{R})$ 唯一地决定 $\mathbb{R}^n$ 上的一个线性变换，也把它记为 σ. 换句话说，把 $\mathbb{R}^n$ 的 n 元组看作 $n\times1$ 矩阵，那么 σ 通过矩阵乘法以自然的方式作用在 $\mathbb{R}^n$ 上. 映射 $(\sigma,v)\mapsto\sigma(v)$ 给出 $Gl(n,\mathbb{R})$ 在 $\mathbb{R}^n$ 上的一个左作用:

(2) $$Gl(n,\mathbb{R})\times\mathbb{R}^n\to\mathbb{R}^n.$$

令 $\langle\ ,\ \rangle$ 表示 $\mathbb{R}^n$ 上的标准内积，即基 $\{e_i\}$ 关于这个内积是正交的，那么若 $\sigma\in Gl(n,\mathbb{R})$，则

(3) $$\langle\sigma(v),w\rangle=\langle v,\sigma^{\mathrm{t}}(w)\rangle.$$

如果，$\sigma\in O(n)$，那么 $\sigma^{\mathrm{t}}\sigma=I$，所以从式(3)得出

(4) $$\langle\sigma(v),\sigma(v)\rangle=\langle v,\sigma^{\mathrm{t}}\sigma(v)\rangle=\langle v,v\rangle.$$

因而 σ 保持向量的长度不变. 因而作用(2)限制在 $O(n)\times S^{n-1}$ 上经由单位球而分解为

(5)

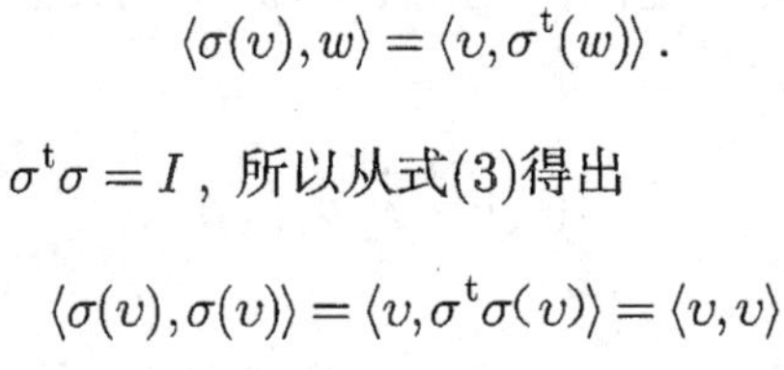

根据定理 1.32，析因映射是光滑的，所以有正交群 $O(n)$ 在单位球面 S^{n-1} 上的一个自然的 C^∞ 左作用:

(6) $$O(n)\times S^{n-1}\to S^{n-1},$$

我们可以断定作用(6)是可迁的. 如果 $v_1 \in S^{n-1}$, 则令 $\{v_1, v_2, \cdots, v_n\}$ 是 $\mathbb{R}^n$ 的一个以 v_1 作为第一个基元的规范正交基. 令

$$v_i = \sum_j \sigma_{ji} e_j, \tag{7}$$

那么其元素由(7)决定的矩阵 σ 是正交的, 而且

$$\sigma(e_1) = v_1. \tag{8}$$

由此可知, 若 v 和 w 是 S^{n-1} 的任何两点, 那么就有一个正交矩阵 σ 使得 $\sigma(v) = w$. 因此作用(6)是可迁的.

$O(n)$ 中具有形式

$$\sigma = \begin{pmatrix} \begin{pmatrix} & & \\ & \tilde{\sigma} & \\ & & \end{pmatrix} & \begin{matrix} 0 \\ \vdots \\ 0 \end{matrix} \\ \begin{matrix} 0 & \cdots & 0 \end{matrix} & 1 \end{pmatrix} \tag{9}$$

的矩阵的集合构成 $O(n)$ 的一个闭子群, 出现在这个子群中的矩阵 $\tilde{\sigma}$ 恰好是 $O(n-1)$ 中的矩阵, 所以 $O(n-1)$ 作为这个自然的闭子群就在 $O(n)$ 中. 我们断定 $O(n-1)$ 恰好是作用(6)在 $e_n \in S^{n-1}$ 处的迷向群, 显然 $O(n-1)$ 的元素使 e_n 保持不动. 另一方面, 假设 $\sigma \in O(n)$ 且 $\sigma(e_n) = e_n$. 由于

$$\sigma(e_n) = \sum_i \sigma_{in} e_i,$$

因此对 $i<n$ 有 $\sigma_{in} = 0$, 而 $\sigma_{nn} = 1$. 因为 σ 是正交的, 所以 $\sigma^{\mathrm{t}}\sigma = I$, 并且这蕴涵着 $\sum_i \sigma_{ni}^2 = 1$, 由于 $\sigma_{nn} = 1$, 故对于 $i<n$ 必有 $\sigma_{ni} = 0$. 因而 $\sigma \in O(n-1)$, 从定理 3.62 可知, 映射

$$O(n)/O(n-1) \to S^{n-1}, \quad \sigma O(n-1) \mapsto \sigma(e_n) \tag{10}$$

是一个微分同胚. 因而球面 S^{n-1} 以一种自然的方式微分同胚于齐性流形 $O(n)/O(n-1)$.

由类似的论证可以证明存在球面 S^{n-1} 到齐性流形 $SO(n)/SO(n-1)$ 的一个微分同胚.

(b) 令 $\{e_i : i = 1, \cdots, n\}$ 是 $\mathbb{C}^n$ 的标准复基, 其中, e_i 是在第 i 个位置是 1, 而在其余位置全为 0 的 n 元组, 正像在例(a)中那样, 通过要求

(11) $$\sigma(e_j)=\sum_i \sigma_{ij}\sigma_i\,,$$

则每个矩阵 $\sigma\in Gl(n,\mathbb{C})$ 唯一地决定 $\mathbb{C}^n$ 的一个线性变换，仍然以 σ 表示这个线性变换. 因而如果把 $\mathbb{C}^n$ 的复 n 元组看作 $n\times 1$ 矩阵，那么 σ 通过矩阵乘法而起作用. 映射 $(\sigma,v)\mapsto\sigma(v)$ 是实 $2n^2$ 维 Lie 群 $Gl(n,\mathbb{C})$ 在实 $2n$ 维流形 $\mathbb{C}^n$ 上的一个左作用:

(12) $$Gl(n,\mathbb{C})\times\mathbb{C}^n\to\mathbb{C}^n.$$

令 $\langle\,,\rangle$ 表示 $\mathbb{C}^n$ 上的标准内积，其中，

(13) $$\left\langle\sum_i a_ie_i,\sum_i b_ie_i\right\rangle=\sum_{i=1}^n a_ib_i\,,$$

那么若 $\sigma\in Gl(n,\mathbb{C})$，则

(14) $$\langle\sigma(v),w\rangle=\langle v,\bar{\sigma}^{\mathrm{t}}(w)\rangle.$$

如果 σ 是酉群 $U(n)$ 的一个元，那么 $\bar{\sigma}^t\sigma=I$，因而从(14)可知，σ 保持 $\mathbb{C}$ 中向量的长度不变. 如果 X 表示 $\mathbb{C}^n$ 中的单位球面，那么作用(12)在 $U(n)\times X$ 上的限制经由 X 而分解，且因此由定理1.32，得到酉群 $U(n)$ 在单位球面 $X\subset\mathbb{C}^n$ 上的一个 C^∞ 左作用

(15) $$U(n)\times X\to X.$$

由类似于例(a)中的论证可知作用(15)是可迁的，并且作用(15)在 e_n 点的迷向群就是 $U(n-1)$. 通过将 $\tilde{\sigma}\in U(n-1)$ 跟 $U(n)$ 中的

(16) $$\sigma=\begin{pmatrix}\begin{pmatrix} & & \\ & \tilde{\sigma} & \\ & & \end{pmatrix} & \begin{matrix}0\\ \vdots\\ 0\end{matrix}\\ \begin{matrix}0 & \cdots & 0\end{matrix} & 1\end{pmatrix}$$

等同，可以把这个迷向群看作是 $U(n)$ 的一个闭子群. 因而由定理3.62, X 微分同胚于齐性流形 $U(n)/U(n-1)$. 但是在 $\mathbb{C}^n$ 的标准整体坐标系(它是由 $\mathbb{C}^n$ 的实基 $\left\{e_1,\cdots,e_n,\sqrt{-1}e_1,\cdots,\sqrt{-1}e_n\right\}$ 的对偶基给出的)之下，X 微分同胚于 $S^{2n-1}\subset\mathbb{R}^{2n}$. 因而球面 S^{2n-1} 微分同胚于齐性流形 $U(n)/U(n-1)$.

由类似的论证可知. 球面 S^{2n-1} 还微分同胚于齐性流形 $SU(n)/SU(n-1)$. 特别地，由于 $SU(1)$ 仅由 1×1 单位矩阵组成，所以 S^3 微分同胚于 $SU(2)$. 因而能够

为 S^3 给出一种 Lie 群结构. 可以证明 S^1 和 S^3 是仅有的具有 Lie 群结构的球面[25].

(c) 实投影空间 P^{n-1} 是 $\mathbb{R}^n-\{0\}$ 的点的等价类的集合, 其中若有一个非零实数 c 使得 $ca_i=b_i, i=1,\cdots, n$, 则 $(a_1,\cdots,a_n)$ 等价于 $(b_1,\cdots,b_n)$. 如果为 P^{n-1} 给出了最大拓扑使得在该拓扑中自然投影

$$\pi:(\mathbb{R}^n-\{0\})\to P^{n-1} \tag{17}$$

是连续的, 那么 π 限制在 S^{n-1} 上是 P^{n-1} 的一个二重覆盖, 并且容易证实 P^{n-1} 有唯一的一个可微结构使得这个覆盖映射局部是一个微分同胚.

由类似于例(a)中的论证可以证明 P^{n-1} 微分同胚于齐性空间 $SO(n)/O(n-1)$, 其中通过将 $\tilde{\sigma}\in O(n-1)$ 等同于 $SO(n)$ 的下列元素 σ, 而把 $O(n-1)$ 看作 $SO(n)$ 的一个闭子群:

$$\sigma=\begin{pmatrix}\begin{pmatrix} & & \\ & \tilde{\sigma} & \\ & & \end{pmatrix} & \begin{matrix}0\\ \vdots\\ 0\end{matrix}\\ 0\cdots 0 & \det\tilde{\sigma}\end{pmatrix}.$$

(d) 作为一个集合, 复投影空间 $\mathbb{C}P^{n-1}$ 是 $C^n-\{0\}$ 的点在下述等价关系下的等价类的集合: 在该等价关系中规定, 若有一个非零复数 γ 使得 $\gamma\alpha_i=\beta_i, i=1,\cdots, n$ 则令 $(\alpha_1,\cdots,\alpha_n)$ 等价于 $(\beta_1,\cdots,\beta_n)$. 使 $\mathbb{C}P^{n-1}$ 成为一个实 $2(n-1)$ 维流形如下. 特殊酉群在 $\mathbb{C}^n$ 中单位球面上的作用保持这些等价类不变, 而且 $\mathbb{C}P^{n-1}$ 的每一个元素都有单位长度的表示, 因而有 $SU(n)$ 在集合 $\mathbb{C}P^{n-1}$ 上的一个自然的可迁作用

$$SU(n)\times\mathbb{C}P^{n-1}\to\mathbb{C}P^{n-1}, \tag{18}$$

使得 $\mathbb{C}P^{n-1}$ 的由 $e_n\in\mathbb{C}^n$ 决定的点固定不动的 $SU(n)$ 的子群就是 $U(n-1)$, 通过将 $\tilde{\sigma}\in U(n-1)$ 跟 $SU(n)$ 中的

$$\sigma=\begin{pmatrix}\begin{pmatrix} & & \\ & \tilde{\sigma} & \\ & & \end{pmatrix} & \begin{matrix}0\\ \vdots\\ 0\end{matrix}\\ 0\ \cdots\ 0 & 1/(\det\tilde{\sigma})\end{pmatrix}$$

等同而将 $U(n-1)$ 看作 $SU(n)$ 的一个闭子群. 由此可知, 映射

$$\sigma U(n-1)\mapsto\{\sigma(e_n)\} \tag{19}$$

是从 $SU(n)/U(n-1)$ 到 $\mathbb{C}P^{n-1}$ 上的一个完全确定的一一映射，其中，$\{\sigma(e_n)\}$ 表示 $\mathbb{C}P^{n-1}$ 的由 $\sigma(e_n)$ 所决定的点. 通过要求映射(19)是一个微分同胚而为 $\mathbb{C}P^{n-1}$ 给出一个实 $2(n-1)$ 维流形的结构.

(e) 令 V 是一个 d 维实向量空间，令 $S_p(V)$ 是 V 中 p 维标架的集合，即

$$S_p(V)=\{\widetilde{w}=(w_1,\cdots,w_p):w_1,\cdots,w_p\text{是 }V\text{的线形无关元}\}. \tag{20}$$

如果选定 V 的一个基 $v_1,\cdots,v_d$,那么 $Gl(d,\mathbb{R})$ 通过矩阵乘法作用在 V 上. 定义

$$\begin{aligned}\eta:Gl(d,\mathbb{R})\times S_p(V)&\to S_p(V),\\ \eta(\sigma,(w_1,\cdots,w_p))&=(\sigma(w_1),\cdots,\sigma(w_p)).\end{aligned} \tag{21}$$

注意到，如果 $\tilde{v},\tilde{w}\in S_p(V)$，那么存在一个 $\sigma\in Gl(d,\mathbb{R})$ 使得 $\eta(\sigma,\tilde{v})=\tilde{w}$. 现在令 $\tilde{s}$ 是由基 $v_1,\cdots,v_d$ 的前 p 个元素所决定的 $S_p(V)$ 的元素，因此 $\tilde{s}=(v_1,\cdots,v_p)$. 令 H 是使得 $\tilde{s}$ 固定不动的 $Gl(d,\mathbb{R})$ 的子集，那么

$$H=\left\{\left(\begin{array}{c|c}I&A\\\hline O&B\end{array}\right)\in Gl(d,\mathbb{R})\right\}, \tag{22}$$

其中，I 是 $p\times p$ 单位矩阵，因而 H 是 $Gl(d,\mathbb{R})$ 的一个闭子群. 由此可知，映射 $\sigma H\mapsto\eta(\sigma,\tilde{s})$ 是从齐性流形 $Gl(d,\mathbb{R})/H$ 到集合 $S_p(V)$ 上的 1:1 映射. 通过要求该映射是一个微分同胚而为 $S_p(V)$ 给出一个 $d-p$ 维的流形结构. 容易验证这个流形结构不依赖于 V 的基的选取. 把 $S_p(V)$ 称作 V 中 p 维标架的 Stiefel(斯蒂弗尔)流形.

(f) 仍然令 V 是一个 d 维实向量空间，但令 $M_k(V)$ 是 V 的所有 k 维子空间(k 平面)的集合. 若选定 V 的一个基 $v_1,\cdots,v_d$，那么正交群 $O(d)$ 通过矩阵乘法自然作用在 V 上，而且由于非奇异线性变换把 k 平面映射成 k 平面，所以得到映射

$$\eta:O(d)\times M_k(V)\to M_k(V). \tag{23}$$

注意到，如果 P 和 Q 都是 k 平面，那么存在一个 $\sigma\in O(d)$ 使得 $\eta(\sigma,P)=Q$，令 P_0 是由基 $v_1,\cdots,v_d$ 的前 k 个元所张成的 k 平面，并且令 H 是使 P_0 不动的 $O(d)$ 的子集，那么

$$H=\left\{\left(\begin{array}{c|c}\sigma&0\\\hline 0&\tau\end{array}\right)\in O(d):\sigma\in O(k),\tau\in O(d-k)\right\}, \tag{24}$$

因此 H 是 $O(d)$ 的一个闭子群. 可将它等同于 $O(k)\times O(d-k)$，那么映射

$\sigma(O(k)\times O(d-k))\mapsto\eta(\sigma,P_0)$ 是从齐性流形 $O(d)/[O(k)\times O(d-k)]$ 到集合 $M_k(V)$ 上的 1:1 映射. 通过要求这个映射是微分同胚而使 $M_k(V)$ 成为一个 $k(d-k)$维流形, 可以证实 $M_k(V)$ 上的这个流形结构不依赖于 V 的基的选取, 把 $M_k(V)$ 称作 V 中 k 平面的 Grassmann(格拉斯曼)流形.

3.66 命题 令 H 是 Lie 群 G 的一个闭子群. 如果 H 和 G/H 都是连通的, 那么 G 必定是连通的.

证明 假设

(1) $$G=U\cup V\,,$$

其中, U 和 V 均为 G 的非空开子集, 那么

(2) $$G/H=\pi(U)\cup\pi(V)\,,$$

其中, $\pi(U)$ 和 $\pi(V)$ 都是 G/H 的非空开子集. 因为 G/H 是连通的, 所以必有 G/H 的一点 σH 使得

(3) $$\sigma H\in\pi(U)\cap\pi(V)\,.$$

于是(1)蕴涵着

(4) $$\sigma H=(\sigma H\cap U)\cup(\sigma H\cap V)\,,$$

其中, $(\sigma H\cap U)$ 和 $(\sigma H\cap V)$ 均为 σH 的开子集(因为 H 具有相对拓扑). 根据(3), $(\sigma H\cap U)$ 和 $(\sigma H\cap V)$ 都是非空的. 这样以来. 由于 σH 同胚于 H, 因此是连通的, 所以有

(5) $$(\sigma H\cap U)\cup(\sigma H\cap V)\neq\varnothing\,.$$

而这蕴涵着

(6) $$U\cap V\neq\varnothing\,,$$

这就证明 G 是连通的.

3.67 定理 对 $n\geqslant 1$, Lie 群 $SO(n)$, $SU(n)$和 $U(n)$ 之中的每一个都是连通的, 而 $O(n)$具有两个连通分支($n\geqslant 1$).

证明 $SO(1)$和 $SU(1)$是连通的, 因为它们都只有 1×1 的单位矩阵组成. 而 $U(1)$连通是因为

$$U(1)=\{(\lambda):\lambda\in\mathbb{C},|\lambda|=1\}\,.$$

现在从命题 3.66 通过使用关于 n 的归纳法和在 3.65 节中所给出的球面作为齐性流

形的表示而得出 $SO(n)$, $SU(n)$和 $U(n)$对所有 n 都是连通的.

因为 $O(n)$中一切矩阵的行列式为 ± 1, 所以正交群能够写成下列两个不相交的非空连通开集之并:

$$O(n) = SO(n) \cup \sigma SO(n),$$

其中, $\sigma = \begin{pmatrix} -1 & & 0 \\ & 1 & \\ & & \ddots \\ 0 & & 1 \end{pmatrix}$,

因而 $O(n)$有两个连通分支.

3.68 定理 $Gl(n,\mathbb{R})$ 有两个连通分支.

证明 令 $Gl(n,\mathbb{R})^+$ 是由行列式为正值的矩阵组成的 $Gl(n,\mathbb{R})$ 的子集;而令 $Gl(n,\mathbb{R})^-$ 是由行列式为负值的矩阵组成的子集. $Gl(n,\mathbb{R})^+$ 和 $Gl(n,\mathbb{R})^-$ 是 $Gl(n,\mathbb{R})$ 的两个不相交但同胚的开子集, 因此只需证明 $Gl(n,\mathbb{R})^+$ 是连通的即可. 为此, 将证明 $Gl(n,\mathbb{R})^+$ 的每个元素均可由一条连续曲线与单位矩阵连接起来.

首先证明 $Gl(n,\mathbb{R})$ 的每一个元素都有极分解, 即每一个矩阵 $\sigma \in Gl(n,\mathbb{R})$ 均能表示成

(1) $$\sigma = PR$$

的形式, 其中, P 是一个正定对称矩阵而 $R \in O(n)$ (回想到一个对称矩阵的所有特征值都是实数, 而且当一个对称矩阵的每一个特征值均严格为正值时, 它是正定的). 因为 $(\sigma\sigma^{\mathrm{t}})^{\mathrm{t}} = \sigma\sigma^{\mathrm{t}}$, 所以 $\sigma\sigma^{\mathrm{t}}$ 是对称的, 令 a 是 $\sigma\sigma^{\mathrm{t}}$ 的相应于特征向量 $v \in \mathbb{R}^n$ 的一个特征值, 那么根据 3.65(3), 若用 $\langle\,,\rangle$ 表示 $\mathbb{R}^n$ 中的标准内积, 则

$$a\langle v,v\rangle = \langle \sigma\sigma^{\mathrm{t}}(v), v\rangle = \langle \sigma^{\mathrm{t}}(v), \sigma^{\mathrm{t}}(v)\rangle,$$

所以 $a \geqslant 0$, 又因为 $\sigma\sigma^{\mathrm{t}}$ 是非奇异的, 从而必有 $a>0$. 因而 $\sigma\sigma^{\mathrm{t}}$ 是一个正定对称矩阵.因为 $\sigma\sigma^{\mathrm{t}}$ 是对称的, 所以存在一个正交矩阵 $\beta \in O(n)$ 使得矩阵

(2) $$\beta\sigma\sigma^{\mathrm{t}}\beta^{\mathrm{t}}$$

成为对角矩阵(见习题 22(a)). 因为 $\sigma\sigma^{\mathrm{t}}$ 的特征值都是正的, 所以矩阵(2)有平方根

(3) $$(\beta\sigma\sigma^{\mathrm{t}}\beta^{\mathrm{t}})^{1/2},$$

即(3)是一个对角矩阵, 而且每个对角线元都是矩阵(2)中相应元素的正平方根. 令

(4) $$P=\beta^{\mathrm{t}}(\beta\sigma\sigma^{\mathrm{t}}\beta^{\mathrm{t}})^{1/2}\beta,$$

再令

(5) $$R=P^{-1}\sigma,$$

那么 P 是一个正定对称矩阵, 而且 R 是正交的. 这是因为式(4)蕴涵着 $P^2=\sigma\sigma^{\mathrm{t}}$, 且因此有

(6) $$\begin{aligned}RR^{\mathrm{t}}&=P^{-1}\sigma\sigma^{\mathrm{t}}(P^{-1})^{\mathrm{t}}=P^{-1}\sigma\sigma^{\mathrm{t}}(P^{\mathrm{t}})^{-1}\\&=P^{-1}\sigma\sigma^{\mathrm{t}}P^{-1}=P^{-1}PPP^{-1}=I.\end{aligned}$$

从而就像在(1)中断言的那样, $\sigma=PR$.

如果 $\sigma\in Gl(n,\mathbb{R})^+$, 那么 σ 就有一个极分解(1), 其中 R 现在必有正的行列式. 因而 $R\in SO(n)$. 令

(7) $$P_t=tI+(1-t)P,\quad t\in[0,1],$$

那么 P_t 对于每一个 t 都是正定的, 因而道路 $t\mapsto P_tR$ 是 $Gl(n,\mathbb{R})^+$ 中连接 σ 至 R 的一条连续曲线. 因为 $SO(n)$ 是连通的, 因而是道路连通的, 从而可用一条连续曲线将 R 连接到单位矩阵 I. 这样一来, $Gl(n,\mathbb{R})^+$ 就是道路连通的, 这就完成了 $Gl(n,\mathbb{R})$ 有两个连通分支的证明.

习　题

1. 证明: 连通 Lie 群自动是第二可数的, 即在连通 Lie 群的定义中第二可数性的假设多余的.

2. 证明 3.3 节中的诸例确实是 Lie 群.

3. 证明 3.5 节中的各例的确是 Lie 代数.

4. 补充命题 3.12 的证明.

5. 证明定理 3.16 中连通性假设的必要性.

6. 令 $\mathscr{I}$ 是由独立左不变 1 形式族 $\{\omega_1,\cdots,\omega_{c-d}\}$ 生成的 G^c 上的一个形式理想. 令 $\mathfrak{h}\subseteq\mathfrak{g}$ 是被 $\omega_i\,(i=1,\cdots,c\text{-}d)$ 零化的 G 的 Lie 代数的 d 维子空间. 证明: $\mathfrak{h}$ 是 $\mathfrak{g}$ 的子代数当且仅当 $\mathscr{I}$ 是一个微分理想.

7. 本习题概述定理 3.23 的证明.

(a) 令 $\pi:(X,x_0)\to(Y,y_0)$ 是一个覆盖, 令 $\alpha:(Z,z_0)\to(Y,y_0)$ 是一个连续映射, 其中, Z 是道路连通和局部道路连通的, 而且 $a^*(\pi1(Z,z0))\subset\pi_*\left(\pi_1\left(X,x_o\right)\right)$.

证明存在唯一的一个连续映射 $\widetilde{\alpha}:(Z,z_0)\to(X,x_0)$ 使得 $\pi\circ\widetilde{\alpha}=\alpha$.

概要: 首先对于 Z 是单位矩形 $[0,1]\times[0,1]$ 且 $z_0=(0,0)$ 的情况证明(a). 在这里关于基本群的条件被平凡地满足, 而且可以通过把单位矩形划分得足够细以使该划分的每个子矩形在 α 下映射成 Y 中的一个均匀覆盖集而得出证明. 作为这种情况的一个特别应用可知, 一旦基点被选定则 Y 中的每一条道路有到 X 的唯一一个提升.

对于一般情况, 定义 α 的提升 $\widetilde{\alpha}$ 如下. 令 $z\in Z$, 令 $\gamma:[0,1]\to Z$ 是连接 z_0 到 z 的一条道路, 因而有 $\gamma(0)=z_o,\gamma(1)=z$, 那么 $\alpha\circ\gamma$ 有到 X 的唯一提升 $\tilde{\gamma}$ 使得 $\tilde{\gamma}(0)=x_0$. 置 $\widetilde{\alpha}(z)=\tilde{\gamma}(1)$. 利用关于基本群的条件和已经对各矩形确立的唯一提升性来证明 $\widetilde{\alpha}$ 是完全确定的, 不依赖于从 z_0 到 z 的道路 γ 的选取. 最后用 Z 的局部道路连通性来证明 $\widetilde{\alpha}$ 是连续的.

(b) 如果 X 是道路连通的、局部道路连通的和半局部单连通的拓扑空间, 那么 X 有单连通的覆盖空间.

概要: 固定一个基点 $x_0\in X$. 我们在 X 中以[0,1]的定义域、以 x_0 为始点的所有道路的集合上定义一个等价关系. 两条这样的道路 γ_1 和 γ_2 , 如果 $\gamma_1(1)=\gamma_2(1)$, 而且由先沿 γ_1 再沿 γ_2 的反向而得到的 x_0 处的环路 $\gamma_2^{-1}\gamma_1$ 在 x_0 点是同伦平凡的, 则称 γ_1 和 γ_2 是等价的. X 的单连通覆盖空间 $\widetilde{X}$ 的点集是这种等价类 $\{\gamma\}$ 的集合. 投影映射 $\pi:\widetilde{X}\to X$ 由 $\pi(\{\gamma\})=\gamma(1)$ 定义. 令 $\{\gamma\}\in\widetilde{X}$, 令 U 是 $\gamma(1)$ 在 X 中的一个开邻域. 令 $U(\{\gamma\})$ 由 $\widetilde{X}$ 的所有元素 $\{\tau\}$ 组成, 其中, $\{\tau\}$ 有一条先沿 γ 然后留在 U 中的代表道路 τ . 证明这种集合 $U(\{\gamma\})$ 的集族构成 $\widetilde{X}$ 上的一个拓扑基, 而且按照这个拓扑 $\widetilde{X}$ 是单连通的, 并且按此拓扑 $\pi:\widetilde{X}\to X$ 是一个覆盖.

(c) 单连通空间的覆盖是一个同胚[这是(a)款的一个直接应用].

8. 证明: 如果 $\pi:\widetilde{M}\to M$ 是微分流形 M 的一个覆盖, 那么 $\widetilde{M}$ 是第二可数的.

只需证明 $\pi_1(M,m)$ 是可数的即可. 注意到 M 能被可数个开集覆盖, 而每个开集同胚于 Euclid 空间中的一个开球. 由此即可得出要证结果.

9. 令 G 和 H 都是 Lie 群, 而且 G 是连通的. 证明: 对于把 G 的单位元映射到 H 的单位元的一个 C^∞ 映射 $\varphi:G\to H$, 如果 $\delta\varphi$ 把 H 上的左不变形式拉回到 G 上的左不变形式, 那么映射 φ 是一个同态. 证明对 G 的连通性假设是必要的.

提示: 可以像在(3.15)(5)中那样构造 $G\times H$ 上的一个微分理想, 它过 $(e,\ e)$ 的极大连通积分子流形 I 是 $G\times H$ 的一个 Lie 子群, 经过 I 分解 φ 的图, 并且证明 I 到 G 上的自然覆盖同态是1:1的.

10. 证明对于任何 $A\in\mathfrak{gl}(2.\mathbb{R})$, $\begin{pmatrix}-2 & 0\\ 0 & -1\end{pmatrix}$ 都不等于 e^A .

11. 令 $\sigma(t)$ 和 $\beta(t)$ 是一个 Lie 群中的光滑曲线使得 $\sigma(0)=\beta(0)=\mathrm{e}$, 令

$\alpha(t)=\sigma(t)\beta(t)$. 证明

$$\dot{\alpha}(0)=\dot{\sigma}(0)+\dot{\beta}(0).$$

提示：考虑群的乘法映射 $\eta: G\times G\to G$，即 $\eta(\gamma,\tau)=\gamma\tau$. 令 $v,w\in G_e$，并且证明

$$\mathrm{d}\eta(v,w)=\mathrm{d}\eta\big((v,0)+(0,w)\big)=v+w.$$

12. 令 G 是一个连通 Lie 群，令 $\varphi: G\to H$ 是一个具有离散核的同态. 证明这个核在 G 的中心内，利用这个事实证明一个 Lie 群的基本群是 Abel 群.

13. 证明例 3.5(d)直至同构是唯一的 2 维非交换 Lie 代数. 推证例 3.3(h)直到同构是唯一的 2 维单连通非交换的 Lie 群.

14. 证明存在矩阵 $A,B\in\mathfrak{gl}(n,\mathbb{C})$ 使得 $\mathrm{e}^{A+B}\neq\mathrm{e}^{A}\cdot\mathrm{e}^{B}$.

15. 证明 $Gl(n,\mathbb{C})$的指数映射是满射.

概述：首先，通过用 Jordan 标准形把问题归结为证明 $Gl(j,\mathbb{C})(1\leqslant j\leqslant n)$ 的每个初等 Jordan 矩阵(在对角线上为固定常数 λ，而紧靠着每个对角线元的上面一个元素为 1，其余元素全为 0 的矩阵)是 $\mathfrak{gl}(j,\mathbb{C})$)的一个元素的指数. 令 A 是一个初等 Jordan 矩阵. 把 A 写成 $(\lambda I)\cdot N$，其中，N 的对角线元是 1. 证明 $\lambda I=\mathrm{e}^{A_1}$ 且 $N=\mathrm{e}^{A_2}$，其中，$A_1A_2=A_2A_1$，为求 A_2，注意到，由于差 $I-N$ 的充分高次的幂为零，所以 N 有对数，即

$$\ln N=-\sum_{k=1}^{\infty}\frac{(I-N)^k}{k}.$$

利用形式幂级数论证法证明 $\mathrm{e}^{\ln N}=N$.

16. 令 G 是一个 Lie 群，对于 G 上的一个向量场 Y，若对每个 $\sigma\in G$，Y 到自身是 r_σ 相关的，则称 Y 是右不变的. 证明 G 上右不变向量场的集合在 Lie 括号运算下构成一个 Lie 代数，并且作为一个向量空间自然同构于 G_e. 令 $\varphi: G\to G$ 是由 $\varphi(\sigma)=\sigma^{-1}$ 定义的微分同胚. 证明：如果 X 是 G 上的一个左不变向量场，那么 $\mathrm{d}\varphi(X)$ 是一个右不变向量场，它在 e 点的值是 $-X(e)$. 证明：$X\mapsto\mathrm{d}\varphi(X)$ 给出 G 上左不变向量场的 Lie 代数与 G 上右不变向量场的 Lie 代数之间的一个 Lie 代数同构.

17. 试求一个 Lie 群 G 使它具有一个在 G 中非闭的 Lie 子群 A.

18. 令 G 是一个交换的 n 维连通 Lie 群. 证明有一个整数 $k(0\leqslant k\leqslant n)$ 使得 G 同构于 $\mathbb{R}^{n-k}\times T^k$，其中，$T^k$ 是一个 k 维环面. 首先证明直至同构 $\mathbb{R}^n$ 是唯一的 n 维

单连通交换 Lie 群. 其次说明若 D 是 $\mathbb{R}^n$ 的一个离散子群, 那么 $D=\{0\}$ 或存在一个整数 $k(1\leqslant k\leqslant n)$ 和 $\mathbb{R}^n$ 中的 k 个线性无关向量 $v,\cdots,v_k$, 它们生成 D. 为了证明这一点, 设 $D\neq\{0\}$, 并且令 k 是这样一个最小整数使得 D 包含在 $\mathbb{R}^n$ 的一个 k 维子空间 V 中, 求出 V 的一个基 $w_1,\cdots,w_k$ 使得 $w_i\in D$. 令

$$A_i=\left\{\sum_{j=1}^{i}r_jw_j:0\leqslant r_j\leqslant 1,r_i>0\right\},\quad i=1,\cdots,k\,.$$

选取 v_i 是 $A_i\cap D$ 的元素并且带有尽可能小的系数 r_j , 那么 $\{v_1,\cdots,v_k\}$ 就是生成 D 的一个线性无关集.

19. 补充定理 3.56 的证明.

20. 证明: 一个连通 Lie 群 G 的自同构组成的群自身也是一个 Lie 群.

概述: 令 $\widetilde{G}$ 是 G 的单连通覆盖群, 令 π 是覆盖同态. 令 $D=\ker\pi$. 从 3.57(b) 知道, $\widetilde{G}$ 的自同构组成的群 $A(\widetilde{G})$ 是一个 Lie 群. 证明 G 的自同构群自然同构于由 $\widetilde{G}$ 的那些将 D 映射到 D 上的自同构所组成的 $A(\widetilde{G})$ 的(闭)子群.

21. 证明 $U(n)$ 微分同胚于 $S^1\times SU(n)$.

22.(a) 从类似于3.35式(6)之后所述的“上三角化”论证法, 但现在是用单位特证向量和正交补来推证, 如果 A 是一个 Hermite 矩阵(即 A 是复矩阵而且 $\overline{A}=A^{\mathrm{t}}$), 那么存在一个酉矩阵 B 使得 BAB^{-1} 是对角矩阵. 用类似的论证方法证明, 若 A 是一个实对称矩阵($A=A^{\mathrm{t}}$), 那么存在一个正交矩阵 B 使得 BAB^{-1} 是对角矩阵.

(b) 利用(a)款和 3.46 式(7), 证明指数映射把 Hermite 矩阵一一地映射到正定(所有特征值为正)的 Hermite 矩阵的集合上, 同样还可以推出指数映射把实对称矩阵一一地映射到正定对称矩阵的集合上.

23. 利用习题 22 的(b)款证明极分解 3.68 式(1)是唯一的.

提示: 如果 $\sigma=PR=P_1R_1$, 首先证明 $P^2=P_1^2$, 然后把习题 22 的(b)款应用于 P 和 P_1.

24. 证明每一个矩阵 $\sigma\in Gl(n,\mathbb{C})$ 能够唯一地写成一个积式 $\sigma=PR$, 其中, P 是一个正定 Hermite 矩阵, 而 R 是一个酉矩阵.

25. 证明 $Gl(n,\mathbb{C})$ 是连通的.

26. 完成例 3.65(b)和(c)的细节.

第 4 章 流形上的积分

本章将考虑 n 维流形中可微奇异 p 链上的 p 次形式的积分和 n 维定向流形中正则区域上的 n 次形式的积分. 对于这两种情形将证明 Stokes(斯托克斯)定理的一种形式. 这是微积分基本定理的推广而且无疑是这个学科中最重要的定理. 还将考虑 Riemann(黎曼)流形上的积分和 Lie 群上的积分. 最后引入 de Rham(德拉姆)上同调群, 并且证明 Poincaré(庞加莱)引理, 由此将推出 Euclid 空间的 de Rham 上同调群是平凡的. 这个引理对于 de Rham 定理是非常关键的. 本章末将叙述并在第 5 章中证明 de Rham 定理.

1 定　　向

4.1 定义 令 V 是一个 n 维实向量空间. V 上的定向的概念曾在第 2 章的习题 13 中引入过. 回想到 n 次外幂 $\Lambda_n(V)$ 是 1 维的. 因而 $\Lambda_n(V)-\{0\}$ 有两个连通分支. V 上的定向是对 $\Lambda_n(V)-\{0\}$ 的分支的一种选择.

令 M 是一个 n 维连通微分流形, 如果对于每一个 $m\in M$, 都能用一种始终如一的方法选取 M_m^* 上的定向, 那么就将 M 称为可定向的. 更确切地说, 令 O 是 n 次外丛 $\Lambda_n^*(M)$ 的“0 截面”, 即

(1)
$$O=\bigcup_{m\in M}\{0\in\Lambda_n(M_m^*)\},$$

那么因为每个 $\Lambda_n(M_m^*)-\{0\}$ 恰有两个分支, 由此容易得知, $\Lambda_n^*(M)-O$ 至多有两个分支. 若 $\Lambda_n^*(M)-O$ 确有两个分支, 那么就说 M 是可定向的; 如果 M 是可定向的, 那么 M 上的一个定向就是对 $\Lambda_n^*(M)-O$ 的两个分支之一的一种选择. 对于一个不连通的流形 M 来说, 如果它的每一个分支是可定向的, 那么就称 M 为可定向的, 而且它的一个定向就是对每个分支上的定向的一种选取. 令 M 是可定向的, 令 $v_1,\cdots,v_n$ 是 M_m 的一个基并且以 $\delta_1,\cdots,\delta_n$ 为对偶基. 如果 $\delta_1\wedge\cdots\wedge\delta_n$ 属于一个定向, 则称这个(有序)基 $v_1,\cdots,v_n$ 是定向的.

令 M 和 N 是可定向的 n 维流形, 令 $\psi:M\to N$ 是一个可微映射. 如果诱导映射 $\delta\psi:\Lambda_n^*(N)\to\Lambda_n^*(M)$ 把 $\Lambda_n^*(N)-O$ 的决定 N 上的定向的那个分支映射到 $\Lambda_n^*(M)-O$ 的决定 M 上的定向的那个分支, 则称 ψ 保持定向. 等价地说, 如果 $\mathrm{d}\psi$ 把 M 的切空间的定向基映射成 N 的切空间的定向基, 则称 ψ 是保持定向的.

4.2　命题　令 M 是一个 n 维微分流形. 那么下列说法是等价的:

(a) M 是可定向的.

(b) 存在 M 上的坐标系族 $\Phi=\{(V,\psi)\}$ 使得每当 $(U,x_1\cdots,x_n)$ 和 $(V,y_1,\cdots,y_n)$ 属于 Φ 时, 就有

$$M=\bigcup_{(V,\psi)\in\Phi}V,\quad 在 U\cap V 上\quad \det\left(\frac{\partial x_i}{\partial y_j}\right)>0. \tag{1}$$

(c) 在 M 上有一个无处为零的 n 次形式.

证明　不失一般性, 可以假定 M 是连通的. 下面来证明 (a) $\Rightarrow$ (b) $\Rightarrow$ (c) $\Rightarrow$ (a). 给定(a), 即 M 是可定向的, 选取 M 上的一种定向, 即选取 $\Lambda_n^*(M)-O$ 的两个分支之一, 称之为 Λ. 注意到对于每个 $m\in M,\Lambda\cap\Lambda_n(M_m^*)$ 恰好是 $\Lambda_n(M_m^*)-\{0\}$ 的两个分支之一. 现在令 Φ 是由 M 上的那些使得由

$$m\to(\mathrm{d}y_1\wedge\cdots\wedge\mathrm{d}y_n)(m) \tag{2}$$

定义的从 V 到 $\Lambda_n^*(M)$ 中的映射具有在 V 中的值域的所有坐标系组成的. 于是, 若 $(U,x_1,\cdots,x_n)$ 和 $(V,y_1,\cdots,y_n)$ 是 M 上的任何两个坐标系, 那么对于 $m\in U\cap V$,

$$(\mathrm{d}x_1\wedge\cdots\wedge\mathrm{d}x_n)(m)=\det\left(\left.\frac{\partial x_i}{\partial y_j}\right|_m\right)(\mathrm{d}y_1\wedge\cdots\wedge\mathrm{d}y_n)(m). \tag{3}$$

如果这些坐标系属于 Φ, 那么对于每个 $m\in U\cap V$ 必有

$$\det\left(\left.\frac{\partial x_i}{\partial y_j}\right|_m\right)>0.$$

因此式(1)满足, 那么结果(b)从(a)得出.

假设(b)成立, 令 $\{\varphi_i\}$ 是从属于 M 的一个覆盖的单位分解, 其中, M 的这个覆盖是由集族 Φ 中的坐标系给出的而且 φ_i 从属于 $(V_i,x_1^i,\cdots,x_n^i)$, 那么

$$\omega=\sum_i\varphi_i\mathrm{d}x_1^i\wedge\cdots\wedge\mathrm{d}x_n^i \tag{4}$$

是 M 上的一个整体 n 形式, 其中, $\varphi_i\mathrm{d}x_1^i\wedge\cdots\wedge\mathrm{d}x_n^i$ 在 V_i 的外面被定义为 0 形式. ω 无处为 0 可从下列事实得出: 对于每个 m, $\omega(m)$ 是 $\Lambda_n(M_m^*)-\{0\}$ 的一个分支中的元素的带正系数的有限和, 因而可从(b)得出(c).

最后, 令 ω 是 M 上的一个无处为 0 的 n 形式, 并且令

$$\Lambda^+ = \bigcup_{m\in M} \{a\omega(M): a\in\mathbb{R}, a>0\},$$

$$\Lambda^- = \bigcup_{m\in M} \{a\omega(M): a\in\mathbb{R}, a<0\},$$

那么 $\Lambda_n^*(M)-O$ 是这两个开子集 Λ^+ 和 Λ^- 的不交并,因此 $\Lambda_n^*(M)-O$ 是不连通的,而且 M 是可定向的.

4.3 例子

(a) 每个 Lie 群都是可定向的, 因为若 $\omega_1,\cdots,\omega_n$ 是 G 上左不变 1 形式的基, 那么 $\omega_1\wedge\cdots\wedge\omega_n$ 是 G 上的一个无处为 0 的整体 n 形式.

(b) Euclid 空间 $\mathbb{R}^d$ 上的标准定向是由 d 形式 $\mathrm{d}r_1\wedge\cdots\wedge\mathrm{d}r_d$ 决定的定向.

(c) 令 X 是一个 d 维流形, 并且假定存在一个浸入 $f: X\to\mathbb{R}^{d+1}$, 一个沿 (X, f) 的法向量场是一个光滑映射 $N: X\to T(\mathbb{R}^{d+1})$ 使得对于每一个 $p\in X$, 向量 $N(p)$ 均在 $(\mathbb{R}^{d+1})_{f(p)}$ 中并且垂直于子空间 $\mathrm{d}f(X_p)\subset(\mathbb{R}^{d+1})_{f(p)}$. 这样一个流形 X 是可定向的当且仅当沿 (X, f) 有一个无处为 0 的光滑法向量场(见习题 1).

(d) 作为例(c)的一个直接应用, 对于每个 $n>1$, 球面 S^n 都是可定向的.

(e) 实投影空间 P^n 是可定向的当且仅当 n 是奇数(见习题 2).

2 流形上的积分

4.4 Euclid 空间 $\mathbb{R}^n$ 中的积分 假定读者熟悉 $\mathbb{R}^n$ 中的一些积分理论. 因为将在 $\mathbb{R}^n$ 的适当子集(如多面体)上积分连续(实际上是 C^∞ 的)函数, 所以 Riemann 积分理论就足够了. 需要回顾的基本定理是变量替换公式. 这个公式的几种形式以及它们的证明可在文献[6, 18, 29]中找到. 满足目的的一种形式是下述的形式: 令 φ 是从 $\mathbb{R}^n$ 中的一个有界开集 D 到有界开集 $\varphi(D)$ 的一个微分同胚. 令 J_φ 表示 φ 的 Jacobi 矩阵的行列式, 即

$$J_\varphi = \det\left(\frac{\partial\varphi_i}{\partial r_j}\right).$$

令 f 是 $\varphi(D)$ 上的有界连续函数, 令 A 是 D 的一个适当子集(在绝大多数应用中 A 将是多面体. 一般对于 Riemann 积分理论来说, 一个适宜的子集应当是一个具有 Jordan 容度的子集). 那么,

(1) $$\int_{\varphi(A)} f = \int_A f \circ \varphi \,|\, J_\varphi \,|.$$

4.5　$\mathbb{R}^n$ 中 n 形式的积分. 像往常一样，令 $r_1,\cdots,r_n$ 表示 $\mathbb{R}^n$ 的标准坐标系，标准定向由 n 形式 $\mathrm{d}r_1 \wedge \cdots \wedge \mathrm{d}r_n$ 决定. 令 ω 是开集 $D \subset \mathbb{R}^n$ 上的一个 n 次形式，那么在 D 上有一个唯一确定的函数 f 使得 $\omega = f\mathrm{d}r_1 \wedge \cdots \wedge \mathrm{d}r_n$. 令 $A \subset D$，定义

(1) $$\int_A \omega = \int_A f\,,$$

若后一积分存在. 可以用微分形式的语言来重新叙述变量替换公式 4.4(1). 令 φ，D 和 A 如 4.4 节所述，令 ω 是 $\varphi(D)$ 上的一个 n 形式，那么

(2) $$\int_{\varphi(A)} \omega = \pm \int_A \delta\varphi(\omega)\,,$$

若 φ 是保持定向的，则用“+”号；如果 φ 是相反定向的，则用“−”号.

4.6　链上的积分　将要在一般流形上考虑的第一型积分包括 n 维流形中可微奇异 p 链上的 p 形式的积分.

对于每一个 $p \geqslant 1$，令

(1) $$\Delta^p = \{(a_1,\cdots,a_p) \in \mathbb{R}^p : \sum_{i=1}^{p} a_i \leqslant 1, a_i \geqslant 0\},$$

并且将 Δ^p 称为 $\mathbb{R}^p$ 中的标准 p 单形. 对 p=0，令 Δ^0 等于单点空间 $\{0\}$；Δ^0 是标准 0 单形. 令 M 是一个流形. M 中的可微奇异 p 单形 σ 是从 Δ^p 到 M 中的一个映射 σ，它能扩张成 Δ^p 在 $\mathbb{R}^p$ 中的一个邻域到 M 中的一个可微(C^∞)映射. 在本章中，只是作为 M 中的 p 单形 σ 而提到这样一个 σ (另外，在第 5 章将论述连续奇异单形，因此在那里将需要保留“可微的”这个术语以示区别). M 中的 0 单形由单点空间 $\{0\}$ 到 M 中的一个映射组成. M 中的一个(带实系数的) p 链 c 是 M 中 p 单形 σ_i 的一个有限线性组合 $c = \sum a_i\sigma_i$，其中，a_i 为实数.

对于每个 $p \geqslant 0$，定义一族映射 $k_i^p : \Delta^p \to \Delta^{p+1} (0 \leqslant i \leqslant p+1)$ 如下:

(2) $$\begin{cases} \text{对于 } p = 0, \quad k_0^0(0) = 1,\ k_1^0(0) = 0, \\ \text{对于 } p \geqslant 1, \quad \begin{cases} k_0^p(a_1,\cdots,a_p) = (1 - \sum_{i=1}^{p} a_i, a_1,\cdots,a_p), \\ k_i^p(a_1,\cdots,a_p) = (a_1,\cdots,a_{i-1},0,a_i,\dots,a_p) \end{cases} \quad (1 \leqslant i \leqslant p+1). \end{cases}$$

如果 σ 是 M 中的一个 p 单形 $(p \geqslant 1)$，那么定义它的第 i 个面 $(0 \leqslant i \leqslant p)$ 是 $(p-1)$

单形

(3) $$\sigma^i=\sigma\circ k_i^{p-1},$$

定义 σ 的边缘是 $(p-1)$ 链

(4) $$\partial\sigma=\sum_{i=0}^{p}(-1)^i\sigma^i.$$

将边缘算子线性地扩张到链上. 仔细注意表示面的上标的使用. 从而 p 链 $\sum_{j=1}^{k}a_j\sigma_j$ 的边缘是

$$\sum_{i=0}^{p}\sum_{j=1}^{k}(-1)^i a_j\sigma_j^i.$$

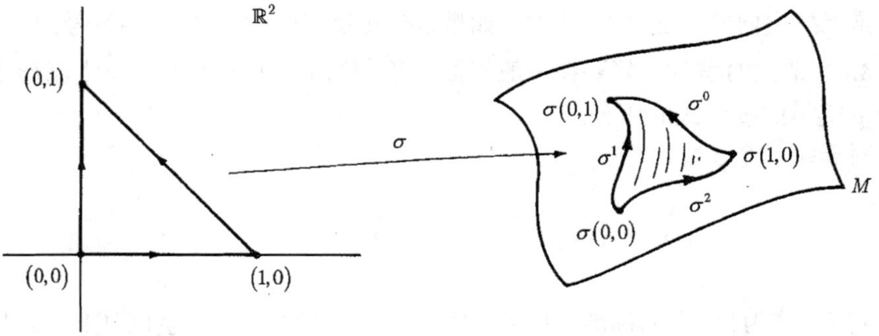

可以断言

(5) $$k_i^{p+1}\circ k_j^p=k_{j+1}^{p+1}\circ k_i^p\quad(p\geqslant 0;i\leqslant j),$$

对于 $p=0$, 分别验证三种可能的情况. 对于 $p\geqslant 1$, 注意到式(5)两边给出下列映射:

(6) $$\begin{cases}1\leqslant i<j & (a_1,\cdots,a_p)\mapsto(a_1,\cdots,a_{i-1},0,a_i,\cdots,a_{j-1},0,a_j,\cdots,a_p),\\ 1\leqslant i=j & (a_1,\cdots,a_p)\mapsto(a_1,\cdots,a_{i-1},0,0,a_i,\cdots,a_p),\\ 0=i<j & (a_1,\cdots,a_p)\mapsto\left(1-\sum_{i=1}^{p}a_i,a_1,\cdots,a_{j-1},0,a_j,\cdots,a_p\right),\\ 0=i=j & (a_1,\cdots,a_p)\mapsto\left(0,1-\sum_{i=1}^{p}a_i,a_1,\cdots,a_p\right).\end{cases}$$

从(3)~(5)三式可知，一个链的边缘的边缘总是 0，即

$$\partial \circ \partial = 0\,. \tag{7}$$

令 σ 是 M 中的一个 p 单形，令 ω 是在 σ 的象的一个邻域上定义的 p 形式. 在大多数的应用中，只涉及光滑形式. 但是对于下列定义来说，ω 是连续的 p 形式就足够了. 首先，若 $p=0$，那么一个 0 单形仅由 M 中的一个点组成，而一个 0 形式就是一个函数. 在这种情况下，把函数 ω 在 0 单形 σ 上的积分定义为 ω 在点 $\sigma(0) \in M$ 处的值:

$$\int_\sigma \omega = \omega(\sigma(0))\,. \tag{8}$$

如果 $p \geqslant 1$，那么由于 σ 能够扩张成从 Δ^p 在 $\mathbb{R}^p$ 中的一个邻域到 M 中的光滑映射，ω 能够经由 σ 被拉回成 Δ^p 的邻域上的一个 p 形式 $\delta\sigma(\omega)$. 在这种情况下，把 p 形式 ω 在 p 单形 σ 上的积分定义为

$$\int_\sigma \omega = \int_{\Delta^p} \delta\sigma(\omega)\,. \tag{9}$$

把这些积分线性地扩张到链上，使得若 $c = \sum a_i\sigma_i$，那么

$$\int_c \omega = \sum a_i \int_{\sigma_i} \omega. \tag{10}$$

在流形上的积分理论中最为重要的定理大概就是 Stokes 定理了，它是微积分基本定理的推广. 注意到在本文中“基本定理”指的是: 如果 F 是实直线上的光滑函数，而 σ 是实直线上的光滑 1 维单形，那么

$$\int_{\partial\sigma} F = \int_\sigma \mathrm{d}F. \tag{11}$$

下面将介绍 Stokes 定理的两种形式. 这第一种是用形式在链上的积分来描述的.

4.7　Stokes 定理 I　令 c 是微分流形 M 中的一个 p 链($p \geqslant 1$)，令 ω 是在 c 的象的邻域上定义的光滑(p–1)形式，那么

$$\int_{\partial c} \omega = \int_c \mathrm{d}\omega\,. \tag{1}$$

证明　只需考虑 p 链是由单个 p 单形 σ 构成的情况就足够了，因而必须证明

(2) $$\int_{\sigma} \mathrm{d}\omega = \int_{\partial\sigma} \omega\,.$$

从定义立即可知，式(2)等价于

(3) $$\int_{\Delta^p} \mathrm{d}(\delta\sigma(\omega)) = \sum_{i=0}^{p} (-1)^i \int_{\Delta^{p-1}} \delta\sigma^i(\omega) = \sum_{i=0}^{p} (-1)^i \int_{\Delta^{p-1}} \delta k_i^{p-1} \circ \delta\sigma(\omega).$$

首先注意到 $p=1$ 的情况可直接转化为微积分基本定理:

(4) $$\int_{\Delta^1} \frac{\mathrm{d}}{\mathrm{d}r}(\omega\circ\sigma)\mathrm{d}r = \omega(\sigma(1)) - \omega(\sigma(0))\,.$$

因此假定 $p \geqslant 2$. 那么$(p-1)$形式$\delta\sigma(\omega)$可以表示为

(5) $$\delta\sigma(\omega) = \sum_{j=1}^{p} a_j \mathrm{d}r_1 \wedge\cdots\wedge \widehat{\mathrm{d}r_j} \wedge\cdots\wedge \mathrm{d}r_p,$$

其中加在某个因子上面的符号“∧”表示该因子被删去，而且其中的 a_j都是Δ^p 在 $\mathbb{R}^p$ 中的邻域上的C^∞ 函数. 因为积分运算是线性的，所以可以考虑$\delta\sigma(\omega)$是由形如$a_j\mathrm{d}r_1 \wedge\ldots\wedge \widehat{\mathrm{d}r_j} \wedge\ldots\wedge \mathrm{d}r_p$ 的单项组成的情况. 在此情况下，式(3)的左边变为

(6) $$(-1)^{j-1} \int_{\Delta^p} \frac{\partial a_j}{\partial r_j} \mathrm{d}r_1 \wedge\cdots\wedge \mathrm{d}r_p\,.$$

为了求出式(3)右边的值，注意到对于$1 \leqslant i \leqslant p$，有

(7) $$\delta k_i^{p-1}(r_j) = \begin{cases} r_j & (1 \leqslant j \leqslant i-1); \\ 0 & (j=i), \\ r_{j-1} & (i+1 \leqslant j \leqslant p). \end{cases}$$

和

(8) $$\delta k_0^{p-1}(r_j) = \begin{cases} 1 - \sum\limits_{i=1}^{p-1} r_i & (j=1), \\ r_{j-1} & (1 < j \leqslant p). \end{cases}$$

将式(7)和式(8)应用于式(3)的右边，得到

(9)
$$\sum_{i=0}^{p}(-1)^i\int_{\Delta^{p-1}}\delta k_i^{p-1}(a_j\mathrm{d}r_1\wedge\cdots\wedge\widehat{\mathrm{d}r_j}\wedge\cdots\wedge\mathrm{d}r_p)$$
$$=(-1)^{j-1}\int_{\Delta^{p-1}}a_j\left(1-\sum_{i=1}^{p-1}r_i,r_1,\cdots,r_{p-1}\right)\mathrm{d}r_1\wedge\cdots\wedge\mathrm{d}r_{p-1}$$
$$+(-1)^j\int_{\Delta^{p-1}}a_j(r_1,\cdots,r_{j-1},0,r_j,\cdots,r_{p-1})\mathrm{d}r_1\wedge\cdots\wedge\mathrm{d}r_{p-1},$$

对式(9)右边的第一项应用变量替换. 令 φ_j 是由

(10)
$$\varphi_j(r_1,\cdots,r_{p-1})=\begin{cases}(r_1,\cdots,r_p)(j=1),\\ \left(1-\sum\limits_{i=1}^{p-1}r_1,r_2,\cdots,r_{p-1}\right)(j\geqslant 2),\\ (r_2,\cdots,r_{j-1},1-\sum\limits_{i=1}^{p-1}r_i,r_j,\cdots,r_{p-1})(3\leqslant j\leqslant p)\end{cases}$$

定义的 $\mathbb{R}^p$ 上的微分同胚, 那么 $\varphi_j(\Delta^{p-1})=\Delta^{p-1}$ 而且 $\left|J_{\varphi_j}\right|=1$, 因此由 4.4 式(1), 式(9)右边的第一项等于

(11)
$$(-1)^{j-1}\int_{\Delta^{p-1}}a_j\left(r_1,\cdots,r_{j-1},1-\sum_{i=1}^{p-1}r_i,r_j,\cdots,r_{p-1}\right)\mathrm{d}r_1\wedge\cdots\wedge\mathrm{d}r_{p-1}.$$

从式(3), 式(6), 式(9)及式(11), 可以看出, 证明归结为说明

(12)
$$\int_{\Delta^p}\frac{\partial a_j}{\partial r_j}\mathrm{d}r_1\wedge\cdots\wedge\mathrm{d}r_p$$
$$=\int_{\Delta^{p-1}}a_j(r_1,\cdots,r_{j-1},1-\sum_{i=1}^{p-1}r_i,r_j,\cdots,r_{p-1})\mathrm{d}r_i\wedge\cdots\wedge\mathrm{d}r_{p-1}$$
$$-\int_{\Delta^{p-1}}a_j(r_1,\cdots,r_{j-1},0,r_j,\cdots,r_{p-1})\mathrm{d}r_1\wedge\cdots\wedge\mathrm{d}r_{p-1}.$$

但通过先对 r_j 进行迭代, 再应用微积分基本定理, 式(12)就成为 $\dfrac{\partial a_j}{\partial r_j}$ 在 Δ^p 上的积分值.

4.8　定向流形上的积分　令 M 是一个 n 维定向流形并在 M 的正则区域上积分 n 形式. 对于 M 的一个子集 D 来说, 若对于每个点 $m\in M$, 下列三个条件之一成立, 则把 D 称为一个正则区域:

(a) 存在 m 的开邻域包含在 M–D 之中.

(b) 存在 m 的一个开邻域包含在 D 中.

(c) 在 m 点处有一个中心坐标系 (U,φ) 使得 $\varphi(U\cap D)=\varphi(U)\cap H^n$，其中，$H^n$ 是由 $r_n\geqslant 0$ 定义的 $\mathbb{R}^n$ 的半空间.

区域 D 的属于(b)类型的点称为内点，并由它们组成 D 的内部 $\mathrm{Int}(D)$. 属于(c)类的点称为边界点，由它们组成 D 的边界 ∂D. 限制于 ∂D 上的(c)类型的坐标系可微地相互交叠，并且在 ∂D 上产生一个 n–1 维的流形结构使 ∂D 成为 M 的 n–1 维嵌入子流形.

令 $m\in\partial D$，令 $v\in M_m$. 如果对 M 的每条光滑曲线 $\alpha(t)$ 适合 $\dot{\alpha}(0)=v$，并且对于某个 $\varepsilon>0$ 和 $0<t<\varepsilon$，都有 $\alpha(t)\notin D$，那么将 v 称作 D 的一个外向量. M 上的定向在 ∂D 上诱导一个定向如下：令 v 是 ∂D 在 m 点的一个外向量. 令 $v_1,\cdots,v_{n-1}$ 是切空间 $(\partial D)_m$ 的一个基，那么当且仅当 $v_1,\cdots,v_{n-1}$ 是 M_m 的一个定向基时，定义 $v_1,\cdots,v_{n-1}$ 是 $(\partial D)_m$ 的一个定向基. 容易验证这个定义不依赖于所选取的外向量 v，并且这在定义 4.1 的意义上定义了 ∂D 上的一个光滑定向.

令 ω 是一个具有紧支集的 n 形式（$n=\dim M$），令 D 是 M 中的一个正则区域. 作为一种特殊情况，D 可能是整个 M. 要定义 ω 在 D 上的积分，就像在 4.6 节中那样，对于这个定义而言，ω 是一个连续的 n 形式就足够了. 利用单位分解把 ω 的支集归结为 M 的一些能够像在式(4.6(9))那样在它上面进行积分的 n 单形. 首先，适当选择关于 D 和 ∂D 的一些 n 单形.

如果 M 的 n 单形 σ 能扩张成 Δ^n 的一个邻域上的微分同胚，则称之为正则的. 当说到正则 n 单形时，总是假定它们已按这种方式扩张至 Δ^n 的一个邻域上. 一个定向正则 n 单形是一个使得映射 σ 在其中能够保持定向的 n 单形(总是取 $\mathbb{R}^n$ 的标准定向).

伴随于一个给定的正则区域 D，只考虑下列两种类型的定向正则 n 单形：

(α) $\sigma(\Delta^n)\subset\mathrm{Int}(D)$.

(β) $\sigma(\Delta^n)\subset D$ 并且 $\sigma(\Delta^n)\cap\partial D=\sigma^n(\Delta^{n-1})$，即 σ 的第 n 个面恰好在 D 的边界上.

现在用下列两种类型的开集 U 覆盖 D:

(α′) U 位于一个(α)型定向正则 n 单形 σ 的内部.

(β′) U 是 $\mathbb{R}^n$ 的一开集 V 在一个(β)型定向正则 n 单形 σ 之下的象，而且这个开集 V 是 Δ^n 的第 n 个面中的一点的邻域，它与 Δ^n 的边缘仅在上述的第 n 个面相交，并且它在 σ 下的象包含在 $\sigma(\Delta^n)\cup(M-D)$ 中.

因为 $\mathrm{supp}\,\omega\cap D$ 是紧的，所以它有一个由(α')型或(β')型开集组成的有限覆盖 $U_1,\cdots,U_k$. 令相伴的定向正则 n 单形是 $\sigma_1,\cdots,\sigma_k$. 令 $U=M-(\mathrm{supp}\,\omega\cap D)$，令 $\varphi,\varphi_1,\cdots,\varphi_k$ 是从属于 M 的覆盖 $U,U_1,\cdots,U_k$ 的单位分解. 将 ω 在 D 上的积分定义为

(1)
$$\int_D \omega = \sum_{i=1}^{k} \int_{\sigma_i} \varphi_i \omega.$$

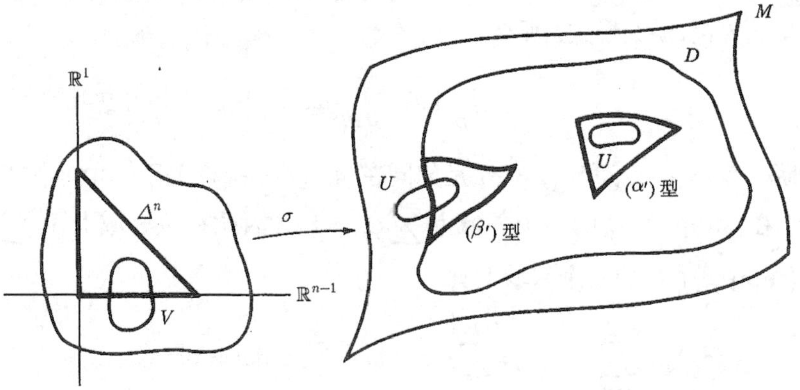

必须验证定义(1)不依赖于覆盖和单位分解的选取. 令 $V, V_1, \cdots, V_l$ 和 $\psi, \psi_1, \cdots, \psi_i$ 分别是另一个这样的覆盖和另一个这样的单位分解, 其中, V_j 伴随于定向正则 n 单形 σ_j. 因为在 $\operatorname{supp}\omega \cap D$ 上, $\psi = 0$, 由此可知 $\sum_{j=1}^{l} \psi_j = 1$, 因此

(2)
$$\sum_{l=1}^{k} \int_{\sigma_i} \psi_i \omega = \sum_{i=1}^{k} \int_{\sigma_i} \sum_{j=1}^{l} \psi_j \varphi_i \omega = \sum_{i,j} \int_{\sigma_i} \psi_j \varphi_i \omega.$$

类似地, 有

(3)
$$\sum_{j=1}^{l} \int_{\tau_j} \psi_j \omega = \sum_{i,j} \int_{\tau_j} \psi_j \varphi_i \omega.$$

由于 $\sigma_i^{-1} \circ \tau_j$ 在使它有定义的开集(可能是空集)上是一个保持定向的微分同胚, 又因为 $(\operatorname{supp}\psi_j\varphi_i\omega) \cap \sigma_i(\Delta^n) = (\operatorname{supp}\psi_j\varphi_i\omega) \cap \tau_j(\Delta^n)$, 所以由变量替换公式 4.5(2), 得

(4)
$$\begin{aligned} \int_{\sigma_i} \psi_j \varphi_i \omega &= \int_{\Delta^n} \delta\sigma_i(\psi_j \varphi_i \omega) = \int_{\Delta^n} \delta(\sigma_i^{-1} \circ \tau_j)\left[\delta\sigma_i(\psi_j \varphi_i \omega)\right] \\ &= \int_{\Delta^n} \delta\tau_j(\psi_j \varphi_i \omega) = \int_{\tau_j} \psi_j \varphi_i \omega. \end{aligned}$$

由式(2)~式(4), $\int_D \omega$ 是完全确定的, 它不依赖于覆盖和单位分解的选择.

注意到, 如果 γ 是 M 的一个微分同胚, 那么

(5)
$$\int_{\gamma(D)} \omega = \pm \int_D \delta\gamma(\omega),$$

当且仅当γ保持定向时取“+”号.

下面来叙述并证明 Stokes 定理的第二种形式.

4.9 Stokes 定理 II 令 D 是 n 维定向流形 M 上的正则区域, 令 ω 是一个具有紧支集的光滑$(n-1)$形式, 那么

(1) $$\int_D \mathrm{d}\omega = \int_{\partial D} \omega. \qquad (\mathrm{supp}\omega)$$

证明 令 $\varphi_1,\cdots,\varphi_k$ 和 $\sigma_1,\cdots,\sigma_k$ 是如同在 4.8(1)中那样关于$(\mathrm{supp}\omega)\cap D$ 而选取的. 由于在$(\mathrm{supp}\omega)\cap D$ 的一个邻域上 $\sum\varphi_i=1$. 因此在该邻域上 $\mathrm{d}\left(\sum\varphi_i\right)=0$. 从而在$(\mathrm{supp}\,\omega)\cap D$ 的一个邻域上有

(2) $$\sum_{i=1}^{k}\mathrm{d}(\varphi_i\omega)=\sum_{i=1}^{k}\mathrm{d}\varphi_i\wedge\omega+\sum_{i=1}^{k}\varphi_i\mathrm{d}\omega=\mathrm{d}\omega.$$

若 σ_i 是 4.8 节中(α)型的 n 单形, 则

(3) $$\int_{\partial\sigma_i}\varphi_i\omega=0=\int_{\partial D}\varphi_i\mathrm{d}\omega,$$

这是因为 $\mathrm{supp}\,\varphi_i\omega\subset\mathrm{Int}\sigma_i(\Delta^n)\subset\mathrm{Int}D$. 另一方面, 假定 σ_i 是 4.8 节中(β)型的 n 单形. 在这种情况下, 除了可能在第 n 个面 σ_i^n 内部的点上之外, $\varphi_i\omega$ 在 σ_i 的边缘上为零. 若 n 是偶数, 则 σ_i^n 是 ∂D 中一个保持定向的正则$(n-1)$单形; 若 n 是奇数, 则 σ_i^n 是保持定向的. 由此可得

(4) $$\int_{\partial\sigma_i}\varphi_i\omega=(-1)^n\int_{\sigma_i^n}\varphi_i\omega=(-1)^n(-1)^n\int_{\partial D}\varphi_i\omega=\int_{\partial D}\varphi_i\omega.$$

从式(2)~式(4)和 Stokes 定理的第一种形式(见 4.7 节)可以看出

(5) $$\begin{aligned}\int_D\mathrm{d}\omega&=\sum_i\int_D\mathrm{d}(\varphi_i\omega)=\sum_i\int_{\sigma_i}\mathrm{d}(\varphi_i\omega)\\&=\sum_i\int_{\partial\sigma_i}\varphi_i\omega=\sum_i\int_{\partial D}\varphi_i\omega=\int_{\partial D}\omega.\end{aligned}$$

系 令 ω 是 n 维定向紧流形 M 上的光滑$(n-1)$形式, 那么

$$\int_M\mathrm{d}\omega=0.$$

4.10 Riemann 流形上的积分 令 M 是一个 n 维 Riemann 流形, 即 M 是一个 n 维微分流形而且在每个切空间 M_m 上带有一个正定内积 $\langle\,,\rangle_m$ 使得每当 X 和 Y 是光滑向量场时, $m\to\langle X,Y\rangle_m$ 是 M 上的光滑函数. 在第 1 章习题 23 中已经断言

了 Riemann 度量的存在性.

给定一点 $m \in M$，可以求出 m 的一个邻域 U 和 U 上的一族 C^∞ 向量场 $e_1,\cdots,e_n$，而且它们在下述意义上是规范正交的: 它们在 U 的每一点上构成 M 的切空间的规范正交基. 从一个坐标邻域 $(U,x_1,\cdots,x_n)$ 开始, 应用通常的 Gram-Schmit 方法将向量场 $\dfrac{\partial}{\partial x_1},\cdots,\dfrac{\partial}{\partial x_n}$ 规范正交化, 而且是在 U 的所有点上都同时这样做. 把这样一族 $e_1,\cdots,e_n$ 称为局部规范正交标架场.

特别地, 由于内积 $\langle\,,\rangle_m$ 是 M_m 与其自身的一个非奇异配对, 所以它诱导 M_m 与 M_m^* 的一个自然同构(见定义 2.7), 即 $v \to \varphi_v$，其中,

$$(1)\qquad \varphi_v(w) = \langle v,w\rangle_m .$$

通过这个同构, M_m^* 继承一个内积. 注意到, M_m 的一个规范正交基的对偶基本身就是 M_m^* 的一个规范正交基.

令 $e_1,\cdots,e_n$ 是 U 上的一个局部规范正交标架场, 令 $\omega_1,\cdots,\omega_n$ 是对偶的 1 形式, 即在 U 上,

$$(2)\qquad \omega_i(e_j) = \delta_{ij} ,$$

那么 $\omega_1,\cdots,\omega_n$ 构成 U 上的一个局部规范正交的余标架场. 在 U 和 U' 上考虑两个局部规范正交的余标架场 $\omega_1,\cdots,\omega_n$ 和 $\omega_1',\cdots,\omega_n'$，那么在 $U\cap U'$ 上,

$$(3)\qquad \omega_1\wedge\ldots\wedge\omega_n = \det(\sigma)\omega'_1\wedge\ldots\wedge\omega'_n ,$$

其中, σ 是一个正交矩阵, 它的元素是 $U\cap U'$ 上的 C^∞ 函数. 因而

$$(4)\qquad \omega_1\wedge\cdots\wedge\omega_n = \pm\,\omega_1'\wedge\cdots\wedge\omega_n' .$$

假设 M 是定向的. 对于 U 上的一个局部余标架场 $\omega_1,\cdots,\omega_n$，如果 $\omega_1\wedge\cdots\wedge\omega_n$ 在 U 的每一个点上都属于 M 的定向, 那么把这个余标架场称为定向的. 在 M 的每一点处选取一个局部定向的规范正交余标架场, 那么相应的 n 形式 $\omega_1\wedge\cdots\wedge\omega_n$ 在交叠处一致, 因此在 M 上决定一个整体定义的无处为零的 n 形式 ω. 这个形式 ω 称为定向 Riemann 流形 M 的体积形式, 它在 M 上的积分是 M 的体积.

在第 2 章习题 13 中, 对定向内积空间 V， 在 $\Lambda(V)$ 上引进了星算子*. 因此在一个定向 Riemann 流形 M 上, 对于每一个点 m, 都有在 $\Lambda(M_m^*)$ 上定义的算子*. 容易看出算子*把光滑形式变成光滑形式, 因而得到一个线性算子

(5)
$$*: E^p(M) \to E^{n-p}(M).$$

根据第 2 章习题 13，它满足

(6)
$$** = (-1)^{p(n-p)}.$$

从 4.8 节已经知道怎样在一个 n 维定向流形上积分 n 形式. 目前在一个定向 Riemann 流形 M 的情况下，把具有紧支集的连续函数 f 在 M 上的积分定义为(连续)n 形式 $*f = f\omega$ 的积分，即

(7)
$$\int_M f = \int_M *f = \int_M f\omega.$$

实际上，在 $\int_M f$ 的定义中进行定向是方便的，但不是必要的. 如果 M 是一个 Riemann 流形(不必是定向的)，那么可将具有紧支集的连续函数的积分定义如下：令 $\{U_\alpha\}$ 是一个由正则 n 单形 σ_α 的内部构成的 M 的覆盖，令 $\omega_1^\alpha,\cdots,\omega_n^\alpha$ 是在 $\sigma_\alpha(\Delta^n)$ 的一个邻域上定义的局部规范正交的余标架场. 那么在 Δ^n 的邻域上存在 C^∞ 函数 h_α，使得

$$\delta\sigma_\alpha(\omega_1^\alpha \wedge \cdots \wedge \omega_n^\alpha) = h_\alpha \mathrm{d}r_1 \wedge \cdots \wedge \mathrm{d}r_n.$$

令$\{\varphi_\alpha\}$是一个从属于覆盖$\{U_\alpha\}$的单位分解，令 f 是一个在 M 上具有紧支集的连续函数. 那么定义

(8)
$$\int_M f = \sum_\alpha \int_{\Delta^n} (\varphi_\alpha f) \circ \sigma_\alpha |h_\alpha| \mathrm{d}r_1 \wedge \cdots \wedge \mathrm{d}r_n.$$

从类似于 4.8 节末尾的论证得知，这个定义不依赖于覆盖和单位分解的选取. 在 Riemann 流形的情况下，式(8)和式(7)是一致的.

在经典向量分析中，把 $\mathbb{R}^n$ 中一个函数 f 的梯度定义为向量场 $\sum_{i=1}^n \left(\frac{\partial f}{\partial r_i}\right)\frac{\partial}{\partial r_i}$，而将向量场 $V = \sum_{i=1}^n v_i \frac{\partial}{\partial r_i}$ 的散度定义为函数 $\sum_{i=1}^n \frac{\partial v_i}{\partial r_i}$. 把这些概念扩展到一般 Riemann 流形上如下：回想到度量为我们给出标准同构 $M_m \cong M_m^*$. 为了方便，用波纹号表示这样的同构，因此若 $v \in M_m$，那么 $\tilde{v}$ 就是 M_m^* 中相应的对偶元素；如果 $\omega \in M_m^*$，那么 $\widetilde{\omega}$ 就是 M_m 中的对应向量. 另外，如果 f 是 M 上函数，那么它的梯度就是向量场

(9)
$$\mathrm{grad} f = \widetilde{\mathrm{d}f}.$$

如果 V 是一个定向 Riemann 流形上的向量场, 那么它的散度就是函数

$$\operatorname{div} V = * \mathrm{d} * \tilde{V} . \tag{10}$$

注意到, 由于 $\operatorname{div} V$ 包含两次 $*$ 运算, 所以它实际上是不依赖于定向性而定义的.

Stokes 定理在 Riemann 流形上有一个等价形式, 被称为散度定理. 这个定理说明, 如果 V 是 Riemann 流形 M 上的一个具有紧支集的光滑向量场, D 是 M 中的一个正则区域, $\boldsymbol{n}$ 是 ∂D 上的单位外法向量场, 那么

$$\int_D \operatorname{div} V = \int_{\partial D} \langle V, \boldsymbol{n} \rangle . \tag{11}$$

其证明留给读者作为习题(几点附加注释见习题 4).

4.11　Lie 群上的积分　令 G 是一个 n 维 Lie 群. 在例 4.3(a)中已经注意到 G 是可定向的. 现在在 G 上永久性地固定一个定向.

考虑 G 上的左不变 n 形式. 因为这样一个形式是由它在一点上的值唯一决定的, 又因为 n 维向量空间的 n 次外幂是 1 维的, 所以在 G 上恰好有一个左不变 n 形式的 1 维空间. 选取一个与 G 上的固定定向一致的非零的左不变 n 形式 ω .

由于 G 是定向的, 所以可以像在 4.8 节中那样在 G 上定义具有紧支集的 n 形式的积分. 现在把具有紧支集的连续函数 f 在 G 上关于 ω 的积分定义为

$$\int_G f = \int_G f\omega . \tag{1}$$

积分(1)当然依赖于和 G 上的定向一致的非零左不变 n 形式 ω 的选取. 但是由于这样的 n 形式直至相差一个正常数因子是唯一确定的, 因而有积分(1). 在紧群 G 的情况下, 能够而且总是通过要求规范化

$$\int_G \omega = 1 \tag{2}$$

来固定 ω 的选取.

考虑微分同胚 l_σ, 它是由 G 的元素 σ 产生的左平移, 那么因为 $\delta l_\sigma(\omega) = \omega$, l_σ 是保持定向的, 所以根据 4.8(5), 有

$$\int_G f = \int_G f\omega = \int_G \delta l_\sigma(f\omega) = \int_G (f \circ l_\sigma)\omega = \int_G f \circ l_\sigma . \tag{3}$$

鉴于性质(3)(函数 f 在 G 上的积分与它的任何一个左平移 $f \circ l_\sigma$ 的积分是相同的)把积分(1)称为左不变的.

于是要问, 对于什么样的扩张, 积分(1)还是右不变的, 即何时有

(4) $$\int_G f = \int_G f \circ r_\sigma$$

对于每一个 $\sigma \in G$ 成立？形式 $\delta r_\sigma \omega$ 仍然是左不变的，因为

$$\delta l_\tau \delta r_\sigma \omega = \delta r_\sigma \delta l_\tau \omega = \delta r_\sigma \omega \,,$$

所以 $\delta r_\sigma \omega$ 是 ω 的某个常数倍. 从而有 G 到非零实数的一个确定的函数 $\tilde{\lambda}$ 使得

(5) $$\delta r_\sigma(\omega) = \tilde{\lambda}(\sigma)\omega \,.$$

容易验证 $\tilde{\lambda}$ 是 C^∞ 的. 令

(6) $$\lambda(\sigma) = \left|\tilde{\lambda}(\sigma)\right|.$$

注意到，

(7) $$\lambda(\sigma\tau) = \lambda(\sigma)\lambda(\tau) \,,$$

因此 λ 是 G 到正实数组成的乘法群中的Lie群同态. 称 λ 为模函数. 因为由 4.8(5)，对于 G 中的每个 σ

$$\int_G f\omega = \int_G (f \circ r_\sigma)\lambda(\sigma)\omega \,,$$

由此可知，当且仅当在 G 上 $\lambda \equiv 1$ 时，积分(1)是右不变的. 使得 $\lambda \equiv 1$ 的 Lie 群 G 称为幺模的. 注意到，每个紧 Lie 群 G 都是幺模的，因为对每个 $\sigma \in G$

$$1 = \int_G \omega = \lambda(\sigma)\int_G \omega = \lambda(\sigma) \,,$$

所以紧 Lie 群上的积分既是左不变的又是右不变的.

4.12　4.11 节的应用　下面是紧 Lie 群上的积分的一个典型应用.

令 G 是一个 Lie 群，令 $\alpha : G \to \mathrm{Aut}(V)$ 是 G 到实内积空间或复内积空间 V 的自同构中的一个表示. 在 V 是一个复内积空间(或者相应地是一个实内积空间)的情况下，如果对 V 中的所有 v 和 w 以及对所有 $\tau \in G$，

(1) $$\langle \alpha(\tau)v, \alpha(\tau)w \rangle = \langle v, w \rangle \,,$$

那么就将 α 称作酉表示(或相应地称为正交表示).

令 G 是紧的且 V 是复的(相应为实的). 那么在 V 上有一个内积使得 α 关于这个内积是酉的(相应地是正交的). 在实情况下的证明与在复情况下的证明是类似的. 令$\{\ ,\ \}$是 V 上的任何内积，置

(2) $$\langle v,w\rangle=\int_G\{\alpha(\sigma)v,\alpha(\sigma)w\}\mathrm{d}\sigma\,,$$

其中用 $\mathrm{d}\sigma$ 表示把被积函数看作是 G 中 σ 的函数. 由此立即可知, $\langle\,,\rangle$ 也是一个内积. 从积分在 G 上的右不变性可以得出式(1)成立:

$$\begin{aligned}\langle\alpha(\tau)v,\alpha(\tau)w\rangle&=\int_G\{\alpha(\sigma)\alpha(\tau)v,\ \alpha(\sigma)\alpha(\tau)w\}\mathrm{d}\sigma\\&=\int_G\{\alpha(\sigma\tau)v,\alpha(\sigma\tau)w\}\mathrm{d}\sigma\\&=\int_G\{\alpha(\sigma)v,\alpha(\sigma)w\}\mathrm{d}\sigma\\&=\langle v,w\rangle.\end{aligned}$$

3　de Rham 上同调

4.13　定义　微分流形 M 上的一个 p 形式 α , 如果 $\mathrm{d}\alpha=0$, 则称它为闭形式; 如果存在$(p-1)$形式 β 使得 $\alpha=\mathrm{d}\beta$, 则把 α 称为恰当形式. 由于 $\mathrm{d}^2=0$, 所以每个恰当形式都是闭的. 把由闭 p 形式组成的实向量空间模以恰当 p 形式组成的子空间所得的商空间称为 M 的第 p 个 de Rham 上同调群.

(1) $$H^p_{\mathrm{de\ R}}(M)=\{\text{闭 } p \text{ 形式}\}/\{\text{恰当 } p \text{ 形式}\}.$$

4.14　例子　考虑单位圆周 S^1 的情况. 因为对于 $p>1$ 在 S^1 上没有非零的 p 形式, 所以除了可能对 $p=0,1$ 之外, 所有上同调群 $H^p_{\mathrm{de\ R}}(M)$ 全部为零. 由于在连通流形上没有恰当的 0 形式, 而且一个闭的 0 形式就是一个常值函数, 所以

(1) $$H^0_{\mathrm{de\ R}}(S^1)\cong\mathbb{R}\,.$$

S^1 的"极坐标函数" θ 不是整体良定义的, 因为它只能确定到相差 2π 的整倍数. 然而, 它的微分 $\mathrm{d}\theta$ 在 S^1 上是一个整体上完全确定的无处为零的 1 形式. 实际上, $\mathrm{d}\theta$ 是 S^1 从 $\mathbb{R}^2$ 上继承的自然 Riemann 度量的体积形式. 但是 $\mathrm{d}\theta$ 不是恰当的, 因为假若它是恰当的, 那么它在 S^1 上的积分应当为 0 而不是 2π. S^1 上的所有 1 形式都是闭的. 可以断言, 如果 α 是个 1 形式, 那么就有一个常数 c 使得 $\alpha-c\mathrm{d}\theta$ 是恰当的. 为了让 $\alpha=f(\theta)\mathrm{d}\theta$, 令

$$c=\frac{1}{2\pi}\int_{S^1}\alpha\,,$$

并且令

$$g(\theta)=\int_0^\theta (f(\theta)-c)\mathrm{d}\theta\,.$$

因为对一切整数 n，$g(\theta+2\pi n)=g(\theta)$，于是 g 是 S^1 上的一个完全确定的 C^∞ 函数，而且 $\mathrm{d}g=(f(\theta)-c)\mathrm{d}\theta=\alpha-c\mathrm{d}\theta$．因而 S^1 上的每个 1 形式与 $\mathrm{d}\theta$ 的某个实数倍相差一个恰当形式. 所以

(2) $$H^1_{\mathrm{de\ R}}(S^1)\cong\mathbb{R}.$$

4.15 映射的效果 令 $f:M\to N$ 是一个 C^∞ 映射. 那么根据命题2.23，代数同态 $\delta f:E^*(N)\to E^*(M)$ 与 d 交换，并且因此把闭形式映射成闭形式，把恰当形式映射成恰当形式. 因而它对每个整数 $p\geqslant 0$ 均诱导一个同态

(1) $$f^*:H^p_{\mathrm{de\ R}}(N)\to H^p_{\mathrm{de\ R}}(M)\,.$$

如果另外还有 $g:N\to X$ 是 C^∞ 的，那么

(2) $$(g\circ f)^*=f^*\circ g^*\,.$$

显然，恒等映射 $\mathrm{id}:M\to M$ 诱导 de Rham 上同调的单位元：

(3) $$(\mathrm{id})^*=\mathrm{id}\,.$$

从 (2) 和 (3) 得知，微分同胚 $f:M\to N$ 诱导 de Rham 上同调的同构. 因而 de Rham 上同调是可微流形 M 的一个微分不变量. 在第 5 章，将证明它实际上是一个拓扑不变量，即 de Rham 上同调群只依赖于 M 的基础拓扑结构而不依赖于可微结构. 证明这个事实的关键部分是 de Rham 定理，下面将阐述它的一种形式. 首先，需要定义 M 的实可微奇异同调群.

4.16 实可微奇异同调 对于每个整数 $p\geqslant 0$，令 ${}_\infty S_p(M,\mathbb{R})$ 表示由 M 中的可微奇异 p 单形生成的实向量空间. 因此 ${}_\infty S_p(M,\mathbb{R})$ 的元素恰好是 M 中带实系数的可微奇异 p 链. 对于 $p<0$，我们令 ${}_\infty S_p(M,\mathbb{R})$ 为零向量空间. 对于每个整数 p，边缘算子 ∂ 诱导线性变换

(1) $$\partial_p:{}_\infty S_p(M,\mathbb{R})\to{}_\infty S_{p-1}(M,\mathbb{R})\,,$$

对于 $p\leqslant 0$，它就是零变换. 根据(4.6(7))，$\partial_p\circ\partial_{p+1}=0$，因此，$\partial_{p+1}$ 的象在 ∂_p 的核中. M 的带实系数的第 p 个微分奇异同调群定义为

(2) $${}_\infty H_p(M,\mathbb{R})=\ker\partial_p\,/\,\mathrm{Im}\,\partial_{p+1},$$

而且它还是一个实向量空间. $\ker\partial_p$ 的元素称为可微 p 闭链, $\operatorname{Im}\partial_{p+1}$ 的元素称为可微 p 边缘链.

4.17　de Rham 定理　下面将要定义 de Rham 上同调 $H^p_{\text{de R}}(M)$ 到实可微奇异同调的对偶空间 ${}_\infty H_p(M;\mathbb{R})^*$ 中的一个线性映射:

(1)
$$H^p_{\text{de R}}(M)\to{}_\infty H_p(M;\mathbb{R})^*.$$

令 α 是一个代表 de Rham 上同调类 $\{\alpha\}$ 的闭 p 形式, 令 z 是代表实可微奇异同调类 $\{z\}$ 的一个 p 闭链. 那么映射(1)定义为

(2)
$$\{\alpha\}(\{z\})=\int_z\alpha.$$

从 Stokes 定理 I (4.7 节)可直接得出式(2)不依赖于代表 α 和 z 的选取.

de Rham 定理断言映射(1)是一个同构. 这将在 5.36 和 5.37 节予以证明. 由一个微分形式在可微闭链上的积分所确定的实数称为该微分形式的周期. 于是 Stokes 定理 I 说明, 恰当形式的周期全部为零. 同构(1)的内射性给出其逆命题, 即如果一个闭形式的周期全部为零, 那么它是一个恰当形式. (1)的满射性说明, 如果一个实数 $\operatorname{per}(z)$ 以下列方式被指派给每一个闭链 z:

(3)
$$\operatorname{per}(az_1+z_2)=a\operatorname{per}(z_1)+\operatorname{per}(z_2),\quad \operatorname{per}(\text{边缘})=0,$$

那么在 M 上有一个闭形式 α 使得对所有闭链 z

(4)
$$\int_z\alpha=\operatorname{per}(z).$$

de Rham 定理证明中的关键部分(见 5.28 节)是下面的 Poincaré 引理.

4.18　Poincaré 引理　令 U 是 Euclid 空间 $\mathbb{R}^n$ 中的开单位球, 像通常那样令 $E^k(U)$ 是 U 上的 k 次可微形式组成的空间. 那么对于每个 $k\geqslant 1$, 均有一个线性变换 $h_k: E^k(U)\to E^{k-1}(U)$, 使得

(1)
$$h_{k+1}\circ d+\mathrm{d}\circ h_k=\mathrm{id}.$$

证明　从公式 2.25(d)开始, 它是用外微分法和内乘法来表示 Lie 导数:

(2)
$$L_X=i(X)\circ\mathrm{d}+\mathrm{d}\circ i(X).$$

把式(2)应用于 U 上的径向向量场

(3) $$X=\sum_{i=1}^{n} r_i \frac{\partial}{\partial r_i}.$$

定义 $E^k(U)$上的线性算子 α_k 为

(4) $$\alpha_k(f\mathrm{d}r_{i_1}\wedge\cdots\wedge\mathrm{d}r_{i_k})(p)=\left(\int_0^1 t^{k-1}f(tp)\mathrm{d}t\right)\mathrm{d}r_{i_1}\wedge\cdots\wedge\mathrm{d}r_{i_k}.$$

并且线性地扩张到整个 $E^k(U)$上. 对于由式(3)定义的 X, 证明在 $E^k(U)$上有

(5) $$\alpha_k\circ L_X=\mathrm{id}.$$

因为利用 L_X是一个与 d 交换的求导算子这个事实, 得到

(6) $$\begin{aligned}&\alpha_k\circ L_X(f\mathrm{d}r_{i_1}\wedge\cdots\wedge\mathrm{d}r_{i_k})(p)\\&=\alpha_k\left\{\left(kf+\sum r_i\frac{\partial f}{\partial r_i}\right)\mathrm{d}r_{i_1}\wedge\cdots\wedge\mathrm{d}r_{i_k}\right\}(p)\\&=\left(\int_0^1 t^{k-1}\left(kf(tp)+\sum r_i(tp)\left.\frac{\partial f}{\partial r_i}\right|_{tp}\right)\mathrm{d}t\right)\mathrm{d}r_{i_1}\wedge\cdots\wedge\mathrm{d}r_{i_k}(p)\\&=\left(\int_0^1\frac{\mathrm{d}}{\mathrm{d}t}(t^kf(tp))\mathrm{d}t\right)(\mathrm{d}r_{i_1}\wedge\cdots\wedge dr_{i_k}(p)\\&=f(p)\mathrm{d}r_{i_1}\wedge\cdots\wedge\mathrm{d}r_{i_k}(p).\end{aligned}$$

由(5)和(2), 得到在 $E^k(U)$上关于由式(3)给出的 X, 有

(7) $$\mathrm{id}=\alpha_k\circ i(X)\circ\mathrm{d}+\alpha_k\circ\mathrm{d}\circ i(X).$$

于是α 与 d 交换, 即

(8) $$\alpha_k\circ\mathrm{d}=\mathrm{d}\circ\alpha_{k-1}.$$

因为

$$\begin{aligned}&\alpha_k\circ\mathrm{d}(f\mathrm{d}r_{i_1}\wedge\cdots\wedge\mathrm{d}r_{i_k})(p)\\&=\alpha_k\left(\sum\frac{\partial f}{\partial r_i}\mathrm{d}r_i\wedge\mathrm{d}r_{i_1}\wedge\cdots\wedge\mathrm{d}r_{i_{k-1}}\right)(p)\\&=\left(\int_0^1 t^{k-1}\sum\left.\frac{\partial f}{\partial r_i}\right|_{tp}\mathrm{d}t\right)\mathrm{d}r_i\wedge\mathrm{d}r_{i_1}\wedge\cdots\wedge\mathrm{d}r_{i_{k-1}}(p)\\&=\mathrm{d}\left(\int_0^1 t^{k-2}f(tp)\mathrm{d}t\right)\mathrm{d}r_{i_1}\wedge\cdots\wedge\mathrm{d}r_{i_{k-1}}(p)\\&=\mathrm{d}\circ\alpha_{k-1}(f\mathrm{d}r_{i_1}\wedge\cdots\wedge\mathrm{d}r_{i_{k-1}})(p).\end{aligned}$$

因而从(8)和(7)得出，在 $E^k(U)$上，

(9)
$$\mathrm{id}=\alpha_k\circ i(X)\circ \mathrm{d}+\mathrm{d}\circ\alpha_{k-1}\circ i(X).$$

从而通过置

(10)
$$h_k=\alpha_{k-1}\circ i\left(\sum r_i\frac{\partial}{\partial r_i}\right)$$

就可得出要求的线性变换 h_k，并且它将导出式(1).

系(a)　如果 ω 是 $\mathbb{R}^n$ 中开单位球上的 k 形式($k\geqslant 1$)并且 $\mathrm{d}\omega=0$，那么存在一个(k-1)形式 β (即 $h_k(\omega)$)使得 $\mathrm{d}\beta=\omega$.

系(b)　$\mathbb{R}^n$ 中开单位球的 de Rham 上同调群对于 $p\geqslant 1$ 全部为零.

4.19　评注　令 f_1 和 f_2 是从 M 到 N 中的 C^∞ 映射，那么对于每个 k，都有诱导映射

(1)
$$\delta f_i: E^k(N)\to E^k(M).$$

如果希望证明 δf_1 和 δf_2 诱导 de Rham 上同调的同一个同态，那么只需求出一族线性变换

(2)
$$h_k: E^k(N)\to E^{k-1}(M),$$

使得

(3)
$$h_{k+1}\circ\mathrm{d}+\mathrm{d}\circ h_k=\delta f_1-\delta f_2.$$

因为到那时，若 α 是 N 上的闭形式，则 $\delta f_1(\alpha)$与 $\delta f_2(\alpha)$相差一个恰当形式，且因此在同一个同调类中. 这样一个线性变换族$\{h_k\}$称为 f_1 和 f_2 的一个同伦算子. 在 Poincaré 引理中，求出了开单位球 U 的恒等映射与 U 到其自身的任何常值映射(值域为一个点)之间的一个同伦算子.

习　题

1. 证明例 4.3(c)的论断：对于一个 d 维流形 X 来说，若存在一个浸入 $f: X\to\mathbb{R}^{d+1}$，那么当且仅当沿(X, f)有一个光滑的无处为零的法向量场时，流形 X 是可定向的.

2. 证明：当且仅当 n 是奇数时，实射影空间 P^n 是可定向的.

提示: 注意到, 当且仅当 n 为奇数时, n 维球面 S^n 的对径映射是保持定向的.

3. 完成证明在 Riemann 流形上存在局部规范正交标架场的细节.

4. 证明散度定理 4.10(11). 首先假定 M 是定向的. 再利用 Stokes 定理以及恒等式

$$\int_{\partial D} *\widetilde{V} = \int_{\partial D} \langle V, \boldsymbol{n} \rangle. \tag{1}$$

理解式(1)的最佳方式是在 ∂D 的一点的邻域上选取一个局部定向规范正交标架场 $e_1,\dots,e_n$, 使得在 ∂D 的各点上, e_1 是外单位法向量而且 $e_2,\dots,e_n$ 构成 ∂D 的切空间的定向基. 然后用这个局部标架场及其对偶的余标架场 $\omega_1,\cdots,\omega_n$ 表示 $*\widetilde{V}$ 和 $\langle V, \boldsymbol{n}\rangle$. 最后证明对于 Riemann 流形的正则区域 D 定理成立, 其中, 流形 M 不必是可定向的.

5. 令 M 是一个定向 Riemann 流形. 令 f 和 g 是 M 上的 C^∞ 函数, 令 D 是 M 的一个正则区域. g 的 Laplace 算子(记作 Δg)定义为

$$\Delta g = - * \mathrm{d} * \mathrm{d} g\,. \tag{1}$$

(对于 Laplace 算子的更多内容, 见第 6 章. 注意到, 由于对 Laplace 算子符号的选取, 对于 Euclid 空间 $\mathbb{R}^n$ 上的 C^∞ 函数 g 得到 $\Delta g = -\sum_{i=1}^{n} \frac{\partial^2 g}{\partial r_i^2}$, 其中, 空间 $\mathbb{R}^n$ 带有标准 Riemann 结构, 在这个结构中 $\left\{\frac{\partial}{\partial r_i}\right\}$ 是每个切空间的规范正交基.)如果 $\boldsymbol{n}$ 是沿 ∂D 的单位外法向量场, 那么令 $\frac{\partial g}{\partial n}$ 表示 $\boldsymbol{n}(g)$.

证明下列两个 Green(格林)恒等式:

第一 Green 公式: $\displaystyle\int_{\partial D} f\frac{\partial g}{\partial n} = \int_D \langle \mathrm{grad} f, \mathrm{grad} g\rangle - \int_D f\Delta g\,.$

第二 Green 公式: $\displaystyle\int_{\partial \mathrm{D}} \left(f\frac{\partial g}{\partial n} - g\frac{\partial f}{\partial n}\right) = \int_D (g\Delta f - f\Delta g)\,.$

6. 令 ω 是 n 维定向 Riemann 流形的体积形式. 令 $X_1,\cdots,X_n$ 和 $Y_1,\cdots,Y_n$ 是 M 上的向量场. 证明

$$\omega(X_1,\cdots,X_n)\circ\omega(Y_1,\cdots,Y_n) = \det\{(X_i,Y_j)\}\,.$$

同样证明

$$\omega(X_1,\cdots,X_n)\omega = \widetilde{X_1}\wedge\cdots\wedge\widetilde{X_n}\,,$$

其中，$\widetilde{X}_i$ 是(通过 Riemann 结构)对偶于 X_i 的 1 形式.

7. 证明 4.11(5)中函数 $\tilde{\lambda}$ 的可微性.

8. 令 G 是一个(定向的)紧 Lie 群，而且对于 $\sigma \in G$，令 $\alpha(\sigma) = \sigma^{-1}$. 证明: 对于 G 上的每一个连续函数 f,

$$\int_G f = \int_G f \circ \alpha .$$

9. 证明: Lie 群 G 有一个双不变的 Riemann 度量(即一个使得对于每个 $\sigma \in G$，$\mathrm{d}l_\sigma$ 和 $\mathrm{d}r_\sigma$ 均保持内积不变的度量)，当且仅当 $\mathrm{Ad}(G)$ 在 $\mathrm{Aut}(\mathfrak{g})$ 中的闭包是紧的.

10. (a) 证明对于每个 $p \geqslant 1$ 和每个 $n \geqslant 1$，$H^p_{\mathrm{deR}}(\mathbb{R}^n) = 0$.

(b) 证明对于一个连通的流形 M，$H^0_{\mathrm{de}R}(M) \cong \mathbb{R}$.

11. 试决定 $\mathbb{R}^2$ 中的环形区域

$$1 < (r_1^2 + r_2^2)^{1/2} < 2$$

的 de Rham 上同调.

12. 如果 α 和 β 是闭微分形式，证明 $\alpha \wedge \beta$ 是闭的. 此外，若 β 还是恰当的，那么证明 $\alpha \wedge \beta$ 也是恰当的.

13. 考虑 $\mathbb{R}^2$ 上的 1 形式 $\alpha = (x^2 + 7y)\mathrm{d}x + (-x + y\sin y^2)\mathrm{d}y$. 计算它在下列 1 维闭链上的积分:

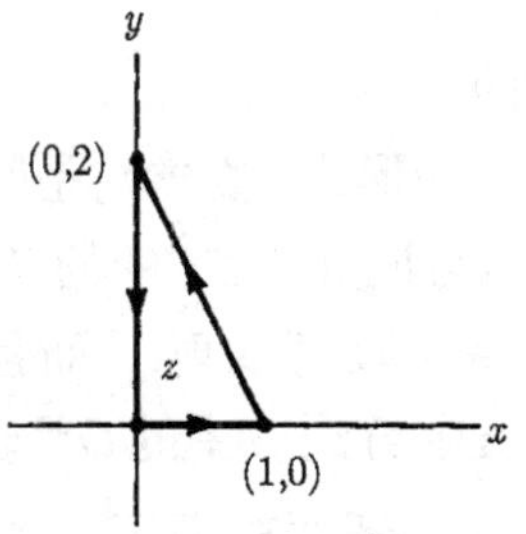

14. 在 $\mathbb{R}^2$ 上令 $\alpha = (2x + y\cos xy)\mathrm{d}x + (x\cos xy)\mathrm{d}y$. 证明 α 是闭的. 通过求一个适合 $\alpha = \mathrm{d}f$ 的函数 $f: \mathbb{R}^2 \to \mathbb{R}$ 来证明 α 是恰当的. α 在习题 13 的闭链上的积分是什么?

15. 令

$$\alpha = \frac{1}{2\pi} \frac{x\,\mathrm{d}y - y\mathrm{d}x}{x^2 + y^2}.$$

证明 α 是 $\mathbb{R}^2 - \{0\}$ 上的闭 1 形式，计算 α 在单位圆周 S^1 上的积分. 这个结果如何

能证明 α 不是恰当的？这个结果又如何能证明 $\delta i(\alpha)$ 不是恰当的？其中，$i: S^1 \to \mathbb{R}^2$ 是标准嵌入.

16. (a) 证明 S^2 上的一切闭 1 形式都是恰当的.

(b) 在 $\mathbb{R}^3 - \{0\}$ 中，令

$$\sigma = \frac{r_1 \mathrm{d}r_2 \wedge \mathrm{d}r_3 - r_2 \mathrm{d}r_1 \wedge \mathrm{d}r_3 + r_3 \mathrm{d}r_1 \wedge \mathrm{d}r_2}{({r_1}^2 + {r_2}^2 + {r_3}^2)^{3/2}},$$

证明 σ 是闭的

(c) 计算 $\int_{S^2} \sigma$ 的值. 这如何能证明 σ 不是恰当的？

(d) 在 $\mathbb{R}^n - \{0\}$ 中，令

$$\alpha = \frac{r_1 \mathrm{d}r_1 + r_2 \mathrm{d}r_2 + \cdots + r_n \mathrm{d}r_n}{({r_1}^2 + {r_2}^2 + \cdots + {r_n}^2)^{n/2}},$$

试求出 $*\alpha$ 并且证明 $*\alpha$ 是闭的.

(e) 计算 $\int_{S^{n-1}} *\alpha$ 的值. $*\alpha$ 是恰当的吗？

17. 利用 de Rham 上同调证明环面 T^2 不能微分同胚于 2 维球面 S^2.

18. (a) 证明在 $\mathbb{R}^3$ 中的开壳体

$$1 < \left(\sum_{i=1}^{3} {r_i}^2 \right)^{1/2} < 2$$

中，每一个闭 1 形式都是恰当的.

(b) 在上面的壳体中求一个 2 形式，要求它是闭的但不是恰当的.

(c) 证明上面的壳体不能微分同胚于 $\mathbb{R}^3$ 中的开单位球.

19. 令 f 和 g 是从 M 到 N 中的 C^∞ 映射. 而且它们是 C^∞ 同伦的，即对于某个 $\varepsilon > 0$，存在一个从 $M \times (-\varepsilon, 1+\varepsilon)$ 到 N 中的 C^∞ 映射 F 使得对于每一个 $m \in M$ $F(m,0) = f(m)$ 和 $F(m,1) = g(m)$. 证明对于每个整数 p，$H^p_{\mathrm{de\ R}}(N)$ 到 $H^p_{\mathrm{de\ R}}(M)$ 中的诱导同态 $f*$ 和 $g*$ 是相等的.

提示：必须证明从 M 到 $M \times (-\varepsilon, 1+\varepsilon)$ 中的两个内射 $i_0(m) = (m,0)$ 和 $i_1(m) = (m,1)$ 在 de Rham 上同调上诱导相同的同态. 为了证明这一点，需要求出适当的同伦算子. Poincaré 引理 4.18 的证明纲要将是有用的.

20. (a) 令 $f: M^n \to \mathbb{R}^{n+1}$ 是一个浸入并且使 M^n 给定了诱导的 Riemann 结构，即对于 $m \in M$ 和 $u, v \in M_m$，

$$\langle u, v \rangle_m = \langle \mathrm{d}f(u), \mathrm{d}f(v) \rangle_{f(m)}.$$

假设 M 是定向的，并且 $\boldsymbol{n}$ 是沿 $f(M^n)$ 的定向单位法向量场[这意味着每当 $v_1,\cdots,v_n$ 是 M_m 的定向规范正交基时，$\boldsymbol{n}$，$\mathrm{d}f(v_1),\cdots,\mathrm{d}f(v_n)$ 是 Euclid 空间在 $f(m)$ 点的切空间的定向规范正交基]. 证明 M 上的体积形式由

$$\omega = \delta f(i(\boldsymbol{n})(\mathrm{d}r_1 \wedge \cdots \wedge \mathrm{d}r_{n+1}))$$

给出.

(b) 令 D 是 xy 平面上的开集，令 $\varphi\ \ D \to \mathbb{R}^3$ 是一个形如

$$\varphi(x,y) = (x,y,f(x,y))$$

的光滑映射. 因而 φ 决定 $\mathbb{R}^3$ 中的一个嵌入曲面. 对 D 和 $\mathbb{R}^3$ 给出标准定向. 利用(a)款证明 D 上的诱导体积形式由

$$\omega = \left(\sqrt{\left(\frac{\partial f}{\partial x}\right)^2 + \left(\frac{\partial f}{\partial y}\right)^2 + 1}\right)\mathrm{d}x \wedge \mathrm{d}y$$

给出.

第 5 章　层、上同调、de Rham 定理

本章的主要目标是证明 de Rham 定理. 在 4.17 节已叙述过它的一种形式. 按其最完备的形式, 这个定理断言: 从 de Rham 上同调环到由闭形式在可微奇异闭链上的积分所给出的可微奇异上同调的同态是一个环同构. 处理方法是把 de Rham 上同调和可微奇异上同调都表示成层上同调的特殊情况, 并且利用层上同调论同态的基本唯一性定理证明 de Rham 理论与可微奇异理论之间的自然同态是一个同构. 作为这种处理方法的额外收获, 还将得到可微流形的 de Rham 理论和可微奇异上同调理论与连续奇异理论、Alexander-Spanier 理论以及 Čech 上同调理论的标准同构的存在性. 从这些同构将推出 de Rham 上同调论是微分流形的拓扑不变量.

本章没有事先假定关于层论的知识, 也没有假定这些上同调论的任何知识. 而且要发展那些对于本书的应用所必需的各方面理论. 从层论和层的上同调开始, 处理方法主要是基于 Cartan 在文献[4]中所给出的论述. 有兴趣的读者可在 Cartan[4], Godement[7]和 Bredon[3]的文献中找到关于层论的更一般论述. 在复流形的研究中, 层论是一种非常有力的工具. 关于它们在 Riemann 曲面论中的应用的一个极好描述, 请参见 Gunning 的文献[8].

令 M 是一个微分流形. 回想到 M 被假定为第二可数的, 因此是仿紧的. 应当指出, 本章中所介绍的几乎全部层论都只依赖于 M 是一个仿紧的 Hausdorff 空间. M 上的可微结构只是在少数例子中以及在 de Rham 上同调(5.28 节)和可微奇异上同调(5.31 节)的讨论中被提到. 另外, 局部 Euclid 结构将在奇异上同调的讨论(5.31 节)中提到. 除此之外, M 只需是一个仿紧的 Hausdorff 空间.

贯穿本章, K 始终是一个固定的主理想整环. 将论述 M 上的 K 模层. 需要记住的最重要的情况是下列两种情况:

(i) K 是整数环 Z, 在此情况下, 一个 K 模即是一个 Abel 群.

(ii) K 是实数域 $\mathbb{R}$, 此时一个 K 模就是一个实向量空间.

对于本章的前几节, K 可以是任何环. K 为一个主理想整环的附加性质将首先在定义 5.13 中用到.

1　层和预层

5.1　定义　M 上的一个 K 模层 $\mathcal{S}$ 是由一个拓扑空间 $\mathcal{S}$ 连同一个满足下列条

件的映射 $\pi:\mathcal{S}\to M$ 组成的:

(a) π 是从 $\mathcal{S}$ 到 M 上的一个局部同胚.

(b) 对于每个 $m\in M$, $\pi^{-1}(m)$ 是一个 K 模.

(c) 复合律按 $\mathcal{S}$ 上的拓扑是连续的.

下面对(c)来作详细说明. 令 $\mathcal{S}\circ\mathcal{S}$ 是由使得 $\pi(s_1)=\pi(s_2)$ 的所有元素对 (s_1,s_2) 组成的 $\mathcal{S}\times\mathcal{S}$ 的子空间, 那么(c)要求 $\mathcal{S}\circ\mathcal{S}\to\mathcal{S}$ 的映射 $(s_1,s_2)\mapsto s_1-s_2$ 是连续的, 而且对于 $k\in K$, $\mathcal{S}\to\mathcal{S}$ 的每个映射 $s\mapsto ks$ 是连续的. 由此容易得知 $s\mapsto(-s)$ 和 $(s_1,s_2)\mapsto s_1+s_2$ 也是连续的. 对于 K 代数层也可类似地定义, 只是要在条件(c)中附加要求使 $\mathcal{S}\circ\mathcal{S}\to\mathcal{S}$ 的映射 $(s_1,s_2)\mapsto s_1\cdot s_2$ 是连续的.

映射 π 称为投影, K 模 $\mathcal{S}_m=\pi^{-1}(m)$ 称为 $m\in M$ 上的茎. 令 $U\subset M$ 是开的, 把使得 $\pi\circ f=\mathrm{id}$ 的连续映射 $f:U\to\mathcal{S}$ 称为 $\mathcal{S}$ 在 U 上的一个截面. 0 截面是使得 $\mathcal{S}_m$ 的零元与 $m\in U$ 相伴的截面, 令 $\Gamma(\mathcal{S},U)$ 表示 $\mathcal{S}$ 在 U 上的截面的集合, 使 $\Gamma(\mathcal{S},U)$ 成为一个 K 模如下: 令 f 和 g 属于 $\Gamma(\mathcal{S},U)$, 令 $k\in K$, 定义 f 和 g 之和是截面

$$(f+g)(m)=f(m)+g(m)\quad (m\in U),$$

并且通过置

$$(kf)(m)=k(f(m))\quad (m\in U)$$

来定义截面 kf. 附加了这些运算, $\Gamma(\mathcal{S},U)$ 便成为一个 K 模. $\mathcal{S}$ 在 M 上的截面(整体截面)的模将简记为 $\Gamma(\mathcal{S})$. 注意到因为 π 是一个局部同胚, 所以截面都是开映射; 而且若截面 f 和 g 在 $m\in M$ 点处一致, 那么它们必定在 m 的一个邻域上一致.

5.2 例子 M 上的层的最基本的例子是所谓的常层 $\mathscr{G}=M\times G$, 其中, G 是一个带有离散拓扑的 K 模而且 $\mathscr{G}$ 被给定了积拓扑. 在这里, 投影就是 $\pi(m,g)=m$.

一个不平凡的例子如下, 令 $\widetilde{F}_m$ 表示 $m\in M$ 点处 C^∞ 函数芽的集合(如定义 1.13), 令

$$\mathscr{C}^\infty(M)=\bigcup_{m\in M}\widetilde{F}_m. \tag{1}$$

在不至于引起混淆时, 把 $\mathscr{C}^\infty(M)$ 简记为 $\mathscr{C}^\infty$. 能够以明显的方式定义投影 $\pi:\mathscr{C}^\infty\to M$, 使得 $\mathbf{f}\in\widetilde{F}_{\pi(\mathbf{f})}$. 使 M 中的每个集合 U 及 U 上的每个 C^∞ 函数 f 伴随以集合

$$\bigcup_{m\in U}\mathbf{f}_m\subset\mathscr{C}^\infty,$$

其中，$\mathbf{f}_m$是f在m点的芽. 这些集合组成的集族构成$\mathscr{C}^\infty$上的一个拓扑基，使$\mathscr{C}^\infty$成为一个实向量空间层(实际上是一个代数层，因为每个$\widetilde{F}_m$都有一个代数结构). $\mathscr{C}^\infty(M)$称为M上C^∞函数的芽层. 类似地，对于每个整数$p\geqslant 0$，可以构造M上C^p类函数的芽层$\mathscr{C}^p(M)$.

5.3 评注 应当提醒人们注意，层一般不是 Hausdorff 空间. 实直线上连续函数的芽层$\mathscr{C}^0(\mathbb{R})$提供了一个简单的例子. 令$g(t)\equiv 0$；对于$t\leqslant 0$，令$f(t)=0$，而对于$t>0$，令$f(t)=t$. 那么$f$和$g$在原点的芽是$\mathscr{C}^0(\mathbb{R})$中的不同元素，然而对于每个$t<0$，$f$和$g$有相同的芽. 由此可知，$f$和$g$在原点的芽不能被$\mathscr{C}^0(\mathbb{R})$中不相交的开集分离.

5.4 定义 令$\mathcal{S}$和$\mathcal{S}'$分别是M上带有投影π和π'的层. 使得$\pi'\circ\varphi=\pi$的连续映射$\varphi:\mathcal{S}\to\mathcal{S}'$称为层映射. 注意到层映射必然是局部同胚，而且它们把茎映射成茎. 对于一个层映射φ，如果它在每个茎上是(K模的)同态，则称之为层同态. 一个层同态，若它可逆而且其逆也是一个层同态，则称它是一个层同构.

如果层$\mathcal{S}$中的一个开集$\mathscr{R}$使得对于每个$m\in M,\mathscr{R}_m=\mathscr{R}\cap\mathcal{S}_m$都是$\mathcal{S}_m$的一个子模，那么称$\mathscr{R}$为$\mathcal{S}$的一个子层. 显然，$\mathcal{S}$的一个子层连同它从$\mathcal{S}$继承的自然拓扑和投影映射仍然是一个层.

令$\varphi:\mathcal{S}\to\mathscr{T}$是一个层同态. φ的核($\ker\varphi$)是$\mathcal{S}$的一个子集，它在φ下映射成$\mathscr{T}$的 0 截面，那么它实际上是$\mathcal{S}$的一个子层. 把子层$\varphi(\mathcal{S})\subset\mathscr{T}$称为$\varphi$的象($\mathrm{im}\varphi$). 在$\varphi$是一一的情况下，常将$\mathcal{S}$与$\varphi(\mathcal{S})$等同，而且直接说$\mathscr{T}$的子层$\mathcal{S}$.

令$\mathscr{R}$是$\mathcal{S}$的一个子层. 对于每个$m\in M$，令$\mathscr{T}_m$表示商模$\mathcal{S}_m/\mathscr{R}_m$，并且令

(1) $$\mathscr{T}=\bigcup_{m\in M}\mathscr{T}_m.$$

令$\tau:\mathcal{S}\to\mathscr{T}$是这样一个自然映射，对于每个$m$，它伴随于$\mathcal{S}_m$的每一个其陪集在$\mathscr{T}_m$中的元素，而且赋予$\mathscr{T}$商拓扑，即$\mathscr{T}$中的集合$U$是开的当且仅当$\tau^{-1}(U)$在$\mathcal{S}$中是开的. 附加这个拓扑和把$\mathscr{T}_m$的每个元素映射到$m$的自然投影，使$\mathscr{T}$成为$M$上的一个层，而且$\tau:\mathcal{S}\to\mathscr{T}$是一个层同态. 细节留作习题. $\mathscr{T}$称为$\mathcal{S}$模$\mathscr{R}$的商层.

如果$\varphi:\mathcal{S}\to\mathscr{T}$是一个层同态，那么容易验证，对于$s\in\mathcal{S}_m$，由$(s+(\ker\varphi\mid\mathcal{S}_m))\mapsto\varphi(s)$给出的自然映射$\mathcal{S}/\ker\varphi\to\mathrm{im}\varphi$是一个层同构.

如果在序列的每一节都满足前一个同态的象是下一个同态的核，那么把由层和同态组成的序列

(2) $$\cdots\to\mathcal{S}_i\to\mathcal{S}_{i+1}\to\mathcal{S}_{i+2}\to\cdots$$

称为正合的. 对 K 模的正合序列可类似地定义. 注意到(2)是正合的, 当且仅当对于每个 $m\in M$, m 上的茎同态的诱导序列, 即

(3) $$\cdots\to(\mathcal{S}_i)_m\to(\mathcal{S}_{i+1})_m\to(\mathcal{S}_{i+2})_m\to\cdots$$

是正合的. 如果 $\mathscr{R}$ 是 $\mathcal{S}$ 的一个子层, $\mathscr{T}$ 是商层 $\mathcal{S}/\mathscr{R}$, 那么自然同态序列

(4) $$0\to\mathscr{R}\to\mathcal{S}\to\mathscr{T}\to 0$$

是正合的, 其中, 0 表示 M 上的常层, 它在每个点上的茎是只有一个元素组成的平凡 K 模. 把只有五项组成而且第一项和最后一项为 0 层的形如(4)的正合序列称为短正合序列. K 模的短正合序列可类似地定义.

5.5　预层　M 上的 K 模预层 $P=\{S_U;\rho_{U,V}\}$ 由相应于 M 中每个开集 U 的 K 模 S_U 和相应于 M 中开集的每个包含关系 $U\subset V$ 的同态 $\rho_{U,V}:S_V\to S_U$ 组成, 而且使 $\rho_{U,V}=\mathrm{id}$ 且当 $U\subset V\subset W$ 时有下列图表交换:

(1)

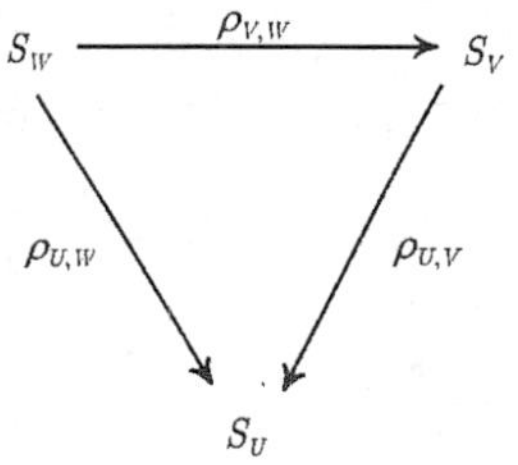

现将预层的一个典型例子叙述如下. 对 M 中的每个开集 U 都伴之以 U 上 C^∞ 函数的代数 $C^\infty(U)$, 而且令 $\rho_{U,V}$ 是把 V 上的 C^∞ 函数限制为 U 上的 C^∞ 函数的映射. 这就得出 M 上的实向量空间(实际上是代数)构成的一个预层 $\{C^\infty(U);\rho_{U,V}\}$. 类似地, 对于某个固定的 p, 可以对 U 伴之以 U 上的 p 形式的向量空间并且仍然令 $\rho_{U,V}$ 是限制映射.

令 $P=\{S_U:\rho_{U,V}\}$ 和 $P'=\{S'_U,\rho'_{U,V}\}$ 都是 M 上的预层. 使用 P 到 P' 的预层同态这一术语来表示同态 $\varphi_U:S_U\to S'_U$ 的一个集族 $\{\varphi_U\}$, 并且使得当 $U\subset V$ 时有

(2) $$\rho'_{U,V}\circ\varphi_V=\varphi_U\circ\rho_{U,V}.$$

对于预层同态 $\{\varphi_U\}$, 如果其中每个 φ_U 均为 K 模同构, 则称它是一个预层同构.

5.6　层和预层之间的关系　每个层 $\mathcal{S}$ 都能规范地产生一个预层 $\{\Gamma(\mathcal{S},U);\rho_{U,V}\}$. 在这里, 使 M 的每个开集 U 都伴之以 $\mathcal{S}$ 在 U 上的截面的 K 模 $\Gamma(\mathcal{S},U)$, 并且对 M 中开集的每个包含关系 $U\subset V$ 都伴以同态

(1) $$\rho_{U,V}:\Gamma(\mathcal{S},V)\to\Gamma(\mathcal{S},U),$$

这个同态将 $\mathcal{S}$ 在 V 上的截面映射到它在 U 上的限制. 把层到预层的这个映射记为 α. 把 $\alpha(\mathcal{S})$ 称为层 $\mathcal{S}$ 的截面预层.

反过来, 要证明每个预层规范地决定一个层, 称这个层是该预层的相伴层. 实际上, 许多层将以这种方式自然地从预层得出. 在下面的构造过程中要记在心中的最好例子是预层 $\{C^\infty(U):\rho_{U,V}\}$, 它的相伴层就是 M 上 C^∞ 函数的芽层.

令 $p=\{S_U,\rho_{U,V}\}$ 是 M 上的一个 K 模预层, 令 $m\in M$, 令 S_m^* 是每个满足 $m\in U$ 的模 S_U 的不交并, 如果当且仅当有 m 的一个邻域 W 满足 $W\subset U\cap V$ 且使得 $\rho_{W,U}f=\rho_{W,V}g$ 时, 规定 $f\in S_U$ 等价于 $g\in S_V$, 则得到 S_m^* 上的一个等价关系. S_m^* 的元素的等价类的集合 $\mathcal{S}_m$ 将是 m 上的伴随层的茎. 如果 $m\in U$, 那么令 $\rho_{m,U}:S_U\to\mathcal{S}_m$ 是对 S_U 的每个元素指派其等价类的自然投影. 令 $f\in S_U$ 和 $g\in S_V$ 分别是 $\mathcal{S}_m$ 中的 s_1 和 s_2 的代表. 存在 m 的一个邻域 W 使得 $W\subset U\cap V$. 定义 $\mathcal{S}_m$ 中的加法为

(2) $$s_1+s_2=\rho_{m,W}(\rho_{W,U}f+\rho_{W,V}g),$$

而定义乘以 $k\in K$ 的乘法为

(3) $$ks_1=\rho_{m,U}(kf).$$

容易证实(2)和(3)中的运算都是完全确定的, 而且赋予 $\mathcal{S}_m$ 一个 K 模结构使得各映射 $\rho_{m,U}$ 都是同态. 把 $\mathcal{S}_m$ 称为模 $\mathcal{S}_U$ 对于包含 m 的 U 的方向极限. 令

(4) $$\mathcal{S}=\bigcup_{m\in M}\mathcal{S}_m,$$

令 $\pi:\mathcal{S}\to M$ 是使 $\pi(\mathcal{S}_m)=m$ 的明显投影. 通过对各个 $f\in S_U$ 和 M 中的各开集 U 来取 $\mathcal{S}$ 的形如

(5) $$O_f=\{\rho_{p,U}f:p\in U\}$$

的子集族作为一个拓扑基而将 $\mathcal{S}$ 拓扑化. 这个集族确实构成 $\mathcal{S}$ 上的一个拓扑基, 因为若 $s\in O_f\cap O_g$, 如 $s=\rho_{p,U}f=\rho_{p,V}g$, 那么就有 p 的一个邻域 W 适合 $W\subset U\cap V$ 并且使得 $\rho_{W,U}f=\rho_{W,V}g$, 由此得出 $s\in O_{\rho_{W,U}f}\subset O_f\cap O_g$.

可以断定, $\mathcal{S}$ 是 M 上带有投影 π 的一个层. π 是一个局部同胚, 因为它在每个 O_f 上都是一个同胚. 每个茎 $\mathcal{S}_m$ 都给出一个 K 模结构, 所以最后只需验证复合运算是连续的. 首先来考虑乘以 $k\in K$ 的乘法. 令 $s\in\mathcal{S}$, 令 O 是 ks 的一个开邻域.令

$s = \rho_{p,U} f$，那么 O_{kf} 也是 ks 的一个开邻域. 令 V 是 p 的包含在 $\pi(O_{kf} \cap O)$ 中的一个邻域. 那么 $O_{\rho_{V,U} f}$ 是 s 的一个开邻域, 它在乘以 k 的乘法下被映射到 ks 的开邻域 $O_{\rho_{V,U} kf} \subset O$ 中. 最后证明 $\mathcal{S} \circ \mathcal{S} \to \mathcal{S}$ 的映射 $(s_1, s_2) \mapsto s_1 - s_2$ 是连续的, 为使 O_f 是 $s_1 - s_2$ 的一个开邻域, 如 $s_1 - s_2 = \rho_{p,U} f$. 令 $s_1 = \rho_{p,V} g$ 和 $s_2 = \rho_{p,W} h$，那么存在 p 的一个开邻域 Q 适合 $Q \subset U \cap V \cap W$，并且使得

$$(6) \qquad \rho_{Q,U} f = \rho_{Q,V} g - \rho_{Q,W} h .$$

由此可知 (s_1, s_2) 的开邻域

$$(7) \qquad O_{\rho_{Q,V} g} \times O_{\rho_{Q,W} h} \cap \mathcal{S} \circ \mathcal{S}$$

被映射到 O_f 中. 因而复合运算是连续的, 而且 $\mathcal{S}$ 是 M 上的一个带投影 π 的层. 把 $\mathcal{S}$ 称作伴随于预层 P 的层. 把预层到层的这个映射记为 β，因而 $\mathcal{S} = \beta(P)$.

显然, 通过构成 $\Gamma(\mathcal{S}, U)$ 的元素以及 φ，每个层同态 $\varphi: \mathcal{S} \to \mathcal{T}$ 产生截面 $\alpha(\mathcal{S})$ 和 $\alpha(\mathcal{T})$ 的预层之间的一个预层同态. 反过来, 从 P 到 P' 的一个预层同态 $\{\varphi_U\}$ 规范地诱导出伴随层 $\beta(P)$ 和 $\beta(P')$ 的一个同态 φ，使得

$$(8) \qquad \rho'_{p,U} \circ \varphi_U = \varphi \circ \rho_{p,U}$$

对于 M 中的每个开集 U 和每个 $p \in U$ 成立. 而且无论按照哪个方向, 从层同态到预层同态或者反过来从预层同态到层同态, 两个同态的复合诱导出相应同态的复合.

假设从层 $\mathcal{S}$ 开始, 取它的截面的预层 $\alpha(\mathcal{S})$，然后构成伴随层 $\beta(\alpha(\mathcal{S}))$，从而得到 $\mathcal{S}$ 的截面的芽层, 那么层 $\mathcal{S}$ 和 $\beta(\alpha(\mathcal{S}))$ 是标准同构的. 实际上, 令 $\xi \in \beta(\alpha(\mathcal{S}))$ 是 $\mathcal{S}$ 在包含 p 点的一个开集 U 上的某个截面 f 在 p 点的芽, 即对于 $f \in \Gamma(\mathcal{S}, U), \xi = \rho_{p,U} f$，那么 $\xi \mapsto f(p)$ 决定一个完全确定的映射 $\beta(\alpha(\mathcal{S})) \to \mathcal{S}$，并且它是一个层同构. 细节留作习题.

然而, 一般若从预层 P 开始, 并且取与 P 相伴的层的截面的预层 $\alpha(\beta(P))$，那么可能得到一个与 P 完全不同的预层. 例如, 令 $P = \{S_U; \rho_{U,V}\}$，其中对于每个 U, S_U 都是主理想整环 K，而且对于 $U \subsetneq V$ 的所有限制 $\rho_{U,V}$ 恒为 0, 那么预层 $\alpha(\beta(P))$ 对于 M 中的每个开集均指派零 K 模. 若 P 同构于 $\alpha(\beta(P))$，则下列定义中的条件显然是必要的, 而且在命题 5.8 中将证明它们也是充分的.

5.7　定义　对于 M 上的一个预层 $\{S_U; \rho_{U,V}\}$ 来说, 如果当开集 U 可以表示成 M 的开集之并 $\bigcup_\alpha U_\alpha$ 时, 下列两个条件得以满足, 则称该预层是完备的:

(C_1) 当 S_U 中的 f 和 g，使得 $\rho_{U_\alpha,U} f = \rho_{U_\alpha,U} g$ 对所有 α 成立时, 有 $f=g$.

(C_2) 当对每个 α 都有一个元素 $f_\alpha \in S_{U_\alpha}$ 使得对所有 α 和 β 都有

$\rho_{U_\alpha\cap U_\beta,U_\alpha} f_\alpha = \rho_{U_\alpha\cap U_\beta,U_\beta} f_\beta$ 成立时, 存在 $f \in S_U$, 使得 $f_\alpha = P_{U\alpha,U} f$ 对于每一个 α 成立.

5.8　命题　若 P 是一个完备预层, 那么 $\alpha(\beta(P))$ 标准同构于 P.

证明　令 $P=\{S_U,\rho_{U,V}\}$. 定义一个从 P 到 $\alpha(\beta(P))$ 的预层同态如下. 对 M 中的每个开集 U, 通过把 S_U 的元素 f 映射到 $\beta(P)$ 在 U 上的截面

(1)
$$p \mapsto \rho_{p,U} f$$

来实现映射

(2)
$$S_U \to \Gamma(\beta(P),U).$$

为证明这个预层同态是一个同构, 需要证明同态(2)中的每一个映射都是同构. 内射性可从 5.7(C_1)得出, 因为若 S_U 中的 f 映射成 0 截面, 那么存在 U 的一个覆盖 $\{U_\alpha\}$ 使得 $\rho_{U_\alpha,U} f = P_{U_\alpha,U}(0)$. 因此由 ($C_1$), $f=0\in S_U$. 为了证明满射性, 令 c 是 $\beta(P)$ 在 U 上的一个截面, 那么对于每一个邻域 U_p 和元素 $f_p \in S_{U_p}$ 使得对所有 $q \in U_p$,

(3)
$$\rho_{q,U_p} f_p = c(q).$$

从式(3)和 5.7(C_1)可知, 对于 U 中的每个 p 和 q,

(4)
$$\rho_{U_p\cap U_q,U_p} f_p = \rho_{U_p\cap U_q,U_q} f_g.$$

因而根据 5.7(C_2), 存在 $f \in S_U$ 使得

(5)
$$f_p = \rho_{U_p,U} f$$

对于每个 $p\in U$ 成立. 从(5), (3)和(1)可知, 在同态(2)下, f 映射为 c.

5.9　张量积　在定义层和预层的张量积之前, 需要作一些预备性的陈述. K 模 S 和 T 的张量积 $S\otimes T$ 的定义完全类似于特殊情况下 $\mathbb{R}$ 模的张量积的定义 2.1. 若 $f: S\to S'$ 和 $h: T\to T'$ 都是 K 模同态, 那么它们的张量积 $f\otimes h$ 是从 $S\otimes T$ 到 $S'\otimes T'$ 的同态, 而且由泛映射性质 2.2(a), 它是唯一伴随于从 $S\times T$ 到 $S'\otimes T'$ 中的双线性映射

(1)
$$(s,t)\mapsto f(s)\otimes h(t)$$

的同态.

注意到若 S 是一个 K 模, 那么就有一个标准同构

(2)
$$S\otimes K \cong S.$$

实际上，令 $f: S\otimes K\to S$ 是由 $S\times K\to S$ 的双线性映射 $(s,k)\mapsto ks$ 决定的同态，那么 f 显然是满射，而且也是单射，因为 $\sum_i (s_i\otimes k_i)=(\sum_i k_is_i)\otimes 1$，因而若 $f\left(\sum_i (s_i\otimes k_i)\right)=0$，那么 $\sum_i k_is_i=0$，而这蕴涵着 $\sum_i (s_i\otimes k_i)=0$.

令 $P=\{S_U;\rho_{U,V}\}$ 和 $P'=\{S'_U;\rho'_{U,V}\}$ 是 M 上的预层，那么它们的张量积是预层

(3) $$P\otimes P'=\{S_U\otimes S'_U;\rho_{U,V}\otimes\rho'_{U,V}\}.$$

如果 $\{\varphi_U\}: P\to Q$ 和 $\{\varphi'_U\}: P'\to Q'$ 是预层同态[5.5(2)]，那么由定义，它们的张量积 $\{\varphi_U\}\otimes\{\varphi'_U\}$ 是 $P\otimes P'$ 到 $Q\otimes Q'$ 的同态 $\{\varphi_U\otimes\varphi'_U\}$.

如果 $\mathcal{S}$ 和 $\mathscr{T}$ 是 M 上的层，那么定义它们的张量积 $\mathcal{S}\otimes\mathscr{T}$ 是与 $\mathcal{S}$ 和 $\mathscr{T}$ 的截面的预层的张量积相伴的层，即

(4) $$\mathcal{S}\otimes\mathscr{T}=\beta(\alpha(\mathcal{S})\otimes\alpha(\mathscr{T})).$$

此外，若 $\varphi:\mathcal{S}\to\mathscr{T}$ 和 $\gamma:\mathcal{S}'\to\mathscr{T}'$ 是层同态，并且 $\{\varphi_U\}:\alpha(\mathcal{S})\to\alpha(\mathscr{T})$ 和 $\{\gamma_U\}:\alpha(\mathcal{S}')\to\alpha(\mathscr{T}')$ 是截面预层上的相应同态，那么定义张量积 $\varphi\otimes\gamma$ 是与预层同态

(5) $$\{\varphi_U\}\otimes\{\gamma_U\}:\alpha(\mathcal{S})\otimes\alpha(\mathcal{S}')\to\alpha(\mathscr{T})\otimes\alpha(\mathscr{T}')$$

相伴的同态 $\mathcal{S}\otimes\mathcal{S}'\to\mathscr{T}\otimes\mathscr{T}'$.

读者应当验证存在一个标准同构

(6) $$(\mathcal{S}\otimes\mathscr{T})_m\cong\mathcal{S}_m\otimes\mathscr{T}_m,$$

因而，特别当 $\mathscr{K}$ 是常层 $M\times K$ 时，鉴于(2)就有标准同构

(7) $$\mathcal{S}\otimes\mathscr{K}\cong\mathcal{S}.$$

而且，如果 φ 和 γ 是如上的层同态，那么读者就应当验证

(8) $$(\varphi\otimes\gamma)|_{(\mathcal{S}\otimes\mathcal{S}')_m}=\varphi|_{\mathcal{S}_m}\otimes\gamma|_{\mathcal{S}'_m}.$$

有人也许要问："为什么不用(6)和(8)定义 $\mathcal{S}\otimes\mathscr{T}$ 和 $\varphi\otimes\gamma$ 而是要到预层再返回呢?"的确，也能按这种方法进行，但它可能要比上面的工作多出好几倍. 因为如果用(6)和(8)定义张量积，那么还必须定义 $\mathcal{S}\otimes\mathscr{T}$ 上的拓扑并验证性质 5.1 中(a)和(c)被满足，而且还必须证明 $\varphi\otimes\gamma$ 是连续的. 而通过到预层再返回来定义

$\mathcal{S}\otimes\mathcal{T}$ 和 $\varphi\otimes\gamma$，证明 $\mathcal{S}\otimes\mathcal{T}$ 实际是一个层和证明 $\varphi\otimes\gamma$ 是层同态的工作已经在 5.6 节对映射 α 和 β 的分析中作过了.

5.10　优层　M 上的一个层 $\mathcal{S}$, 如果对 M 的由开集组成的每一个局部有限覆盖 $\{U_i\}$，对应于每个 i 都存在一个自同态 l_i 使得:

(a) $\operatorname{supp}(l_i)\subset U_i$,

(b) $\sum\limits_i l_i=\mathrm{id}$,

则称 $\mathcal{S}$ 是一个优层. 在这里, 用 $\operatorname{supp}(l_i)$ (l_i 的支集)来表示 M 中使得 $l_i|_{\mathcal{S}_m}$ 不为零的点集的闭包. 把 $\{l_i\}$ 称为 $\mathcal{S}$ 的一个从属于 M 的覆盖 $\{U_i\}$ 的单位分解.

优层的一个例子是 M 上 C^∞ 函数的芽层 $\mathscr{C}^\infty(M)$. 如果 $\{U_i\}$ 是 M 的一个局部有限的开覆盖, 令 $\{\varphi_i\}$ 是从属于这个覆盖的单位分解(定理 1.11). 通过对 $f\in C^\infty(M)$ 置

(1)
$$\tilde{l}_i(f)=(\varphi_i|_U)\cdot f,$$

得到预层 $\{C^\infty(U);\rho_{U,V}\}$ 的自同态 $\tilde{l}_i$. $\mathscr{C}^\infty(M)$的伴随层自同态 l_i 形成一个从属于 M 的覆盖 $\{U_i\}$ 的单位分解.

令 $\mathcal{S}$ 和 $\mathcal{T}$ 是 M 上的层, 而且 $\mathcal{S}$ 是优层. 那么 $\mathcal{S}\otimes\mathcal{T}$ 自身也是一个优层. 实际上, 如果 $\{l_i\}$ 是 $\mathcal{S}$ 的一个从属于 M 的覆盖 $\{U_i\}$ 的单位分解, 那么 $\{l_i\otimes\mathrm{id}\}$ 是从属于 $\mathcal{S}\otimes\mathcal{T}$ 的一个单位分解.

5.11　一个层同态 $\varphi:\mathcal{S}\to\mathcal{T}$，通过构成 $\mathcal{S}$ 的截面连同 φ 一起将产生一个整体截面模的同态 $\Gamma(\mathcal{S})\to\Gamma(\mathcal{T})$. 由短正合序列

(1)
$$0\to\mathcal{S}'\to\mathcal{S}\to\mathcal{S}''\to 0$$

能够得出正合序列

(2)
$$0\to\Gamma(\mathcal{S}')\to\Gamma(\mathcal{S})\to\Gamma(\mathcal{S}'').$$

这个事实留作习题. 然而, 同态 $\Gamma(\mathcal{S})\to\Gamma(\mathcal{S}'')$ 一般不是满射. 考虑下面的例子:

令 $\mathcal{S}_{p_1,p_2}$ 是连通流形 M 上的“摩天”层, 它的茎除了在相异点 p_1 和 p_2 上为 K 之外, 在其余各点上均为零 K 模(注意到 $\mathcal{S}_{p_1,p_2}$ 上的拓扑是通过要求 $\mathcal{S}_{p_1,p_2}$ 是一个层而唯一决定的). 像平常一样令 $\mathscr{K}$ 是以 K 为茎的常层. 从 $\mathscr{K}$ 到 $\mathcal{S}_{p_1,p_2}$ 上有一个明显的同态, 这个同态除了在 p_1 和 p_2 点的茎上是恒等映射之外, 在 $\mathscr{K}$ 的其他所有茎上为零. 然而, 伴随映射 $\Gamma(\mathscr{K})\to\Gamma(\mathcal{S}_{p_1,p_2})$ 不可能是满射, 因为 $\Gamma(\mathscr{K})\cong K$ 而 $\Gamma(\mathcal{S}_{p_1,p_2})\cong K\oplus K$.

(1) 的正合性是一个纯粹局部的性质, 但是(2)的正合性却是一个整体性质. 将会看到某些层上同调模将提供正合序列(2)的扩张,从而将提供对于扩张的一种测

度, 用以说明扩张到什么程度 $\Gamma(\mathcal{S}) \to \Gamma(\mathcal{S}'')$ 就不再是满射.

5.12　定理　令 $\varphi: \mathcal{S} \to \mathscr{T}$ 是一个满射层同态, 同态核为 $\mathscr{R}$, 假设 $\mathscr{R}$ 是一个优层. 那么同态 $\Gamma(\mathcal{S}) \to \Gamma(\mathscr{T})$ 是满同态.

证明　令 t 是 $\mathscr{T}$ 的一个整体截面. 必须构造 $\mathcal{S}$ 的一个截面 s 使得 $\varphi \circ s = t$, 由 φ 和 t 的连续性并且由 $\mathcal{S}$ 和 $\mathscr{T}$ 的性质 5.1(a), M 有一个由开集组成的覆盖 $\{U_i\}$, 而且对于每个 i, 有 $\mathcal{S}$ 在 U_i 上的一个截面 s_i 使得

(1)
$$\varphi \circ s_i = t|_{U_i}.$$

因为 M 是仿紧的, 于是可以假定覆盖 $\{U_i\}$ 是局部有限的. 差式

(2)
$$s_{ij} = s_i - s_j$$

是核 $\mathscr{R}$ 在 $U_i \cap U_j$ 上的一个截面, 而且在 $U_i \cap U_j \cap U_k$ 上差式满足

(3)
$$s_{ij} + s_{jk} = s_{ik}.$$

令 $\{l_i\}$ 是 $\mathscr{R}$ 的一个从属于 M 的覆盖 $\{U_i\}$ 的单位分解. 考虑 $\mathscr{R}$ 在 $U_i \cap U_j$ 上的截面 $l_j \circ s_{ij}$. 因为 l_j 的支集在 U_j 中, 所以能够通过定义截面 $l_j \circ s_{ij}$ 在 $U_i - U_j$ 的点上为零而把它扩张成 $\mathscr{R}$ 在 U_i 上的一个连续截面. 令

(4)
$$s_i' = \sum_j l_j \circ s_{ij},$$

那么 s_i' 是 $\mathscr{R}$ 在 U_i 上的一个截面, 而且由(3)和(4)得出在 $U_i \cap U_j$ 上,

(5)
$$s_i' - s_j' = \sum_k l_k \circ s_{ik} - \sum_k l_k \circ s_{jk} = \sum_k l_k \circ s_{ij} = s_{ij}.$$

因而在 $U_i \cap U_j$ 上,

(6)
$$s_i - s_i' = s_j - s_j'.$$

由此可知, 若对于 $m \in U_i$ 置 $s(m) = (s_i - s_i')(m)$, 那么 s 是 $\mathcal{S}$ 的一个完全确定的整体截面并且使得 $\varphi \circ s = t$.

5.13　定义　对于一个 K 模 X 来说, 如果没有非零元素 $x \in X$ 满足存在 K 的非零元 k 使得 $kx = 0$, 则称 X 是无挠的. 一个 K 模层, 当每个茎均为无挠 K 模时, 则称它是无挠的.

下面将需要下列关于张量积和正合序列的基本引理. 这是本章中需要但不予证明的两个基本代数命题之一(另一个是 Künneth 公式, 将在 5.42 节中需要它). 它们的证明很长, 但是对于我们的目的来说并不是特别重要的, 而且可能会冲淡本章的主要目标. 感兴趣的读者可以在文献 Spanier[28, 215 页与 221 页]中找到下

列引理的证明.

5.14　引理　令

(1)
$$0 \to A' \to A \to A'' \to 0$$

是 K 模的短正合序列, 令 B 是一个 K 模, 那么诱导序列

(2)
$$A' \otimes B \to A \otimes B \to A'' \otimes B \to 0$$

[其中的同态是(1)的同态与 B 的恒等同态的张量积]是正合的, 但是 $A' \otimes B \to A \otimes B$ 未必是内射. 然而, 若 A'' 或 B 是无挠的, 那么整个序列

(3)
$$0 \to A' \otimes B \to A \otimes B \to A'' \otimes B \to 0$$

是正合的[应当指出, (3)是本章中第一次用到环 K 实际是一个主理想整环的地方].

5.15　定理　令

(1)
$$0 \to \mathcal{S}' \to \mathcal{S} \to \mathcal{S}'' \to 0$$

是 M 上的层正合序列, 令 $\mathscr{T}$ 也是 M 上的一个层. 那么, 若 $\mathscr{T}$ 或 $\mathcal{S}''$ 是无挠的, 则序列

(2)
$$0 \to \mathcal{S}' \otimes \mathscr{T} \to \mathcal{S} \otimes \mathscr{T} \to \mathcal{S}'' \otimes \mathscr{T} \to 0$$

是正合的. 另外, 如果 $\mathscr{T}$ 或者 $\mathcal{S}'$ 是优层, 那么序列

(3)
$$0 \to \Gamma(\mathcal{S}' \otimes \mathscr{T}) \to \Gamma(\mathcal{S} \otimes \mathscr{T}) \to \Gamma(\mathcal{S}'' \otimes \mathscr{T}) \to 0$$

是正合的.

证明　序列(2)的正合性从引理 5.14 得出. 如果 $\mathscr{T}$ 或者 $\mathcal{S}'$ 是优层, 那么根据 5.10 节, $\mathcal{S}' \otimes \mathscr{T}$ 就是优层, 而且这连同上面的式(2)、式 5.11(2)和定理 5.12, 即可证明序列(3)是正合的.

2　上链复形

5.16　定义　上链复形 C^* 是由对所有整数 q 定义的 K 模和同态组成的序列

(1)
$$\cdots \to C^{q-1} \to C^q \to C^{q+1} \to \cdots,$$

而且使得在序列的每一项处, 前一个同态的象包含在后一个同态的核中. 同态 $C^q \to C^{q+1}$ 称为第 q 个上边缘算子, 并且把它记为 d^q, 或者当指标 q 无需指明时简记为 d. d^q 的核 $Z^q(C^*)$ 是上链复形 C^* 的 q 次上闭链模, d^{q-1} 的象 $B^q(C^*)$ 是 q

次上边缘模，而将第 q 个上同调模 $H^q(C^*)$ 定义为商模

(2)
$$H^q(C^*) = Z^q(C^*)/B^q(C^*).$$

令 C^*和 D^*都是上链复形. 一个上链映射 $C^* \to D^*$ 由一族同态 $C^q \to D^q$ 构成并且使得对于每个 q 下列图表交换:

(3)
$$\begin{array}{ccc} C^{q+1} & \to & D^{q+1} \\ \uparrow & & \uparrow \\ C^q & \to & D^q. \end{array}$$

从图表(3)可知，一个上链映射把 C^*的 q 次上闭链模映射到 D^*的 q 次上闭链模，把 C^*的 q 次上边缘模映射到 D^*的上边缘模，从而诱导出上同调模的同态

(4)
$$H^q(C^*) \to H^q(D^*).$$

两个上链映射 $C^* \to D^*$ 和 $D^* \to E^*$ 的复合 $C^* \to E^*$ 在上同调模上诱导同态 $H^q(C^*) \to H^q(E^*)$，这是 $H^q(C^*) \to H^q(D^*)$ 和 $H^q(C^*) \to H^q(E^*)$ 的复合.

如果对于每个 q,

(5)
$$0 \to C^q \to D^q \to E^q \to 0$$

都是 K 模的短正合序列，则上链映射序列

(6)
$$0 \to C^* \to D^* \to E^* \to 0$$

形成一个短正合序列. 上链复形的短正合序列 $0 \to C^* \to D^* \to E^* \to 0$ 和 $0 \to \overline{C}^* \to \overline{D}^* \to \overline{E}^* \to 0$ 之间的同态由上链映射 $C^* \to \overline{C}^*$，$D^* \to \overline{D}^*$ 和 $E^* \to \overline{E}^*$ 组成而且使得下列交换图表成立:

(7)
$$\begin{array}{ccccccccc} 0 & \to & C^* & \to & D^* & \to & E^* & \to & 0 \\ & & \downarrow & & \downarrow & & \downarrow & & \\ 0 & \to & \overline{C}^* & \to & \overline{D}^* & \to & \overline{E}^* & \to & 0. \end{array}$$

5.17　命题　给定上链映射的短正合序列 5.16(6)，那么对于每个 q 就有同态

(1)
$$H^q(E^*) \xrightarrow{\partial} H^{q+1}(C^*)$$

使得序列

(2)
$$\cdots \longrightarrow H^{q-1}(E^*) \xrightarrow{\partial} H^q(C^*) \longrightarrow H^q(D^*) \longrightarrow H^q(E^*) \xrightarrow{\partial} H^{q+1}(C^*) \longrightarrow \cdots$$

是正合的, 而且使得若给定了上链复形的短正合序列的同态 5.16 (7), 则下列图表交换:

(3)
$$\begin{array}{ccc} H^q(E^*) & \xrightarrow{\partial} & H^{q+1}(C^*) \\ \downarrow & & \downarrow \\ H^q(\overline{E}^*) & \xrightarrow{\partial} & H^{q+1}(\overline{C}^*) \end{array}.$$

证明　为了定义 ∂, 考虑交换图表(4), 其中为了方便, 标记了一些特定同态. 令 σ 是 E^q 中一个上闭链.

(4)
$$\begin{array}{ccccccccc}
 & & \vdots & & \vdots & & \vdots & & \\
 & & \uparrow & & \uparrow & & \uparrow & & \\
0 & \longrightarrow & C^{q+2} & \xrightarrow{\gamma} & D^{q+2} & \longrightarrow & E^{q+2} & \longrightarrow & 0 \\
 & & \uparrow & ② & \uparrow d & & \uparrow & & \\
0 & \longrightarrow & C^{q+1} & \xrightarrow{\beta} & D^{q+1} & \longrightarrow & E^{q+1} & \longrightarrow & 0 \\
 & & \uparrow & ③ & \uparrow d & ① & \uparrow & & \\
0 & \longrightarrow & C^{q} & \longrightarrow & D^{q} & \xrightarrow{\alpha} & E^{q} & \longrightarrow & 0 \\
 & & \uparrow & & \uparrow & & \uparrow & & \\
 & & \vdots & & \vdots & & \vdots & &
\end{array}.$$

因为 α 是满射, 所以有一个元素 $\tilde{\sigma} \in D^q$ 使得 $\alpha(\tilde{\sigma}) = \sigma$, 因为方块①是交换的, 又因 σ 是一个上闭链, 由此可知, $\mathrm{d}(\tilde{\sigma})$ 映射为 E^{q+1} 中的零链, 因此由水平序列的正合性, $\mathrm{d}(\tilde{\sigma})$ 必然在 β 的象中. 因而有一个元素 $\sigma' \in C^{q+1}$ 使得 $\beta(\sigma') = \mathrm{d}(\tilde{\sigma})$. 从方块②的交换性可得出 γ 的内射性, 以及 $\mathrm{d} \circ \mathrm{d} = 0$ 和 σ' 是一个上闭链. 现在, σ' 不是由 σ 唯一决定的, 因为要涉及对于使 $\alpha(\tilde{\sigma}) = \sigma$ 的 $\tilde{\sigma} \in D^q$ 的选取. 然而, 通过环绕方块③的迅速追踪容易看出, σ' 是在相差一个上边缘的意义上由 σ 唯一决定的. 因而有一个完全确定的映射

(5)
$$Z^q(E^*) \to H^{q+1}(C^*),$$

容易看出它是一个同态. 还容易看出 $B^q(E^*)$ 在同态(5)的核中, 因此同态(5)产生

一个在商模 $Z^q(E^*)/B^q(E^*)$ 上定义的同态. 由定义, 这就是所要求的同态(1).

检验(2)的正合性必须包括验证在 $H^q(C^*)$ 处、$H^q(D^*)$ 处和 $H^q(E^*)$ 处的正合性, 而且在这三步的每一步中, 都必须验证两个包含关系. 在证明(2)的正合性中, 这六个步骤可以通过环绕图表(4)的简单追踪来验证. 细节留给读者.

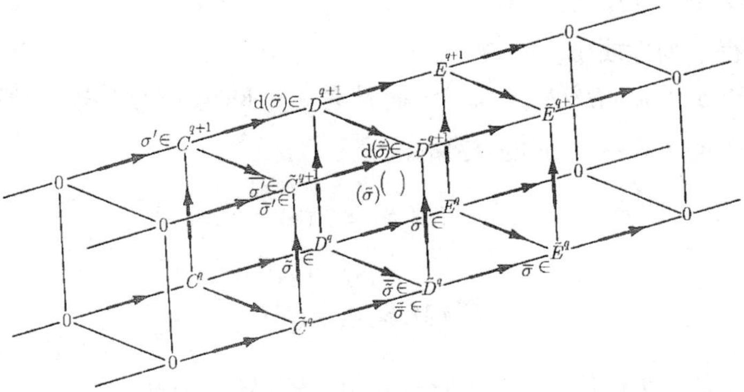

为了证明(3), 必须沿着环绕在上面的交换格上的一些元素进行追踪.

从上闭链 $\sigma \in E^q$ 开始, 并把它提升回 $\tilde{\sigma} \in D^q$, 而把 $\tilde{\sigma}$ 映射到 $\mathrm{d}(\tilde{\sigma}) \in D^{q+1}$, $\mathrm{d}(\tilde{\sigma})$ 是元素 $\sigma' \in C^{q+1}$ 的象, 再把 σ' 映射到 $\overline{\sigma'} \in \overline{C}^{q+1}$. 那么 $\overline{\sigma'}$ 是 $\overline{C}^{q+1}$ 中的上闭链而且是 $H^{q+1}(\overline{C}^*)$ 的上同调类的一个代表, 而在复合映射 $H^q(E^*)\xrightarrow{\partial}H^{q+1}(C^*)\to H^{q+1}(\overline{C}^*)$ 下, σ 在 $H^q(C^*)$ 中的上同调类被映射到 $H^{q+1}(\overline{C}^*)$ 中. 另一方面, 可以首先把 σ 映射到 $\bar{\sigma} \in \overline{E}^q$, 然后提升回 $\tilde{\bar{\sigma}} \in \overline{D}^q$, 再映射到 $\mathrm{d}(\tilde{\bar{\sigma}}) \in \overline{D}^{q+1}$, 继而提升回 $\bar{\sigma}' \in \overline{C}^{q+1}$. 那么 $\bar{\sigma}'$ 是 $\overline{C}^{q+1}$ 中的一个上闭链, 它代表 $H^{q+1}(\overline{C}^*)$ 中的一个上同调类, 而 σ 的上同调类在复合映射 $H^q(E^*)\to H^q(\overline{E}^*)\xrightarrow{\ \partial\ } H^{q+1}(\overline{C}^*)$ 下被映射到 $H^{q+1}(\overline{C}^*)$ 中. 为证明(3), 只需验证 $\overline{\sigma'}-\bar{\sigma}'$ 是一个上边缘. 由于 $\tilde{\sigma} \in D^q$ 映射成元素 $\bar{\tilde{\sigma}} \in \bar{D}^q$, 并且 $\bar{D}^q$ 的元素 $\bar{\tilde{\sigma}}$ 和 $\tilde{\bar{\sigma}}$ 都映射成 $\bar{\sigma} \in \overline{E}^q$, 因此有一个元素 $\gamma \in \overline{C}^q$ 被映射成 $(\bar{\tilde{\sigma}}-\tilde{\bar{\sigma}})$. 容易验证 $\mathrm{d}\gamma = \overline{\sigma'}-\bar{\sigma}'$, 这就完成了命题 5.17 的证明.

几经尝试之后读者就会发现, 这些通过“图表追踪”所进行的证明虽然冗长, 但却完全成为例行程序. 今后将把所有这种证明都留作习题.

3　公理化层上同调

5.18　定义　关于 M 的一种系数在 M 上的 K 模层中的层上同调论 $\mathscr{H}$ 由下列内容组成:

(I) 对于每一个层 $\mathcal{S}$ 和每个整数 q 有一个 K 模 $H^q(M,\mathcal{S})$.

(II) 对于每个整数 q 和每个层同态 $\mathcal{S}\to\mathcal{S}'$ 有一个模同态 $H^q(M,\mathcal{S})\to H^q(M,\mathcal{S}')$.

(III) 对于每个整数 q 和每个短正合序列 $0\to\mathcal{S}'\to\mathcal{S}\to\mathcal{S}''\to 0$ 有一个模同态 $H^q(M,\mathcal{S}'')\to H^{q+1}(M,\mathcal{S}')$.

而且使得下列性质(a)~(f)成立:

(a) 对于 $q<0$ ，$H^q(M,\mathcal{S})=0$ ，而且有一个同构 $H^0(M,\mathcal{S})\cong\Gamma(\mathcal{S})$ 使得下列图表对于每个同态 $\mathcal{S}\to\mathcal{S}'$ 都是交换的:

$$\begin{array}{ccc} H^0(M,\mathcal{S}) & \cong & \Gamma(\mathcal{S}) \\ \downarrow & & \downarrow \\ H^0(M,\mathcal{S}') & \cong & \Gamma(\mathcal{S}'). \end{array}$$

(b) 若 $\mathcal{S}$ 是一个优层, 则对于所有 $q>0$, $H^q(M,\mathcal{S})=0$.

(c) 如果 $0\to\mathcal{S}'\to\mathcal{S}\to\mathcal{S}''\to 0$ 是正合的, 那么下列序列也是正合的:

$$\cdots\to H^q(M,\mathcal{S}')\to H^q(M,\mathcal{S})\to H^q(M,\mathcal{S}'')\to H^{q+1}(M,\mathcal{S}')\to\cdots.$$

(d) 恒等同态 $\mathrm{id}:\mathcal{S}\to\mathcal{S}$ 诱导出恒等同态 $\mathrm{id}:H^q(M,\mathcal{S})\to H^q(M,\mathcal{S})$.

(e) 如果图表

$$\begin{array}{ccc} \mathcal{S} & \longrightarrow & \mathcal{S}' \\ & \searrow & \downarrow \\ & & \mathcal{S}'' \end{array}$$

交换, 那么对于每个 q,下列图表交换:

$$\begin{array}{ccc} H^q(M,\mathcal{S}) & \longrightarrow & H^q(M,\mathcal{S}') \\ & \searrow & \downarrow \\ & & H^q(M,\mathcal{S}''). \end{array}$$

(f) 对于层的每个短正合序列同态,

$$\begin{array}{ccccccccc} 0 & \to & \mathcal{S}' & \to & \mathcal{S} & \to & \mathcal{S}'' & \to & 0 \\ & & \downarrow & & \downarrow & & \downarrow & & \\ 0 & \to & \mathscr{T}' & \to & \mathscr{T} & \to & \mathcal{S}'' & \to & 0, \end{array}$$

下列图表交换:

$$\begin{array}{ccc} H^q(M,\mathcal{S}'') & \longrightarrow & H^{q+1}(M,\mathcal{S}') \\ \downarrow & & \downarrow \\ H^q(M,\mathcal{T}'') & \longrightarrow & H^{q+1}(M,\mathcal{S}'). \end{array}$$

将模 $H^q(M,\mathcal{S})$ 称为关于上同调论 $\mathscr{H}$ 的、系数在层 $\mathcal{S}$ 中的、M 的第 q 个上同调模.

5.19　定义　层的正合序列

(1)
$$0\to\mathscr{A}\to\mathscr{C}_0\to\mathscr{C}_1\to\mathscr{C}_2\to\cdots$$

称为层 $\mathscr{A}$ 的一个分解. 如果每一个层 $\mathscr{C}_i$ 都是优层(或无挠层)那么分解式(1)就称为优分解(相应地, 无挠分解)†.

对于 $\mathscr{A}$ 的每个分解(1)和每一个层 $\mathcal{S}$, 都伴之以上链复形

(2)
$$\cdots\to 0\to\Gamma(\mathscr{C}_0\otimes\mathcal{S})\to\Gamma(\mathscr{C}_1\otimes\mathcal{S})\to\Gamma(\mathscr{C}_2\otimes\mathcal{S})\to\cdots$$

并把(2)记为 $\Gamma(\mathscr{C}^*\otimes\mathcal{S})$. 对于 $q\geqslant 0$, q 维上链模是 $\Gamma(\mathscr{C}_q\otimes\mathcal{S})$, 而对于 $q<0$, q 维上链模是零模. 仔细注意, 这个上链复形不包含模 $\Gamma(\mathscr{A}\otimes\mathcal{S})$, 序列(2)中的同态是由同态 $\mathscr{C}_i\otimes\mathcal{S}\to\mathscr{C}_{i+1}\otimes\mathcal{S}$ 诱导的, 而同态 $\mathscr{C}_i\otimes\mathcal{S}\to\mathscr{C}_{i+1}\otimes\mathcal{S}$ 是(1)中的同态与 $\mathrm{id}:\mathcal{S}\to\mathcal{S}$ 的张量积. 序列(1)的正合性蕴涵着在

(3)
$$\cdots\to 0\to\mathscr{C}_0\otimes\mathcal{S}\to\mathscr{C}_1\otimes\mathcal{S}\to\mathscr{C}_2\otimes\mathcal{S}\to\cdots$$

中, 每个同态的象包含在下一个同态的核中, 而这又蕴涵着(2)的确是一个上链复形.

当同态 $\mathcal{S}\to\mathcal{S}'$ 与层 $\mathscr{C}_i$ 的恒等同态作张量积时就得出同态 $\mathscr{C}_i\otimes\mathcal{S}\to\mathscr{C}_i\otimes\mathcal{S}'$. 这些同态又诱导出同态 $\Gamma(\mathscr{C}_i\otimes\mathcal{S})\to\Gamma(\mathscr{C}_i\otimes\mathcal{S}')$, 它们与相应上链复形的上边缘同态交换并由此决定一个上链映射

(4)
$$\Gamma(\mathscr{C}^*\otimes\mathcal{S})\to\Gamma(\mathscr{C}^*\otimes\mathcal{S}').$$

5.20　上同调论的存在性　下面将证明常层 $\mathscr{K}=M\times K$ 的每个无挠优分解

(1)
$$0\to\mathscr{K}\to\mathscr{C}_0\to\mathscr{C}_1\to\mathscr{C}_2\to\cdots$$

规范地决定 M 的一种系数在 M 上的 K 模层中的上同调论. 这种分解的存在性将在后面讨论经典同调论的各节中予以充分说明. 尤其是可见 5.26(7)和(11). 因此可以假定已经给出了一个无挠优分解(1), 那么可以得出一种上同调论如下:

(I) 对于一个层 $\mathcal{S}$ 和每一个整数, 伴之以上链复形 $\Gamma(\mathscr{C}^*\otimes\mathcal{S})$ 的第 q 个上同调模, 即置

$$H^q(M,\mathcal{S})=H^q(\Gamma(\mathscr{C}^*\otimes\mathcal{S})).$$

† fine resolution 一词在《新英汉数学词汇》中译为“细分解”, 但那是从拓扑意义上按照拓扑的粗细来说的; 在这里是指分解序列(1)中的层为优层, 故我们认为译作“优(层)分解”为宜. ——译者

(II) 对于每个同态 $\mathcal{S} \to \mathcal{S}'$ 和每个整数，伴之以同态 $H^q(M,\mathcal{S}) \to H^q(M,\mathcal{S}')$，根据 5.16(4)，这个同态是由 5.19(4)的上链映射 $\Gamma(\mathscr{C}^* \otimes \mathcal{S}) \to \Gamma(\mathscr{C}^* \otimes \mathcal{S}')$ 诱导的.

(III) 鉴于定理 5.15 和 $\mathscr{C}_i$ 是无挠优层的事实，每个层的短正合序列

$$0 \to \mathcal{S}' \to \mathcal{S} \to \mathcal{S}'' \to 0$$

诱导上链映射的短正合序列

$$0 \to \Gamma(\mathscr{C}^* \otimes \mathcal{S}') \to \Gamma(\mathscr{C}^* \otimes \mathcal{S}) \to \Gamma(\mathscr{C}^* \otimes \mathcal{S}'') \to 0,$$

根据 5.17(1)，有一个伴随于该序列的同态 $H^q(\Gamma(\mathscr{C}^* \otimes \mathcal{S}'')) \to H^{q+1}(\Gamma(\mathscr{C}^* \otimes \mathcal{S}'))$. 由定义，这就是伴随于短正合序列 $0 \to \mathcal{S}' \to \mathcal{S} \to \mathcal{S}'' \to 0$ 和整数 q 的同态 $H^q(M,\mathcal{S}'') \to H^{q+1}(M,\mathcal{S}')$.

上同调论的公理 5.18(d)被满足立即成为一个明显的事实. 紧接在 5.16(4)后面的评注蕴涵着公理(e)被满足. 公理(c)和(f)是命题 5.17 的推论.

令 $\mathscr{Z}_q$ 是 $\mathscr{C}_q \to \mathscr{C}_{q+1}$ 的核. 那么从(1)的正合性可知

(2) $$0 \to \mathscr{Z}_q \to \mathscr{C}_q \to \mathscr{Z}_{q+1} \to 0$$

是正合的，又因为 $\mathscr{Z}_q$ 是无挠层 $\mathscr{C}_q$ 的一个子层，那么 $\mathscr{Z}_q$ 也是无挠的. 从定理 5.15 可知，对于任何层 $\mathcal{S}$，序列

(3) $$0 \to \mathscr{Z}_q \otimes \mathcal{S} \to \mathscr{C}_q \otimes \mathcal{S} \to \mathscr{Z}_{q+1} \otimes \mathcal{S} \to 0$$

是正合的；并且从(3)和 5.11(2)，得到正合序列

(4) $$0 \to \Gamma(\mathscr{Z}_q \otimes \mathcal{S}) \to \Gamma(\mathscr{C}_q \otimes \mathcal{S}) \to \Gamma(\mathscr{Z}_{q+1} \otimes \mathcal{S}).$$

特别地，$\Gamma(\mathscr{Z}_q \otimes \mathcal{S}) \to \Gamma(\mathscr{C}_q \otimes \mathcal{S})$ 是一个内射，因此由于同态

(5) $$\Gamma(\mathscr{C}_q \otimes \mathcal{S}) \to \Gamma(\mathscr{C}_{q+1} \otimes \mathcal{S})$$

是复合同态

(6) $$\Gamma(\mathscr{C}_q \otimes \mathcal{S}) \to \Gamma(\mathscr{Z}_{q+1} \otimes \mathcal{S}) \to \Gamma(\mathscr{C}_{q+1} \otimes \mathcal{S}),$$

所以从(4)可知，(5)的核就是 $\Gamma(\mathscr{C}_q \otimes \mathcal{S})$ 的子模 $\Gamma(\mathscr{Z}_q \otimes \mathcal{S})$. 因而对于 $q \geqslant 0$,

(7) $$H^q(M,\mathcal{S}) = H^q(\Gamma(\mathscr{C}^* \otimes \mathcal{S})) = \Gamma(\mathscr{Z}_q \otimes \mathcal{S}) / \operatorname{Im}(\Gamma(\mathscr{C}_{q-1} \otimes \mathcal{S})).$$

于是若 $\mathcal{S}$ 恰好是一个优层，那么根据定理 5.15，整个序列

(8) $$0 \to \Gamma(\mathscr{Z}_{q-1} \otimes \mathcal{S}) \to \Gamma(\mathscr{C}_{q-1} \otimes \mathcal{S}) \to \Gamma(\mathscr{Z}_q \otimes \mathcal{S}) \to 0$$

是正合的; 而且(8)连同(7)就蕴涵着对于 $q>0$,

$$H^q(M,\mathcal{S})=0\,.$$

因而公理(b)满足.

最后, 显然对于 $q<0$, $H^q(M,\mathcal{S})=0$,而且对 $q=0$ 同构

(9) $$\mathscr{K}\to\mathscr{Z}_0\subset\mathscr{C}_0$$

对于任意一个层 $\mathcal{S}$ 都诱导一个同构

(10) $$\mathcal{S}\cong\mathscr{K}\otimes\mathcal{S}\xrightarrow{\cong}\mathscr{Z}_0\otimes\mathcal{S}\,,$$

从而诱导一个同构

$$\Gamma(\mathcal{S})\xrightarrow{\cong}\Gamma(\mathscr{Z}_0\otimes\mathcal{S})=H^0(M,\mathcal{S})\,,$$

显然它对于每个同态 $\mathcal{S}\to\mathcal{S}'$ 都满足

$$\begin{array}{ccc}\Gamma(\mathcal{S}) & \cong & H^0(M,\mathcal{S})\\ \downarrow & & \downarrow\\ \Gamma(\mathcal{S}') & \cong & H^0(M,\mathcal{S}').\end{array}$$

因而公理(a)满足.

5.21　定义　令 $\mathscr{H}$ 和 $\widetilde{\mathscr{H}}$ 是 M 的两种系数在 M 上的 K 模层中的层上同调论. 上同调论 $\mathscr{H}$ 到上同调论 $\widetilde{\mathscr{H}}$ 的同态是指对于每个层 $\mathcal{S}$ 和每个整数 q 都有一个同态

(1) $$H^q(M,\mathcal{S})\to\widetilde{H}^q(M,\mathcal{S})$$

并且使得下列条件成立:

(a) 对于 $q=0$, 图表

$$\begin{array}{ccc}H^0(M,\mathcal{S}) & \cong & \Gamma(\mathcal{S})\\ \downarrow & & \downarrow\\ \widetilde{H}^0(M,\mathcal{S}) & \cong & \Gamma(\mathcal{S})\end{array}$$

交换.

(b) 对于每个同态 $\mathcal{S}\to\mathscr{T}$ 和每个整数 q, 图表

$$\begin{array}{ccc}H^q(M,\mathcal{S}) & \to & H^q(M,\mathscr{T})\\ \downarrow & & \downarrow\\ \widetilde{H}^q(M,\mathcal{S}) & \to & \widetilde{H}^q(M,\mathscr{T})\end{array}$$

交换.

(c) 对于层的每个短正合序列

$$0 \to \mathscr{R} \to \mathcal{S} \to \mathscr{T} \to 0\,,$$

对每个整数 q, 下列图表交换:

$$\begin{array}{ccc} H^q(M,\mathscr{T}) & \xrightarrow{\partial} & H^{q+1}(M,\mathscr{R}) \\ \downarrow & & \downarrow \\ \widetilde{H}^q(M,\mathscr{T}) & \xrightarrow{\partial} & \widetilde{H}^{q+1}(M,\mathscr{R}). \end{array}$$

同构 $\mathscr{H} \to \widetilde{\mathscr{H}}$ 是指这样一个同态, 其中每个同态 $H^q(M,\mathcal{S}) \to \widetilde{H}^q(M,\mathcal{S})$ 都是同构. $\mathscr{H}$ 到其自身的恒等同态是这样一个同态 $\mathscr{H} \to \mathscr{H}$, 它对于每个层 $\mathcal{S}$ 和每个整数 q 指派恒等同态 $H^q(M,\mathcal{S}) \to H^q(M,\mathcal{S})$.

下面要证明在 M 上的任何两个层上同调论之间有唯一的一个同态. 可是, 首先需要引进一个层 $\mathcal{S}$ 的不连续截面的芽层的概念.

5.22 $\mathcal{S}$ 的不连续截面的芽层 令 $\mathcal{S}$ 是 M 上的一个层. 用 $\mathcal{S}$ 在开集 $U \subset M$ 上的不连续截面这一术语来指任何连续或不连续映射 $f: U \to \mathcal{S}$ 使得 $\pi \circ f = \mathrm{id}$. 对每个开集 $U \subset M$ 指派 $\mathcal{S}$ 在 U 上的所有不连续截面组成的模则得到一个预层, 它的伴随层 $\mathcal{S}_0$ 被称为 $\mathcal{S}$ 的不连续截面的芽层.

我们所需要的 $\mathcal{S}_0$ 的重要性质为 $\mathcal{S}_0$ 总是一个优层. 为使 $\{U_i\}$ 是 M 的一个局部有限的开覆盖. 可选取一个加细 $\{V_i\}$ 使得对每个 $i, \bar{V}_i \subset U_i$ (第 1 章习题 3, 至于在一般仿紧 Hausdorff 空间上的这样一个加细, 见文献[13]的第 5 章, 问题 V(a)). 使 M 的每一点都伴随一个包含该点的集合 V_i, 然后再对每个 i 定义 M 上的一个函数 φ_i 使之在所有与 V_i 相伴的点上取值为 1, 而在别处取值为 0. 由此可得 $\mathrm{supp}\varphi_i \subset U_i$ 且 $\sum \varphi_i \equiv 1$. 通过对 $\mathcal{S}$ 在一个开集 $U \subset M$ 上的每个不连续截面 s 和每个 $m \in U$ 定义

$$\tilde{l}_i(s)(m) = \varphi_i(m)s(m) \tag{1}$$

而使 $\mathcal{S}$ 的不连续截面的预层的一个自同态 $\tilde{l}_i$ 与 φ_i 相伴. 预层的自同态 $\tilde{l}_i$ 诱导 $\mathcal{S}$ 的不连续截面的芽层 $\mathcal{S}_0$ 的自同态 l_i. 由此立即得知 $\{l_i\}$ 构成 $\mathcal{S}_0$ 的一个从属于 M 的局部有限覆盖 $\{U_i\}$ 的单位分解. 因而正如所断言的那样, $\mathcal{S}_0$ 是一个优层.

从 $\mathcal{S}$ 到 $\mathcal{S}_0$ 有一个自然内射, 即茎 $\mathcal{S}_m$ 的每一个元素是在 m 的某个邻域上定义的 $\mathcal{S}$ 的一个(连续)截面 s 在 m 点的值, 而且把 $s(m)$ 映射到 $\mathcal{S}_0$ 中 s 在 m 点的芽. 如果令 $\overline{\mathcal{S}}$ 表示商层 $\mathcal{S}_0/\mathcal{S}$, 那么就对每个层 $\mathcal{S}$ 构造了一个短正合序列

$$0 \to \mathcal{S} \to \mathcal{S}_0 \to \overline{\mathcal{S}} \to 0\,, \tag{2}$$

其中, 中间的一个层是优层.

5.23 定理 令 $\mathscr{H}$ 和 $\widetilde{\mathscr{H}}$ 都是 M 的、系数在 M 上的 K 模层中的上同调论，那么存在唯一的一个从 $\mathscr{H}$ 到 $\widetilde{\mathscr{H}}$ 的同态.

证明 先证唯一性. 假设有 $\mathscr{H}$ 到 $\widetilde{\mathscr{H}}$ 的同态，并且令层 $\mathcal{S}$ 是给定的. 那么从适用于正合序列 5.22(2)的公理 5.18 和 5.21，并且回想到 5.22(2)中的 $\mathcal{S}_0$ 是优层，即可得出下列交换图表:

(1)
$$\begin{array}{ccccccc}
\Gamma(\mathcal{S}_0) & \to & \Gamma(\overline{\mathcal{S}}) & \to & H^1(M,\mathcal{S}) & \to & 0 \\
\downarrow{\scriptstyle \mathrm{id}} & & \downarrow{\scriptstyle \mathrm{id}} & & \downarrow & & \\
\Gamma(\mathcal{S}_0) & \to & \Gamma(\overline{\mathcal{S}}) & \to & \widetilde{H}^1(M,\mathcal{S}) & \to & 0;
\end{array}$$

并且对于每个 $q\geqslant 2$，有交换图表

(2)
$$\begin{array}{ccccccc}
0 & \to & H^{q-1}(M,\overline{\mathcal{S}}) & \to & H^q(M,\mathcal{S}) & \to & 0 \\
 & & \downarrow & & \downarrow & & \\
0 & \to & \widetilde{H}^{q-1}(M,\overline{\mathcal{S}}) & \to & \widetilde{H}^q(M,\mathcal{S}) & \to & 0.
\end{array}$$

注意到，无论在(1)中还是在(2)中所有行序列都是正合的. 现在同态 5.21(1)的唯一性，对于 $q=0$,可从 5.21(a)得出；对于 $q=1$，可从式(1)得出；而对于 $q>1$，可从式(2)归纳地得出.

下面证明从上同调论 $\mathscr{H}$ 到上同调论 $\widetilde{\mathscr{H}}$ 的同态的存在性. 用 5.21(a)来定义 q=0 的同态，并且由此立即得知对于 $q=0$ 的情况 5.21(b)满足. 对于 $q=1$，用(1)定义同态(5.21)(1). 对于 $q>1$，用(2)进行归纳定义. 为了证明这确实定义一个从 $\mathscr{H}$ 到 $\widetilde{\mathscr{H}}$ 的同态，剩下要证明的是 5.21(b)对 $q>0$ 成立和 5.21(c)对所有 q 成立.

对于 $q=1$, 5.21(b)可以从下列由(1)的两个拷贝而构造出的格来得出:

(3)

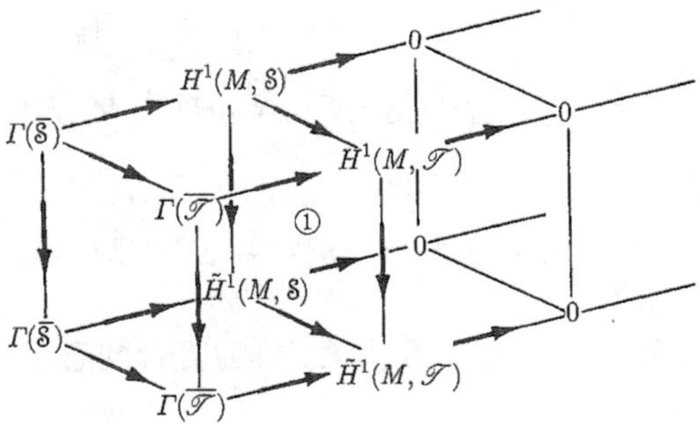

在这个格中,右侧面①的交换性是由事先假定的其他所有面的交换性所导致的,而对于 $q>1$, 5.21(b)可从由(2)构造的类似的格归纳地得出.

至于 5.21(c)，假设短正合序列

(4)
$$0 \to \mathscr{R} \to \mathbb{S} \to \mathscr{T} \to 0$$

是给定的. 令 $\mathscr{R}_0$ 和 $\mathbb{S}_0$ 分别是 $\mathscr{R}$ 和 $\mathbb{S}$ 的不连续截面的芽层. 复合映射 $\mathscr{R} \to \mathbb{S} \to \mathbb{S}_0$ 是从 $\mathscr{R}$ 到 $\mathbb{S}_0$ 中的内射, 令 $\mathscr{G}$ 是商层 $\mathbb{S}_0/\mathscr{R}$. 像在 5.22 节那样, 令 $\overline{\mathscr{R}} = \mathscr{R}_0/\mathscr{R}$. 那么就有唯一确定的同态 $\mathscr{T} \to \mathscr{G}$ 和 $\overline{\mathscr{R}} \to \mathscr{G}$ 使得下列图表交换, 其中各行序列都是正合的:

(5)
$$\begin{array}{ccccccccc}
0 \to & \mathscr{R} & \to & \mathbb{S} & \to & \mathscr{T} & \to 0 \\
& \downarrow \mathrm{id} & & \downarrow & & \downarrow & \\
0 \to & \mathscr{R} & \to & \mathbb{S}_0 & \to & \mathscr{G} & \to 0 \\
& \uparrow \mathrm{id} & & \uparrow & & \uparrow & \\
0 \to & \mathscr{R} & \to & \mathscr{R}_0 & \to & \overline{\mathscr{R}} & \to 0.
\end{array}$$

从适用于(5)的上同调公理 5.18 可得交换图表

(6)
$$\begin{array}{ccccccc}
\cdots \to & \Gamma(\mathbb{S}) & \to & \Gamma(\mathscr{T}) & \to & H^1(M,\mathscr{R}) & \to \cdots \\
& \downarrow & & \downarrow & & \downarrow \mathrm{id} & \\
\cdots \to & \Gamma(S_0) & \to & \Gamma(\mathscr{G}) & \to & H^1(M,\mathscr{R}) & \to 0 \\
& \uparrow & & \uparrow & & \uparrow \mathrm{id} & \\
\cdots \to & \Gamma(\mathscr{R}_0) & \to & \Gamma(\overline{\mathscr{R}}) & \to & H^1(M,\mathscr{R}) & \to 0
\end{array}$$

和(对 $q \geqslant 1$)

(7)
$$\begin{array}{ccccc}
\cdots \to H^q(M,\mathbb{S}) \to & H^q(M,\mathscr{T}) & \longrightarrow & H^{q+1}(M,\mathscr{R}) & \to \cdots \\
& \downarrow & & \downarrow \mathrm{id} & \\
0 \to & H^q(M,\mathscr{G}) & \xrightarrow{\cong} & H^{q+1}(M,\mathscr{R}) & \to 0 \\
& \uparrow \cong & & \uparrow \mathrm{id} & \\
0 \to & H^q(M,\overline{\mathscr{R}}) & \xrightarrow{\cong} & H^{q+1}(M,\mathscr{R}) & \to 0.
\end{array}$$

从图表(6)可知, 同态 $H^0(M,\mathscr{T}) \to H^1(M,\mathscr{R})$ 为复合同态

(8) $$H^0(M,\mathscr{T}) \xrightarrow{\cong} \Gamma(\mathscr{T}) \to \Gamma(\mathscr{G})/\operatorname{Im}\Gamma(\mathbb{S}_0) \xleftarrow{\cong} \Gamma(\overline{\mathscr{R}})/\operatorname{Im}\Gamma(\mathscr{R}_0) \xrightarrow{\cong} H^1(M,\mathscr{R}),$$

而且从图表(7)可知, 对于 $q \geqslant 1$, 同态 $H^q(M,\mathscr{T}) \to H^{q+1}(M,\mathscr{R})$ 是复合同态.

(9)
$$H^q(M,\mathscr{T}) \to H^q(M,\mathscr{G}) \xleftarrow{\cong} H^q(M,\overline{\mathscr{R}}) \xrightarrow{\cong} H^{q+1}(M,\mathscr{R}).$$

从式(8)和上同调理论 $\widetilde{\mathscr{H}}$ 的相应序列得到图表

(10)
$$\begin{array}{ccccccccc} H^0(M,\mathscr{T}) & \xrightarrow{\cong} & \Gamma(\mathscr{T}) & \to & \Gamma(\mathscr{G})/\operatorname{Im}\Gamma(\mathscr{S}_0) & \xleftarrow{\cong} & \Gamma(\overline{\mathscr{R}})/\operatorname{Im}\Gamma(\mathscr{R}_0) & \xrightarrow{\cong} & H^1(M,\mathscr{R}) \\ \downarrow & & \downarrow \text{id} & & \downarrow \text{id} & & \downarrow \text{id} & & \downarrow \\ \widetilde{H}^0(M,\mathscr{T}) & \xrightarrow{\cong} & \Gamma(\mathscr{T}) & \to & \Gamma(\mathscr{G})/\operatorname{Im}\Gamma(\mathscr{S}_0) & \xleftarrow{\cong} & \Gamma(\overline{\mathscr{R}})/\operatorname{Im}\Gamma(\mathscr{R}_0) & \xrightarrow{\cong} & H^1(M,\mathscr{R}), \end{array}$$

其中，由同态 $H^0(M,\mathscr{T}) \to \widetilde{H}^0(M,\mathscr{T})$ 和 $H^1(M,\mathscr{R}) \to \widetilde{H}^1(M,\mathscr{R})$ 的定义，第一个方块和最后一个方块是交换的，而中间两个方块可交换是平凡的. 因而对于 $q=0$, 5.21(c)得证. 从式(9)和上同调理论 $\widetilde{\mathscr{H}}$ 中的相应序列能够得到图表

(11)
$$\begin{array}{ccccccc} H^q(M,\mathscr{T}) & \to & H^q(M,\mathscr{G}) & \xleftarrow{\cong} & H^q(M,\overline{\mathscr{R}}) & \xrightarrow{\cong} & H^{q+1}(M,\mathscr{R}) \\ \downarrow & & \downarrow & & \downarrow & & \downarrow \\ \widetilde{H}^q(M,\mathscr{T}) & \to & \widetilde{H}^q(M,\mathscr{G}) & \xleftarrow{\cong} & \widetilde{H}^q(M,\overline{\mathscr{R}}) & \xrightarrow{\cong} & \widetilde{H}^{q+1}(M,\mathscr{R}), \end{array}$$

其中，由同态 $H^{q+1}(M,\mathscr{R}) \to \widetilde{H}^{q+1}(M,\mathscr{R})$ 的定义，最后一个方块是交换的；再由 5.21(b)，前两个方块都是交换的. 因而对于 $q\geqslant 1$, 5.21(c)成立. 于是定理 5.23 的证明全部完成.

系　从上同调论 $\mathscr{H}$ 到上同调论 $\widetilde{\mathscr{H}}$ 的同态必定是一个同构. 反之，M 的任何两个系数在 M 上的 K 模层中的上同调论是唯一同构的.

证明　假设已给同态 $\mathscr{H} \to \widetilde{\mathscr{H}}$. 由定理 5.23，必定存在一个同态 $\widetilde{\mathscr{H}} \to \mathscr{H}$. 由唯一性，复合映射 $\mathscr{H} \to \widetilde{\mathscr{H}} \to \mathscr{H}$ 必然是 $\mathscr{H}$ 上的恒等同态. 类似地，复合映射 $\widetilde{\mathscr{H}} \to \mathscr{H} \to \widetilde{\mathscr{H}}$ 一定是 $\widetilde{\mathscr{H}}$ 上的恒等同态. 由此可知，同态 $\mathscr{H} \to \widetilde{\mathscr{H}}$ 和 $\widetilde{\mathscr{H}} \to \mathscr{H}$ 都是同构.

5.24　假设

(1)
$$\begin{array}{ccccccccccc} 0 & \to & \mathscr{K} & \to & \mathscr{C}_0 & \to & \mathscr{C}_1 & \to & \mathscr{C}_2 & \to & \cdots \\ & & \downarrow \text{id} & & \downarrow & & \downarrow & & \downarrow & & \\ 0 & \to & \mathscr{K} & \to & \widetilde{\mathscr{C}}_0 & \to & \widetilde{\mathscr{C}}_1 & \to & \widetilde{\mathscr{C}}_2 & \to & \cdots \end{array}$$

是一个交换图表，其中两个行序列都是常层 $\mathscr{K}$ 的无挠优分解. 在 5.2 节已经看到这些分解中的每一个都决定一个上同调论. 用 $\mathscr{H}$ 表示从上一行的分解得到的上同调论，用 $\widetilde{\mathscr{H}}$ 表示从下一行的分解得出的上同调论. 可以断定这两个无挠优分

解之间的“同态”(1)规范地诱导一个同态，因此由定理 5.23 的系，诱导一个同构 $\mathscr{H} \to \widetilde{\mathscr{H}}$. 对于每个层 $\mathbb{S}$，(1)诱导一个上链映射 $\Gamma(\mathscr{C}^* \otimes \mathbb{S}) \to \Gamma(\widetilde{\mathscr{C}}^* \otimes \mathbb{S})$,对于每个整数 q，从这个映射得出一个同态 $H^q(M,\mathbb{S}) \to \widetilde{H}^q(M,\mathbb{S})$. 容易证实对于上同调论的同态，公理 5.21(a)~(c)都满足. 把它留给读者作为习题. 用以得出上同调论的同态的这种方法，在 5.36 节将被用来得到一个微分流形 M 的 de Rham 上同调论和可微奇异同调论之间的一个显式同构.

5.25　定理　假设 $\mathscr{H}$ 是 M 的一个系数在 M 上的 K 模层中的上同调论. 令

(1)
$$0 \to \mathbb{S} \to \mathscr{C}_0 \to \mathscr{C}_1 \to \mathscr{C}_2 \to \cdots$$

是层 $\mathbb{S}$ 的一个优分解，那么对所有 q 都有标准同构

(2)
$$H^q(M,\mathbb{S}) \cong H^q(\Gamma(\mathscr{C}^*)).$$

证明　从序列(1)的正合性可知 $0 \to \Gamma(\mathbb{S}) \to \Gamma(\mathscr{C}_0) \to \Gamma(\mathscr{C}_1)$ 是正合的，由此得 $H^0(M,\mathbb{S}) \cong \Gamma(\mathbb{S}) \cong H^0(\Gamma(\mathscr{C}^*))$. 对于 $q \geqslant 1$，令 $\mathscr{K}_q$ 是 $\mathscr{C}_q \to \mathscr{C}_{q+1}$ 的核. 那么(1)的正合性蕴涵着对于 $q \geqslant 1$，

(3)
$$0 \to \mathscr{K}_q \to \mathscr{C}_q \to \mathscr{K}_{q+1} \to 0$$

是正合的. 并且蕴涵着

(4)
$$0 \to \mathbb{S} \to \mathscr{C}_0 \to \mathscr{K}_1 \to 0$$

是正合的. 从对于(4)的长正合上同调序列和 $\mathscr{C}_0$ 是个优层可知，对于 $q>1$ 有

(5)
$$H^q(M,\mathbb{S}) \cong H^{q-1}(M,\mathscr{K}_1)$$

和

(6)
$$H^1(M,\mathbb{S}) \cong \Gamma(\mathscr{K}_1)/\operatorname{Im}(\mathscr{C}_0) \cong H^1(\Gamma(\mathscr{C}^*)).$$

经过反复应用与(3)相伴的长正合序列以及层 $\mathscr{C}_i$ 都是优层的事实，得到对于 $q>1$，

(7)
$$\begin{aligned} H^q(M,\mathbb{S}) &\cong H^{q-1}(M,\mathscr{K}_1) \cong H^{q-2}(M,\mathscr{K}_2) \cong \cdots \\ &\cong H^1(M,\mathscr{K}_{q-1}) \cong \Gamma(\mathscr{K}_q)/\operatorname{Im}\Gamma(\mathscr{C}_{q-1}) \cong H^q(\Gamma(\mathscr{C}^*)). \end{aligned}$$

这就完成了对除了乘积结构以外的公理化层上同调论的展开论述，而对于乘积结构将在 5.42 节予以讨论. 下面将考虑一个微分流形 M 的四种上同调理论，它们分别是 Alexander-Spanier 上同调论、de Rham 上同调论、奇异上同调论和 Čech 上同调论. 鉴于定理 5.23 的系，这些理论是唯一同构的. 还将定义这些理论的经典

形式，而且证明它们与系数在常层中的层上同调是标准同构的.

4　经典上同调论

1) Alexander-Spanier 上同调

5.26　对于 Alexander-Spanier(亚历山大-斯潘尼尔)上同调论而言，M 只需是一个仿紧的 Hausdorff 空间. 令 $U \subset M$ 是开的，并且像平常一样令 K 是一个固定的主理想整环. 用 U^{p+1} 表示 U 与其自身的 $(p+1)$ 重笛卡儿积，令 $A^p(U,K)$ 表示函数 $U^{p+1} \to K$ 在点态加法之下的 K 模. 对于每个 $p \geqslant 0$，通过对每个 $f \in A^p(U,K)$ 和 $(m_0,\cdots,m_{p+1}) \in U^{p+2}$ 置

(1)
$$\mathrm{d}f(m_0,\cdots,m_{p+1}) = \sum_{i=0}^{p+1}(-1)^i f(m_0,\cdots,\hat{m}_i,\cdots,m_{p+1})$$

来定义一个同态

(2)
$$\mathrm{d}: A^p(U,K) \to A^{p+1}(U,K),$$

其中，一元素上面的符号“$\wedge$”表示该元素被删去. 验证 $\mathrm{d} \circ \mathrm{d}=0$ 只是一个简单的练习，因而对于每个 $U \subset M$，有一个上链复形

(3)
$$\cdots \to 0 \to A^0(U,K) \xrightarrow{\mathrm{d}} A^1(U,K) \xrightarrow{\mathrm{d}} A^2(U,K) \xrightarrow{\mathrm{d}} \cdots$$

将它记作 $A^*(U,K)$，并且其中的 q 维上链模对于 $q<0$ 全都被假定为零模. 如果 $V \subset U$，则 $V^{p+1} \subset U^{p+1}$，而且有一个相应的限制同态

(4)
$$\rho_{V,U}: A^p(U,K) \to A^p(V,K).$$

集族

(5)
$$\{A^p(U,K);\rho_{U,V}\}$$

构成 M 上的一个 K 模预层，称为 Alexander-Spanier p 上链的预层. 注意到，这些预层满足 5.7(C_2)，但是对于 $p \geqslant 1$，不满足 5.7(C_1).

把 Alexander-Spanier p 上链的伴随芽层记为 $\mathscr{A}^p(M,K)$，对于每一个 $p \geqslant 0$，同态 d 给出预层同态 $\{A^p(U,K);\rho_{U,V}\} \to \{A^{p+1}(U,K);\rho_{U,V}\}$，而且诱导层同态(用同一符号 d 记之):

(6)
$$\mathrm{d}: \mathscr{A}^p(M,K) \to \mathscr{A}^{p+1}(M,K) \quad (p \geqslant 0).$$

这些同态连同常层的自然内射 $\mathscr{K} \to \mathscr{A}^0(M,K)$ (它把 $k \in \mathscr{K}_m$ 映射到常函数 k 在

m 点的芽)一起给出一个序列

$$(7)\qquad 0\to\mathscr{K}\to\mathscr{A}^0(M,K)\xrightarrow{\mathrm{d}}\mathscr{A}^1(M,K)\xrightarrow{\mathrm{d}}\mathscr{A}^2(M,K)\xrightarrow{\mathrm{d}}\cdots.$$

可以断定(7)是常层 $\mathscr{K}$ 的无挠优分解. $\mathscr{A}^p(M,K)$ 的元素是 K 值函数的等价类, 而 K 是一个整环, 因此 $\mathscr{A}^p(M,K)$ 是无挠的. 为证明 $\mathscr{A}^p(M,K)$ 是一个优层, 令 $\{U_i\}$ 是 M 的一个局部有限的开覆盖, 而且(像在 5.22 节那样)取一个从属于覆盖 $\{U_i\}$ 的单位分解 $\{\varphi_i\}$, 其中各函数 φ_i 仅取值 0 或 1, 对于每个 i,通过置

$$(8)\qquad \tilde{l}_i(f)(m_0,\cdots,m_p)=\varphi_i(m_0)f(m_0,\cdots,m_p)$$

来定义 $A^p(U,K)$ 的一个自同态 $\tilde{l}_i$. 自同态 $\tilde{l}_i$ 与限制映射交换,因而决定 $\{A^p(U,K);\rho_{U,V}\}$ 的预层自同态. 令 $l_i:\mathscr{A}^p(M,K)\to\mathscr{A}^p(M,K)$ 是伴随于 $\tilde{l}_i$ 的层自同态. 那么容易得出 $\operatorname{supp}l_i\subset U_i$ 并且 $\sum l_i\equiv 1$. 因而层 $\mathscr{A}^p(M,K)$ 是优层. 直接从预层水平上的正合性可以得出(7)的正合性, 即如果 $U\subset M$ 是开的, 那么序列

$$(9)\qquad 0\to K\to A^0(U,K)\xrightarrow{\mathrm{d}}A^1(U,K)\xrightarrow{\mathrm{d}}A^2(U,K)\xrightarrow{\mathrm{d}}\cdots$$

是正合的. 这里是通过把 $k\in K$ 映射成在 U 上取常值 k 的函数而将 K 内射到 $A^0(U,K)$ 中. 序列(9)的正合性, 在 K 处和在 $A^0(U,K)$ 处是明显的; 而在别处的正合性可从下列事实得出: $\mathrm{d}\circ\mathrm{d}=0$ 并且若 $f\in A^p(U,K)$ $(p\geqslant1)$ 且 $\mathrm{d}f=0$, 那么 $f=\mathrm{d}g$, 其中, $g\in A^{p-1}(U,K)$ 是通过对某个任意的但是固定的 $m\in U$, 而由

$$(10)\qquad g(m_0,\cdots,m_{p-1})=f(m,m_0,\cdots,m_{p-1})$$

定义的. 因而(7)是 $\mathscr{K}$ 的一个无挠优分解.

常层 $\mathscr{K}$ 的无挠优分解(7)的显式表示可以完成 5.20 节关于 M 的带 K 模层系数的上同调论存在性的证明. 因而[像在 5.20(I)中那样]通过置

$$(11)\qquad H^q(M,\mathcal{S})=H^q\left(\Gamma\left(\mathscr{A}^*(M,K)\otimes\mathcal{S}\right)\right),$$

则得到一种上同调论, 而且根据定理 5.23 的系, M 的任何其他带 K 模层系数的层上同调论都是与这里得到的上同调论唯一同构的.

下面来定义 M 的系数在 K 模 G 中的 Alexander-Spanier 经典上同调模, 并且证明它们标准同构于系数在常层 $\mathscr{G}=M\times G$ 中的上同调模 $H^q(M,\mathscr{G})$. 令 $A^p(U,G)$ 表示函数 $U^{p+1}\to G$ 的 K 模, 并且类似地在结构(1)~(7)中以 G 代替 K, 以 $\mathscr{G}$ 代替 $\mathscr{K}$. 令

(12) $$A_0^p(M,G) = \{f \in A^p(M,G): \rho_{m,M}(f) = 0 \text{ 对所有 } m \in M \text{ 成立}\}.$$

回想到 $\rho_{m,M}$ 是这样一个同态，它把 $A^p(M,G)$ 的每个元素映射到该元素在伴随层 $\mathscr{A}^p(M,G)$ 在 m 点的茎中的等价类. $A_0^p(M,G)$ 是 $A^p(M,G)$ 的这样一个子模，使得扩张到这个子模，$A_0^p(M,G)$ 的测度不为零，并且扩张到这个子模，预层 $\{A^p(M,G);\rho_{U,V}\}$ 不再满足 5.7 (C_1). 同态 (1) 限制到 $A_0^p(M,G)$ 上，则其值域在 $A_0^{p+1}(M,G)$ 中，并因此导致商模同态.

(13) $$A^p(M,G)/A_0^p(M,G) \to A^{p+1}(M,G)/A_0^{p+1}(M,G).$$

对于 $p \geqslant 0$，由 (13) 给出的模和同态的序列构成一个上链复形，记为 $A^*(M,G)/A_0^*(M,G)$，而且其中对 $q<0$，q 维上链模像往常那样假定为零. M 的、系数在 K 模 G 中的、经典的 Alexander-Spanier 上同调模通过定义

(14) $$H_{A-S}^q(M;G) = H^q\left(A^*(M,G)/A_0^*(M,G)\right)$$

给出.

因为当以 G 代替 K 和以 $\mathscr{G}$ 代替 $\mathscr{K}$ 时，序列(7)是 $\mathscr{G}$ 的优分解，所以从定理 5.25 可知存在标准同构

(15) $$H^q(M,\mathscr{G}) \cong H^q(\Gamma(\mathscr{A}^*(M,G))).$$

至于存在标准同构

(16) $$H_{A-S}^q(M;G) \cong H^q(M,\mathscr{G}),$$

可从(14), (15)以及自然上链映射

(17) $$A^*(M,G)/A_0^*(M,G) \to \Gamma(\mathscr{A}^*(M,G))$$

是一个同构的事实得出. 而这又是下列命题的一个直接推论.

5.27 命题 令 $\{S_U;\rho_{U,V}\}$ 是 M 上满足 5.7 (C_2) 的一个预层，令 $\mathcal{S}$ 是伴随层. 像在 5.26(12)中那样令

(1) $$(S_M)_0 = \{s \in S_M : \rho_{m,M}(s) = 0 \text{ 对所有 } m \in M \text{ 成立}\},$$

那么序列

(2) $$0 \to (S_M)_0 \to S_M \xrightarrow{\gamma} \Gamma(\mathcal{S}) \to 0$$

是正合的.

证明 由于 γ 是把 $s \in S_M$ 映射成 $\mathcal{S}$ 的整体截面 $m \mapsto \rho_{m,M}(s)$ 的同态，所以序列 (2) 在 S_M 处的正合性是 $(S_M)_o$ 的定义的结果. 因而只需证明 γ 是满射. 令 $t \in \Gamma(\mathcal{S})$，那么有 M 的一个局部有限的开覆盖 $\{U_\alpha\}$，而且有元素 $s_\alpha \in S_{U_\alpha}$ 使得

(3) $$\gamma(s_\alpha)=t\Big|_{U_\alpha}.$$

令 $\{V_\alpha\}$ 是一个使得 $\bar{V}_\alpha\subset U_\alpha$ 的加细. 令 I_m 是那些使得 $m\in\bar{V}_\alpha$ 的所有指标 α 的(有限)集. 选取 m 的一个邻域 W_m 使得

(a) 若 $\beta\notin I_m$,则 $W_m\cap\bar{V}_\beta=\varnothing$,

(b) $W_m\subset\bigcap\limits_{\alpha\in I_m}U_\alpha$,

(c) 若 $\alpha,\alpha'\in I_m$,则 $\rho_{W_m,U_\alpha}(s_\alpha)=\rho_{W_m,U_{\alpha'}}(s_{\alpha'})$.

令 $s_m\in S_{W_m}$ 是(c)中元素的共同的象,那么对于 M 中的所有 m 和 n,

(4) $$\rho_{W_m\cap W_n,W_m}(s_m)=\rho_{W_m\cap W_n,W_n}(s_n).$$

因为令 $p\in W_m\cap W_n$, 那么从(a)可知 $I_p\subset I_m\cap I_n$, 因而令 $\alpha\in I_p$, 那么根据(c),

(5) $$s_m=\rho_{W_m,U_\alpha}(s_\alpha),\quad s_n=\rho_{W_n,U_\alpha}(s_\alpha),$$

所以,

(6) $$\rho_{W_m\cap W_n,W_m}(s_m)=\rho_{W_m\cap W_n,U_\alpha}(s_\alpha)=\rho_{W_m\cap W_n,W_n}(s_n).$$

这证明(4)成立. 从(4)和性质 5.7(C_2)可知有一个元素 $s\in S_M$ 使得

(7) $$\rho_{W_m,M}(s)=s_m.$$

于是从(7),(5)和(3)得出 $\gamma(s)=t$.

2) de Rham 上同调

5.28 本节把主理想整环 K 取为实数域 $\mathbb{R}$. 令 $U\subset M$ 为开集. U 上的 p 次微分形式构成一个实向量空间, 将它记为 $E^p(U)$. 这些实向量空间与通常限制同态 $\rho_{U,V}$ 一起构成一个预层

(1) $$\{E^p(U);\rho_{U,V}\},$$

它同时满足 5.7(C_1)和(C_2), 从而是完备的. 从外导数算子 d 得到预层同态

(2) $$\{E^p(U);\rho_{U,V}\}\xrightarrow{\ \mathrm{d}\ }\{E^{p+1}(U);\rho_{U,V}\}\quad(p\geqslant 0).$$

把 p 次微分形式的伴随芽层记为 $\mathscr{E}^p(M)$, 并且对于由(2)诱导的层同态, 仍保留符号 d. 通过把 $a\in\mathscr{R}_m$ 映射到取常值 a 的函数在 m 点的芽, 常层 $\mathscr{R}=M\times\mathbb{R}$ 能被自然地内射到 $\mathscr{E}^0(M)$ 中. 从而有一个序列

(3) $$0\to\mathscr{R}\to\mathscr{E}^0(M)\xrightarrow{\ \mathrm{d}\ }\mathscr{E}^1(M)\xrightarrow{\ \mathrm{d}\ }\mathscr{E}^2(M)\xrightarrow{\ \mathrm{d}\ }\cdots.$$

可以断定(3)是常层 $\mathscr{R}$ 的一个无挠优分解. 可以构造出层 $\mathscr{E}^p(M)$ 的单位分解, 恰似在 5.10 节构造 $\mathscr{E}^\infty(M)=\mathscr{E}^0(M)$ 的单位分解那样. 因而各个层 $\mathscr{E}^p(M)$ 都是优层. 它们肯定是无挠的, 因为它们都是实向量空间层. 序列(3)在 $\mathscr{R}$ 处和在 $\mathscr{E}^0(M)$ 处显然是正合的. 因为外导数算子满足 $\mathrm{d}\circ\mathrm{d}=0$, 所以对(3)中层同态有同样的结果成立, 因此每个同态的象包含在下一个同态的核中, 实际上这个序列是正合的, 且因此是一个分解, 这是 Poincaré引理 4.18 的系的一个推论. 稍后将返回分解(3), 首先对 Poincaré 引理的构造作些说明.

5.29　评注　Poincaré 引理 4. 18 中的算子族 h_k 在上链复形的上同调论中是一个非常有用的工具, 称为同伦算子. 后面将会有更多的机会使用这种算子, 它们一般会在下列情况出现. 假设有上链复形 C^* 和 D^* 之间的两个上链映射, 分别称为 f 和 g, 并且假设我们要证明 f 和 g 诱导上同调模的相同的同态. 如果能够求出 f 和 g 的同伦算子, 即同态 $h_k: C^k\to D^{k-1}$ 使得在 C^k 上,

$$h_{k+1}\circ\mathrm{d}+\mathrm{d}\circ h_k=f_k-g_k$$

(其中, d 既表示 C^* 中的上边缘算子也表示 D^* 中的上边缘算子),那么这个结论成立. 因为那时若 $\sigma\in C^k$ 是一个上闭链, 那么 $f_k(\sigma)=g_k(\sigma)$ 在至多相差一个上边缘的意义上成立, 因此 $f_k(\sigma)$ 和 $g_k(\sigma)$ 在同一个上同调类中. 在 Poincaré 引理中, (对 $k\geqslant 1$)求出了上链复形

$$\cdots\to 0\to E^0(U)\xrightarrow{\mathrm{d}}E^1(U)\xrightarrow{\mathrm{d}}E^2(U)\xrightarrow{\mathrm{d}}\cdots$$

的恒等上链映射与零上链映射之间的同伦算子, 其中, U 是 Euclid 空间的开单位球. 所以对 $k\geqslant 1$,这个上链复形的所有上同调群全都为零.

5.30　由于序列 5.28(3)是正合的, 因此它是常层 $\mathscr{R}$ 的一个无挠优分解, 根据 5.20 节, 通过对 $q\geqslant 0$ 和对 M 上的实向量空间层 $\mathscr{T}$, 置

$$H^q(M,\mathscr{T})=H^q\Big(\Gamma(\mathscr{E}^*(M)\otimes\mathscr{T})\Big),\tag{1}$$

则分解 5.28(3)产生 M 的一个系数在实向量空间层中的上同调论. 鉴于定理 5.23 的系, 这种上同调论一定同构于用 5.26 式(11)所建立的上同调论.

若把 $\mathscr{T}$ 取为常层 $\mathscr{R}$, 那么

$$H^q(M,\mathscr{R})=H^q(\Gamma(\mathscr{E}^*(M)\otimes\mathscr{R}))\cong H^q(\Gamma(\mathscr{E}^*(M))).\tag{2}$$

考虑上链复形 $\Gamma(\mathscr{E}^*(M))$:

$$\cdots\to 0\to\Gamma(\mathscr{E}^0(M))\to\Gamma(\mathscr{E}^1(M))\to\Gamma(\mathscr{E}^2(M))\to\cdots\tag{3}$$

和上链复形 $E^*(M)$:

(4) $$\cdots \to 0 \to E^0(M) \xrightarrow{\mathrm{d}} E^1(M) \xrightarrow{\mathrm{d}} E^2(M) \xrightarrow{\mathrm{d}} \cdots.$$

鉴于预层 $\{E^q(U); \rho_{U,V}\}$ 是完备的, 因而从命题 5.8 可知(或者在此特殊情况下容易直接看出), 自然同态

(5) $$E^p(M) \to \Gamma(\mathscr{E}^p(M))$$

都是同构. 因为同态(5)分别与上链复形(3)和(4)的上边缘交换, 所以它们诱导一个上链映射 $E^*(M) \to \Gamma(\mathscr{E}^*(M))$, 这是上链复形的同构. 因而有标准同构

(6) $$H^q(\Gamma(\mathscr{E}^*(M))) \cong H^q(E^*(M)).$$

但是 $H^q(E^*(M))$ 是用 4.13 式(1)引入的 M 的第 q 个经典的 de Rham 上同调群 $H^q_{\mathrm{de\ R}}(M)$, 即(那些被 d 零化的)q 次闭形式的向量空间模(那些在 d 的象中的)q 次恰当形式的向量空间所得的商. 因而从(2)和(6)得到标准同构

(7) $$H^q(M, \mathscr{R}) \cong H^q_{\mathrm{de\ R}}(M).$$

3) 奇异上同调

5.31 本节仍然将 K 取为一个任意的主理想整环, 并且令 $U \subset M$ 是开集. 在 4.6 节为了流形上的积分理论曾经引入过可微奇异单形. 现在需要连续奇异单形. 下面来回顾定义. 回想到对于每个整数 $p \geqslant 1$, 令

(1) $$\Delta^p = \{(a_1, \cdots, a_p) \in \mathbb{R}^p: \text{每个 } a_i \geqslant 0 \text{ 且} \sum_{i=1}^{p} a_i \leqslant 1\}.$$

Δ^p 称为 $\mathbb{R}^p$ 中的标准 p 单形. 对于 p=0, 令 Δ^0 等于单点空间$\{0\}$, 那么 Δ^0 是标准 0 单形. U 中的一个(连续)奇异 p 单形 σ 是一个连续映射 $\sigma: \Delta^p \to U$, 若 $p \geqslant 1$, 那么定义 U 中的一个可微奇异 p 单形是一个奇异 p 单形 σ, 而且它能扩张成从 Δ^p 在 $\mathbb{R}^p$ 中的一个邻域到 U 中的一个可微(C^∞)映射.

令 $S_p(U)$ 表示由 U 中的奇异 p 单形生成的自由 Abel 群, 并将 $S_p(U)$ 中的元素称为带整系数的奇异 p 链. 如果 σ 是 U 中的一个奇异 p 单形且 $p \geqslant 1$, 那么就像在 4.6(4)中那样, 把它的边缘定义为奇异$(p-1)$链

(2) $$\partial\sigma = \sum_{i=0}^{p} (-1)^i \sigma^i,$$

其中, σ^i 是 σ 的第 i 个面[见 4.6(3)]. 对于 $p \geqslant 1$, 边缘算子能够扩张成一个从

$S_p(U)$ 到 $S_{p-1}(U)$ 中的同态，并且[像在 4.6(7)中那样]满足

(3) $$\partial \circ \partial = 0.$$

令 $S^p(U,K)$ 表示一个 K 模，它是由对 U 的每个奇异 p 单形指派 K 的一个元素的函数 f 组成的. 把这样一个 f 称为 U 上的一个奇异 p 上链. 模 $S^p(U,K)$ 中的数乘和加法定义为

(4) $$\begin{cases}(kf)(\sigma) = k\big(f(\sigma)\big), \\ (f+g)(\sigma) = f(\sigma) + g(\sigma).\end{cases}$$

$S^p(U,K)$ 中的每个上链可以规范地扩张成从 $S_p(U)$ 到 K 中的一个同态. 实际上，这可以决定 $S^p(U,K)$ 与从 $S_p(U)$ 到 K 中的同态的 K 模之间的一个同构. 方便起见，有时把 $S^p(U,K)$ 的元素看成这样的同态. 若 $V \subset U$，则令

(5) $$\rho_{V,U} : S^p(U,K) \to S^p(V,K)$$

是一个同态，它对每个 $f \in S^p(U,K)$ 指派 f 在 V 中的奇异 p 单形上的限制，那么

(6) $$\{S^p(U,K); \rho_{U,V}\}$$

构成 M 上的一个预层，称为奇异 p 上链预层. 注意到，对于 $p \geqslant 1$，这些预层满足 5.7(C_2)但不满足(C_1)；并且预层$\{S^0(U,K); \rho_{U,V}\}$是完备的(由于 U 中的每个奇异 0 单形可等同于 U 中的一点，所以$\{S^0(U,K), \rho_{U,V}\}$可标准等同于 5.26 节的预层$\{A^0(U,K); \rho_{U,V}\}$).

对于 $p \geqslant 1$，令 $S^p_\infty(U,K)$ 表示由对 U 中的每个可微奇异 p 单形指派 K 的一个元素的函数 f 组成的 K 模. 把这样的函数 f 称为 U 上的可微奇异 p 上链. 利用如同在(5)中定义的限制同态，能够得到 M 上的可微奇异 p 上链的预层$\{S^p_\infty(U,K) : \rho_{U,V}\}$. 由于可微奇异上同调论和连续奇异上同调论的论述几乎逐字逐句都是相同的，所以主要讨论连续情况. 只要记着对于 $p \geqslant 1$ 以 $S^p_\infty(U,K)$ 代替 $S^p(U,K)$，则类似的结构适用. 当有本质差别出现时，则会进行讨论.

通过对 $f \in S^p(U,K)$ 和对 U 中的奇异$(p+1)$单形 σ，置

(7) $$\mathrm{d}f(\sigma) = f(\partial\sigma)$$

来定义上边缘同态

(8) $$\mathrm{d}: S^p(U,K) \to S^{p+1}(U,K).$$

从(3)可得

(9) $$\mathrm{d}\circ\mathrm{d}=0.$$

因为 d 与限制同态交换, 所以 d 产生一个预层同态

(10) $$\{S^p(U,K);\rho_{U,V}\}\to\{S^{p+1}(U,K);\rho_{U,V}\},$$

同时鉴于(9), d 使

(11) $$\cdots\to 0\to S^0(U,K)\xrightarrow{\mathrm{d}}S^1(U,K)\xrightarrow{\mathrm{d}}S^2(U,K)\xrightarrow{\mathrm{d}}\cdots$$

成为一个上链复形(对于 $q<0$, q 上链模为零), 记之为 $S^*(U,K)$.

奇异 p 上链的伴随芽层记为 $\mathcal{S}^p(M,K)$ [而在可微的情形相应记为 $\mathcal{S}^p_\infty(M,K)$]而且保持用 d 表示诱导层同态

(12) $$\mathcal{S}^p(M,K)\xrightarrow{\mathrm{d}}\mathcal{S}^{p+1}(M,K).$$

注意到, $\mathcal{S}^0(M,K)$ 就是 M 上在 K 中取值的函数芽层. 通过把 $k\in\mathscr{K}_m$ 映射到在 M 上取常值 k 的函数在 m 点的芽, 则常层 $\mathscr{K}$ 能被规范地映射到 $\mathcal{S}^0(M,K)$ 中, 因而有一个序列

(13) $$0\to\mathscr{K}\to\mathcal{S}^0(M,K)\xrightarrow{\mathrm{d}}\mathcal{S}^1(M,K)\xrightarrow{\mathrm{d}}\mathcal{S}^2(M,K)\xrightarrow{\mathrm{d}}\cdots$$

和对 $p\geqslant 1$ 以 $\mathcal{S}^p_\infty(M,K)$ 代替 $\mathcal{S}^p(M,K)$ 的一个类似序列. 可以断言, 无论在连续情况下还是在可微情况下, 序列(13)都是常层 $\mathscr{K}$ 的无挠优分解. 层 $\mathcal{S}^p(M,K)$ (和 $\mathcal{S}^p_\infty(M,K)$, $p\geqslant 1$)都是无挠的, 这是它们都是某些类型的 K 值函数的芽层而且 K 是一个整环这一事实的推论. 为了看出层 $\mathcal{S}^p(M,K)$ (和 $\mathcal{S}^p_\infty(M,K), p\geqslant 1$)都是优层, 给定 M 的一个局部有限开覆盖 $\{U_i\}$, 并且(像在 5.22 节那样)取一个从属于覆盖 $\{U_i\}$ 的单位分解 $\{\varphi_i\}$, 其中, 函数 φ_i 仅取值 0 或 1; 对于每个 i, 通过置

(14) $$\tilde{l}_i(f)(\sigma)=\varphi_i(\sigma(0))f(\sigma)$$

来定义 $S^p(U,K)$ 的一个自同态 $\tilde{l}_i$, 其中, 若 $p\geqslant 1$, 则 0 表示 $\mathbb{R}^p$ 的原点. 自同态 $\tilde{l}_i$ 与限制同态交换, 因而决定 $\{S^p(U,K);\rho_{U,V}\}$ 的预层自同态. 令 $l_i:\mathcal{S}^p(M,K)\to\mathcal{S}^p(M,K)$ 是与 $\tilde{l}_i$ 相伴的层自同态, 那么容易得出 $\operatorname{supp} l_i\subset U_i$ 且 $\sum l_i\equiv 1$. 因而层 $\mathcal{S}^p(M,K)$ 是优层[类似地, 对于 $p\geqslant 1, \mathcal{S}^p_\infty(M,K)$ 也是]. 序列(13)在 $\mathscr{K}$ 和 $\mathcal{S}^0(M,K)$ 处的正合性是明显的, 而且知道 $\mathrm{d}\circ\mathrm{d}=0$. 对于(13)的正合性来说, 剩下的就是要证明对于 $p\geqslant 1$, 在每一个 $\mathcal{S}^p(M,K)$ 处, 前一个同态的象包含下

一个同态的核. 如果能够证明对于“充分小”的开集 U, 若 f 是 U 上的一个奇异 p 上链使得 $\mathrm{d}f=0$,而且若 $p \geqslant 1$, 则在 U 上有一个奇异$(p-1)$上链 g 使得 $f=\mathrm{d}g$, 那么要证的结论成立. 这里将要用到 M 是一个流形并且因此是局部 Euclid 空间的事实. 只需假设 U 是 $\mathbb{R}^{\dim M}$ 中的开单位球就行了. 为了证明若 $\mathrm{d}f=0$ 则有一个 g 使得 $\mathrm{d}g=f$,只需求出一个同伦算子(见 5.29 节)

(15) $$h_p : S^p(U,K) \to S^{p-1}(U,K) \quad (p \geqslant 1),$$

使得

(16) $$\mathrm{d} \circ h_p + h_{p+1} \circ \mathrm{d} = \mathrm{id}\,.$$

定义 h_p 如下, 令 $f \in S^p(U,K)$, 其中, U 是 $\mathbb{R}^{\dim M}$ 中的开单位球, 并且令 σ 是 U 中的一个奇异$(p-1)$单形. 定义

(17) $$h_p(f)(\sigma) = f(\tilde{h}_p(\sigma)),$$

其中, $\tilde{h}_p(\sigma)$ 是 U 中的一个奇异 p 单形, 它把 Δ^p 中的原点映射到 U 中的原点, 而且对于 $(a_1,\cdots,a_p) \neq 0$, 它由下式定义:

(18) $$\tilde{h}_p(\sigma)(a_1,\cdots,a_p) = \left(\sum_{i=1}^{p} a_i\right) \cdot \sigma\left(\frac{a_2}{\sum_{i=1}^{p} a_i}, \cdots, \frac{a_p}{\sum_{i=1}^{p} a_i}\right).$$

在几何上, $\tilde{h}_p(\sigma)$ 是通过把 σ 径向连接到原点而得到的 U 中的锥, 如图所示:

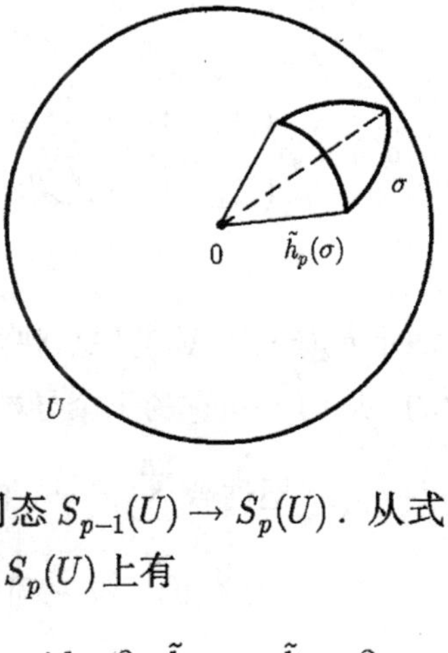

$\tilde{h}_p$ 能够扩张成一个同态 $S_{p-1}(U) \to S_p(U)$. 从式(18)和边缘算子 ∂ 的定义 4.6(4)可知, 对于 $p \geqslant 1$, 在 $S_p(U)$ 上有

(19) $$\mathrm{id} = \partial \circ \tilde{h}_{p+1} + \tilde{h}_p \circ \partial\,.$$

在一般验证式(19)之前，先解决 p=1 的情况. 在此情况下，结果有

(20) $$\sigma = (\tilde{h}_2(\sigma))^2 - (\tilde{h}_2(\sigma))^1 + (\tilde{h}_2(\sigma))^0 + \tilde{h}_1(\sigma^0) - \tilde{h}_1(\sigma^1),$$

在此情况下相应的图如下所示:

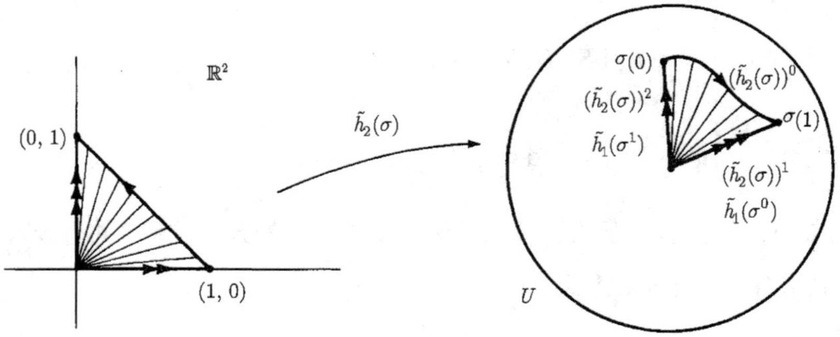

从式(19)、式(17)以及上边缘算子 d 的定义(8)就可得出式(16)，然而这里有一个问题，那就是关于连续情况的论述对于可微情况来说是不够充分的. 因为如果 σ 是一个可微的奇异(p−1)单形 ($p \geqslant 2$)，若 $\tilde{h}_p(\sigma)$ 如式(18)所定义，那么 $\tilde{h}_p(\sigma)$ 是一个连续的但一般不是可微的奇异 p 单形，因为在原点的可微性有问题. 例如，若 σ 是 U 中的一个可微奇异 1 单形，那么对于如式(18)所定义的 $\tilde{h}_p(\sigma)$ 就能扩张成 $\mathbb{R}^2$ 中原点的一个邻域上的光滑映射，因而至少应该有 σ 的包含在过 U 的原点的一个 2 维平面内的象. 当然也可能不是这种情况. 这种缺陷容易通过使函数"光滑化"而加以弥补. 令 φ 表示实直线上由 1.10(3)定义的 C^∞实值函数. 那么 φ(t)在 0 和 1 之间取值，而且是对 $t \geqslant 1$ 取值为 1，对 $t \leqslant 0$ 取值为 0. 那么若 $p \geqslant 2$ 且 σ 是一个可微的(p − 1)单形，则把 $\tilde{h}_p(\sigma)$ 定义为

(21) $$\tilde{h}_p(\sigma)(a_1,\cdots,a_p) = \varphi\left(\sum_{i=1}^p a_i\right)\cdot\sigma\left(\frac{a_2}{\sum\limits_{i=1}^p a_i},\cdots,\frac{a_p}{\sum\limits_{i=1}^p a_i}\right),$$

这里就像在式(18)中那样，假定 $\tilde{h}_p(\sigma)$ 把 Δ^p 的原点映射到 U 的原点. 现在把 σ 扩张成在整个 $\mathbb{R}^{p-1}$ 上是可微的，从而 σ 和它的每个导数都是有界的. 那么 $\tilde{h}_p(\sigma)$ 在整个 $\mathbb{R}^p$ 上有定义，假如约定 $\tilde{h}_p(\sigma)$ 把适合 $\sum\limits_{i=1}^p a_i = 0$ 的任何点映射到 U 的原点. 而且，$\tilde{h}_p(\sigma)$ 在整个 $\mathbb{R}^p$ 上是 C^∞ 类可微的. 唯一可能发生问题的地方是使得

$\sum_{i=1}^{p} a_i = 0$ 的那些点；而且由于 $\varphi(t)$ 以及它的所有导数在 $t \to 0$ 时趋向于零的速度比 t 的任何多项式更快，又因为 σ 和它的每个导数在 $\mathbb{R}^{p-1}$ 上是有界的，由此可知，$\tilde{h}_p(\sigma)$ 的所有阶导数存在且连续，而且在适合 $\sum_{i=1}^{p} a_i = 0$ 的点上为零. 这样不仅对于连续理论而且对于可微奇异理论完成了关于序列(13)是常层 $\mathscr{K}$ 的无挠优分解的证明.

这样一来，如果对每个整数 q 和 M 上的任何 K 模层 $\mathcal{S}$ 置

$$(22)\quad \begin{cases} H^q(M,\mathcal{S}) = H^q(\Gamma(\mathcal{S}^*(M,K)\otimes \mathcal{S})), \\ H^q(M,\mathcal{S}) = H^q(\Gamma(\mathcal{S}^*_\infty(M,K)\otimes \mathcal{S})), \end{cases}$$

那么就像在 5.20 节那样，无论对于连续情况还是对于可微情况，分解(13)都能导致上同调理论. 鉴于定理 5.23 的系，这两种上同调论是唯一同构的，而且唯一同构于上同调论 5.26(11)和 5.30(1).

5.32　令 G 是一个 K 模. 令 $S^p(U,G)$ 表示由对 U 中的每个奇异 p 单形指派 G 的一个元素的函数组成的 K 模. 类似地，可以在结构 5.31(4)~(13)中用 G 代替 K，以常层 $\mathscr{G}$ 代替 $\mathscr{K}$.

M 的带有 K 模 G 中系数的经典奇异上同调群在连续和可微情况下分别定义为

$$(1)\quad \begin{cases} H^q_\Delta(M,G) = H^q(S^*(M,G)), \\ H^q_{\Delta^\infty}(M,G) = H^q(\overset{*}{S_\infty}(M,G)). \end{cases}$$

下面要证明经典上同调群(实际上是 K 模)标准同构于层上同调模 $H^q(M,\mathscr{G})$，从命题 5.27 可知，

$$(2)\quad 0 \to S^*_0(M,G) \to S^*(M,G) \to \Gamma(\mathcal{S}^*(M,G)) \to 0$$

是上链复形的短正合序列(在可微情况下有一个类似的序列). 于是，如果能证明对所有 q,

$$(3)\quad H^q(\overset{*}{S_0}(M,G)) = 0$$

(在可微情况下同样成立)，那么从长正合序列 5.17(2)可知有下列标准同构成立:

$$(4)\quad \begin{cases} H^q(S^*(M,G)) \cong H^q(\Gamma(\mathcal{S}^*(M,G))), \\ H^q(S^*_\infty(M,G)) \cong H^q(\Gamma(\overset{*}{\mathcal{S}_\infty}(M,G))). \end{cases}$$

因而从(1)和(4)以及从定理 5.25(应用于通过在 5.31(13)中以 G 代替 K 且以$\mathscr{G}$代替 $\mathscr{K}$ 而得到的$\mathscr{G}$ 的无挠优分解)得知，有标准同构

(5) $$H_{\Delta}^{q}(M;G)\cong H^{q}(M,\mathscr{G})\cong H_{\Delta^{\infty}}^{q}(M;G).$$

对于连续奇异理论，式(3)的证明可如下进行(可微的情况是完全相同的). 对于 $q<0$，式(3)平凡成立，因为在此范围内上链复形模 $S_0^*(M,G)$ 全都为零. 因为预层 $\{S^0(M,G);\rho_{U,V}\}$ 是完备的，所以模 $S_0^0(M,G)$ 也为零. 因而 $H^0(S_0^*(M,G))=0$. 剩余的是要证明(3)对于 $q\geqslant 1$ 成立. 令 $\mathfrak{A}=\{U_i\}$ 是 M 的任意一个开覆盖，令 $S_{\mathfrak{A}}^*(M,G)$ 是由奇异上链 f 的模 $S_{\mathfrak{A}}^p(M,G)$ 组成的上链复形，其中，f 在 G 中取值而且只在“$\mathfrak{A}$ 小的”奇异 p 单形上有定义，即只在其值域在 $\mathfrak{A}$ 的元素中的那些奇异 p 单形上有定义. $S^p(M,G)$ 的每个元通过限制在 $\mathfrak{A}$ 小单形上而确定 $S_{\mathfrak{A}}^p(M,G)$ 的一个元素. 限制同态 $j_{\mathfrak{A}}:S^p(M,G)\to S_{\mathfrak{A}}^p(M,G)$ 产生一个满上链映射

(6) $$j_{\mathfrak{A}}:S^*(M,G)\to S_{\mathfrak{A}}^*(M,G).$$

同态 $j_{\mathfrak{A}}$ 的核形成一个上链复形 $K_{\mathfrak{A}}^*$ 使得

(7) $$0\to K_{\mathfrak{A}}^*\to S^*(M,G)\to S_{\mathfrak{A}}^*(M,G)\to 0$$

是上链复形的正合序列. 式(3)证明中的关键部分是上链映射 $j_{\mathfrak{A}}$ 诱导上同调中的同构. 暂且假定这个事实. 从(7)的长正合上同调序列可知，对所有 q,

(8) $$H^q(K_{\mathfrak{A}}^*)=0.$$

因而令 $q\geqslant 1$，而且令 f 是 $S_0^q(M,G)$ 中的一个上闭链，即 $\mathrm{d}f=0$，那么由 $S_0^q(M,G)$ 的定义，存在 M 的一个由充分小的开集组成的开覆盖 $\mathfrak{A}$ 使得 $f\in K_{\mathfrak{A}}^q$，从(8)得知，存在 $g\in K_{\mathfrak{A}}^{q-1}\subset S_0^{q-1}(M,G)$ 使得 $\mathrm{d}g=f$. 这就证明(3)成立.

现在转向证明上链映射 $j_{\mathfrak{A}}$ 诱导上同调的同构. 因为将对 M 的一个固定覆盖 $\mathfrak{A}$ 来进行论述，所以从记号 $j_{\mathfrak{A}}$ 中省去下标 $\mathfrak{A}$. 为证明 $j:S^*(M,G)\to S_{\mathfrak{A}}^*(M,G)$ 诱导上同调模的同构，构造上链映射

(9) $$k:\ S_{\mathfrak{A}}^*(M,G)\to S^*(M,G),$$

使得

(10) $$j\circ k=\mathrm{id}.$$

由此上链映射 j 必然诱导上同调模的满射，而且使得对所有 p 存在同伦算子

$h_p : S^p(M,G) \to S^{p-1}(M,G)$ 使得

$$h_{p+1} \circ \mathrm{d} + \mathrm{d} \circ h_p = \mathrm{id} - k_p \circ j_p . \tag{11}$$

因此 $k \circ j$ 诱导上同调的恒等映射，这就蕴涵着 j 必然诱导内射. 因此从(10)和(11)得知 j 诱导上同调模上的同构. h 和 k 的定义需要几个预备构造. 构造细节有点技巧性，但其一般思想如下所述. 令 $f \in S^p_{\mathfrak{A}}(M,G)$. 因而 f 只在 $\mathfrak{A}$ 小的奇异 p 单形上有定义. 要限定 $k(f)$ 是 $S^p(M,G)$ 的一个元素，即 $k(f)$ 被定义在所有奇异 p 单形上. 将定义一种"重分"运算把大的奇异 p 单形分成小奇异 p 单形的链. 通过充分多次地重分任何奇异 p 单形，都能得出一个 $\mathfrak{A}$ 小奇异 p 单形组成的链，于是就能对它应用 f, 所以可把大奇异单形上的 $k(f)$ 定义为重分奇异单形上的 f. 那些已是 $\mathfrak{A}$ 小的单形根本不被重分. 产生技术上的困难是由于为了获得 $\mathfrak{A}$ 小单形组成的链需要对奇异 p 单形 σ 进行重分的次数依赖于 σ.

令 $q \geqslant 1$. Δ^q 中的一个线性 p 单形是指由 Δ^q 中的有序点列 $v_0, \cdots, v_p$ 规范决定的一个如下形式的奇异 p 单形:

$$(a_1, \cdots, a_p) \mapsto \left(1 - \sum_{i=1}^{p} a_i\right) v_0 + a_1 v_1 + \cdots + a_p v_p \tag{12}$$

(对 $p = 0, 0 \mapsto v_0$). 把这样的线性单形记作 $(v_0, \cdots, v_p)$，Δ^q 到其自身的恒等映射是 Δ^q 中的一个线性 q 单形，简记为 Δ^q. 由 Δ^q 中的线性 p 单形生成的自由 Abel 群记为 $L_p(\Delta^q)$. Δ^q 中一个线性 p 单形 $\sigma = (v_0, \cdots, v_p)$ 的重心是点

$$b_\sigma = \frac{1}{p+1} v_0 + \ldots + \frac{1}{p+1} v_p . \tag{13}$$

给定 Δ^q 中的一个线性 p 单形 $\sigma = (v_0, \cdots, v_p)$ 和一个点 $v \in \Delta^q$，定义 v 和 σ 的统联 $v\sigma$ 是 Δ^q 中的线性 $(p+1)$ 单形 $(v, v_0, \cdots, v_p)$. 统联运算可以通过线性性质扩张到 $L_p(\Delta^q)$ 上. 直接计算表明若 $p \geqslant 1$, 那么

$$\partial(v\sigma) = \sigma - v(\partial\sigma) . \tag{14}$$

定义重分同态 $\mathrm{Sd} : L_p(\Delta^q) \to L_p(\Delta^q)$ 如下: 对于 $p=0$, 令 $\mathrm{Sd}=\mathrm{id}$，而对 Δ^q 中 $p \geqslant 1$ 的线性 p 单形 σ，令

$$\mathrm{Sd}(\sigma) = b_\sigma \mathrm{Sd}(\partial\sigma) , \tag{15}$$

并且线性地扩张到 $L_p(\Delta^q)$ 上. 再定义同态 R: $L_p(\Delta^q) \to L_{p+1}(\Delta^q)$ 如下: 对 $p=0$ 置

R=0, 而对于 Δ^q 中适合 $p\geqslant1$ 的线性 p 单形 σ, 置

$$(16)\qquad R(\sigma)=b_\sigma(\sigma-\mathrm{Sd}(\sigma)-R(\partial\sigma)),$$

而且线性地扩张到 $L_p(\Delta^q)$ 上. 从(13)~(16)利用基本归纳论证得出

$$(17)\qquad \begin{cases}\partial\circ\mathrm{Sd}=\mathrm{Sd}\circ\partial,\\ \partial\circ R+R\circ\partial=\mathrm{id}-\mathrm{Sd}\end{cases}$$

在 $L_p(\Delta^q)$ ($p\geqslant1$)上成立. (模 $L_p(\Delta^q)$ 和同态 $\partial:L_p(\Delta^q)\to L_{p-1}(\Delta^q)$ 的集族构成一个所谓链复形, 与上链复形 5.16(1)相比, 其中的同态是反向的. 式(17)中的第一个公式说明 Sd 是这个链复形到其自身的链映射. (17)中的第二个公式说明 R 是链映射 id 和 Sd 的一个同伦算子, 由此可知 Sd 诱导这个链复形的同调群 $(\ker\partial_p/\mathrm{Im}\,\partial_{p+1})$上的恒等映射.)

对于 $p\geqslant0$, 定义同态 $\mathrm{Sd}:S_p(U)\to S_p(U)$ 和 $R:S_p(U)\to S_{p+1}(U)$ 如下: 对于 U 中的奇异 p 单形 σ, 置

$$(18)\qquad \begin{cases}\mathrm{Sd}(\sigma)=\sigma\circ\mathrm{Sd}(\Delta^p),\\ R(\sigma)=\sigma\circ R(\Delta^p),\end{cases}$$

然后再线性地扩张到 $S_p(U)$ 上. 由此易知, 对于 $p\geqslant1$, 公式(17)在 $S_p(U)$ 上成立.

令 $\sigma=(v_0,\cdots,v_p)$ 是 Δ^q 中的线性 p 单形, 那么 $\mathrm{Sd}(\sigma)$的每个单形的直径至多是 σ 的直径的 $\dfrac{p}{p+1}$ 倍, 因为一个线性单形 σ 的直径是其任何两个顶点之间的最大距离. 在 $\mathrm{Sd}(\sigma)$ 的一个单形的任何两个顶点之中, 至少有一个必定具有 $\dfrac{1}{k+1}(v_{i_0}+\cdots+v_{i_k})$ $(1\leqslant k\leqslant p)$的形式. 从这个顶点到其他顶点的距离小于或等于到某个 v_j 的距离, 于是

$$\left|\frac{1}{k+1}(v_{i_0}+\ldots+v_{i_k})-v_j\right|$$
$$=\frac{1}{k+1}\left|\sum_{l=0}^{k}(v_{i_l}-v_j)\right|\leqslant\frac{k}{k+1}\mathrm{diam}\sigma\leqslant\frac{p}{p+1}\mathrm{diam}\sigma.$$

现在准备构造映射 h_p 和 k_p. 令 σ 是 M 中的一个奇异 p 单形. Δ^p 的开覆盖 $\sigma^{-1}(\mathfrak{A})$ 有一个 Lebesgue 数 δ[26]122. 由此可知, 对于 s 充分大, $(\mathrm{Sd})^s(\Delta^p)$ 中的每个单形的直径小于 δ, 其中, $(\mathrm{Sd})^s$ 是 Sd 与其自身的 s 重复合. 因而链 $(\mathrm{Sd})^s(\sigma)$ 中的

每个奇异 p 单形在覆盖 $\mathfrak{A}$ 的一个元素中. 令 $s(\sigma)$ 是使得 $(\mathrm{Sd})^s(\sigma)$ 的每个单形在 $\mathfrak{A}$ 的一个元素中的那些整数 $s \geqslant 0$ 中最小的一个. 那么就能定义同态 $k_p : S^p_{\mathfrak{A}}(M,G) \to S^p(M,G)$ 如下: 对于 $p \leqslant 0$, 令 $k_p = \mathrm{id}$, 而对于 $p \geqslant 1$, 则令

$$(19)\qquad k_p(f)(\sigma) = f\left((\mathrm{Sd})^{s(\sigma)}(\sigma) + \sum_{j=0}^{p}(-1)^j R\left(\sum_{s(\sigma^j)\leqslant i\leqslant s(\sigma)-1}(\mathrm{Sd})^i(\sigma^j)\right)\right).$$

注意到, 若 Sd 出现负幂则理解为零同态, 而且 $(\mathrm{Sd})^0 = \mathrm{id}$. 定义同态 $h_p : S^p(M,G) \to S^{p-1}(M,G)$ 如下: 对 $p \leqslant 1$, 令 $h_p = 0$, 对 $p \geqslant 2$,

$$(20)\qquad h_p(f)(\sigma) = f\left(R\left(\sum_{0\leqslant i\leqslant s(\sigma)-1}(\mathrm{Sd})^i(\sigma)\right)\right).$$

式(10)成立是明显的, 式(11)从直接计算可立即得出. 最后, 同态 k_p 产生上链映射(9)这一事实可从式(11)得出. 因为从式(11)可以得出

$$(21)\qquad \mathrm{d} \circ k_p \circ j_p = k_{p+1} \circ j_{p+1} \circ \mathrm{d}.$$

但 j 是一个上链映射. 因而 $\mathrm{d} \circ k_p \circ j_p = k_{p+1} \circ \mathrm{d} \circ j_p$. 因为 j 是满射. 由此可知, $\mathrm{d} \circ k_p = k_{p+1} \circ \mathrm{d}$. 这就完成了 j 在上同调中诱导同构的证明.

4) Čech 上同调

5.33 在 Alexander-Spanier 上同调、de Rham 上同调以及奇异上同调的情况下, 通过将常层展开为显式无挠优分解, 均能得出一种层上同调论, 然后还证明了存在经典上同调模与层上同调模的标准同构. 相比之下, Čech(切赫)上同调论是从一个不涉及求 $\mathscr{K}$ 的无挠优分解的直接构造而得出的. 将对 M 上的 K 模层 $\mathbb{S}$ 来定义模 $\check{H}^q(M, \mathbb{S})$, 并且证明上同调论的公理 5.18 能被满足. 再次提醒读者注意本章引言中的说明, 对于本章的许多地方来说, M 不必是一个可微流形. 尤其是在本节中, M 只需是一个仿紧的 Hausdorff 空间即可.

令 $\mathfrak{A} = \{U_\alpha\}$ 是 M 的一个开覆盖, 如果覆盖的一族成员 $\{U_0, \cdots, U_q\}$ 使得 $U_0 \cap \cdots \cap U_q \neq \varnothing$, 则把它称为一个 q 单形. 如果 $\sigma = (U_0, \cdots, U_q)$ 是一个 q 单形, 那么由定义, 它的支集 $|\sigma|$ 是

$$(1)\qquad |\sigma| = U_0 \cap \cdots \cap U_q.$$

q 单形 $\sigma = (U_0, \cdots, U_q)$ 的第 i 个面是 $(q-1)$ 单形 $\sigma^i = (U_0, \cdots, U_{i-1}, U_{i+1}, \cdots, U_q)$. 对

$q \geqslant 0$，令 $C^q(\mathfrak{A},\mathcal{S})$ 是由对每个 q 单形 σ 指派 $\Gamma(\mathcal{S},|\sigma|)$ 的一个元素的函数组成的 K 模，而对 $q<0$，令 $C^q(\mathfrak{A},\mathcal{S})=0$．把 $C^q(\mathfrak{A},\mathcal{S})$ 的元素称为 q 上链．利用由

(2) $$\mathrm{d}f(\sigma)=\sum_{i=0}^{q}(-1)^i\rho_{|\sigma|,|\sigma^i|}f(\sigma^i)$$

定义的上边缘同态

(3) $$\mathrm{d}:C^q(\mathfrak{A},\mathcal{S})\to C^{q+1}(\mathfrak{A},\mathcal{S}),$$

得到上链复形 $C^*(\mathfrak{A},\mathcal{S})$，它的第 q 个上同调模称为 $(M,\mathfrak{A})$ 的带 $\mathcal{S}$ 系数的第 q 个 Čech 上同调模，并且记为 $\check{H}^q(\mathfrak{A},\mathcal{S})$．同态 $\mathcal{S}\to\mathcal{S}'$ 经复合诱导一个上链映射 $C^*(\mathfrak{A},\mathcal{S})\to C^*(\mathfrak{A},\mathcal{S}')$，因而对于每个 q 诱导同态

(4) $$\check{H}^q(\mathfrak{A},\mathcal{S})\to\check{H}^q(\mathfrak{A},\mathcal{S}').$$

上链 f 属于 $C^0(\mathfrak{A},\mathcal{S})$ 当且仅当 f 对于每个开集 $U_\alpha\in\mathfrak{A}$ 指派 $\mathcal{S}$ 在 U_α 上的一个截面．f 是一个 0 上闭链，即 $\mathrm{d}f=0$，当且仅当对每个 1 单形 $(U_{\alpha_0},U_{\alpha_1})$ 都有

(5) $$0=\mathrm{d}f(U_{\alpha_0},U_{\alpha_1})=\rho_{U_{\alpha_0}\cap U_{\alpha_1},U_{\alpha_1}}f(U_{\alpha_1})-\rho_{U_{\alpha_0}\cap U_{\alpha_1},U_{\alpha_0}}f(U_{\alpha_0}).$$

因而 f 是一个 0 上闭链当且仅当 f 定义 $\mathcal{S}$ 在 M 上的一个整体截面，从而，

(6) $$\check{H}^0(\mathfrak{A},\mathcal{S})=\Gamma(\mathcal{S}).$$

下面考虑加细覆盖 $\mathfrak{A}$ 所产生的效果．如果覆盖 $\mathfrak{B}$ 是覆盖 $\mathfrak{A}$ 的一个加细，则存在映射 $\mu:\mathfrak{B}\to\mathfrak{A}$ 使得 $V\subseteq\mu(V)$ 对每个 $V\in\mathfrak{B}$ 成立．如果 $\sigma=(V_0,\cdots,V_q)$ 是覆盖 $\mathfrak{B}$ 的 q 单形，那么令 $\mu(\sigma)$ 表示覆盖 $\mathfrak{A}$ 的 q 单形 $(\mu(V_0),\cdots,\mu(V_q))$．于是，若对 $f\in C^q(\mathfrak{A},\mathcal{S})$ 和覆盖 $\mathfrak{B}$ 的一个 q 单形 σ，令

(7) $$\mu_q(f)(\sigma)=\rho_{|\sigma|,|\mu(\sigma)|}f(\mu(\sigma)),$$

那么 μ 诱导一个上链映射 $\mu:C^*(\mathfrak{A},\mathcal{S})\to C^*(\mathfrak{B},\mathcal{S})$．这个上链映射诱导上同调模的同态

(8) $$\mu_q^*:\check{H}^q(\mathfrak{A},\mathcal{S})\to\check{H}^q(\mathfrak{B},\mathcal{S}).$$

可以断言，如果 μ 和 τ 都是从 $\mathfrak{B}$ 到 $\mathfrak{A}$ 中的加细映射，那么对于每个 q，$\mu_q^*=\tau_q^*$．像往常那样，通过求一个同伦算子来证明这一点．如果 $\sigma=(V_0,\cdots,V_{q-1})$ 是覆盖 $\mathfrak{B}$

的一个$(q-1)$单形，那么令

(9) $$\tilde{\sigma}_j=(\mu(V_0),\cdots,\mu(V_j),\tau(V_j),\cdots,\tau(V_{q-1})).$$

然后通过置

(10) $$h_q(f)(\sigma)=\sum_{j=0}^{q-1}(-1)^j\rho_{|\sigma|,|\tilde{\sigma}_j|}f(\tilde{\sigma}_j)$$

定义同态$h_q:C^q(\mathfrak{A},\mathcal{S})\to C^{q-1}(\mathfrak{B},\mathcal{S})$. 直接计算得

(11) $$h_{q+1}\circ \mathrm{d}+\mathrm{d}\circ h_q=\tau_q-\mu_q,$$

由此可知，对于每个整数 q，$\mu_q^*=\tau_q^*$. 因而如果 $\mathfrak{B}$ 是 $\mathfrak{A}$ 的一个加细，记为 $\mathfrak{B}<\mathfrak{A}$，那么就有标准同态 $\check{H}^q(\mathfrak{A},\mathcal{S})\to\check{H}^q(\mathfrak{B},\mathcal{S})$. 由于 M 的覆盖组成的集合在加细关系$<$之下形成一个有向集. 又因为如果 $\mathfrak{S}<\mathfrak{B}<\mathfrak{A}$，那么同态 $\check{H}^q(\mathfrak{A},\mathcal{S})\to\check{H}^q(\mathfrak{S},\mathcal{S})$ 是同态 $\check{H}^q(\mathfrak{A},\mathcal{S})\to\check{H}^q(\mathfrak{B},\mathcal{S})$ 和 $\check{H}^q(\mathfrak{B},\mathcal{S})\to\check{H}^q(\mathfrak{S},\mathcal{S})$ 的复合，于是模 $\check{H}^q(\mathfrak{A},\mathcal{S})$ 和加细同态的集族构成一个有向系. 因而可以构成方向极限模

(12) $$\check{H}^q(M,\mathcal{S})=\operatorname{dir}\lim_{\mathfrak{A}}\check{H}^q(\mathfrak{A},\mathcal{S}).$$

(其结构完全类似于 5.6 节中模 $\mathcal{S}_m$ 从模 S_U 产生的结构.) $\check{H}^q(M,\mathcal{S})$ 是 M 的带 K 模层 $\mathcal{S}$ 中系数的第 q 个 Čech 上同调模. 由定义，M 的带 K 模 G 中系数的第 q 个经典 Čech 上同调模 $\check{H}^q(M;G)$ 是 $\check{H}^q(M,\mathscr{G})$，其中，$\mathscr{G}$是常层 $M\times G$.

下面说明 Čech 上同调模(12)给出一种按 5.18 意义上的层上同调论. 显然对于 $q<0$，$\check{H}^q(M,\mathcal{S})=0$，并且从(6)知道，$\check{H}^0(M,\mathcal{S})=\Gamma(\mathcal{S})$；因而 5.18(a)满足，从同态 $\mathcal{S}\to\mathcal{S}'$ 诱导的同态(4)与加细同态(8)交换，因而诱导同态

(13) $$\check{H}^q(M,\mathcal{S})\to\check{H}^q(M,\mathcal{S}').$$

这些同态满足 5.18 的(d)和(e)是直接的.

现在考虑优层 $\mathcal{S}$ 和整数 $q>0$. 因为 M 的每一个覆盖都有一个局部有限的加细，所以为了证明 $\check{H}^q(M,\mathcal{S})=0$，只要证明对于每个局部有限的开覆盖 $\mathfrak{A}$，$\check{H}^q(M,\mathcal{S})=0$ 即可. 令 $\{l_\alpha\}$ 是 $\mathcal{S}$ 的一个从属于 M 的局部有限开覆盖 $\mathfrak{A}=\{U_\alpha\}$ 的单位分解. 对每个 $p\geqslant1$ 定义同态 $h_p:C^p(\mathfrak{A},\mathcal{S})\to C^{p-1}(\mathfrak{A},\mathcal{S})$. 令 $f\in C^p(\mathfrak{A},\mathcal{S})$，而且令 $\sigma=(U_0,\cdots,U_{p-1})$ 是覆盖 $\mathfrak{A}$ 中的一个 $(p-1)$ 单形. 那么 $l_\alpha\circ(f(U_\alpha,U_0,\cdots,U_{p-1}))$ 具有在 $U_\alpha\cap U_0\cap\cdots\cap U_{p-1}$ 中的支集，因此可以通过在

$U_\alpha \cap U_0 \cap \cdots \cap U_{p-1}$外面把它扩张为零而把$l_\alpha \circ (f(U_\alpha, U_0, \cdots, U_{p-1}))$扩张成$\mathcal{S}$在$U_0 \cap \cdots \cap U_{p-1}$上的一个连续截面．把$l_\alpha \circ (f(U_\alpha, U_0, \cdots, U_{p-1}))$看作$U_0 \cap \cdots \cap U_{p-1}$上的这个截面. 定义

$$h_p(f)(\sigma) = \sum_\alpha l_\alpha \circ (f(U_\alpha, U_0, \cdots, U_{p-1})). \tag{14}$$

由此可得, 对 $p \geqslant 1$,

$$\mathrm{d} \circ h_p + h_{p+1} \circ \mathrm{d} = \mathrm{id}. \tag{15}$$

所以若f是一个q上闭链($q>0$), 那么就有一个($q-1$)上链g, 即$g=h_q(f)$, 使得$\mathrm{d}g=f$. 由此可得$\breve{H}^q(\mathfrak{A}, \mathcal{S}) = 0$. 因而公理 5.18(b)满足.

一个短正合的层序列$0 \to \mathcal{S}' \to \mathcal{S} \to \mathcal{S}'' \to 0$诱导正合序列

$$0 \to C^q(\mathfrak{A}, \mathcal{S}') \to C^q(\mathfrak{A}, \mathcal{S}) \to C^q(\mathfrak{A}, \mathcal{S}''). \tag{16}$$

令$\overline{C}^q(\mathfrak{A}, \mathcal{S}'')$是$C^q(\mathfrak{A}, \mathcal{S})$在$C^q(\mathfrak{A}, \mathcal{S}'')$中的象. 那么短正合序列

$$0 \to C^q(\mathfrak{A}, \mathcal{S}') \to C^q(\mathfrak{A}, \mathcal{S}) \to \overline{C}^q(\mathfrak{A}, \mathcal{S}'') \to 0 \tag{17}$$

产生一个上链复形的短正合序列

$$0 \to C^*(\mathfrak{A}, \mathcal{S}') \to C^*(\mathfrak{A}, \mathcal{S}) \to \overline{C}^*(\mathfrak{A}, \mathcal{S}'') \to 0. \tag{18}$$

加细映射$\mu : \mathfrak{B} \to \mathfrak{A}$诱导出上链复形的短正合序列的同态

$$\begin{array}{ccccccccc} 0 \to & C^*(\mathfrak{A}, \mathcal{S}') & \to & C^*(\mathfrak{A}, \mathcal{S}) & \to & \overline{C}^*(\mathfrak{A}, \mathcal{S}'') & \to 0 \\ & \downarrow \mu & & \downarrow \mu & & \downarrow \mu & \\ 0 \to & C^*(\mathfrak{B}, \mathcal{S}') & \to & C^*(\mathfrak{B}, \mathcal{S}) & \to & \overline{C}^*(\mathfrak{B}, \mathcal{S}'') & \to 0. \end{array} \tag{19}$$

因而由命题 5.17, 诱导出伴随上同调序列的交换图表

$$\begin{array}{ccccccccccc} \cdots \to & \overline{H}^{q-1}(\mathfrak{A}, \mathcal{S}'') & \xrightarrow{\partial} & \breve{H}^q(\mathfrak{A}, \mathcal{S}') & \to & \breve{H}^q(\mathfrak{A}, \mathcal{S}) & \to & \overline{H}^q(\mathfrak{A}, \mathcal{S}'') & \xrightarrow{\partial} & \breve{H}^{q+1}(\mathfrak{A}, \mathcal{S}') & \to \cdots \\ & \downarrow \mu^*_{q-1} & & \downarrow \mu^*_q & & \downarrow \mu^*_q & & \downarrow \mu^*_q & & \downarrow \mu^*_{q+1} & \\ \cdots \to & \overline{H}^{q-1}(\mathfrak{B}, \mathcal{S}'') & \xrightarrow{\partial} & \breve{H}^q(\mathfrak{B}, \mathcal{S}') & \to & \breve{H}^q(\mathfrak{B}, \mathcal{S}) & \to & \overline{H}^q(\mathfrak{B}, \mathcal{S}'') & \xrightarrow{\partial} & \breve{H}^{q+1}(\mathfrak{B}, \mathcal{S}') & \to \cdots. \end{array} \tag{20}$$

通过转换为方向极限, 得到长正合序列

$$(21)\qquad \begin{aligned}&\cdots \to \overline{H}^{q-1}(M,\ \mathcal{S}'') \xrightarrow{\partial} \check{H}^{q}(M,\ \mathcal{S}') \\ &\to \check{H}^{q}(M,\ \mathcal{S}) \to \overline{H}^{q}(M,\ \mathcal{S}'') \xrightarrow{\partial} \check{H}^{q+1}(M,\ \mathcal{S}') \to \cdots.\end{aligned}$$

通过转化为上同调中的方向极限, 即可证明包含上链映射 $\overline{C}^*(\mathfrak{A}, \mathcal{S}'') \to C^*(\mathfrak{A},\mathcal{S}'')$ 诱导同构

$$(22)\qquad \overline{H}^{q}(M,\mathcal{S}'') \xrightarrow{\cong} \check{H}^{q}(M,\mathcal{S}'').$$

于是这些同构连同式(21)将会产生一个长正合序列

$$(23)\qquad \begin{aligned}&\cdots \to \check{H}^{q-1}(M,\mathcal{S}'') \xrightarrow{\partial} \check{H}^{q}(M,\mathcal{S}') \\ &\to \check{H}^{q}(M,\mathcal{S}) \longrightarrow \tilde{H}^{q}(M,\mathcal{S}'') \xrightarrow{\partial} \check{H}^{q+1}(M,\mathcal{S}') \to \cdots,\end{aligned}$$

它证明公理 5.18(c)成立. 商模

$$(24)\qquad \widetilde{C}^{q}(\mathfrak{A}) = C^{q}(\mathfrak{A},\mathcal{S}'')/\overline{C}^{q}(\mathfrak{A},\mathcal{S}'')$$

与诱导上边缘同态一起构成一个上链复形 $\widetilde{C}^*(\mathfrak{A})$, 使得

$$(25)\qquad 0 \to \overline{C}^*(\mathfrak{A},\mathcal{S}'') \to C^*(\mathfrak{A},\mathcal{S}'') \to \widetilde{C}^*(\mathfrak{A}) \to 0$$

是正合的. 通过转化为方向极限, 从(25)的长正合上同调序列可知, 如果能证明对所有 q, 模 $H^q(\widetilde{C}^*(\mathfrak{A}))$ 的方向极限为 0, 则式(22)成立, 那么令 $\mathfrak{A}$ 是一个局部有限的覆盖. 如果能证明对任意一个 $f\in C^q(\mathfrak{A},\mathcal{S}'')$ 都存在一个加细 $\mu:\mathfrak{B}\to\mathfrak{A}$ 使得 $\mu_q(f)\in\overline{C}^q(\mathfrak{B},\mathcal{S}'')$, 那么模 $H^q(\widetilde{C}^*(\mathfrak{A}))$ 的方向极限为 0 将肯定成立. 选取 $\mathfrak{A}=\{U_\alpha\}$ 的一个加细 $\mathfrak{O}=\{O_\alpha\}$ 使得 $\overline{O}_\alpha\subset U_\alpha$ 对于每个 α 成立. 对每个 $p\in M$ 选取一个邻域 V_p 使得

(a) 对于某个 $\alpha, V_p\subset O_\alpha$.

(b) 若 $V_p\cap O_\alpha\neq\varnothing$, 则 $V_p\subset U_\alpha$.

(c) V_p 在包含 p 的 U_α 的交集中.

(d) 如果 σ 是覆盖 $\mathfrak{A}$ 的一个 q 单形, 而且 $p\in|\sigma|$ (因而 $V_p\subset|\sigma|$), 那么 $\rho_{V_p,|\sigma|}f(\sigma)$ 是 $\mathcal{S}$ 在 V_p 上的一个截面的象.

因为覆盖 $\mathfrak{A}$ 的包含 p 的 q 单形只有有限多个, 所以满足(d)是可能的. 令 $\mathfrak{B}$ 就是覆盖 $\{V_p\}$, 而且对每一个 p 选取 $O_p\in\mathfrak{O}$ 和 $U_p\in\mathfrak{A}$ 使得 $V_p\subset O_p\subset U_p$. 因而有一个加细 $\mu:\mathfrak{B}\to\mathfrak{A}$. 令 $\sigma=(V_{p_0},\cdots,V_{p_q})$ 是覆盖 $\mathfrak{B}$ 的一个 q 单形. 那么 $V_{p_0}\cap O_{p_i}\neq$

$\varnothing(0 \leqslant i \leqslant q)$，所以由(b)，$V_{p_0} \subset U_{p_i}$．因而$V_{p_0} \subset U_{p_0} \cap \cdots \cap U_{p_q} = |\mu(\sigma)|$，所以

$$\begin{aligned}\mu_q(f)(\sigma) &= \rho_{|\sigma|,|\mu(\sigma)|} f(U_{p_0}, \cdots, U_{p_q}) \\ &= \rho_{|\sigma|,V_{p_0}} \circ \rho_{V_{p_0},|\mu(\sigma)|} f(U_{p_0}, \cdots, U_{p_q}).\end{aligned}$$

因此由条件(d)，$\mu_q(f) \in \overline{C}^q(\mathfrak{B}, \mathcal{S}'')$．

最后，公理 5.18(f)容易从上面(23)的构造经使用 5.17(3)而得出．

从而 Čech 上同调满足层上同调论的公理 5.18.

5　de Rham 定理

5.34　约定　因为根据定理 5.23 的系，M 上的任何两种层上同调论是唯一同构的，所以通过它们的唯一同构把它们看作等同的，而且今后将用 $H^p(M, \mathcal{S})$ 表示 M 的带有层 $\mathcal{S}$ 中的系数的第 p 个上同调模．按照这个约定，

(1)
$$H^p(M, \mathcal{S}) = \check{H}^p(M, \mathcal{S}),$$

而且对任何给定的无挠优分解

(2)
$$0 \to \mathscr{K} \to \mathscr{C}_0 \to \mathscr{C}_1 \to \mathscr{C}_2 \to \cdots,$$

有

(3)
$$H^p(M, \mathcal{S}) = H^p(\Gamma(\mathscr{C}^* \otimes \mathcal{S})).$$

5.35　在前面的几节中得出了微分流形 M 的带主理想整环 K 上的 K 模 G 中系数的经典 Alexander-Spanier 上同调模、奇异上同调模，可微奇异上同调模以及 Čech 上同调模的标准同构

(1)
$$H^p_{A-S}(M,G) \cong H^p_{\Delta}(M,G) \cong H^p_{\Delta^\infty}(M,G) \cong \check{H}^p(M,G).$$

可以看出，这些上同调模中的每一个均同构于系数在常层 $\mathscr{G}$ 中的层上同调模 $H^p(M, \mathscr{G})$．如果把 K 取为实数域，那么就能把 de Rham 上同调群 $H^p_{\text{de R}}(M)$ 添加到上面的同构名单中，特别地，有标准同构

(2)
$$H^p_{\text{de R}}(M) \cong H^p(M, \mathscr{R}) \cong H^p_{\Delta^\infty}(M, \mathbb{R}).$$

借助于 5.24 节，马上就能证明从 de Rham 上同调论到从积分可微奇异单形上的形式而得出的可微奇异上同调论的显式同态产生出标准同构(2).

对于每个整数 $p\geqslant 0$, 通过对 M 上的每个可微 p 形式 ω 和 M 上的可微奇异 p 单形 σ, 置

(3) $$k_p(\omega)(\sigma)=\int_\sigma \omega$$

来定义同态

(4) $$k_p : E^p(M)\to S^p_\infty(M,\mathbb{R}).$$

同态 k_p 诱导一个上链映射

(5) $$k : E^*(M)\to S^*_\infty(M,\mathbb{R}),$$

这是 Stokes 定理 4.7 的一个直接推论. 令

(6) $$k_p^* : H^p_{\mathrm{de\,R}}(M)\to H^p_{\Delta^\infty}(M;\mathbb{R})$$

表示上同调模(实向量空间)的诱导同态. 称 k_p^* 为 de Rham 同态.

5.36　de Rham 定理　对于每个整数 p, de Rham 同态 k_p^* 就是标准同构 5.35(2)

证明　可以对 M 中任意开集来定义同态 5.35(3), 并且得出预层同态

$$\{E^p(U);\rho_{U,V}\}\xrightarrow{k_p}\{S^p_\infty(U,\mathbb{R});\rho_{U,V}\},$$

由 Stokes 定理, 这个预层同态与上边缘同态 5.28(2)和 5.31(10)交换. 因而伴随层的诱导同态构成一个交换图表:

(1) $$\begin{array}{ccccccccc} 0\to\mathscr{R}\to & \mathscr{E}^0(M) & \to & \mathscr{E}^1(M) & \to & \mathscr{E}^2(M) & \to & \cdots \\ \downarrow\mathrm{id} & \downarrow k_0 & & \downarrow k_1 & & \downarrow k_2 & & \\ 0\to\mathscr{R}\to & \mathbb{S}^0_\infty(M,\mathbb{R}) & \to & \mathbb{S}^1_\infty(M,\mathbb{R}) & \to & \mathbb{S}^2_\infty(M,\mathbb{R}) & \to & \cdots. \end{array}$$

现在考虑上链复形的下列交换图表, 其中, 根据 5.30(5)和 5.32(2), 行序列是正合的:

(2) $$\begin{array}{ccccc} & 0\to E^*(M) & \xrightarrow{①} & \Gamma(\mathscr{E}^*(M)) & \to 0 \\ & \downarrow k & & \downarrow ③ & \\ 0\to S^*_{\infty,0}(M,\mathbb{R})\to & S^*_\infty(M,\mathbb{R}) & \xrightarrow{②} & \Gamma(\mathbb{S}^*_\infty(M,\mathbb{R})) & \to 0. \end{array}$$

上链映射①诱导同构 $H^p_{\mathrm{de\,R}}(M)\cong H^p(M,\mathscr{R})$. 在 5.32(4)中曾证明过, ②诱导同构 $H^p_{\Lambda^\infty}(M,\mathbb{R})\cong H^p(M,\mathscr{R})$. 从适用于层上同调论同态的定理 5.23 的系可知, ③诱

导上同调的同构, 而根据 5.24, 层上同调论的同态是由 $\mathscr{R}$ 的无挠优分解的同态(1)诱导的. 因而从层上同调论之间的同构的唯一性, ③诱导 $H^p(M, \mathscr{R})$ 的恒等同构. 这说明对于每一个整数 p, k_p^* 是标准同构 5.35(2).

5.37　早在 4.17 节就曾经用奇异同调而不是上同调叙述过 de Rham 定理的一种稍微不同的形式. 下面将会看到有一个自然同构

$$H^p_{\Delta^\infty}(M, \mathbb{R}) \to {}_\infty H_p(M, \mathbb{R})^*, \tag{1}$$

它与 k_p^* 复合就产生出同构 4.17(1)(为了定义实可微奇异同调群 ${}_\infty H_p(M,\mathbb{R})$ 和其他有关概念, 读者应当回顾 4.16 节). 映射(1)定义如下. 如果 f 代表 $H^p_{\Delta^\infty}(M,\mathbb{R})$ 中的一个上同调类, 那么可以把 f 看作 M 上的实可微奇异 p 链组成的向量空间 ${}_\infty S_p(M,\mathbb{R})$ 上的线性函数. 特别地, f 是由 p 闭链组成的 ${}_\infty S_p(M,\mathbb{R})$ 的子空间上的一个线性函数, 而且 f 在 ${}_\infty S_p(M,\mathbb{R})$ 中的 p 边缘链上为零, 这是因为 $\mathrm{d}f=0$, 因此 f 决定同调群 ${}_\infty H_p(M,\mathbb{R})$ 上的一个线性函数. 因为一个实可微奇异上边缘在所有 p 闭链上必定为零, 所以 $H^p_{\Delta^\infty}(M,\mathbb{R})$ 中的每个上同调类决定 ${}_\infty H_p(M,\mathbb{R})^*$ 的一个不依赖代表 f 选取的完全确定的元素. 这就定义了映射(1). 把验证(1)确实是一个同构留给读者作为一个习题. 显然, (1)与 k_p^* 的复合恰好是同态 4.17(1). 因而 4.17(1) 是一个同构.

5.38　评注　奇异上同调群 $H^p_\Delta(M;\mathbb{R})$ 是拓扑不变量, 即同胚的空间有同构的实奇异上同调(见习题 19). 作为它与同构 5.35(1)和 5.35(2)的一个推论, de Rham 上同调群同样也是可微流形的拓扑不变量.

6　乘 积 结 构

在 $\mathcal{S}$ 是 M 上的一个 K 代数层的情况下, 可使上同调模的直和 $\sum\limits_p H^p(M, \mathcal{S})$ 成为 K 上的一个结合代数. 但是首先需要几个预备结构.

5.39　定义　令 C^* 和 $'C^*$ 都是上链复形. 它们的张量积 $C^* \otimes {}'C^*$ 是一个上链复形, 它的第 r 个模是直和

$$\sum_{p+q=r} C_p \otimes {}'C_q, \tag{1}$$

并且它的第 r 个上边缘同态是直和

(2)
$$\sum_{p+q=r}(\mathrm{d}_p\otimes{}'(\mathrm{id})_q+(-1)^p(\mathrm{id})_p\otimes{}'\mathrm{d}_q).$$

如果$\sigma\in Z^p(C^*)$且$\tau\in Z^q('C^*)$，那么$\sigma\otimes\tau\in Z^{p+q}(C^*\otimes' C^*)$；若$\sigma\in B^p(C^*)$且$\tau\in Z^q('C^*)$[或者反过来，$\sigma\in Z^p(C^*)$而$\tau\in B^q('C^*)$]，那么$\sigma\otimes\tau\in B^{p+q}(C^*\otimes' C^*)$. 因而有一个完全确定的同态

(3)
$$H^p(C^*)\otimes H^q('C^*)\to H^{p+q}(C^*\otimes' C^*).$$

5.40　引理　当K是一个主理想整环时，两个无挠K模的张量积仍然是一个无挠K模.

证明　令$\lambda\neq 0\in K$，令K/λ是一个K模，它的元素是$\{k/\lambda:k\in K\}$，而且该模中的加法和乘以K的乘法定义为

(1)
$$\begin{cases}\dfrac{k_1}{\lambda}+\dfrac{k_2}{\lambda}=\dfrac{k_1+k_2}{\lambda},\\ k\left(\dfrac{k_1}{\lambda}\right)=\dfrac{kk_1}{\lambda}.\end{cases}$$

令A是一个K模，定义同态序列

(2)
$$A\to K/\lambda\otimes A\to K\otimes A\to A,$$

其中，第一个同态定义为$a\mapsto(k/\lambda)\otimes a$，第二个同态定义为$\sum(k_i/\lambda)\otimes a_i\mapsto\sum k_i\otimes a_i$，第三个同态定义为$\sum k_i\otimes a_i\mapsto\sum k_ia_i$. 第二个同态显然可逆，因而是一个同构. 再根据 5.9(2)，第三个同态也是同构. 复合同态(2)把$a\in A$映射到$\lambda a\in A$. 由定义，A是无挠的当且仅当对于每个$\lambda\neq 0\in K$，复合同态(2)的核为零. 因而A是无挠的当且仅当对每个$\lambda\neq 0\in K$，

(3)
$$0\to A\to(K/\lambda)\otimes A$$

是正合的. 令A和B都是无挠K模，并且令$\lambda\neq 0\in K$. 那么(3)是正合的，这样一来，由于B是无挠的，所以从引理 5.14 可知

(4)
$$0\to A\otimes B\to(K/\lambda)\otimes A\otimes B$$

是正合的，由此$A\otimes B$是无挠的.

5.41　定义　层的直和$\mathcal{S}\oplus\mathcal{T}$与层同态$\mathcal{S}\to\mathcal{S}'$和$\mathcal{T}\to\mathcal{T}$的直和$\mathcal{S}\oplus\mathcal{T}\to\mathcal{S}'\oplus\mathcal{T}'$的定义是通过在 5.9(3)~5.9(8)中除了 5.9(7)之外以$\oplus$代替$\otimes$而

得到的. 注意到优层的直和是优层.

5.42　乘积结构　考虑分解

(1)
$$0 \to \mathscr{K} \to \mathscr{C}_0 \xrightarrow{d_0} \mathscr{C}_1 \xrightarrow{d_1} \mathscr{C}_2 \xrightarrow{d_2} \cdots.$$

用分解(1)与其自身的张量积表示序列

(2)
$$\begin{aligned} &0 \to \mathscr{K} \to \mathscr{C}_0 \otimes \mathscr{C}_0 \to (\mathscr{C}_0 \otimes \mathscr{C}_1) \oplus (\mathscr{C}_1 \otimes \mathscr{C}_0) \\ &\to \cdots \to \sum_{p+q=r} \mathscr{C}_p \otimes \mathscr{C}_q \to \cdots, \end{aligned}$$

其中，同态 $\mathscr{K} \to \mathscr{C}_0 \otimes \mathscr{C}_0$ 是复合同态 $\mathscr{K} \cong \mathscr{K} \otimes \mathscr{K} \to \mathscr{C}_0 \otimes \mathscr{C}_0$，而定义域为 $\sum_{p+q=r} \mathscr{C}_p \otimes \mathscr{C}_q$ 的同态是直和

(3)
$$\sum_{p+q=r} (d_p \otimes (\mathrm{id})_q + (-1)^p (\mathrm{id})_p \otimes d_q).$$

如果(1)是 $\mathscr{K}$ 的无挠优分解，那么可以断定(2)也是 $\mathscr{K}$ 的无挠优分解. 因为优层的张量积与直和仍然是优层，由此推知(2)中的层是优层. 注意到，无挠 K 模的直和是无挠的，那么从引理 5.40 可知(2)中的层是无挠的. 序列(2)是正合的，因而是一个分解，这在 $\mathscr{K}$ 和 $\mathscr{C}_p \otimes \mathscr{C}_q$ 处是容易看出的，而在别处可以通过把 Künneth 公式应用于对每个点 $m \in M$，从

(4)
$$\begin{aligned} &\cdots \to 0 \to \mathscr{C}_0 \otimes \mathscr{C}_0 \to (\mathscr{C}_0 \otimes \mathscr{C}_1) \oplus (\mathscr{C}_1 \otimes \mathscr{C}_0) \\ &\to \cdots \to \sum_{p+q=r} \mathscr{C}_p \otimes \mathscr{C}_q \to \cdots \end{aligned}$$

限制于 m 点的茎上而得到的上链复形而得以证明. Künneth 公式是用各个复形的上同调来表示上链复形的张量积的上同调，而对于证明 Künneth 公式所必需的扩张代数，就本书的论题而言是不可能详细阐述的，所以只是让读者去查阅文献 Spanier[28]第 5 章第 4 节的定理 2，在那里有 Künneth 公式的详细证明.

令 $\mathcal{S}$ 是 M 上的一个层. 就像在 5.19(2)中那样，可以从分解(2)得到一个链复形，并且把它记为 $\Gamma(\mathscr{C}^* \otimes \mathscr{C}^* \otimes \mathcal{S})$. 如果 $\mathcal{S}$ 是 M 上的一个代数层，那么由茎的乘积结构决定的自然同态 $\mathcal{S} \otimes \mathcal{S} \to \mathcal{S}$ 诱导同态

(5)
$$\Gamma(\mathscr{C}_p \otimes \mathcal{S}) \otimes \Gamma(\mathscr{C}_q \otimes \mathcal{S}) \to \Gamma(\mathscr{C}_p \otimes \mathscr{C}_q \otimes \mathcal{S} \otimes \mathcal{S}) \to \Gamma(\mathscr{C}_p \otimes \mathscr{C}_q \otimes \mathcal{S}),$$

这个同态又诱导一个上链映射

$$(6)\qquad \Gamma(\mathscr{C}^*\otimes\mathbb{S})\otimes\Gamma(\mathscr{C}^*\otimes\mathbb{S})\to\Gamma(\mathscr{C}^*\otimes\mathscr{C}^*\otimes\mathbb{S}).$$

根据 5.39(3), 有一个完全确定的同态

$$(7)\qquad H^p(M,\mathbb{S})\otimes H^q(M,\mathbb{S})\to H^{p+q}(\Gamma(\mathscr{C}^*\otimes\mathbb{S})\otimes\Gamma(\mathscr{C}^*\otimes\mathbb{S})).$$

在 $\mathbb{S}$ 是 M 上的代数层的情况下, 上链映射(6)与同态(7)一起诱导一个同态

$$(8)\qquad H^p(M,\mathbb{S})\otimes H^q(M,\mathbb{S})\to H^{p+q}(M,\mathbb{S}).$$

这将定义层上同调中的一个乘积结构. 但是首先需要证明由(8)定义的乘法不依赖于由它开始的分解(1). 考虑另一个无挠优分解

$$(9)\qquad 0\to\mathscr{K}\to\widetilde{\mathscr{C}}_0\to\widetilde{\mathscr{C}}_1\to\widetilde{\mathscr{C}}_2\to\cdots.$$

通过将分解(1)与分解(9)作张量积[其结构完全类似于由(2)和(3)给出的(1)与其自身的张量积], 得另一个无挠优分解

(10)

$$0\to\mathscr{K}\to\mathscr{C}_0\otimes\widetilde{\mathscr{C}}_0\to(\mathscr{C}_0\otimes\widetilde{\mathscr{C}}_1)\oplus(\mathscr{C}_1\otimes\widetilde{\mathscr{C}}_0)\to\cdots\to\sum_{p+q=r}\mathscr{C}_p\otimes\widetilde{\mathscr{C}}_q\to\cdots.$$

从分解(1)到分解(10)的同态在 5.24 节的意义上是由下列同态生成的:

$$\mathscr{C}_p\cong\mathscr{C}_p\otimes\mathscr{K}\to\mathscr{C}_p\otimes\widetilde{\mathscr{C}}_0\to\sum_{r+s=p}\mathscr{C}_r\otimes\widetilde{\mathscr{C}}_s,$$

其中最后一个映射是包含映射. 这个分解同态诱导一个上链映射 $\Gamma(\mathscr{C}^*\otimes\mathbb{S})\to\Gamma(\mathscr{C}^*\otimes\widetilde{\mathscr{C}}^*\otimes\mathbb{S})$, 根据 5.24 节和定理 5.23 的系, 这个上链映射诱导恒等映射 $H^q(M,\mathbb{S})\to H^q(M,\mathbb{S})$. 通过把这些构造应用于各个分解, 然后把所得到的上链复形作张量积, 则得到一个上链复形和上链映射的交换图表:

$$(11)\qquad \begin{array}{ccc}
\Gamma(\mathscr{C}^*\otimes\mathbb{S})\otimes\Gamma(\mathscr{C}^*\otimes\mathbb{S}) & \longrightarrow & \Gamma(\mathscr{C}^*\otimes\mathscr{C}^*\otimes\mathbb{S})\\
\downarrow & & \downarrow\\
\Gamma(\mathscr{C}^*\otimes\widetilde{\mathscr{C}}^*\otimes\mathbb{S})\otimes\Gamma(\mathscr{C}^*\otimes\widetilde{\mathscr{C}}^*\otimes\mathbb{S}) & \to & \Gamma(\mathscr{C}^*\otimes\widetilde{\mathscr{C}}^*\otimes\mathscr{C}^*\otimes\widetilde{\mathscr{C}}^*\otimes\mathbb{S})\\
\uparrow & & \uparrow\\
\Gamma(\widetilde{\mathscr{C}}^*\otimes\mathbb{S})\otimes\Gamma(\widetilde{\mathscr{C}}^*\otimes\mathbb{S}) & \longrightarrow & \Gamma(\widetilde{\mathscr{C}}^*\otimes\widetilde{\mathscr{C}}^*\otimes\mathbb{S}).
\end{array}$$

从这个图表又诱导出下列关于上同调的交换图表:

(12)
$$\begin{array}{ccccc} & & H^{p+q}(\Gamma(\mathscr{C}^*\otimes\mathbb{S})\otimes\Gamma(\mathscr{C}^*\otimes\mathbb{S})) & & \\ & \nearrow & \downarrow & \searrow & \\ H^p(M,\mathbb{S})\otimes H^q(M,\mathbb{S}) & \to & H^{p+q}(\Gamma(\mathscr{C}^*\otimes\widetilde{\mathscr{C}}^*\otimes\mathbb{S})\otimes\Gamma(\mathscr{C}^*\otimes\widetilde{\mathscr{C}}^*\otimes\mathbb{S})) & \to & H^{p+q}(M,\mathbb{S}). \\ & \searrow & \uparrow & \nearrow & \\ & & H^{p+q}(\Gamma(\widetilde{\mathscr{C}}^*\otimes\mathbb{S})\otimes\Gamma(\widetilde{\mathscr{C}}^*\otimes\mathbb{S})) & & \end{array}$$

从图表(12)可知,乘积结构(8)不依赖于分解(1)的选取.

从同态(8)的构造和张量积的结合性可知，在$\sum\limits_p H^p(M,\mathbb{S})$上由(8)诱导的乘积结构是结合的. 从而同态(8)使$\sum\limits_p H^p(M,\mathbb{S})$成为$K$上的一个结合代数.

由$C_p\otimes C_q\to(-1)^{pq}C_q\otimes C_p$定义的同态$\mathscr{C}_p\otimes\mathscr{C}_q\to\mathscr{C}_q\otimes\mathscr{C}_p$在 5.24 节的意义下诱导分解(2)到其自身的一个同态. 根据 5.24 节，分解(2)的这个同态诱导上同调论的一个同态,由定理 5.23 的系,这个同态必然是恒等同构. 但是，若$u\in H^p(M,\mathbb{S}),v\in H^q(M,\mathbb{S})$，则诱导同态$H^{p+q}(M,\mathbb{S})\to H^{p+q}(M,\mathbb{S})$把$u\cdot v$映射成$(-1)^{pq}v\cdot u$. 因而$\sum\limits_p H^p(M,\mathbb{S})$的乘积结构满足反交换性关系

(13)
$$u\cdot v=(-1)^{pq}v\cdot u\quad(u\in H^p(M,\mathbb{S}),v\in H^q(M,\mathbb{S})).$$

5.43　de Rham 上同调代数　微分形式的外乘法通过映射$\sigma\otimes\alpha\mapsto\sigma\wedge\alpha$诱导一个上链映射

(1)
$$E^*(M)\otimes E^*(M)\xrightarrow{\wedge}E^*(M),$$

这个上链映射与 5.39(3)的自然同态

(2)
$$H^p_{\mathrm{de\,R}}(M)\otimes H^q_{\mathrm{de\,R}}(M)\to H^{p+q}(E^*(M)\otimes E^*(M))$$

一起诱导同态

(3)
$$H^p_{\mathrm{de\,R}}(M)\otimes H^q_{\mathrm{de\,R}}(M)\to H^{p+q}_{\mathrm{de\,R}}(M),$$

同态(3)使直和$\sum\limits_p H^p_{\mathrm{de\,R}}(M)$成为$\mathbb{R}$上的一个结合代数. 这是 de Rham 上同调中的经典乘积结构. 另外，$\sum\limits_p H^p_{\mathrm{de\,R}}(M)$还通过标准同构

$$\sum_p H^p_{\mathrm{de\,R}}(M) \cong \sum_p H^p(M, \mathscr{R})$$

从层上同调中的代数结构 5.42(8)继承一个结合代数结构. 下面证明 $\sum\limits_p H^p_{\mathrm{de\,R}}(M)$ 上的这两种代数结构是等同的. 对于每一个开集 $U \subset M$，外乘法诱导同态

$$E^p(U) \otimes E^q(U) \to E^{p+q}(U), \tag{4}$$

此同态与适当的限制同态交换, 因而产生预层同态

$$\{E^p(U); \rho_{U,V}\} \otimes \{E^q(U); \rho_{U,V}\} \to \{E^{p+q}(U); \rho_{U,V}\}, \tag{5}$$

这个预层同态又诱导层同态

$$\mathscr{E}^p(M) \otimes \mathscr{E}^q(M) \to \mathscr{E}^{p+q}(M). \tag{6}$$

容易验证同态(6)(在 5.24 节的意义下)诱导分解 5.28(3)与其自身的张量积到其自身的同态:

$$\begin{array}{ccccccc} 0 \to \mathscr{R} & \to & \mathscr{E}^0(M) \otimes \mathscr{E}^0(M) & \to & (\mathscr{E}^0(M) \otimes \mathscr{E}^1(M)) \oplus (\mathscr{E}^1(M) \otimes \mathscr{E}^0(M)) & \to & \cdots \\ \downarrow \mathrm{id} & & \downarrow & & \downarrow & & \\ 0 \to \mathscr{R} & \longrightarrow & \mathscr{E}^0(M) & \longrightarrow & \mathscr{E}^1(M) & \longrightarrow & \cdots. \end{array} \tag{7}$$

同态(7)诱导一个上链映射 $\Gamma(\mathscr{E}^*(M) \otimes \mathscr{E}^*(M)) \to \Gamma(\mathscr{E}^*(M))$，根据 5.24 节和定理 5.23 的系, 这个上链映射诱导恒等映射 $H^q(M, \mathscr{R}) \to H^q(M, \mathscr{R})$. 考虑上链复形的下列交换图表:

$$\begin{array}{ccccc} \Gamma(\mathscr{E}^*(M)) \otimes \Gamma(\mathscr{E}^*(M)) & \to & \Gamma(\mathscr{E}^*(M) \otimes \mathscr{E}^*(M)) & \to & \Gamma(\mathscr{E}^*(M) \\ \uparrow & & & & \uparrow \\ E^*(M) \otimes E^*(M) & & \longrightarrow & & E^*(M). \end{array} \tag{8}$$

图表(8)与 5.39(3)一起诱导关于上同调的下列交换图表:

$$\begin{array}{ccccccc} H^p(M,\mathscr{R}) \otimes H^q(M,\mathscr{R}) & \to & H^{p+q}(\Gamma(\mathscr{E}^*(M)) \otimes \Gamma(\mathscr{E}^*(M))) & \to & H^{p+q}(M,\mathscr{R}) & \xrightarrow{\mathrm{id}} & H^{p+q}(M,\mathscr{R}) \\ \uparrow & & \uparrow & & & & \uparrow \\ H^p_{\mathrm{de\,R}}(M) \otimes H^q_{\mathrm{de\,R}}(M) & \to & H^{p+q}(E^*(M) \otimes E^*(M)) & & \longrightarrow & & H^{p+q}_{\mathrm{de\,R}}(M). \end{array} \tag{9}$$

图表(9)上面一行中的同态的复合恰好给出层上同调中的乘积结构 5.42(8); 而(9)的下面一行中的同态的复合则恰好是经典的乘积结构(2), 并且第一竖列和最后一列都是标准同构. 因而 $\sum_p H^p_{\text{de R}}(M)$ 上的经典代数结构等同于从层上同调的代数结构所诱导的代数结构.

5.44 奇异上同调代数 本节将用连续奇异上同调的语言来叙述, 然而所考虑的一切事项都以完全同样的方式适用于可微奇异理论. 令 $f \in S^p(M,K)$ 是一个奇异 p 上链, 令 $g \in S^q(M,K)$ 是一个奇异 q 上链. 下面将定义一个奇异 $(p+q)$ 上链 $f \cup g$, 称为 f 和 g 的上积, 令 σ 是 M 上的一个奇异 $(p+q)$ 单形, 定义

(1) $$(f \cup g)(\sigma) = f(\sigma \circ k_{p+q}^{p+q-1} \circ k_{p+q-1}^{p+q-2} \circ \cdots \circ k_{p+1}^{p}) g(\sigma \circ k_0^{p+q-1} \circ k_0^{p+q-2} \circ \cdots \circ k_0^{q}),$$

其中, 若 q=0 则式(1)右边的第一个因子是 $f(\sigma)$; 若 p=0, 则式(1)右边第二个因子是 $g(\sigma)$, 各个 k 是 4.6(2)中定义的映射. 换句话说, 式(1)说明由 σ 开始并且取顶上的面 q 次得到一个 p 单形, 对它使用 f, 而且从 σ 开始取 0 面 p 次等到一个 q 单形, 并对它使用 g. 式(1)右边的乘法是在主理想环 K 中进行的. 结合性, 即

(2) $$f \cup (g \cup h) = (f \cup g) \cup h,$$

可从式(1)和下列恒等式得出:

(3) $$\begin{aligned} & k_0^{p+q+r-1} \circ \cdots \circ k_0^{q+r} \circ k_{q+r}^{q+r-1} \circ \cdots \circ k_{q+1}^{q} \\ &= k_{p+q+r}^{p+q+r-1} \circ \cdots \circ k_{p+q+1}^{p+q} \circ k_0^{p+q-1} \circ \cdots \circ k_0^{q}, \end{aligned}$$

此恒等式从重复应用 4.6(5)得出. 双线性映射 $(f,g) \mapsto f \cup g$ 诱导一个同态

(4) $$S^p(M,K) \otimes S^q(M,K) \to S^{p+q}(M,K).$$

可以断言,

(5) $$(\mathrm{d}f) \cup g + (-1)^p f \cup (\mathrm{d}g) = \mathrm{d}(f \cup g).$$

建议读者首先对于 f 和 g 是 1 维上链且 σ 是 3 维单形的情况来验证式(5). 在这种情况下, 一些简单图形在下面的计算中将会有所帮助. 一般地, 令 τ 是一个奇异 $(p+q+1)$ 单形. 那么从(1)和 5.31(8), 并且重复使用 4.6(5), 可以得出

$$\begin{aligned}
\mathrm{d}(f\cup g)(\tau) &= \sum_{l=0}^{p+q+1}(-1)^l (f\cup g)(\tau\circ k_l^{p+q})\\
&= \sum_{l=0}^{p+q+1}(-1)^l f(\tau\circ k_l^{p+q}\circ k_{p+q}^{p+q-1}\circ\cdots\circ k_{p+1}^{p})g(\tau\circ k_l^{p+q}\circ k_0^{p+q-1}\circ\cdots\circ k_0^{q})\\
&= \sum_{l=0}^{p}(-1)^l f(\tau\circ k_l^{p+q}\circ k_{p+q}^{p+q-1}\circ\cdots\circ k_{p+1}^{p})g(\tau\circ k_0^{p+q}\circ\cdots\circ k_0^{q})\\
&\quad+\sum_{l=p+1}^{p+q+1}(-1)^l f(\tau\circ k_{p+q+1}^{p+q}\circ\cdots\circ k_{p+1}^{p})g(\tau\circ k_0^{p+q}\circ\cdots\circ k_0^{q+1}\circ k_{l-p}^{q})\\
&= \sum_{l=0}^{p}(-1)^l f(\tau\circ k_{p+q+1}^{p+q}\circ k_{p+q}^{p+q-1}\circ\cdots\circ k_{p+2}^{p+1}\circ k_l^{p})g(\tau\circ k_0^{p+q}\circ\cdots\circ k_0^{q})\\
&\quad+(-1)^p f(\tau\circ k_{p+q+1}^{p+q}\circ\cdots\circ k_{p+1}^{p})\sum_{j=1}^{q+1}(-1)^j g(\tau\circ k_0^{p+q}\circ\cdots\circ k_0^{q+1}\circ k_j^{q})\\
&= \sum_{l=0}^{p+1}(-1)^l f(\tau\circ k_{p+q+1}^{p+q}\circ k_{p+q}^{p+q-1}\circ\cdots\circ k_{p+2}^{p+1}\circ k_l^{p})g(\tau\circ k_0^{p+q}\circ\cdots\circ k_0^{q})\\
&\quad+(-1)^p f(\tau\circ k_{p+q+1}^{p+q}\circ\cdots\circ k_{p+1}^{p})\sum_{j=0}^{q+1}(-1)^j g(\tau\circ k_0^{p+q}\circ\cdots\circ k_0^{q+1}\circ k_j^{q})\\
&= (\mathrm{d}f\cup g)(\tau)+(-1)^p(f\cup \mathrm{d}g)(\tau).
\end{aligned}$$

从式(5)可知，同态(4)决定一个上链映射

(6)
$$S^*(M,K)\otimes S^*(M,K)\to S^*(M,K)\,.$$

上链映射(6)与 5.39(3)的自然同态

(7)
$$H_\Delta^p(M;K)\otimes H_\Delta^q(M;K)\to H^{p+q}(S^*(M,K)\otimes S^*(M,K))$$

一起诱导同态

(8)
$$H_\Delta^p(M;K)\otimes H_\Delta^q(M;K)\to H_\Delta^{p+q}(M;K),$$

同态(8)赋予直和 $\sum\limits_p H_\Delta^p(M;K)$ 一个 K 上的结合代数结构. 这就是奇异上同调的经典乘积结构. 另外，$\sum\limits_p H_\Delta^p(M,K)$ 通过标准同构 $\sum\limits_p H_\Delta^p(M;K)\cong\sum\limits_p H_\Delta^p(M,\mathscr{K})$ 还从关于层上同调的代数结构 5.42(8)继承一个结合代数结构. 证明 $\sum\limits_p H_\Delta^p(M;K)$

上的这两个代数结构是等同的跟证明在5.43(4)~5.43(9)中给出的de Rham上同调的相应陈述是完全相同的，只不过是相应地以$\mathcal{S}^*(M,K)$代替$\mathscr{E}^*(M)$，从$S^*(M,K)$代替$E^*(M)$等.

5.43 节和 5.44 节的结果提供了 de Rham 定理 5.36 的下列更完备的形式.

5.45 de Rham 定理 de Rham 同态

(1) $$k^*:\sum_p H^p_{\text{de R}}(M)\to\sum_p H^p_{\Delta^\infty}(M,\mathbb{R})$$

是一个代数同构.

7 支 集

5.46 定义 M上的支集族是满足下列条件的M的一个闭子集族Φ:

(a) Φ 的任何两个元之并仍在Φ中.

(b) Φ 的一个元的任何闭子集均为Φ 的元.

(c) Φ 的每个元都有一个邻域其闭包在Φ 中.

令Φ 是M上的一个支集族. 回想到，假定M至少是一个仿紧的Hausdorff空间，而实际上必然是一个可微流形. 如果$\mathcal{S}$是M上的一个层，令$\Gamma_\Phi(\mathcal{S})$是$\mathcal{S}$的截面的集合且使得这些截面的支集是Φ的元. 从条件(a)可知，$\Gamma_\Phi(\mathcal{S})$是$\Gamma(\mathcal{S})$的一个子模. 从条件(b)可知，层同态$\mathcal{S}\to\mathcal{S}'$诱导同态$\Gamma_\Phi(\mathcal{S})\to\Gamma_\Phi(\mathcal{S}')$.

定理5.12有一个完全类似的带支集条件的定理. 在证明中只需稍作修改,这就是通过使用条件(c)来帮助选取一个覆盖使它能保证所得到的$\mathcal{S}$的截面确实在$\Gamma_\Phi(\mathcal{S})$中. 细节留给读者作为习题.

对于M的带有支集Φ并且系数在M上的K模层中的上同调论$\mathscr{H}_\Phi$完全可以像在定义5.18中那样加以定义，只是要在5.18(a)中以$\Gamma_\Phi(\mathcal{S})$代替$\Gamma(\mathcal{S})$，而且上同调模要记为${}_\Phi H^p(M,\mathcal{S})$. 只需稍作修改，本章的整个论述就可以对带支集的上同调来进行. 下面将简略地概述这些修改.

证明带支集的上同调论的存在性和唯一性(这将采用定理 5.12 的支集形式)，可以像在 5.18~5.25 节那样进行，只是当给定了一个无挠优分解$0\to\mathscr{K}\to\mathscr{E}_0\to\mathscr{E}_1\to\mathscr{E}_2\to\cdots$时，要通过置

(1) $${}_\Phi H^q(M,\mathcal{S})=H^q(\Gamma_\Phi(\mathscr{C}^*\otimes\mathcal{S}))$$

来定义层上同调模.

令$\{S_U,\rho_{U,V}\}$是一个带有伴随层$\mathcal{S}$的预层. 令${}_\Phi S_M$是由那些在标准同态

$S_M \to \Gamma(\mathcal{S})$ 之下映射到 $\Gamma_\Phi(\mathcal{S})$ 中的元素组成的 S_M 的子模，那么从命题 5.27 和 ${}_\Phi S_M$ 的定义可知,当以

$$0 \to (S_M)_o \to {}_\Phi S_M \to \Gamma_\Phi(\mathcal{S}) \to 0 \tag{2}$$

代替 5.27(2)时,命题 5.27 成立.

带支集条件的经典上同调论定义为

$$\begin{aligned} &{}_\Phi H^q_{A-S}(M;G) = H^q({}_\Phi A^*(M,G)/A_0^*(M,G)),\\ &{}_\Phi H^q_{\text{de R}}(M) = H^q({}_\Phi E^*(M)),\\ &{}_\Phi H^q_\Delta(M;G) = H^q({}_\Phi S^*(M,G)),\\ &{}_\Phi H^q_{\Delta^\infty}(M;G) = H^q({}_\Phi S^*_\infty(M,G)). \end{aligned} \tag{3}$$

在 Čech 理论中，由定义，一个 q 上链 $f\in C^q(\mathfrak{A},\mathcal{S})$ 的支集是当 σ 遍历覆盖 $\mathfrak{A}$ 的 q 单形时截面 $f(\sigma)$ 的支集之并．如果令 ${}_\Phi C^q(\mathfrak{A},\mathcal{S})$ 等于其支集在 Φ 中的 q 上链的模，那么 Čech 理论的展开可像以前一样进行而且可得出带支集的 Čech 上同调模 ${}_\Phi \check{H}^q(M,\mathcal{S})$．

所得出的上同调论将依赖于支集的选取．常义上同调与带支集的上同调在 Φ 被取为由所有闭集组成的集族的特殊情况时是相同的.

同前，同构定理和乘积结构的得出可全部对支集进行．尤其是，有带支集条件的 de Rham 定理:

$$k^* : \sum_p {}_\Phi H^p_{\text{de R}}(M) \cong \sum_p {}_\Phi H^p_{\Delta^\infty}(M,\mathbb{R}) \tag{4}$$

是一个代数同构.

习　题

1．令 $\mathcal{S}$ 是 M 上的一个层．证明映射 $m \mapsto 0$(0截面)是连续的.

2．证明层的截面都是局部同胚，而且因此都是开映射.

3．证明：如果一个层的两个截面在一个点上一致，那么它们在该点的一个邻域上一致．推证使一个截面在其上不为零的点集是闭集.

4．M 上的一个 C^∞ 函数决定 C^∞ 函数的芽层 $\mathscr{E}^\infty(M)$ 的一个横截面．使一个 C^∞ 函数在其上不为零的 M 的点集是开集．而根据习题 3，若 $\mathscr{E}^\infty(M)$ 的一个截面在 M 的一个点集上不为零，则该点集是一个闭集，你能调和这两个事实吗？考查

几个例子.

5. 证明层映射是局部同胚, 且因此是开映射.

6. 证明: 若两个层映射在一个点上一致, 则它们在该点的一个邻域上一致. 推证使得一个层映射在其上不为零的点集是一个闭集.

7. 完成 5.4 节中构造商层的细节.

8. 完成在 5.6 节开头证明 $\beta(\alpha(\mathcal{S}))$ 标准同构于 $\mathcal{S}$ 的细节.

9. 证明存在标准同构 $(\mathcal{S}\otimes\mathscr{T})_m \cong \mathcal{S}_m\otimes\mathscr{T}_m$.

10. 证明两个完备预层的张量积未必是一个完备预层.

11. 令 φ 是 M 上的一个 C^∞ 函数. 通过置 $\mathbf{f}_m \to \varphi(m)\mathbf{f}_m$ 而定义一个映射 $\mathscr{C}^\infty(M)\to\mathscr{C}^\infty(M)$. 像往常一样, 这里用 $\mathbf{f}_m$ 表示一个在 m 点的邻域上定义的 C^∞ 函数 f 在 m 点的芽. 证明这个映射一般不是连续的, 因而不可能是一个层同态.

告诫: 在构造层上的单位分解时, 往往会在这里出错, 回顾在 5.10 节给出的构造 $\mathscr{C}^\infty(M)$ 上的单位分解的正确方法.

12. 在定理 5.12 的证明中作必要的修改以证明若 Φ 是 M 上的一个支集系, $\mathcal{S}\to\mathscr{T}$ 是一个满射层同态, 而且它的核是一个优层, 那么 $\Gamma_\Phi(\mathcal{S})\to\Gamma_\Phi(\mathscr{T})$ 是一个满射.

13. 完成证明 5.17(2)的正合性的细节.

14. 完成 5.24 的细节.

15. 证明: 预层 5.26(5)满足 5.7(C_2)但对 $p\geqslant 1$ 却不满足 5.7(C_1).

16. 给出模正合序列

$$0\to A\to B\to C\to 0$$

和模 D, 使得

$$0\to A\otimes D\to B\otimes D\to C\otimes D\to 0$$

不是正合的例子.

17. 找出一个优层却有非优子层的例子.

18. 证明: 如果把无挠层的一个长正合序列与一个层 $\mathcal{S}$ 作张量积, 那么所得出的长序列仍然是正合的.

19. 证明: 一个连续映射 $f: M\to N$ 能以一种自然的方式诱导一个同态

$$f_*: H^p_\Delta(N;G)\to H^p_\Delta(M;G),$$

使得若 $g: N\to X$, 则

$$(g\circ f)_* = f_*\circ g_*,$$

并且使得

$$(\mathrm{id})_* = \mathrm{id}\,.$$

由此可以断定同胚的空间有同构的奇异上同调.

20. 证明 5.37(1)是一个同构. 请记住, 这些向量空间一般是无限维的.

21. 证明: 如果 σ 和 τ 都是闭微分形式而且它们的所有周期都是整数值的(见 4.17 节),那么 $\sigma \wedge \tau$ 具有整数周期.

第 6 章　Hodge 定理

在本章中, 除非另有说明, M 将表示一个紧定向的 n 维 Riemann 流形. 我们将会看到通常的 Laplace 算子 $(-1)\sum_i \frac{\partial^2}{\partial x_i^2}$ 有一种推广, 将它推广成微分形式上的算子 Δ, 称为 Laplace-Beltrami(拉普拉斯-贝尔特拉米)算子. 本章的主要目标是要证明 Hodge(霍奇)分解定理, 这个定理说明方程 $\Delta\omega=\alpha$ 在 M 上的光滑 p 次形式中有解 ω 当且仅当 p 形式 α [按 $E^p(M)$ 上的一种适当内积]正交于(那些使 $\Delta\varphi=0$ 的)调和 p 形式构成的空间. 从 Hodge 分解定理将会推出在每一个 de Rham 上同调类中存在一个唯一的调和形式. 作为另一个简单应用, 将得到 de Rham 上同调的 Poincaré 对偶定理, 而且由此得出实奇异上同调的 Poincaré 对偶定理. 为了证明 Hodge 定理, 利用 Fourier 级数作为基本工具给出椭圆算子局部理论的一个完备而自封的论述. 本章末的习题将讨论 Laplace-Beltrami 算子的特征函数及其在证明 Peter-Weyl 定理中的应用.

1　Laplace-Beltrami 算子

6.1　定义　(从 4.10(6) 和第 2 章习题 13) 回想到有线性算子 $*$ 对 M 上的每个 p 形式指派一个 $(n-p)$ 形式而且满足

(1) $$**=(-1)^{p(n-p)}.$$

定义一个从 p 形式到 $(p-1)$ 形式的算子 δ 为

(2) $$\delta=(-1)^{n(p+1)+1}*\mathrm{d}*.$$

在 0 形式上, δ 就是零线性泛函, 将 Laplace-Beltrami 算子 Δ (简称 Laplace 算子) 定义为

(3) $$\Delta=\delta\mathrm{d}+\mathrm{d}\delta,$$

那么对于每个 $p(0\leq p\leq n)$, 它是 $E^p(M)$ 上的一个线性算子. 在 $E^0(\mathbb{R}^n)$ 上, 即在 Euclid 空间 $\mathbb{R}^n$ 中的 C^∞ 函数上, Laplace 算子就是算子 $(-1)\sum_{i=1}^n \frac{\partial^2}{\partial x_i^2}$, 验证工作留

给读者作为习题. 同样, 验证 Laplace 算子与 $*$ 算子交换, 即

$$*\Delta = \Delta * \tag{4}$$

也是一个简易习题.

把 M 上的 p 形式构成的向量空间 $E^p(M)$ 中的内积定义为

$$\langle\alpha,\beta\rangle = \int_M \alpha\wedge *\beta,\quad \alpha,\beta\in E^p(M), \tag{5}$$

并且将相应的范数记为 $\|\alpha\|$. 从第 2 章习题 13 的式(6)可知, 式(5)中定义的双线性形式实际上是对称的和正定的. 对于 $0\le p\le n$, 仅通过要求各个 $E^p(M)$ 是正交的就能把内积(5)扩张成直和 $\sum\limits_{p=0}^{n} E^p(M)$ 上的内积.

6.2 命题 δ 是 d 在 $\sum\limits_{p=0}^{n} E^p(M)$ 上的伴随算子, 即

$$\langle \mathrm{d}\alpha, \beta\rangle = \langle\alpha, \delta\beta\rangle. \tag{1}$$

证明 由线性性和 $E^p(M)$ 的正交性, 证明可归结为考虑 α 是一个 $(p-1)$ 形式和 β 是一个 p 形式的情况. 在这种情况下,

$$\begin{aligned}\mathrm{d}(\alpha\wedge *\beta) &= \mathrm{d}\alpha\wedge *\beta + (-1)^{p-1}\alpha\wedge \mathrm{d} *\beta\\ &= \mathrm{d}\alpha\wedge *\beta - \alpha\wedge *\delta\beta.\end{aligned} \tag{2}$$

通过在 M 上对两边积分并且对左边应用包含在定理 4.9 的系中的 Stokes 定理的特殊情况, 得到

$$0 = \int_M (\mathrm{d}\alpha\wedge *\beta - \alpha\wedge *\delta\beta) = \langle \mathrm{d}\alpha,\beta\rangle - \langle\alpha,\delta\beta\rangle. \tag{3}$$

从而

$$\langle \mathrm{d}\alpha,\beta\rangle = \langle\alpha,\delta\beta\rangle. \tag{4}$$

系 Δ 是一个自伴算子, 即

$$\langle\Delta\alpha,\beta\rangle = \langle\alpha,\Delta\beta\rangle \quad \left(\alpha,\beta\in E^p(M);\ 0\leqslant p\leqslant n\right). \tag{5}$$

6.3 命题 $\Delta\alpha = 0$ 当且仅当 $\mathrm{d}\alpha = 0$ 和 $\delta\alpha = 0$.

证明 显然若 $\mathrm{d}\alpha = 0$ 和 $\delta\alpha = 0$, 则 $\Delta\alpha = 0$. 由于

(1) $$\langle\Delta\alpha,\alpha\rangle=\langle(\mathrm{d}\delta+\delta\mathrm{d})\alpha,\alpha\rangle=\langle\delta\alpha,\delta\alpha\rangle+\langle\mathrm{d}\alpha,\mathrm{d}\alpha\rangle.$$

因而若 $\Delta\alpha=0$，则 $\mathrm{d}\alpha=0$ 且 $\delta\alpha=0$.

系　紧连通的定向 Riemann 流形上仅有的调和函数 $(\Delta f=0)$ 是常函数.

2　Hodge 定 理

6.4　定义　令 Δ^* 表示 Laplace 算子在 $E^p(M)$ 上的伴随算子. 当然这个算子恰好是 Δ 本身，因为 Laplace 算子在 $E^p(M)$ 上是自伴算子，而且通常对 Δ 与 Δ^* 不加区别. 然而对于下列定义中的形式来说这种差别是重要的.

我们对于求出方程 $\Delta\omega=\alpha$ 存在解 ω 的充要条件感兴趣. 设 ω 是 $\Delta\omega=\alpha$ 的一个解，那么对所有 $\varphi\in E^p(M)$,

(1) $$\langle\Delta\omega,\varphi\rangle=\langle\alpha,\varphi\rangle,$$

这说明对所有 $\varphi\in E^p(M)$,

(2) $$\langle\omega,\Delta^*\varphi\rangle=\langle\alpha,\varphi\rangle.$$

受式(2)启发，可以把 $\Delta\omega=\alpha$ 的解看作 $E^p(M)$ 上的某种类型的线性泛函，即通过

(3) $$l(\beta)=\langle\omega,\beta\rangle,$$

ω 决定 $E^p(M)$ 上的一个有界线性泛函 l; 而且鉴于(2)，泛函 l 对于所有 $\varphi\in E^p(M)$ 满足

(4) $$l(\Delta^*\varphi)=\langle\alpha,\varphi\rangle.$$

对于解的这种观点倒是极其有用的，因为它允许把泛函分析的各种方法和技巧应用于求解方程 $\Delta\omega=\alpha$ 的问题. 把这样的线性泛函称为 $\Delta\omega=\alpha$ 的弱解，即 $\Delta\omega=\alpha$ 的一个弱解是一个对所有 $\varphi\in E^p(M)$ 使得

(5) $$l(\Delta^*\varphi)=\langle\alpha,\varphi\rangle$$

的有界线性泛函 $l:E^p(M)\to\mathbb{R}$. 以后，将论述在 Euclid 空间中的开集上定义的一般偏微分算子 L 的弱解，而且代替式(5)中 Δ^* 的将是 L 的形式伴随算子 L^* (见 6.24(3)和 6.31).

由式(3)，　$\Delta\omega=\alpha$ 的每个常解 $\omega\in E^p(M)$ 决定一个弱解. 本章 的主要成

果是证明正则性定理，而该定理说明上述结论的逆成立，即每个弱解反过来也决定一个常解. 证明这个逆命题的主要步骤是要证明如果 l 是 $\Delta\omega=\alpha$ 的一个弱解，那么在有一个形式 $\omega\in E^p(M)$ 使得式(3)成立的意义下，l 由一个光滑形式 ω 表示. 于是形式 ω 是一个常解可从下列事实得出:

$$(6)\qquad \langle\Delta\omega,\beta\rangle=\langle\omega,\Delta^*\beta\rangle=l\left(\Delta^*\beta\right)=\langle\alpha,\beta\rangle\,.$$

对所有 $\beta\in E^p(M)$ 成立，而这蕴涵着 $\Delta\omega=\alpha$.

6.5 正则性定理 令 $\alpha\in E^p(M)$，令 l 是 $\Delta\omega=\alpha$ 的一个弱解，那么存在 $\omega\in E^p(M)$ 使得对一切 $\beta\in E^p(M)$，

$$l(\beta)=\langle\omega,\beta\rangle\,,$$

所以 $\Delta\omega=\alpha$.

暂且假定定理 6.5 和下面的定理 6.6 成立.

6.6 定理 令 $\{\alpha_n\}$ 是 M 上的一个光滑 p 形式序列使得 $\|\alpha_n\|\le c$ 和 $\|\Delta\alpha_n\|\le c$ 对所有 n 和某个常数 c 成立，那么 $\{\alpha_n\}$ 有一个子序列是 $E^p(M)$ 中的一个 Cauchy 序列.

后面将从由 6.15 节开头的那个单元开始为证明定理 6.5 和定理 6.6 作必要的准备，并且最终在 6.32 节和 6.33 节分别回到定理 6.5 和定理 6.6 的证明上. 这其间将假定这两个定理已被证明而着手解决 Hodge 定理.

6.7 定义 令

$$(1)\qquad H^p=\{\omega\in E^p(M):\Delta\omega=0\}\,,$$

并且将 H^p 的元素称为调和 p 形式.

6.8 Hodge 分解定理 对于每个整数 $p\left(0\le p\le n\right)$，$H^p$ 是有限维的，而且有下列关于 M 上的光滑 p 形式空间 $E^p(M)$ 的正交直和分解:

$$(1)\qquad \begin{aligned}E^p(M)&=\Delta(E^p)\oplus H^p=\mathrm{d}\delta(E^p)\oplus\delta\mathrm{d}(E^p)\oplus H^p\\&=\mathrm{d}(E^{p-1})\oplus\delta(E^{p+1})\oplus H^p.\end{aligned}$$

因而，方程 $\Delta\omega=\alpha$ 有解 $\omega\in E^p(M)$ 当且仅当 p 形式 α 正交于调和 p 形式空间.

证明 如果 H^p 不是有限维的，那么 H^p 就会包含一个规范正交的无穷序列. 但是由定理 6.6，这个规范正交序列将包含一个 Cauchy 子列，而这是不可能的. 因而 H^p 是有限维的.

只需证明式(1)中第一个等式的分解即可，因为到那时式(1)的其他两个等

式就可由6.1(3), 6.2 节和 6.3 节得出.

令 $\omega_1,\cdots,\omega_l$ 是 H^p 的一个规范正交基, 那么任意的形式 $\alpha \in E^p(M)$ 能唯一地写成

(2) $$\alpha = \beta + \sum_{i=1}^{l} \langle \alpha, \omega_i \rangle \omega_i\,,$$

其中, β 在 $(H^p)^\perp$ 中, 这是由正交于 H^p 的所有元素组成的 $E^p(M)$ 的子空间. 因而有一个正交直和分解

式就可由

(3) $$E^p(M) = (H^p)^\perp \oplus H^p\,.$$

下面通过证明 $(H^p)^\perp = \Delta(E^p)$ 来证明定理. 令 H 表示 $E^p(M)$ 到 H^p 上的投影算子使得 $H(\alpha)$ 是 α 的调和部分.

现在 $\Delta(E^p) \subset (H^p)^\perp$. 因为若 $\omega \in E^p$ 且 $\alpha \in H^p$, 那么

$$\langle \Delta\omega, \alpha \rangle = \langle \omega, \Delta\alpha \rangle = 0\,.$$

反过来, 可以断言 $(H^p)^\perp \subset \Delta(E^p)$, 为了证明这一点, 首先需要下述不等式.

可以断定有一个常数 $c>0$ 使得对于所有 $\beta \in (H^p)^\perp$,

(4) $$\|\beta\| \leq c\,\|\Delta\beta\|.$$

如若不然, 那么存在一个序列 $\beta_j \in (H^p)^\perp$ 适合 $\|\beta_j\| = 1$ 而且 $\|\Delta\beta\| \to 0$. 由定理 6.6, β_j 的一个子序列是 Cauchy 序列, 为了方便, 不妨假设它就是 $\{\beta_j\}$ 自身. 因而对于每个 $\psi \in E^p(M)$, 极限 $\lim\limits_{j\to\infty} \langle \beta_j, \psi \rangle$ 存在. 通过对每个 $\psi \in E^p(M)$, 置

(5) $$l(\psi) = \lim_{j\to\infty} \langle \beta_j, \psi \rangle$$

而定义 $E^p(M)$ 上的一个线性泛函. 由于 l 显然是有界的, 而且

(6) $$l(\Delta\varphi) = \lim_{j\to\infty} \langle \beta_j, \Delta\varphi \rangle = \lim_{j\to\infty} \langle \Delta\beta_j, \varphi \rangle = 0,$$

因而 l 是 $\Delta\beta = 0$ 的一个弱解. 由定理 6.5, 存在 $\beta \in E^p(M)$ 使得 $l(\psi) = \langle \beta, \psi \rangle$, 所以 $\beta_j \to \beta$. 因为 $\|\beta_j\| = 1$ 和 $\beta_j \in (H^p)^\perp$, 由此可知 $\|\beta\| = 1$ 且 $\beta \in (H^p)^\perp$. 但是由定理 6.5, $\Delta\beta = 0$, 所以 $\beta \in H^p$, 这是一个矛盾. 因而(4)得证.

于是用(4)来证明 $(H^p)^\perp \subset \Delta(E^p)$. 令 $\alpha \in (H^p)^\perp$. 通过对所有 $\varphi \in E^p(M)$, 令

(7) $$l(\Delta\varphi)=\langle\alpha,\varphi\rangle$$

来定义 $\Delta(E^p)$ 上的一个线性泛函 l . 那么 l 是完全确定的. 因为若 $\Delta\varphi_1=\Delta\varphi_2$, 则 $\varphi_1-\varphi_2\in H^p$, 从而 $\langle\alpha,\varphi_1-\varphi_2\rangle=0$, 而且 l 还是 $\Delta(E^p)$ 上的有界线性泛函. 因为令 $\varphi\in E^p(M)$, 令 $\psi=\varphi-H(\varphi)$, 那么利用(4), 得到

(8) $$\begin{aligned}|l(\Delta\varphi)|=|l(\Delta\psi)|=|\langle\alpha,\psi\rangle|&\leqslant\|\alpha\|\|\psi\|\\ &\leqslant c\|\alpha\|\|\Delta\psi\|=c\|\alpha\|\|\Delta\varphi\|.\end{aligned}$$

由 Hahn-Banach 定理[26, p228], l 能够扩张成 $E^p(M)$ 上的有界线性泛函. 因而 l 是 $\Delta\omega=\alpha$ 的一个弱解. 由定理 6.5, 存在 $\omega\in E^p(M)$ 使得 $\Delta\omega=\alpha$. 因此

(9) $$(H^p)^\perp=\Delta(E^p)\,.$$

于是 Hodge 分解定理得证.

6.9　定义　通过令 $G(\alpha)$ 等于 $\Delta\omega=\alpha-H(\alpha)$ 在 $(H^p)^\perp$ 中的唯一解来定义 Green 算子, $G:E^p(M)\to(H^p)^\perp$. 留给读者作为习题来证明 G 是一个有界自伴线性算子, 而且它把有界序列映射成为具有 Cauchy 子列的序列.

6.10　命题　G 与 d,δ 以及 Δ 都可交换. 事实上, 任何一个与 Laplace 算子 Δ 交换的线性算子均可与 G 交换.

证明　例如, 对于 $T:E^p(M)\to E^q(M)$, 假设 $T\Delta=\Delta T$. 令 $\pi_{(H^p)^\perp}$ 表示 $E^p(M)$ 到 $(H^p)^\perp$ 上的投影. 由定义, $G=\left(\Delta\big|_{(H^p)^\perp}\right)^{-1}\circ\pi_{(H^p)^\perp}$. 由于 $T\Delta=\Delta T$ 蕴涵着 $T(H^p)\subset H^q$; 又因为 $(H^p)^\perp=\Delta(E^p)$, 这蕴涵着 $T\left((H^p)^\perp\right)\subset(H^q)^\perp$. 由此可知

(1) $$T\circ\pi_{(H^p)^\perp}=\pi_{(H^p)^\perp}\circ T\,,$$

而且在 $(H^p)^\perp$ 上,

(2) $$T\circ\left(\Delta\big|_{(H^p)^\perp}\right)=\left(\Delta\big|_{(H^q)^\perp}\right)\circ T\,,$$

因此在 $(H^p)^\perp$ 上,

(3) $$T\circ\left(\Delta\big|_{(H^p)^\perp}\right)^{-1}=\left(\Delta\big|_{(H^q)^\perp}\right)^{-1}\circ T\,.$$

从(1)和(3)可知 G 与 T 交换.

6.11 定理 紧定向 Riemann 流形 M 上的每个 de Rham 上同调类包含一个唯一的调和表示.

证明 令 α 是 M 上的一个任意 p 形式. 从 Hodge 分解定理和 Green 算子的定义, 得

(1) $$\alpha = \mathrm{d}\delta G\alpha + \delta\mathrm{d}\,G\alpha + H\alpha\,.$$

因为由命题 6.10, G 与 d 交换, 所以有

(2) $$\alpha = \mathrm{d}\delta G\alpha + \delta G\mathrm{d}\alpha + H\alpha\,.$$

因而若 α 是一个闭 p 形式, 则

(3) $$\alpha = \mathrm{d}\delta G\alpha + H\alpha\,.$$

所以 $H\alpha$ 是一个与 α 在同一个 de Rham 上同调类中的调和 p 形式. 如果两个调和形式 α_1 和 α_2 相差一个恰当形式 $\mathrm{d}\beta$, 那么有

$$0 = \mathrm{d}\beta + (\alpha_1 - \alpha_2)\,.$$

但是 $\mathrm{d}\beta$ 与 $(\alpha_1 - \alpha_2)$ 是正交的, 因为

$$\langle \mathrm{d}\beta, \alpha_1 - \alpha_2 \rangle = \langle \beta, \delta\alpha_1 - \delta\alpha_2 \rangle = \langle \beta, 0 \rangle = 0\,.$$

因而 $\mathrm{d}\beta = 0$ 且 $\alpha_1 = \alpha_2$. 从而在每一个 de Rham 上同调类中有唯一的调和形式.

系 紧定向微分流形的 de Rham 上同调群全都是有限维的.

证明 因为任何可微流形都能装备一个 Riemann 度量（第 1 章习题 23）, 因此本系立即可从定理 6.11 和调和形式空间 H^p 的有限维性质(6.8 节)得出.

6.12 令 M 是一个 n 维紧定向可微流形, 令 φ 和 ψ 分别是代表 $H^p_{\mathrm{de\,R}}(M)$ 中的上同调类 $\{\varphi\}$ 和 $H^{n-p}_{\mathrm{de\,R}}(M)$ 中的上同调类 $\{\psi\}$ 的闭形式, 而且通过置

(1) $$(\{\varphi\},\{\psi\}) \to \int_M \varphi \wedge \psi$$

定义一个双线性函数

(2) $$H^p_{\mathrm{de\,R}}(M) \times H^{n-p}_{\mathrm{de\,R}}(M) \to \mathbb{R}\,.$$

注意到双线性映射(1)是完全确定的. 例如, 若 φ_1 是 de Rham 上同调类 $\{\varphi\}$ 的另一个代表, 那么 $\varphi_1 = \varphi + \mathrm{d}\xi$ 对于某个形式 ξ 成立, 而且由包含在定理 4.9 的系中的 Stokes 定理的特殊情况, 有

$$(3)\qquad \int_M \varphi_1 \wedge \psi = \int_M \varphi \wedge \psi + \int_M d\xi \wedge \psi$$
$$= \int_M \varphi \wedge \psi + \int_M d(\xi \wedge \psi) = \int_M \varphi \wedge \psi.$$

还要注意到, 由其定义, 双线性函数(1)依赖于 M 上的定向.

6.13 定理(n 维紧定向流形 M 的 de Rham 上同调的 Poincaré 对偶) 双线性函数 6.12（1）是一个非奇异配对, 因而决定 $H_{\text{de R}}^{n-p}(M)$ 跟 $H_{\text{de R}}^{p}(M)$ 的对偶空间之间的同构:

$$(1)\qquad H_{\text{de R}}^{n-p}(M) \cong (H_{\text{dé R}}^{p}(M))^*.$$

证明 给定了一个非零的上同调类 $\{\varphi\} \in H_{\text{de R}}^{p}(M)$, 必须找出一个非零上同调类 $\{\psi\} \in H_{\text{de R}}^{n-p}(M)$ 使得 $(\{\varphi\},\{\psi\}) \neq 0$. 在 M 上选取一个 Riemann 结构. 根据定理 6.11, 可以假定 φ 是 $\{\varphi\}$ 的调和代表. 因为上同调类 $\{\varphi\}$ 不为零, 所以 φ 不恒为零. 因为 $*\Delta = \Delta *$, 由此可知 $*\varphi$ 也是调和的, 因此由命题6.3, 它是闭的, 因而 $*\varphi$ 代表一个上同调类 $\{*\varphi\} \in H_{\text{de R}}^{n-p}(M)$. 于是

$$(2)\qquad (\{\varphi\},\{*\varphi\}) = \int_M \varphi \wedge *\varphi = \|\varphi\|^2 \neq 0.$$

因而配对 6.12 (1)是非奇异的, 而且同构(1)从定义 2.7 得出.

系 如果 M 是一个 n 维紧定向连通微分流形, 那么 $H_{\text{de R}}^{n}(M) \cong \mathbb{R}$.

6.14 评注 除了不仅允许可微单形而且允许 M 上的所有连续单形之外, 实连续奇异同调群 $H_p(M;\mathbb{R})$ 恰好像在 4.16 节那样定义. 同构 5.37(1)就像对于可微理论那样对于连续情况也成立. 通过将定理 6.13 与 de Rham 定理 5.36 结合、与 M 的可微上同调和连续实奇异上同调的标准同构 5.32(5)结合、以及与连续实上同调和同调的同构 5.37(1)结合, 则得出 M 的实奇异上同调与实奇异同调之间的 Poincaré 对偶:

$$(1)\qquad H_{\Delta}^{p}(M;\mathbb{R}) \cong H_{n-p}(M;\mathbb{R}).$$

3 若干演算

下面发展对于证明定理 6.5 和 6.6 所需要的工具和方法.

6.15 记号 本章使用多重指标记号 $\alpha=(\alpha_1,\cdots,\alpha_n)$, 其中 α_i 是整数. 令 $|\alpha|$ 表示 α 的通常 Euclid 范数, 即

(1) $$|\alpha|=(\alpha_1^2+\cdots+\alpha_n^2)^{1/2}.$$

而且如果 α_i 都是非负的, 那么令

(2) $$[\alpha]=\alpha_1+\cdots+\alpha_n.$$

如果 α 和 η 都是整数 n 元组, 那么

(3) $$\eta^\alpha=\eta_1^{\alpha_1}\cdots\eta_n^{\alpha_n},$$

其中令 $0^0=1$. 用 x_i 表示 $\mathbb{R}^n$ 的第 i 个标准坐标函数, 并且令

(4) $$x=(x_1,\cdots,x_n).$$

对于每个非负整数的 n 元组 α, 将 α 阶导数算子 D^α 定义为

(5) $$\mathrm{D}^\alpha u=\left(\frac{1}{\mathrm{i}}\right)^{[\alpha]}\frac{\partial^{[\alpha]}u}{\partial x_1^{\alpha_1}\cdots\partial x_n^{\alpha_n}},$$

其中, $\mathrm{i}=\sqrt{-1}$ (附加关于 i 的因子, 以后将是方便的).

令 $\mathscr{P}$ 表示由在 $\mathbb{R}^n$ 上定义而在复 m 维空间 $\mathbb{C}^m$ 中取值并且按每个变量都以 2π 为周期的 C^∞ 函数组成的复向量空间. 建议读者在初次阅读本节时不妨假定 m 为 1, 因为这种情况包含了全部基本思想而且计算比较简单. 下面将适当编排记号以使得对于一般 m 基本相同, 这是关于记号的一点提示. 如果 $\gamma,\beta\in\mathbb{C}^m$, 那么用 $\gamma\cdot\beta$ 表示 Hermite 积 $\gamma_1\overline{\beta}_1+\cdots+\gamma_m\overline{\beta}_m$. 若 m 恰巧是 1, 那么 $\gamma\cdot\beta$ 就表示 $\gamma\overline{\beta}$. 伴随范数记为 $|\gamma|$.

如果 $\varphi,\psi\in\mathscr{P}$, 那么 $\varphi\cdot\psi$ 是复值函数, 它是 φ 和 ψ 的 Hermite 积, 即

(6) $$\varphi\cdot\psi=\varphi_1\overline{\psi}_1+\cdots+\varphi_m\overline{\psi}_m.$$

令 $|\psi|$ 表示实值函数

(7) $$|\psi|=(\psi\cdot\psi)^{1/2}.$$

如果 $\varphi\in\mathscr{P}$ 而 f 是 $\mathbb{R}^n$ 上的一个复值 C^∞ 周期函数(所有周期始终为 2π), 那么 φf 表示 $\mathscr{P}$ 的一个元素, 它的第 i 个分量函数是 $\varphi_i f$, 即

(8)
$$\varphi f=(\varphi_1 f,\cdots,\varphi_m f).$$

令 $Q\subset\mathbb{R}^n$ 是开立方体

(9)
$$Q=\{p\in\mathbb{R}^n:0<x_i(p)<2\pi,i=1,\cdots,n\}.$$

下面将在 $\mathscr{P}$ 上引进若干个不同的范数. 用 $\|\psi\|$ 表示 ψ 在 Q 上的通常 L_2 范数, 即

(10)
$$\|\psi\|=\frac{1}{(2\pi)^{n/2}}\left(\int_Q\psi\cdot\psi\right)^{1/2},$$

并且用 $\langle\psi,\varphi\rangle$ 表示 L_2 内积

(11)
$$\langle\psi,\varphi\rangle=\frac{1}{(2\pi)^n}\int_Q\psi\cdot\varphi.$$

用 $\|\psi\|_\infty$ 表示 ψ 的一致范数

(12)
$$\|\psi\|_\infty=\sup_Q|\psi|.$$

6.16　关于 Fourier 级数的若干事实　若 $\varphi\in\mathscr{P}$ 且 $\xi=(\xi_1,\cdots,\xi_n)$, 其中, ξ_i 都是整数, 那么第 ξ 个 Fourier 系数 $\varphi_\xi\in\mathbb{C}^m$ 定义为

(1)
$$\varphi_\xi=\frac{1}{(2\pi)^n}\int_Q\varphi(x)\mathrm{e}^{-\mathrm{i}x\cdot\xi}\mathrm{d}x,$$

其中, $x\cdot\xi=x_1\xi_1+\cdots+x_n\xi_n$.

首先要证明 φ 的 Fourier(傅里叶)级数 $\sum\limits_\xi\varphi_\xi\cdot\mathrm{e}^{\mathrm{i}x\cdot\xi}$ 一致收敛于 φ. 给定一个整数 $k>0$. 由分部积分重复积分式(1)即微分 φ 和积分 $\mathrm{e}^{-\mathrm{i}x\cdot\xi}$, 而且注意到有界项消失, 因为被积函数是周期函数, 则有一个常数 c_k' 依赖于 φ 及其至多到 $2nk$ 阶的导数使得

(2)
$$|\varphi_\xi|\leqslant\frac{c_k'}{(\prod\xi_i)^{2k}}$$

对所有 $\xi\neq0$ 成立, 其中, $\prod\xi_i$ 表示所有非零 ξ_i 之积. 由此可知, 有一个常数 c_k 使得对所有 ξ

(3)
$$|\varphi_\xi|\leqslant\frac{c_k}{(1+|\xi|^2)^k}.$$

现在来考虑级数$\sum_{\xi}(1+|\xi|^2)^{-k}$的收敛问题. 若令

$$S_j=\{\xi=(\xi_1,\cdots,\xi_n):\max_{1\leqslant i\leqslant n}|\xi_i|=j\}, \tag{4}$$

那么 S_j 的元素个数至多是$2n(2j+1)^{n-1}$, 而且对于每个$\xi\in S_j$, $|\xi|^2\geqslant j^2$, 所以对$j\geqslant 1$,

$$s_j=\sum_{\xi\in S_j}\frac{1}{(1+|\xi|^2)^k}\leqslant\frac{2n(2j+1)^{n-1}}{(1+j^2)^k}\leqslant cj^{n-1-2k}, \tag{5}$$

其中, c是一个只依赖于n的常数, 所以

$$\sum_{\xi}\frac{1}{(1+|\xi|^2)^k}=1+\sum_{j=1}^{\infty}s_j\leqslant 1+c\sum_{j=1}^{\infty}\frac{1}{j^{1+2k-n}}, \tag{6}$$

因而对于$1+2k-n>1$, 级数$\sum_{\xi}(1+|\xi|^2)^{-k}$收敛, 或者说, 对于

$$k\geqslant\left[\frac{n}{2}\right]+1, \tag{7}$$

级数$\sum_{\xi}(1+|\xi|^2)^{-k}$收敛, 其中, $[n/2]$表示小于或等于$n/2$的最大整数. 读者可用积分检验法得到同样的结论, 这将是一个有趣的练习.

从(3)可知, 如果像在(7)中那样取$k\geqslant[n/2]+1$, 那么 Fourier 级数

$$\sum_{\xi}\varphi_{\xi}\mathrm{e}^{\mathrm{i}x\cdot\xi} \tag{8}$$

一致收敛于某个连续函数Φ. 可以断言 $\Phi=\varphi$. 这当然是由于三角函数系的完备性, 而且可以从 Stone – Weierstrass 定理[13, 26]推出如下. 令$\psi=\varphi-\Phi$, 令$t\in\mathscr{P}$是一个三角多项式, 即 t 是形如$a_{\xi}\mathrm{e}^{ix\cdot\xi}(a_{\xi}\in\mathbb{C}^m)$的项的有限线性组合, 那么因为$\varphi$和$\Phi$具有相同的 Fourier 系数, 所以

$$\int_Q\psi\cdot t=0. \tag{9}$$

现在若给定$\varepsilon>0$, 则由 Stone-Weierstrass 定理就有一个三角多项式$t\in\mathscr{P}$使得$\|\psi-t\|_{\infty}<\varepsilon$. 因而利用(9),

(10) $$\left|\int_Q \psi\cdot\psi\right| = \left|\int_Q \psi\cdot(\psi - t)\right| \leqslant \varepsilon(2\pi)^n \|\psi\|.$$

所以 $\|\psi\| \leqslant \varepsilon$. 但由于 $\varepsilon > 0$ 是任意的而且 ψ 是连续的，所以 $\psi = 0$. 从而一个 C^∞ 周期函数 φ 的 Fourier 级数一致收敛于 φ，

(11) $$\varphi(x) = \sum_\xi \varphi_\xi \mathrm{e}^{\mathrm{i}x\cdot\xi}.$$

由分部积分可得 $\mathrm{D}^\alpha\varphi$ 的第 ξ 个 Fourier 系数是 $\xi_1^{\alpha_1}\cdots\xi_n^{\alpha_n}\varphi_\xi$，因而

(12) $$\mathrm{D}^\alpha\varphi(x) = \sum_\xi \xi^\alpha \varphi_\xi \mathrm{e}^{\mathrm{i}x\cdot\xi}.$$

从式(11)和三角函数系的正交性，得到 Parseval 恒等式:

(13) $$\int_Q |\varphi|^2 = (2\pi)^n \sum_\xi |\varphi_\xi|^2.$$

将式(13)应用于 $\mathrm{D}^\alpha\varphi$，则得到

(14) $$\|\mathrm{D}^\alpha\varphi\|^2 = \sum_\xi \xi^{2\alpha}|\varphi_\xi|^2.$$

从式(14)可知，给定一个非负整数 t，则有一个大于零且只依赖于 t 和 n 的常数 c，使得

(15) $$c\sum_\xi (1+|\xi|^2)^t |\varphi_\xi|^2 \leqslant \sum_{[\alpha]=0}^t \|\mathrm{D}^\alpha\varphi\|^2 \leqslant \sum_\xi (1+|\xi|^2)^t |\varphi_\xi|^2.$$

6.17　Sobolev 空间 H_s　令 $\mathcal{S}$ 表示由 $\mathbb{C}^m$ 中以整数 n 元组 $\xi = (\xi_1,\cdots,\xi_n)$ 标记的所有复向量序列构成的复向量空间. 因而若 $u \in \mathcal{S}$，则 $u = \{u_\xi\}$，其中，ξ 遍历所有整数 n 元组而且其中的每个 $u_\xi \in \mathbb{C}^m$. 对于每个整数 s (正的、负的或零) Sobolev (索伯列夫) 空间 H_s 是由

(1) $$H_s = \left\{u \in \mathcal{S} : \sum_\xi (1+|\xi|^2)^s |u_\xi|^2 < \infty\right\}$$

定义的 $\mathcal{S}$ 的子空间. 从 Schwarz 不等式可得

$$(2)\qquad \left|\sum_{\xi}(1+|\xi|^2)^{(s+t)/2}u_{\xi}\cdot v_{\xi}\right|^2\leqslant\left(\sum_{\xi}(1+|\xi|^2)^{s}|u_{\xi}|^2\right)\left(\sum_{\xi}(1+|\xi|^2)^{t}|v_{\xi}|^2\right);$$

因此每当式(2)右边的每个数为有限时，则式(2)左边是有限的. 因而可以定义 H_s 上的内积为

$$(3)\qquad \langle u,v\rangle_s=\sum_{\xi}(1+|\xi|^2)^{s}u_{\xi}\cdot v_{\xi}.$$

伴随的范数为

$$(4)\qquad \|u\|_s=\langle u,u\rangle_s^{1/2}.$$

从式(2)还可以得出，当 $u\in H_t, v\in H_{t'}$ 时 $\langle u,v\rangle_s$ 存在，其中 $(t+t')/2=s$.

因为 H_s 只是一个 l_2 空间，其中的测度空间是所有整数 n 元组 ξ 的集合，而且测度就是以 $(1+|\xi|^2)^s$ 为权的计数测度，由此可知 H_s 是一个 Hilbert 空间.

我们可以通过对每个整数 t，置

$$(5)\qquad (K^t u)_{\xi}=(1+|\xi|^2)^t u_{\xi}$$

而定义 $\mathcal{S}$ 上的一个线性变换 K^t.

最后，通过使每一个 $\varphi\in\mathscr{P}$ 与其 Fourier 系数序列相伴而将 $\mathscr{P}$ 与 $\mathcal{S}$ 的一个子空间等同. 鉴于 6.16(12)，可以通过置

$$(6)\qquad (\mathrm{D}^{\alpha}u)_{\xi}=\xi^{\alpha}u_{\xi}$$

而将导算子 D^{α} 从 $\mathscr{P}$ 扩张到整个 $\mathcal{S}$ 上.

不等式 6.16(3)连同 6.16(7)说明另一个可微函数是它的 Fourier 系数序列在其中的 Sobolev 空间的更大阶数 s. 特别地，对于每个 s，$\mathscr{P}\subset H_s$. 而且，$\mathscr{P}$ 在每个 H_s 中是稠密的，因为使得除了有限多个之外全部 u_{ξ} 为零的每个 $u\in H_s$ 属于 $\mathscr{P}$. 可把 Sobolev 空间 H_s 的元素看作形式 Fourier 级数或"广义函数". 归功于 Sobolev 的一个基本引理说明：如果对于充分大的 s，$u\in H_s$，那么由 u 决定的形式 Fourier 级数实际上收敛于一个具有若干依赖于 s 的导数的函数. 这个引理在证明正则性定理中将是关键步骤之一，因为它使我们能够断定，一个偏微分方程的属于足够高阶 Sobolev 空间的广义解是一个实际解.

H_s 空间的一些显著特征被收集在下列定理中并且被分成 (a) ~ (j) 诸款而分别述之.

6.18　定理

(a) 令 s 是一个非负整数, 则有常数 c 和 c', 最多依赖于 s 和 n, 使得对所有 $\varphi \in \mathscr{P}$,

$$c\|\varphi\|_s \leqslant \sum_{[\alpha]=0}^{s} \left\|D^\alpha \varphi\right\| \leqslant c'\|\varphi\|_s. \tag{1}$$

而且对 $s=0$ 的情况, 实际上对所有 $\varphi \in \mathscr{P}$ 均有恒等式

$$\|\varphi\| = \|\varphi\|_0. \tag{2}$$

(b) 如果 $t<s$, 那么 $\|u\|_t \leqslant \|u\|_s$, 因此 $H_s \subset H_t$. 从而所有整数 s 上的空间 H_s 之并是 $\mathbb{S}$ 的一个子空间, 把它记为 $H_{-\infty}$.

(c) 对于每一个 s, $\mathscr{P}$ 都是 H_s 的一个稠密子空间.

(d) K^t 是从 H_s 到 H_{s-2t} 上的等距同构, 并且以 K^{-t} 为逆,

$$\|u\|_s = \left\|K^t u\right\|_{s-2t}, \tag{3}$$

而且 K^t 将 $\mathscr{P}$ 映射为 $\mathscr{P}$. 若 $\varphi \in \mathscr{P}$ 且 $t \geqslant 0$, 那么

$$K^t \varphi = \left(1 - \sum_{i=1}^{n} \frac{\partial^2}{\partial x_i^2}\right)^t \varphi. \tag{4}$$

而且对所有 s 和 t,

$$\langle u, v\rangle_s = \langle u, K^t v\rangle_{s-t} = \langle K^t u, v\rangle_{s-t}, \quad u, v \in H_s. \tag{5}$$

(e) **Schwartz(施瓦兹)不等式**　如果 $u \in H_{s+t}$, $v \in H_{s-t}$, 那么

$$\left|\langle u, v\rangle_s\right| \leqslant \|u\|_{s+t} \|v\|_{s-t}.$$

(f) 如果 $u \in H_{s+t}$, 那么

$$\|u\|_{s+t} = \sup_{\substack{v \in H_{s-t} \\ v \neq 0}} \frac{\left|\langle u, v\rangle_s\right|}{\|v\|_{s-t}}.$$

(g) **“Peter-Paul” 不等式**　给定整数 $t' < t < t''$ 和 $\varepsilon > 0$, 则有常数 $c(\varepsilon) > 0$ 使得对所有 $u \in H_{t''}$,

$$\|u\|_t^2 \leqslant \varepsilon \|u\|_{t''}^2 + c(\varepsilon)\|u\|_{t'}^2.$$

(虽然道德被扭曲，但是鉴于跟(b)款相比，将此不等式称为 Peter-Paul(彼得-泡尔)不等式，在这里，把（$\|u\|_{t'}$）给予 Paul，是为了剥夺 Peter 的（$\|u\|_{t''}$)，并不是剥夺 Peter 给予 Paul).

(h) 对于每个 s，D^α 是从 $H_{s+[\alpha]}$ 到 H_s 的有界算子，实际上，

$$\left\|\mathrm{D}^\alpha u\right\|_s \leqslant \|u\|_{s+[\alpha]}$$

对所有 $u \in H_{s+[\alpha]}$ 成立.

(i) 令 ω 是 $\mathbb{R}^n$ 上的一个 C^∞ 复值周期函数，那么给定一个整数 s，则有正整数 c 和 c'，其中，c 只依赖于 s 和 n，而 c' 不仅依赖于 s、n，而且依赖于 ω 及其导数，使得对于 $\varphi \in \mathscr{P}$，

(6) $$\|\omega\varphi\|_s \leqslant c\|\omega\|_\infty \|\varphi\|_s + c'\|\varphi\|_{s-1}.$$

特别地，有一个依赖于 ω，s 和 n 的常数 c'' 使得

(7) $$\|\omega\varphi\|_s \leqslant c''\|\varphi\|_s,$$

所以由连续性，乘以 ω 的乘法能够扩张成 H_s 上的一个有界算子.

(j) 令 ω 是 $\mathbb{R}^n$ 上的一个 C^∞ 复值周期函数. 那么给定一个整数 s，就有一个正常数 c，使得对每个 $u, v \in H_s$，

(8) $$\left|\langle\omega u, v\rangle_s - \langle u, \bar{\omega} v\rangle_s\right| \leqslant c(\|u\|_s\|v\|_{s-1} + \|u\|_{s-1}\|v\|_s).$$

对于 s=0 的情况，有

(9) $$\langle\omega u, v\rangle_0 = \langle u, \bar{\omega} v\rangle_0.$$

证明 不等式(1)可从 6.16(15)和下列的事实得出：当 $a_1,\cdots,a_n$ 为正数时，有

(10) $$\frac{1}{n}\left(\sum_{i=1}^n a_i\right)^2 \leqslant \sum_{i=1}^n a_i^2 \leqslant \left(\sum_{i=1}^n a_i\right)^2.$$

等式(2)就是 Parseval 恒等式 6.16(13).

(b)款是明显的. 6.16(3)对于每个整数 k>0 成立蕴涵着每当 $\varphi \in \mathscr{P}$ 时，$\{\varphi_\xi\} \in H_s$，而且就像在紧接在上一定理后面的评述中已指出的那样，$\mathscr{P}$ 在 H_s 中，因为使得 u_ξ 除有限多个以外全为零的 $u \in H_s$ 属于 $\mathscr{P}$.

(d)款中的恒等式(3)和(5)是显然的. 从紧接 6.17(4)的评注可知内积是完全确

定的. 令 $\varphi \in \mathscr{P}$, 有 $K^t\varphi = \{(1+|\xi|^2)^t \varphi_\xi\}$. 从 6.16(3)和 6.16(7)以及存在不等式

$$\xi^{2\alpha} \leqslant (1+|\xi|^2)^{[\alpha]} \tag{11}$$

的事实得知, 级数

$$\sum_\xi (1+|\xi|^2)^t \varphi_\xi \mathrm{e}^{\mathrm{i}x\cdot\xi} \tag{12}$$

和它的所有形式导数

$$\sum_\xi (1+|\xi|^2)^t \varphi_\xi \mathrm{e}^{\mathrm{i}x\cdot\xi} = \sum_\xi \xi^\alpha (1+|\xi|^2)^t \varphi_\xi \mathrm{e}^{\mathrm{i}x\cdot\xi} \tag{13}$$

一致收敛. 因而级数(12)收敛于一个 C^∞ 周期函数且因此是 $\mathscr{P}$ 的一个元素. 因此 K^t 将 $\mathscr{P}$ 映射成 $\mathscr{P}$. 对于(4), 只需注意到右边的第 ξ 个 Fourier 系数等于 $(1+|\xi|^2)^t \varphi_\xi$.

Schwartz 不等式(e)无非就是 6.17(2). 从(e)可得

$$\|u\|_{s+t} \geqslant \sup_{\substack{v\in H_{s-t}\\ v\neq 0}} \frac{|\langle u,v\rangle_s|}{\|v\|_{s-t}}.$$

为了证明(f)中的等式, 令 $v = K^t u$, 那么由(d),

$$\|u\|_{s+t} = \frac{\langle u,u\rangle_{s+t}}{\|u\|_{s+t}} = \frac{\langle u,v\rangle_s}{\|v\|_{s-t}}.$$

为证明 Peter-Paul 不等式(g), 首先注意, 对于任何正数 y,

$$1 \leqslant y^{t''-t} + \left(\frac{1}{y}\right)^{t-t'}. \tag{14}$$

因为 y 或者 $\dfrac{1}{y}$ 大于等于 1. 如果在(14)中令

$$y = \varepsilon^{1/(t''-t)}(1+|\xi|^2),$$

那么得到

$$(1+|\xi|^2)^t \leqslant \varepsilon(1+|\xi|^2)^{t''} + \varepsilon^{(t'-t)/(t''-t)}(1+|\xi|^2)^{t'},$$

由此式, Peter-Paul 不等式成立, 并且

$$c(\varepsilon)=\varepsilon^{(t'-t)/(t''-t)}.$$

(h)中的不等式从不等式(11)得出.

在(i)款中, 不等式(7)可从(b)款和不等式(6)直接得出. 为证明不等式(6), 首先考虑 $s\geqslant 0$ 的情况, 令 $\varphi\in\mathscr{P}$, 那么通过应用(1), 得到

$$\begin{aligned}\|\omega\varphi\|_s&\leqslant \text{const}\sum_{[\alpha]=0}^{s}\left\|\mathrm{D}^\alpha\omega\varphi\right\|\\&\leqslant \text{const}\sum_{[\alpha]=0}^{s}\left\|\omega\mathrm{D}^\alpha\varphi\right\|+\text{const}\sum_{[\alpha]=0}^{s}\left\|\mathrm{D}^\alpha\omega\varphi-\omega\mathrm{D}^\alpha\varphi\right\|\\&\leqslant c\|\omega\|_\infty\|\varphi\|_s+\text{const}\sum_{[\alpha]=0}^{s-1}\left\|\mathrm{D}^\alpha\varphi\right\|\\&\leqslant c\|\omega\|_\infty\|\varphi\|_s+c'\|\varphi\|_{s-1}.\end{aligned}$$

在第三步中使用了 $\mathrm{D}^\alpha\omega\varphi-\omega\mathrm{D}^\alpha\varphi$ 只包含 φ 的直到 $[\alpha]-1$ 阶的导数这一事实. 对于 $s<0$, 有

$$\begin{aligned}(15)\qquad \|\omega\varphi\|_s^2&=\langle\omega\varphi,\omega\varphi\rangle_s=\langle\omega K^{-s}K^s\varphi,K^s\omega\varphi\rangle_0\\&=\langle K^{-s}\omega K^s\varphi,K^s\omega\varphi\rangle_0+\langle(\omega K^{-s}-K^{-s}\omega)K^s\varphi,K^s\omega\varphi\rangle_0\\&\leqslant\left|\left\langle K^{-s}\,\omega K^s\varphi,K^s\omega\,\varphi\right\rangle_0\right|+\left|\left\langle\sum_{[\alpha]=0}^{-2s-1}a_\alpha\mathrm{D}^\alpha K^s\varphi,K^s\omega\varphi\right\rangle_0\right|,\end{aligned}$$

其中, a_α 是 ω 的导数的组合. 由(i)中的 $s\geqslant 0$ 的情况得到

$$\begin{aligned}(16)\qquad \left|\left\langle K^{-s}\omega K^s\varphi,K^s\omega\varphi\right\rangle_0\right|&=\left|\left\langle\omega K^s\varphi,K^s\omega\varphi\right\rangle_{-s}\right|\leqslant\left\|\omega K^s\varphi\right\|_{-s}\left\|K^s\omega\varphi\right\|_{-s}\\&\leqslant\left(c\|\omega\|_\infty\left\|K^s\varphi\right\|_{-s}+k'\left\|K^s\varphi\right\|_{-s-1}\right)\left(\left\|K^s\omega\varphi\right\|_{-s}\right)\\&=\left(c\|\omega\|_\infty\|\varphi\|_s+k'\|\varphi\|_{s-1}\right)\|\omega\varphi\|_s.\end{aligned}$$

对于式(15)的最后一项, 有

$$(17)\qquad \left|\left\langle \sum_{[\alpha]=0}^{-2s-1} a_\alpha \mathrm{D}^\alpha K^s\varphi, K^s\omega\varphi \right\rangle_0\right| \leqslant \mathrm{const}\sum_{[\alpha]=0}^{-2s-1}\left|\left\langle \mathrm{D}^\alpha K^s\varphi, K^s\,\omega\varphi\right\rangle_0\right|$$

$$\leqslant \mathrm{const}\sum_{[\alpha]=0}^{-2s-1}\left\|\mathrm{D}^\alpha K^s\varphi\right\|_s\left\|K^s\omega\varphi\right\|_{-s}$$

$$\leqslant \mathrm{const}\sum_{[\alpha]=1}^{-2s-1}\left\|K^s\varphi\right\|_{s+[\alpha]}\left\|K^s\omega\varphi\right\|_{-s}$$

$$\leqslant \mathrm{const}\left\|K^s\varphi\right\|_{-s-1}\left\|K^s\omega\varphi\right\|_{-s}$$

$$\leqslant \mathrm{const}\left\|\varphi\right\|_{s-1}\left\|\omega\varphi\right\|_s.$$

这样一来, 对于$s<0$, 式(6)可从(15) ~ (17)得出.

只要在 H_s 的稠密子空间 $\mathscr{P}$ 上证明(j)款中的式(8)和式(9)就足够了. 注意到, 从式(2), 即在 $\mathscr{P}$ 上 L_2范数恒等于 Sobolev 范数$\|\ \|_0$, 可立即得到式(9). 令 $\varphi,\psi\in\mathscr{P}$. 考虑在式(8)中 s为负的情况. 利用(d)款和等式(9), 得到

$$\begin{aligned}\langle\omega\varphi,\psi\rangle_s &= \langle\omega K^{-s}K^s\varphi, K^s\psi\rangle_0\\ &= \langle K^{-s}K^s\varphi,\overline{\omega}K^s\psi\rangle_0 = \langle K^s\varphi, K^{-s}\overline{\omega}K^s\psi\rangle_0\\ &= \langle\varphi,\overline{\omega}\psi\rangle_s + \langle K^s\varphi,(K^{-s}\overline{\omega}-\overline{\omega}K^{-s})K^s\psi\rangle_0.\end{aligned}$$

就像在式(17)中那样, 有

$$\left|\langle\omega\varphi,\psi\rangle_s - \langle\varphi,\overline{\omega}\psi\rangle_s\right| \leqslant \mathrm{const}\|\varphi\|_s\|\psi\|_{s-1}.$$

由对称性得出

$$\left|\langle\omega\varphi,\psi\rangle_s - \langle\varphi,\overline{\omega}\psi\rangle_s\right| \leqslant \mathrm{const}\|\psi\|_s\|\varphi\|_{s-1}.$$

从而式(8)对于s为负的情况得证. 对于s为正的情况证明是类似的. 于是定理的证明全部完成.

6.19 差商 如果$\varphi\in\mathscr{P}$, 那么φ经元素$h\in\mathbb{R}^n$的平移$\varphi(x+h)$的第ξ个 Fourier 系数是$\mathrm{e}^{\mathrm{i}h\cdot\xi}\varphi_\xi$, 因而若$u\in\mathcal{S}, h\in\mathbb{R}^n$, 那么可以定义$u$经$h$的平移是元素

$$(1)\qquad T_h(u)=\{\mathrm{e}^{\mathrm{i}h\cdot\xi}u_\xi\}\in\mathcal{S}.$$

由非零元h决定的u的差商是元素

$$(2)\qquad u^h=\frac{T_h(u)-u}{|h|}=\left\{\left(\frac{\mathrm{e}^{\mathrm{i}h\cdot\xi}-1}{|h|}\right)u_\xi\right\}\in\mathcal{S}.$$

因此若 $\varphi \in \mathscr{P}$，那么 $T_h(\varphi)(x)=\varphi(x+h)$ 且

$$\varphi^h(x)=\frac{\varphi(x+h)-\varphi(x)}{|h|}.$$

注意到，如果 $u \in H_s$，那么

(3) $$\|T_h(u)\|_s=\|u\|_s,$$

所以 T_h 是 H_s 上的一个等距同构. 因而，尤其若 $u\in H_s$，那么对于每个 h 同样有 $u^h \in H_s$. 从不等式

(4) $$\left|\frac{\mathrm{e}^{\mathrm{i}h\cdot\xi}-1}{|h|}\right|^2=\left|\frac{(\cos h\cdot\xi)-1}{|h|}\right|^2+\left|\frac{\sin h\cdot\xi}{|h|}\right|^2=\frac{2(1-\cos h\cdot\xi)}{|h|^2}$$
$$=\frac{4\sin^2(h\cdot\xi/2)}{|h|^2}\leqslant\frac{(h\cdot\xi)^2}{|h|^2}\leqslant(1+|\xi|^2)$$

可知，若 $u \in H_{s+1}$，那么 u^h 按照 s 范数是一致有界的. 事实上，

(5) $$\left\|u^h\right\|_s\leqslant\|u\|_{s+1}.$$

后面将需要它的如下逆.

6.20 引理 令 $u \in H_s$，并且假定有一个常数 h 使得 $\left\|u^h\right\|_s \leqslant k$ 对于所有非零的 h 成立，那么 $u \in H_{s+1}$.

证明 对于每个正整数 N，令 u_n 是将 u 从 N 处截尾而得到的 H_s 的元素，即

(1) $$(u_N)_\xi=\begin{cases}u_\xi, & |\xi|<N\\ 0, & \text{其他.}\end{cases}$$

只需证明 $\|u_N\|_{s+1}$ 是一致有界的. 令 $(e_1,\cdots,e_n)$ 是 $\mathbb{R}^n$ 的标准规范正交基，令 $h=te_i$，那么当 $t\to 0$ 时，

(2) $$\left|\frac{\mathrm{e}^{\mathrm{i}h\cdot\xi}-1}{|h|}\right|^2=\left|\frac{\mathrm{e}^{\mathrm{i}t\xi_i}-1}{t}\right|^2\to|\xi_i|^2.$$

因为只有有限多个 ξ 适合 $|\xi|<N$，又因为由假设

$$\sum_{|\xi|<N}(1+|\xi|^2)^s|u_\xi|^2\left|\frac{\mathrm{e}^{\mathrm{i}h\cdot\xi}-1}{|h|}\right|\leqslant k^2,$$

所以从式(2)可得

$$\sum_{|\xi|<N}(1+|\xi|^2)^s|u_\xi|^2|\xi_i|^2\leqslant k^2.$$

从而$\|u_N\|_{s+1}=\sum_{\|\xi\|<N}(1+|\xi|^2)^{s+1}|u_\xi|^2\leqslant nk^2+\|u\|_s^2$，因此$\|u_N\|_{s+1}$是一致有界的，所以$u\in H_{s+1}$.

6.21 对于每一个$u\in H_{-\infty}$伴之以级数$\sum u_\xi e^{ih\cdot\xi}$. 极为重要的是怎样得知这个级数何时收敛以及（收敛时）它的极限的可微性如何？答案由下列归功于Sobolev的引理给出.

6.22 Sobolev 引理 如果$t>\left[\dfrac{n}{2}\right]+1$且$u\in H_t$，那么级数$\sum_\xi u_\xi e^{ix\cdot\xi}$一致收敛. 因而对于$t>\left[\dfrac{n}{2}\right]+1$，每个$u\in H_t$均对应一个连续函数.

证明 只要证实级数绝对收敛即$\sum|u_\xi|<\infty$就行了. 由于

$$\begin{aligned}\sum_{|\xi|<N}|u_\xi|&=\sum_{|\xi|<N}(1+|\xi|^2)^{-t/2}(1+|\xi|^2)^{t/2}|u_\xi|\\&\leqslant\left(\sum_{|\xi|<N}(1+|\xi|^2)^{-t}\right)^{1/2}\left(\sum_{|\xi|<N}(1+|\xi|^2)^t|u_\xi|^2\right)^{1/2}\\&\leqslant\left(\sum_{|\xi|<N}(1+|\xi|^2)^{-t}\right)^{1/2}\|u\|_t.\end{aligned}$$

因而结果可从6.16(7)得出.

系(a) 如果$u\in H_t$, 其中，$t\geqslant[n/2]+1+m$, 那么对于$[\alpha]\leqslant m$, $D^\alpha u=\sum\xi^\alpha u_\xi e^{ix\cdot\xi}$一致收敛. 因而对于$t$的这个值域, 每个$u\in H_t$对应一个$C^m$类的函数$\sum u_\xi e^{ix\cdot\xi}$.

证明 由于对$t\geqslant[n/2]+1+m, u\in H_t$,且$[\alpha]\leqslant m$，所以从6.18(h)可知，$D^\alpha u\in H_{t-[\alpha]}$，其中，$t-[\alpha]\geqslant[n/2]+1$. 因而从Sobolev引理可知$\sum\xi^\alpha u_\xi e^{ix\cdot\xi}$一致收敛. 由于这个级数是级数$\sum u_\xi e^{ix\cdot\xi}$的$\alpha$阶“形式”导数，因而$\sum u_\xi e^{ix\cdot\xi}$是$C^m$类的.

系(b) 从引理6.22的证明可知，如果$t\geqslant[n/2]+1$，那么就有一个常数

$c>0$ 使得若 $\varphi \in \mathscr{P}$，则

(1) $$\|\varphi\|_{\infty} \leqslant c\|\varphi\|_{t}.$$

将不等式(1)应用于 $\mathrm{D}^{\alpha}\varphi$ 并且利用 6.18(h)，则得到

(2) $$\left\|D^{\alpha}\varphi\right\|_{\infty} \leqslant c\|\varphi\|_{t+[\alpha]}.$$

6.23　Rellich(瑞里赫)引理　令$\{u^{i}\}$是由 H_{t} 的元素组成的序列并且适合 $\|u^{i}\|_{t} \leqslant 1$. 如果 $s<t$, 那么$\{u^{i}\}$有一个在 H_{s} 中收敛的子序列.

证明　由假设

(1) $$\sum_{\xi}(1+|\xi|^{2})^{t}\left|u_{\xi}^{i}\right|^{2} \leqslant 1.$$

对于每个固定的 ξ，序列 $\left\{\left|(1+|\xi|^{2})^{t/2}u_{\xi}^{i}\right|\right\}$ 的元素都以 1 为上界，因此序列 $\{(1+|\xi|^{2})^{t/2}u_{\xi}^{i}\}$ 有在 $\mathbb{C}^{m}$ 中收敛的子序列. 由通常的对角线方法，可以选取一个子序列 $\{u^{j_{i}}\}$ 使得对于每个固定的 ξ，序列 $\left(1+|\xi|^{2}\right)^{t/2}u_{\xi}^{j_{i}}$ 在 $\mathbb{C}^{m}$ 中收敛. 可以断定 $\left\{u^{j_{i}}\right\}$ 是Cauchy 序列，因此若 $s<t$,则它在 H_{s} 中收敛. 令 $\varepsilon>0$ 给定. 现在,

(2) $$\begin{aligned}\left\|u^{j_{i}}-u^{j_{k}}\right\|_{s}^{2}=&\sum_{|\xi|<N}(1+|\xi|^{2})^{s-t}(1+|\xi|^{2})^{t}\left|u_{\xi}^{j_{i}}-u_{\xi}^{j_{k}}\right|^{2}\\&+\sum_{|\xi|\geqslant N}(1+|\xi|^{2})^{s-t}(1+|\xi|^{2})^{t}\left|u_{\xi}^{j_{i}}-u_{\xi}^{j_{k}}\right|^{2},\end{aligned}$$

其中的第二个和式有下列上界:

$$N^{2(s-t)}\sum_{|\xi|\geqslant N}(1+|\xi|^{2})^{t}\left(\left|u_{\xi}^{j_{i}}\right|^{2}+2\left|u_{\xi}^{j_{i}}\right|\left|u_{\xi}^{j_{k}}\right|+\left|u_{\xi}^{j_{k}}\right|^{2}\right),$$

鉴于式(1)，此式 $\leqslant 4N^{2(s-t)}$. 因为 $s-t<0$，所以能够通过取 N 充分大，如 $N=N_{0}$，而使得 $4N^{2(s-t)}$ 小于 $\varepsilon/2$. 除此之外，式(2)中的第一个和式以

(3) $$\sum_{|\xi|<N_{0}}(1+|\xi|^{2})^{t}\left|u_{\xi}^{j_{i}}-u_{\xi}^{j_{k}}\right|^{2}$$

为上界，又因为在这个和式中只有有限多项而且对于每个固定的 ξ，序列 $(1+|\xi|^2)^{t/2}u_\xi^{j_i}$ 收敛，所以有一个常数 $J>0$ 使得当 j_i 和 j_k 均大于 J 时，就有式(3)小于 $\varepsilon/2$．因而对于 $j_i, j_k > J$，有 $\left\|u^{j_i}-u^{j_k}\right\|_s^2 < \varepsilon$．于是证明完成.

6.24　定义　$\mathbb{R}^n$ 上的 $\mathbb{C}^m$ 值的 C^∞ 的函数上的 l 阶(线性)微分算子 L 是由 $m\times m$ 矩阵 (L_{ij}) 构成的，其中，

(1)
$$L_{ij}=\sum_{[\alpha]=0}^{l} a_{ij}^{\alpha}\mathrm{D}^{\alpha},$$

并且 a_{ij}^α 是 $\mathbb{R}^n$ 上的 C^∞ 复值函数，而且至少有一个 $a_{ij}^\alpha\neq 0$ 对于某个 i, j 和某个适合 $[\alpha]=l$ 的 α 成立．另外，如果 a_{ij}^α 都是周期函数，那么微分算子 L 是一个周期微分算子，或者 $\mathscr{P}$ 上的算子.

令 L 是一个周期微分算子，令 $\varphi\in\mathscr{P}$ 并且具有分量函数 $\varphi_1,\cdots,\varphi_m$，那么

(2)
$$L\varphi=\left(\sum_j L_{1j}\varphi_j,\cdots,\sum_j L_{mj}\varphi_j\right).$$

由分部积分可知，如果由

(3)
$$L_{ij}^*=\sum_{[\alpha]=0}^{l}\mathrm{D}^{\alpha}\overline{a_{ji}^{\alpha}}$$

定义 $\mathscr{P}$ 上的算子 L^* 使得 $L^*\varphi$ 的第 i 个分量由

(4)
$$\left(L^*\varphi\right)_i=\sum_{j=0}^{m}\sum_{[\alpha]=0}^{l}\mathrm{D}^{\alpha}(\overline{a_{ji}^{\alpha}}\varphi_j)$$

给出，那么按照 $\mathscr{P}$ 上的 L_2 内积，对 $\varphi,\psi\in\mathscr{P}$，有

(5)
$$\langle L\varphi,\psi\rangle=\langle\varphi,L^*\psi\rangle.$$

把 L^* 称为 L 的形式伴随算子．在这里用“形式”一词来强调 L^* 并非 L 在 Hilbert 空间上的伴随算子．它只是关于 $\mathscr{P}$ 上的 L_2 内积的伴随算子.

6.25　命题　令 L 是 $\mathscr{P}$ 上的一个 l 阶偏微分算子，而且令 s 是一个整数，那么就有常数 c, k 和 c' (其中，c 只依赖于 n, m, l 和 s;k 是 L 中最高阶项的系数的绝对值的一个上界；而 c' 不仅依赖于 n, m, l, s, 而且依赖于 L 的所有系数以及它们直到 l 阶的导数)，使得对于所有 $\varphi\in\mathscr{P}$，

(1) $$\|L\varphi\|_s \leqslant ck\|\varphi\|_{s+l} + c'\|\varphi\|_{s+l-1}.$$

特别是存在一个常数 c'' 使得对于所有 $\varphi \in \mathscr{P}$，

(2) $$\|L\varphi\|_s \leqslant c''\|\varphi\|_{s+l},$$

因而由连续性，对于每个 s，L 均能扩张成一个从 H_{s+l} 到 H_s 的有界算子.

证明 不等式(2)是不等式(1)和定理 6.18 (b)款的直接推论. 至于式(1)，$m=1$ 的情况(在此情况下，$\mathscr{P}$的元素是 $\mathbb{C}^1$ 值的函数而算子 L 是单个偏微分算子 $\sum\limits_{\alpha} a^\alpha \mathrm{D}^\alpha$ 而不是一个矩阵)直接从 6.18(h)和(i)得出. 对于一般 m，不等式(1)可从 $m=1$ 的情况和从不等式 $\|L\varphi\|_s \leqslant \text{const}\sum\limits_{i,j}\|L_{ij}\varphi_j\|_s$ 得出，其中，$\varphi = (\varphi_1,\cdots,\varphi_m) \in \mathscr{P}$，并且常数因子只依赖于 m.

6.26 评注 如果 L 是 $\mathscr{P}$ 上的一个 l 阶算子，且 ω 是 $\mathbb{R}^n$ 上的一个 C^∞ 复值函数，那么算子 $M = \omega L - L\omega$ 最多是 l–1 阶的，其中，$M\varphi = \omega(L\varphi) - L(\omega\varphi)$. 所以给定 s，则有一个正常数使得对所有 $\varphi \in \mathscr{P}$，

(1) $$\|M\varphi\|_s \leqslant \text{const}\|\varphi\|_{s+l-1}.$$

6.27 引理 如果 ω 是一个实值 C^∞ 周期函数，L 是 $\mathscr{P}$ 上的一个 l阶微分算子，那么存在一个正常数使得对于所有 $u \in H_{s+l}$，

(1) $$\left|\langle L(\omega^2 u), Lu\rangle_s - \|L(\omega u)\|_s^2\right| \leqslant \text{const}(\|u\|_{s+l}\|u\|_{s+l-1}).$$

证明

$$\begin{aligned}
&\left|\langle L(\omega^2 u), Lu\rangle_s - \langle L(\omega u), L(\omega u)\rangle_s\right| \\
\leqslant &\left|\langle \omega L(\omega u), Lu\rangle_s - \langle L(\omega u), \omega Lu\rangle_s\right| \\
&+\left|\langle L(\omega u), (\omega L - L\omega)u\rangle_s\right| + \left|\langle (L\omega - \omega L)(\omega u), Lu\rangle_s\right|,
\end{aligned}$$

通过将 6.18(j)、6.25(2)和 6.18(7)应用于第一项，而把 Schwartz 不等式，6.26(1)，6.25(2)及 6.18(7)应用后两项可知式(1)成立.

4 椭 圆 算 子

6.28 定义 令 L 是一个 l阶偏微分算子. 把 L 写成

(1)
$$L = P_l(\mathrm{D}) + \cdots + P_0(\mathrm{D}),$$

其中，$P_j(\mathrm{D})$是一个 $m \times m$ 矩阵，它的每个元素是一个 j 阶齐次的微分算子 $\sum_{[\alpha]=j} a_\alpha \mathrm{D}^\alpha$，$a_\alpha$ 是$\mathbb{R}^n$ 上的C^∞复值函数. 令 $P_j(\xi)$表示以ξ^α代替 $P_j(\mathrm{D})$中的D^α而得到的矩阵，其中，$\xi=(\xi_1,\cdots,\xi_n)$是$\mathbb{R}^n$ 中的一点. 如果在点$x \in \mathbb{R}^n$，矩阵$P_l(\xi)$对于每个非零的ξ都是非奇异的，则称L在x点是椭圆的. 若L在每一点x处都是椭圆的，那么就称 L 是椭圆的. 请注意到椭圆性仅仅是一个关于 L 的最高阶部分的条件. 还要注意到L在 x 点是椭圆的当且仅当

(2)
$$L(\varphi^l u)(x) \neq 0$$

对于每个使得$u(x)\neq 0$的$\mathbb{C}^m$ 值的C^∞ 函数u和每个使得$\varphi(x)=0$但$\mathrm{d}\varphi(x)\neq 0$的实值光滑函数$\varphi$成立，因为对每个这样的$\varphi$和 u,

(3)
$$L(\varphi^l u)(x) = P_l(\mathrm{D})(\varphi^l u)(x) = P_l(\mathrm{d}\varphi|_x)(u(x)).$$

正如以后将看到的那样，椭圆性的这个准则(2)的优点是它能推广到流形上椭圆性的无坐标定义.

下面所需要的椭圆算子的基本性质正是下列基本不等式.

6.29　基本不等式　令L是$\mathscr{P}$上的一个l阶椭圆算子，令s是一个整数，那么存在一个常数$c>0$使得

(1)
$$\|u\|_{s+l} \leqslant c(\|Lu\|_s + \|u\|_s)$$

对所有$u \in H_{s+l}$成立.

证明　只需对$\varphi \in \mathscr{P}$证明式(1)即可. 证明分为几部分. 首先考虑$\mathscr{P}$上的常系数椭圆算子L_0的情况. 这时它只有项$P_l(\mathrm{D})$组成. 如果$u \in \mathbb{R}^n$且适合$u\neq 0$，并且$\xi \neq 0$，那么因为$P_l(\xi)$是非奇异的，所以有$|P_l(\xi)u|^2 > 0$. 由$\mathbb{R}^n$ 中单位球面的紧性可知，存在常数$c>0$，使得

$$|P_l(\xi)u|^2 \geqslant c$$

对所有使得$|u|=|\xi|=1$的 u 和ξ成立. 由此可得

(2)
$$|P_l(\xi)u|^2 \geqslant c|\xi|^{2l}|u|^2$$

对 $\mathbb{R}^n$ 中的一切 u 和 ξ 成立. 因而对于 $\varphi \in \mathscr{P}$, 从式(2)和 L_0 具有常系数的事实可知,

$$
\begin{aligned}
(3) \qquad \|L_0\varphi\|_s^2 &= \sum_\xi \left|P_l(\xi)\varphi_\xi\right|^2 (1+|\xi|^2)^s \\
&\geqslant \text{const}\sum_\xi |\xi|^{2l}\left|\varphi_\xi\right|^2 (1+|\xi|^2)^s.
\end{aligned}
$$

由此

$$
\begin{aligned}
(4) \qquad (\|L_0\varphi\|_s + \|\varphi\|_s)^2 &\geqslant \|L_0\varphi\|_s^2 + \|\varphi\|_s^2 \\
&\geqslant \sum_\xi \left|\varphi_\xi\right|^2 (1+|\xi|^2)^s (1+\text{const}|\xi|^{2l}) \\
&\geqslant \text{const}\sum_\xi \left|\varphi_\xi\right|^2 (1+|\xi|^2)^{s+l} \\
&= \text{const}\|\varphi\|_{s+l}^2.
\end{aligned}
$$

其次, 考虑一般 l 阶周期椭圆算子 L, 而且令 $p \in \mathbb{R}^n$. 下面将证明存在 p 的一个邻域 U 使得式(1)对于支集在 U 中的所有 $\varphi \in \mathscr{P}$ 成立(由术语的稍微混用, 如果 φ 的支集在 U 和 U 的所有周期平移的并中, 则称周期函数 φ 的支集在 U 中). 令 L_0 表示由 L 在 p 点的最高阶部分所决定的 l 阶齐次的常系数椭圆算子, 那么从式(4)可知, 对于每个 $\varphi \in \mathscr{P}$,

$$
\begin{aligned}
(5) \qquad \|\varphi\|_{s+l} &\leqslant \text{const}\ (\|L_0\varphi\|_s + \|\varphi\|_s) \\
&\leqslant \text{const}\ (\|L\varphi\|_s + \|(L_0 - L)\varphi\|_s + \|\varphi\|_s).
\end{aligned}
$$

令 k 表示式(5)中的常数. 然后选取一个正数 ε 小于 $1/(2ck)$, 其中, c 表示命题 6.25 中的常数 c. 在 p 的一个充分小的邻域上, L_0-L 的最高阶部分的系数按绝对值小于 ε. 令 $\tilde{L}$ 是一个周期算子, 它在 p 的一个可能较小的邻域 U 上与 L_0-L 一致, 并且最高阶部分的系数按绝对值处处小于 ε. 那么从式(5)、6.25 式(1)以及 ε 的选取可知, 对于一个其支集在 U 中的元素 $\varphi \in \mathscr{P}$,

$$
\begin{aligned}
\|\varphi\|_{s+l} &\leqslant \text{const}\ (\|L\varphi\|_s + \|\tilde{L}\varphi\|_s + \|\varphi\|_s) \\
&\leqslant \text{const}\|L\varphi\|_s + \frac{1}{2}\|\varphi\|_{s+l} + \text{const}\|\varphi\|_{s+l-1} + \text{const}\|\varphi\|_s.
\end{aligned}
$$

将 Peter-Paul 不等式应用于 $\|\varphi\|_{s+l-1}$, 则得到

$$\|\varphi\|_{s+l} \leqslant \text{const}\|L\varphi\|_s - \frac{3}{4}\|\varphi\|_{s+l} + \text{const}\|\varphi\|_s,$$

这证明式(1)对于这些 φ 成立.

令 T^n 是环面, 它是 $\mathbb{R}^n$ 模所有点 $2\pi\xi$ 构成的格而得到的商空间, 其中, ξ 是整数的 n 元组. 上面对每个 $p \in \mathbb{R}^n$ 得到的开集投影成 T^n 的一个开覆盖. 令 U_1, $\cdots$, U_k 是一个有限子覆盖, 令 $\omega_1,\cdots,\omega_k$ 是适应于这个覆盖的单位分解, 并且具有特殊形式

(6) $$\sum_{i=1}^{k}\omega_i^2 = 1 .$$

这是容易做到的, 见定理 1.11 和引理 1.10 的证明. 下面把 ω_i 看作 $\mathbb{R}^n$ 上的 C^∞ (实值)周期函数. 令 $\varphi \in \mathscr{P}$. 那么由式(6)和定理 6.18 的(i)和(j),

$$\|\varphi\|_{s+l}^2 = \langle\varphi,\varphi\rangle_{s+l} = \langle\sum_i \omega_i^2\varphi,\varphi\rangle_{s+l}$$

$$\leqslant \sum_i \langle\omega_i\varphi,\omega_i\varphi\rangle_{s+l} + \text{const}\|\varphi\|_{s+l}\|\varphi\|_{s+l-1},$$

那么由于 $\omega_i\varphi$ 具有在上面得到的小开集 U 之一中的支集, 又因为只有有限多个 ω_i, 所以存在一些常数使得上式最后一行成为

$$\leqslant \text{const}\sum_i\|L\omega_i\varphi\|_s^2 + \text{const}\|\varphi\|_s^2 + \text{const}\|\varphi\|_{s+l}\|\varphi\|_{s+l-1}$$

$$\leqslant \text{const}\sum_i\langle L(\omega_i^2\varphi), L\varphi\rangle_s + \text{const}\|\varphi\|_s^2 + \text{const}\|\varphi\|_{s+l}\|\varphi\|_{s+l-1} \quad (\text{由引理}6.27)$$

$$= \text{const}\|L\varphi\|_s^2 + \text{const}\|\varphi\|_s^2 + \text{const}\|\varphi\|_{s+l}\|\varphi\|_{s+l-1}$$

$$\leqslant \text{const}\|L\varphi\|_s^2 + \text{const}\|\varphi\|_s^2 + \frac{1}{2}\|\varphi\|_{s+l}^2 + \text{const}\|\varphi\|_{s+l-1}^2$$

$$\leqslant \text{const}\|L\varphi\|_s^2 + \text{const}\|\varphi\|_s^2 + \frac{3}{4}\|\varphi\|_{s+l}^2 + \text{const}\|\varphi\|_s^2 \quad (\text{由Peter}-\text{Paul不等式}).$$

由此可知, 式(1)对于所有 $\varphi \in \mathscr{P}$ 成立, 因此对所有 $u \in H_{s+l}$ 成立.

6.30 定理(周期椭圆算子的正则性) 令 L 是一个 l 阶周期椭圆算子. 假设 $u \in H_{-\infty}, v \in H_t$, 而且

(1) $$Lu = v .$$

那么$u \in H_{t+l}$.

证明　只需证明若$u \in H_s$且$v = Lu \in H_{s-l+1}$，则$u \in H_{s+1}$即可. 令$h \in \mathbb{R}^n$且$h \neq 0$, 再令L^h表示从L经过将每个系数α代之以其差商

$$\frac{\alpha(x+h)-\alpha(x)}{|h|}$$

而得到的算子. 那么由此可知, 对于$\varphi \in \mathscr{P}$，从而由连续性, 对所有$u \in H_{-\infty}$，

$$L(u^h) = (Lu)^h - L^h(T_h u) \quad (\text{见 6.19 节}). \tag{2}$$

从式(2)和基本不等式6.29(1)得

$$\begin{aligned}\left\|u^h\right\|_s &\leqslant \text{const}\left\|L(u^h)\right\|_{s-l} + \text{const}\left\|u^h\right\|_{s-l} \\ &\leqslant \text{const}\left\|(Lu)^h\right\|_{s-l} + \text{const}\left\|L^h(T_h u)\right\|_{s-l} + \text{const}\left\|u^h\right\|_{s-l}.\end{aligned} \tag{3}$$

于是因为算子L的系数是C^∞周期函数, 所以它们的差商是一致有界的, 因而有

$$\left\|L^h(T_h u)\right\|_{s-l} \leqslant \text{const}\left\|T_h(u)\right\|_s, \tag{4}$$

其中的常数不依赖于h. 从式(3)、(4)以及6.19的式(3)和式(5)可得

$$\left\|u^h\right\|_s \leqslant \text{const}\left\|Lu\right\|_{s-l+1} + \text{const}\left\|u\right\|_s,$$

这里式子的右边不依赖于h. 从而由引理6.20，$u \in H_{s+1}$，于是定理得证.

5　对周期情况的简化

6.31　评注　在开始证明定理6.5之前需要规定一些方便的记号并作几点评论.

令C^∞表示定义在$\mathbb{R}^n$上并且在复m维空间取值的所有C^∞函数的集合，令C_0^∞表示其中那些具有紧支集的函数的集合，而令$C_0^\infty(V)$表示那些紧支集在V中的函数的集合. 通过C_0^∞上的L_2内积指定

$$\langle u, v\rangle = \frac{1}{(2\pi)^n}\int_{R^n} u \cdot v, \tag{1}$$

其中，$u \cdot v$仍像以前一样表示Hermite积$u_1\overline{v}_1 + \cdots + u_m\overline{v}_m$.

令 V 是 $\mathbb{R}^n$ 中的一个开集且使得 $\bar{V}$ 包含在某个 2π 立方体内. 那么通过周期性地扩张, 能够(并切实)把 $C_0^\infty(V)$ 等同于 $\mathscr{P}$ 的一个子空间. 注意到, $C_0^\infty(V)$ 上的 L_2 内积与看作 $\mathscr{P}$ 的子集的 $C_0^\infty(V)$ 上的 L_2 内积是一致的, 而后者又与 Sobolev 内积 $\|\ \|_0$ 一致.

现在设 L 是 C^∞ 上的一个 l 阶椭圆偏微分算子(没有关于周期系数的假设). 关于 C_0^∞ 上的普通 L_2 内积, L 在 C_0^∞ 上有一个由分部积分得出的形式伴随算子 L^*. 正如在定义 6.24 中那样, 如果 $L=(L_{ij})$, 其中, $L_{ij}=\sum a_{ij}^\alpha \mathrm{D}^\alpha$, 那么 $L^*=(L_{ij}^*)$, 其中, $L_{ij}{}^*=\sum \mathrm{D}^\alpha \overline{a_{ij}^\alpha}$. L^* 也是一个 l 阶的微分算子.

令 $p\in\mathbb{R}^n$, 那么有 p 的一个充分小的邻域 V 和一个周期椭圆算子 $\tilde{L}$ 使得 $\tilde{L}$ 与 L 在 V 上一致. 因为让 L_0 表示由 L 在 p 点决定的常系数算子, 那么由于 L 在 p 点是椭圆算子, 所以存在某个 $\varepsilon>0$, 使得对于任何系数与 L_0 的相应系数之差的绝对值不超过 ε 的算子是椭圆的. 因而令 U 是 p 点的一个充分小的邻域使得它被包含在某个 2π 立方体 Q 中, 在 Q 上 L 的系数与 L_0 的相应系数至多相差 ε; 而且令 $V\subset\bar{V}\subset U$. 选取一个适合 $0\leqslant\varphi\leqslant 1$ 的 C^∞ 函数 φ 使得 φ 在 V 上取值为 1 并且有在 U 中的支集, 那么算子

$$\varphi\cdot L+(1-\varphi)L_0$$

在整个空间 $\mathbb{R}^n$ 上是椭圆算子, 而且显然它能从 Q 扩张成一个在 V 上与 L 一致的周期椭圆算子 $\tilde{L}$.

下面需要对 L^* 的形式伴随性稍加扩充如下. 令 $u\in H_s$, 令 $\varphi\in C_0^\infty(V)$, 那么

$$\langle\tilde{L}u,\varphi\rangle_0=\langle u,L^*\varphi\rangle_0. \tag{2}$$

因为令 $\psi_j\in\mathscr{P}$ 并且按范数 $\|\ \|_s$, $\psi_j\to u$, 那么

$$\begin{aligned}\langle\tilde{L}\psi_j,\varphi\rangle_0&=\langle\tilde{L}\psi_j,\varphi\rangle=\langle L\psi_j,\varphi\rangle\\&=\langle\psi_j,L^*\varphi\rangle=\langle\psi_j,L^*\varphi\rangle_0\ .\end{aligned}$$

因而有

$$\begin{aligned}\left|\langle\tilde{L}u,\varphi\rangle_0-\langle u,L^*\varphi\rangle_0\right|&=\left|\langle\tilde{L}(u-\psi_j),\varphi\rangle_0-\langle u-\psi_j,L^*\varphi\rangle_0\right|\\&\leqslant\left\|\tilde{L}(u-\psi_j)\right\|_{s-l}\|\varphi\|_{-s+l}+\left\|u-\psi_j\right\|_s\left\|L^*\varphi\right\|_{-s}\\&\leqslant\mathrm{const}\left\|u-\psi_j\right\|_s\|\varphi\|_{-s+l}+\left\|u-\psi_j\right\|_s\left\|L^*\varphi\right\|_{-s},\end{aligned}$$

并且当 $j\to\infty$ 时，它收敛于零.

如同上面那样令 V 是一个开集并且使得它的闭包在某个 2π 立方体内. 令 u 和 v 属于 H_s, 那么我们将说明如果对所有 $\varphi\in C_0^\infty(V)$,

(3) $$\langle u-v,\varphi\rangle_0=0,$$

那么 u 和 v 在 V 上是相等的. 下面还将说明如果 L 的系数属于 $C_0^\infty(V)\subset\mathscr{P}$，那么周期算子 L 具有在 V 中的支集. 若 L 有在 V 中的支集, 并且 H_s 的元素 u 和 v 在 V 上相等, 那么

(4) $$Lu=Lv.$$

因为由定理 6.18(f), 只要证明

(5) $$\langle L(u-v),\varphi\rangle_0=0$$

对所有 $\varphi\in\mathscr{P}$ 成立即可. 但是应用式(2)(及 $\tilde{L}=L$)，可以得出

$$\langle L(u-v),\varphi\rangle_0=\langle(u-v),L^*\varphi\rangle_0.$$

因为 $L^*\varphi\in C_0^\infty(V)\subset\mathscr{P}$，所以由式(3)得知此式为零.

6.32 正则性定理 6.5 的证明 下面用稍微不同的形式重新叙述定理 6.5, 这种形式适合于 $\mathbb{R}^n$ 中的局部问题而且定理可直接转化为这种形式. 用 $\langle\,,\rangle'$ 来表示 $E^p(M)$ 上的内积 6.15. 下面将要证明:

(1) 给定 M 上的一个 C^∞ p 次形式 f 和一个有界线性泛函 $l':E^p(M)\to\mathbb{R}$ 使得 $l'(\Delta^*\varphi)=\langle f,\varphi\rangle'$ 对一切 $\varphi\in E^p(M)$ 成立, 那么在 M 上存在一个 C^∞ p 形式 u 使得 $l'(t)=\langle u,t\rangle'$ 对一切 $t\in E^p(M)$ 成立.

注意到, 定理 6.5 的这种叙述形式(它说明 $\Delta u=f$)是(1)的直接推论, 因为就像在定义 6.4 式(6)中所看到的那样, 对于所有 $\varphi\in E^p(M),\langle\Delta u,\varphi\rangle'=\langle u,\Delta^*\varphi\rangle'=l(\Delta^*\varphi)=\langle f,\varphi\rangle'$.

下面把定理 6.5 归结为一个局部问题. 令 U 是 M 上的一个坐标卡, 其坐标映射 γ 使得 $\gamma(U)=\mathbb{R}^n$. 通过这个坐标系, 可微 p 形式成为从 $\mathbb{R}^n$ 到 $\mathbb{R}^m\subset\mathbb{C}^m$ 的向量值函数, 其中, $m=\begin{pmatrix}n\\p\end{pmatrix}$. 采用 6.31 节的记号. 从而经坐标系$(U,\ \gamma)$, M 上的 p 形式产生出 C^∞ 的元素, 而且按相反的方向, C_0^∞ 的每一个元素用零扩张成为整个 M 上的一个复值 p 形式. Laplace 算子 Δ 诱导 C^∞ 上的一个 2 阶偏微分算子. 暂

时假定并且将在 6.35 节中确立这个事实. 令 L^*表示 L 关于 C_0^∞ 上的 L_2 内积的形式伴随算子.

下面以明显的方式将内积 $\langle\,,\rangle'$ 扩张成为复值 p 形式, 使得若 u_1,u_2,v_1,v_2 为实值 p 形式, 那么

$$\langle u_1+\mathrm{i}u_2, v_1+\mathrm{i}v_2\rangle' = \langle u_1,v_1\rangle' + \langle u_2,v_2\rangle' + \mathrm{i}\big(\langle u_2,v_1\rangle' - \langle u_1,v_2\rangle'\big).$$

于是通过将它转移到 Euclid 空间上, 得到从 M 上的复值 p 形式的内积诱导的 C_0^∞ 上的另一个内积 $\langle\,,\rangle'$. 可以看出 L_2 内积 $\langle\,,\rangle'$ 和 C_0^∞ 上的内积 $\langle\,,\rangle'$ 都是点式内积的积分; 并看出在 $\mathbb{R}^n$ 上存在光滑函数的矩阵 A, 它在每一点都是 Hermite 矩阵和正定矩阵, 使得对所有 $\varphi,\psi\in C_0^\infty$,

(2)
$$\langle\varphi,\psi\rangle' = \langle\varphi, A\psi\rangle.$$

L 在 C_0^∞ 上关于内积 $\langle\,,\rangle'$ 的伴随算子就是 Δ^* 在 C_0^∞ 上的限制. 可以断定, 对于 $\varphi\in C_0^\infty$,

(3)
$$L^*\varphi = A\Delta^* A^{-1}\varphi.$$

实际上, 对任意的 $\psi\in C_0^\infty$,

$$\begin{aligned}\langle L^*\varphi,\psi\rangle &= \langle\varphi, L\psi\rangle = \langle A^{-1}\varphi, L\psi\rangle' \\ &= \langle\Delta^* A^{-1}\varphi,\psi\rangle' = \langle A\Delta^* A^{-1}\varphi,\psi\rangle\ .\end{aligned}$$

下面把线性泛函 $l': E^p(M)\to\mathbb{R}$ 复线性地扩张成复值微分形式, 而且通过令

(4)
$$l(\varphi) = l'(A^{-1}\varphi)$$

定义 C_0^∞ 上的一个复值线性泛函 l. 可以断定, l 能够由一个 C_0^∞ 函数来局部表示. 确切地说, 下面将证明:

(5) 如果 $p\in\mathbb{R}^n$, 那么有 p 点的一个邻域 W_p 和一个元素 $u_p\in\mathscr{P}$ 使得 $l(t)=\langle u_p,t\rangle$ 对一切 $t\in C_0^\infty(W_p)$ 成立.

首先证明(5)蕴涵(1). 从(5)可知, 对于每个 $p,q\in\mathbb{R}^n$, $u_p|_{W_p\cap W_q} = u_q|_{W_p\cap W_q}$, 由于对 $C_0^\infty(W_p\cap W_q)$ 的所有元素, u_p 和 u_q 有相同的 L_2 内积. 因而把 u_p 拼合在一起就给出 $u\in C^\infty$ 使得对于每个 $p\in\mathbb{R}^n, u|_{W_p} = u_p|_{W_p}$. 下面令 $\{\varphi_i\}$ 是 $\mathbb{R}^n$ 上从属于 $\{W_p\}$

的单位分解. 那么若 $t \in C_0^{\infty}$，则 $l(t) = \sum_i l(\varphi_i t) = \sum_i \langle u, \varphi_i t\rangle = \langle u,t\rangle$.于是若 φ 是 M 上的一个光滑 p 形式而且具有在 U 中的支集, 那么 $l'(\varphi) = l(A\varphi) = \langle u, A\varphi\rangle = \langle u,\varphi\rangle'$. 通过跟上面同样的论证, 把 M 上对于各个坐标系的 u 拼合在一起就构成 M 上的一个 $C^{\infty} p$ 形式 u(必然是实值的)使得 $l'(\varphi) = \langle u,\varphi\rangle'$ 对一切 $\varphi \in E^p(M)$ 成立. 从而把证明(1)归结为证明(5), 而(5)是假定成立的.

令 $p \in \mathbb{R}^n$ 固定, 令 Q' 是包含 p 的某个 2π开立方体. 选取一个开集 V 使得 $p \in V \subset \overline{V} \subset Q'$, 并且令

$$\tilde{l} = l\,|_{C_0^{\infty}(V)}. \tag{6}$$

首先 注意到 $\tilde{l}$ 是 $C_0^{\infty}(V)$ 上的一个有界线性泛函. 因为 $\overline{V}$ 是紧的, 所以当 x 遍历 $\overline{V}$ 时, 矩阵范数 $\|A_x^{-1}\|$ 有最大值, 从而利用 l' 是有界泛函这个事实, 得出对所有 $\varphi \in C_0^{\infty}(V)$,

$$\begin{aligned}
\left|\tilde{l}(\varphi)\right| = \left|l(\varphi)\right| = \left|l'(A^{-1}\varphi)\right| &\leqslant \text{const}\left\|A^{-1}\varphi\right\|' \\
&= \text{const}(\langle A^{-1}\varphi, A^{-1}\varphi\rangle')^{1/2} = \text{const}\langle \varphi, A^{-1}\varphi\rangle^{1/2} \\
&\leqslant \text{const}(\|\varphi\|\left\|A^{-1}\varphi\right\|)^{1/2} \leqslant \text{const}\|\varphi\| .
\end{aligned}$$

其次 注意到从(1)~(4)及(6)得出

$$\tilde{l}(L^*\varphi) = l'(A^{-1}L^*\varphi) = l'(\Delta^* A^{-1}\varphi) = \langle f, A^{-1}\varphi\rangle' = \langle f,\varphi\rangle. \tag{7}$$

因而 $\tilde{l}$ 是 $Lu=f$ 的一个弱解.

因为 $\tilde{l}$ 是有界的, 所以 $\tilde{l}$ 能够扩张成 H_0 上的一个有界线性泛函. 由此可知存在一个元素 $\tilde{u} \in H_0$ 使得对所有 $t \in H_0$,

$$\tilde{l}(t) = \langle \tilde{u}, t\rangle_0. \tag{8}$$

下面的任务是要证明在 p 的一个充分小的邻域上 元素 $\tilde{u}$ 与 $\mathscr{P}$ 的一个元素一致.

选取 p 的一个充分小的邻域 O_0 适合 $\overline{O}_0 \subset V$ 并且使得存在一个周期椭圆算子 $\tilde{L}$ 在 O_0 上与 L 一致(参见 6.31 节). 选取 p 的一个邻域 O 使得 $\overline{O} \subset O_0$，然后选取 p 的一系列邻域 O_n 使得 $\overline{O} \subset O_n$ 和 $\overline{O}_n \subset O_{n-1}$ 对 n=1, 2, …成立. 对每一个整数 $n \geqslant 1$，选取一个 C^{∞} 函数 ω_n 使它取值在 0 和 1 之间并且在 O_n 上恒等于 1, 而且有在 O_{n-1} 中的支集. 令

$$v_1 = \omega_1 \tilde{u} \in H_0, \tag{9}$$

那么

(10) $$\tilde{L}v_1 = \tilde{L}\omega_1\tilde{u} = \omega_1\tilde{L}\tilde{u} + M_1\tilde{u}\,,$$

其中,

(11) $$M_1 = \tilde{L}\omega_1 - \omega_1\tilde{L}\,.$$

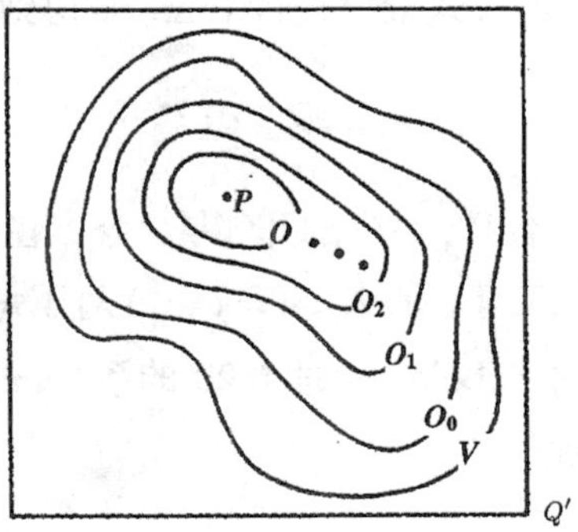

为了应用定理 6.30, 必须首先确定式(10)的右边属于哪个 Sobolev 空间.

首先, 可以断定

(12) $$\omega_1\tilde{L}\tilde{u} = \omega_1 f\,,$$

由式(12)得知 $\omega_1\tilde{L}\tilde{u} \in C_0^\infty(O_0)$, 因而对于每个 s 都属于 H_s. 由于式(12)两边都属于某个 H_s, 那么从 6.18(f)可知, 为使式(12)成立, 只需证明对所有 $\varphi \in \mathscr{P}$,

(13) $$\langle \omega_1\tilde{L}\tilde{u} - \omega_1 f, \varphi\rangle_0 = 0\,.$$

利用(7), (8), 6.18(9)和 6.31(2)来作计算:

$$\begin{aligned}
\langle \omega_1\tilde{L}\tilde{u} - \omega_1 f, \varphi\rangle_0 &= \langle \omega_1\tilde{L}\tilde{u}, \varphi\rangle_0 - \langle \omega_1 f, \varphi\rangle_0 \\
&= \langle \tilde{L}\tilde{u}, \omega_1\varphi\rangle_0 - \langle f, \omega_1\varphi\rangle_0 \\
&= \langle \tilde{u}, L^*\omega_1\varphi\rangle_0 - \tilde{l}\left(L^*\omega_1\varphi\right) \\
&= \tilde{l}\langle L^*\omega_1\varphi\rangle - \tilde{l}\langle L^*\omega_1\varphi\rangle = 0\,.
\end{aligned}$$

因而式(12)成立. 由于 L(因此 $\tilde{L}$)是一个 2 阶算子, 那么 M_1 就是 1 阶算子, 因此 $M_1\tilde{u} \in H_{-1}$, 因而式(10)右边属于 H_{-1}. 由周期正则性定理 6.30 可知 $v_1 \in H_1$. 令

(14) $$v_2 = \omega_2\tilde{u}\,,$$

那么

$$\tilde{L}v_2=\omega_2\tilde{L}\tilde{u}+M_2\tilde{u}=\omega_2\tilde{L}\tilde{u}+M_2v_1, \tag{15}$$

其中最后一个等式从 6.31 式(4)得出，因为 $M_2=\tilde{L}\omega_2-\omega_2\tilde{L}$ 有在 O_1 中的支集而且在 O_1 上 $\tilde{u}=v_1$. 于是像上面那样论证，可以看出式(15)的右边在 H_0 中. 因而由定理 6.30，$v_2\in H_2$. 以同样的方式继续进行下去，则得到

$$v_n=\omega_n\tilde{u},\quad v_n\in H_n. \tag{16}$$

最后，令 W_p 是 p 的一个适合 $\bar{W}_p\subset O$ 的开邻域，令 ω 在 0 和 1 之间取值，在 W_p 上恒等于 1 而且有在 O 中的支集，那么 $\omega\tilde{u}=\omega\omega_n\tilde{u}$ 对于每个 n 成立，因而由式(16)，对于每个 n，$\omega\tilde{u}\in H_n$. 由 Sobolev 引理 6.22 的系，$\omega\tilde{u}$ 表示一个 C^∞ 函数 $u\in\mathscr{P}$. 于是如果 $t\in C_0^\infty(W_p)$，那么

$$\begin{aligned} l(t)=\tilde{l}(t)&=\langle\tilde{u},t\rangle_0=\langle\tilde{u},\omega t\rangle_0\\ &=\langle\omega\tilde{u},t\rangle_0=\langle u,t\rangle, \end{aligned}$$

于是式(5)得证. 除了还要证明 L 是椭圆算子之外，定理 6.5 的证明已经完成.

6.33　定理 6.6 的证明　只需证明：如果 $m\in M$，那么就有 m 的某个邻域使得若 φ 是 M 上的、支集在该邻域中的任何 C^∞ 函数，则 $\{\varphi\alpha_n\}$ 有 Cauchy 子列. 因为那时就能用有限多个这样的邻域完全覆盖 M，并且得到一个从属于这个覆盖的单位分解 $\varphi_1,\cdots,\varphi_N$. 可以选取一个子序列 α_{n_k} 使得对于每个 j，$\varphi_j\alpha_{n_k}$ 都是 Cauchy 序列. 那么 $\{\alpha_{n_k}\}$ 就是 Cauchy 序列，因为
可以

$$\left\|\alpha_{n_k}-\alpha_{n_l}\right\|=\left\|\sum_{j=1}^N\varphi_j(\alpha_{n_k}-\alpha_{n_l})\right\|\leqslant\sum_{j=1}^N\left\|\varphi_j\alpha_{n_k}-\varphi_j\alpha_{n_l}\right\|.$$

通过选取 m 的一个能将 m 映射到 $p\in\mathbb{R}^n$ 的坐标邻域而把问题转化为 Euclid 空间的问题. 沿用原有记号并且建立像在 6.31 节和 6.32 节中所发展起来的记号. 特别是，M 上的范数和 C_0^∞ 上相应的诱导范数现在将记为 $\|\ \|'$. 令 φ 是一个支集在 O_0 中的实值 C^∞ 函数. 只要证明 $\mathscr{P}$ 的元素的序列 $\{\varphi\alpha_n\}$ 按 0 范数具有 Cauchy 子列 $\{\varphi\alpha_{n_k}\}$ 即可，因为 0 范数和 L_2 范数在 $C_0^\infty(O_0)$ 上一致，而且在 $C_0^\infty(O_0)$ 上 L_2 范数和范数 $\|\ \|'$ 等价. 根据 Rellich 引理 6.23，为了证明 $\{\varphi\alpha_n\}$ 按 0 范数有 Cauchy 子列，只需证明这个序列在 H_1 中是有界的. 从基本不等式可得

(1) $$\|\varphi\alpha_n\|_1 \leqslant \text{const}\left(\|\tilde{L}\varphi\alpha_n\|_{-1} + \|\varphi\alpha_n\|_{-1}\right)$$
$$= \text{const}\left(\|L\varphi\alpha_n\|_{-1} + \|\varphi\alpha_n\|_{-1}\right)$$
$$\leqslant \text{const}\|\varphi L\alpha_n\|_{-1} + \text{const}\,\|(L\varphi - \varphi L)\alpha_n\|_{-1} + \text{const}\|\varphi\alpha_n\|_{-1}.$$

于是,

(2) $$\|\varphi L\alpha_n\|_{-1} \leqslant \|\varphi L\alpha_n\|_0 = \|\varphi L\alpha_n\|$$
$$\leqslant \text{const}\|\varphi L\alpha_n\|' \leqslant \text{const}\|L\alpha_n\|' \leqslant \text{const}\|\Delta\alpha_n\|'.$$

令 τ 是一个在 0 和 1 之间取值, 在 O_0 上等于 1 而且有在 V 中的支集的 C^∞ 函数, 那么

$$(L\varphi - \varphi L)\alpha_n = (L\varphi - \varphi L)(\tau\alpha_n),$$

因而有

(3) $$\|(L\varphi - \varphi L)\alpha_n\|_{-1} = \|(L\varphi - \varphi L)(\tau\alpha_n)\|_{-1}$$
$$\leqslant \text{const}\|\tau\alpha_n\|_0 = \text{const}\|\tau\alpha_n\|$$
$$\leqslant \text{const}\|\tau\alpha_n\|' \leqslant \text{const}\|\alpha_n\|'.$$

最后,

(4) $$\|\varphi\alpha_n\|_{-1} \leqslant \|\varphi\alpha_n\|_0 = \|\varphi\alpha_n\| \leqslant \text{const}\|\varphi\alpha_n\|' \leqslant \text{const}\|\alpha_n\|'.$$

因而从式(1)~(4)得出

(5) $$\|\varphi\alpha_n\|_1 \leqslant \text{const}(\|\Delta\alpha_n\|' + \|\alpha_n\|').$$

但是由假设 $\|\Delta\alpha_n\|'$ 和 $\|\alpha_n\|'$ 是有界的. 因此在 H_1 中序列 $\{\varphi\alpha_n\}$ 是有界的, 而且由于假定了 L 的椭圆性, 所以定理 6.6 的证明就完成了.

6 Laplace-Beltrami 算子的椭圆性

6.34 评注 我们将使用下列观点. 令 U, V 和 W 是有限维内积空间, 并且假设

$$U \xrightarrow{A} V \xrightarrow{B} W$$

是正合的. 令 $A^*:V\to U$ 和 $B^*:W\to V$ 分别是 A 和 B 的伴随算子. 那么 B^*B+AA^* 是 V 上的一个同构. 因为令 v 是 V 的一个非零元, 只需证明 $(B^*B+AA^*)v\neq 0$. 由于

$$\langle (B^*B+AA^*)v,v\rangle=\langle Bv,Bv\rangle+\langle A^*v,A^*v\rangle .$$

若 $Bv\neq 0$, 则 $(B^*B+AA^*)v\neq 0$. 若 $Bv=0$, 那么由正合性, v 在 A 的象中. 但是 A^* 在 A 的象上是内射. 因而 $A^*v\neq 0$, 而这蕴涵着 $(B^*B+AA^*)v\neq 0$.

下面将把这个结果应用于 U, V, W 分别是 $\Lambda_{p-1}(M_m^*)$, $\Lambda_p(M_m^*)$, $\Lambda_{p+1}(M_m^*)$ 的特殊情况, 并带有内积

$$\langle\omega,\tau\rangle=*(\omega\wedge *\tau),$$

而且 A 和 B 都是乘以 $\xi\in M_m^*$ 的左外乘:

(1) $$\Lambda_{p-1}(M_m^*)\xrightarrow{\ \xi\ }\Lambda_p(M_m^*)\xrightarrow{\ \xi\ }\Lambda_{p+1}(M_m^*).$$

根据第 2 章习题 15, 序列 (1) 是正合的; 而且根据第 2 章习题 14, $\xi:\Lambda_p(M_m^*)\to\Lambda_{p+1}(M_m^*)$ 的伴随算子是

(2) $$(-1)^{np}*\xi*:\Lambda_{p+1}(M_m^*)\to\Lambda_p(M_m^*).$$

因而由上面的评论可知,

(3) $$(-1)^{np}*\xi*\xi+(-1)^{n(p-1)}\xi*\xi*$$

是 $\Lambda_p(M_m^*)$ 上的一个同构.

6.35 Laplace 算子是椭圆算子 为了完成定理 6.5 和定理 6.6 的证明, 需要证明由 Laplace-Beltrami 算子 Δ 通过一个坐标系在 Euclid 空间上诱导的 6.32 节的算子 L 是椭圆算子. 根据 6.28(2), 要证明这一点等价于证明: 对每个 $m\in M$,

(1) $$\Delta(\varphi^2\alpha)(m)\neq 0$$

对于每个使 $\alpha(m)\neq 0$ 的光滑形式 α 和 M 上每个使得 $\varphi(m)=0$ 但 $\mathrm{d}\varphi(m)\neq 0$ 的 C^∞ 函数 φ 成立. 假设 α 是一个 p 形式并且令 $0\neq\mathrm{d}\varphi=\xi\in M_m^*$. 回想到

$$\Delta=(-1)^{n(p+1)+1}\mathrm{d}*\mathrm{d}*+(-1)^{np+1}*\mathrm{d}*\mathrm{d}.$$

下面来计算式(1)的左边, 并且在每一步都要记住 $\varphi(m)=0$. 因而有

$$
\begin{aligned}
\mathrm{d}*\mathrm{d}*(\varphi^2\alpha)(m) &= (\mathrm{d}*\mathrm{d}(\varphi^2)*\alpha)(m) = (2\mathrm{d}*\varphi(\mathrm{d}\varphi)*\alpha)(m) \\
&= (2(\mathrm{d}\varphi)*(\mathrm{d}\varphi)*\alpha)(m) = 2\xi*\xi*(\alpha(m)).
\end{aligned}
$$

类似地，有

$$
\mathrm{d}\mathrm{d}(\varphi^2\alpha)(m) = 2*\xi*\xi(\alpha(m)).
$$

从而有

$$
\Delta(\varphi^2\alpha)(m) = -2\Big[(-1)^{np}*\xi*\xi+(-1)^{n(p-1)}\xi*\xi*\Big](\alpha(m)),
$$

根据 6.34(3)，它不为零. 因此 Δ 是椭圆算子，于是 Hodge 定理的证明终于完成了.

6.36　评注　我们已经看到对 M_m^* 中的每一个 ξ，都有一个由

(1) $$\sigma_\Delta(\xi)(v) = \Delta(\varphi^2\alpha)(m)$$

定义的 $\Lambda_p(M_m^*)$ 上的完全确定的线性变换 $\sigma_\Delta(\xi)$，其中，$v\in\Lambda_p(M_m^*)$，α 是使得 $\alpha(m)=v$ 的任何 p 形式，φ 是使得 $\varphi(m)=0$ 且 $\mathrm{d}\varphi(m)=\xi$ 的任何 C^∞ 函数. 线性变换 $\sigma_\Delta(\xi)$ 称为算子 Δ 的符号. $\mathbb{R}^n$ 上通过坐标系从 Δ 得出的所有算子 L 的椭圆性等价于符号 $\sigma_\Delta(\xi)$ 在每一点 m 对于每个非零的 $\xi\in M_m^*$ 都是一个同构. 在 6.35 节的计算包含着对下列事实的证明：外导数算子 d 的符号，即 $\sigma_{\mathrm{d}}(\xi):\Lambda(M_m^*)\to\Lambda(M_m^*)$ 就是乘以 ξ 的左外乘；而 d 的伴随算子 δ 的符号是以 ξ 左外乘的伴随算子. 在 M 的矢量丛上的一般偏微分算子理论中，椭圆性便是像上面那样用符号的术语来定义的.

习　题

1. 证明 $*\Delta=\Delta*$.
2. (a) 证明 Green 算子 G 是有界线性算子.
   (b) 证明 G 是 $(H^p)^\perp$ 上的自伴算子.
   (c) 证明 G 把有界序列映射为具有 Cauchy 子列的序列.
3. 利用积分检验法证明级数 $\sum(1+|\xi|^2)^{-k}$ 对于 $k\geqslant[n/2]+1$ 收敛，其中，ξ 遍历所有整数 n 元组 $(\xi_1,\cdots,\xi_n)$.

提示：对 n 进行归纳，并计算适当的球面坐标积分.

4. 详细证明不等式 6.16(15).
5. 证实 6.32(2)中矩阵 A 的存在性及其所述性质.
6. 导出 Euclid 空间中的 $\mathrm{d},*,\delta$ 和 Δ 的显式公式. 特别证明若

$$\alpha = \sum_{i_1<\cdots<i_p} \alpha_I \mathrm{d}x_{i_1} \wedge \cdots \wedge \mathrm{d}x_{i_p},$$

那么

$$\Delta\alpha = (-1) \sum_{i_1<\cdots<i_p}^{\mathrm{I}} \left(\sum_{i=1}^{n} \frac{\partial^2 \alpha_{\mathrm{I}}}{\partial x_i^2} \right) \mathrm{d}x_{i_1} \wedge \cdots \wedge \mathrm{d}x_{i_p}.$$

7. 令φ属于平面上的C^∞周期函数$\mathscr{P}$，证明

$$\left\| \frac{\partial^2 \varphi}{\partial x \partial y} \right\| \leqslant \frac{1}{2} \|\Delta\varphi\|.$$

8. Rellich 引理 6.23 说明对于 $s<t$，自然内射$i: H_t \to H_s$是一个紧算子；即它把有界序列映射为具有收敛子列的序列. 下面是这种现象的一个类似例子. 令 C 表示实直线上的连续周期函数构成的 Banach 空间，比方说周期为 2π，而且带有上确界范数$\| \ \|_\infty$. 令C^1是 C 的具有一阶连续导数的函数组成的子集. 取

$$\|f\| = \|f\|_\infty + \left\| \frac{\mathrm{d}f}{\mathrm{d}x} \right\|_\infty$$

作为C^1的范数. 利用 Arzelà-Ascoli 定理[27]126 证明自然内射$i: C^1 \to C$是一个紧算子.

9. 考虑实直线上若干形如 $Lu=f$的椭圆型方程. 在每种情况下，f都是周期为 1 的光滑函数，而且要寻求的解 u也是周期为 1 的函数. 对周期函数的这个限制实质上使这个问题成为一个紧空间——单位圆周上的问题. 令$u' = \dfrac{\mathrm{d}u}{\mathrm{d}x}$等.

(a) $u' = f$. 这是椭圆算子最简单的例子，但它能展现出理论的所有基本要素，这个微分算子的形式伴随算子是什么？证明存在(周期)解 u当且仅当f正交于这个伴随算子的核.

(b) $u' - u = f$. 在这种情况下(在周期函数中的)核是什么？为了存在周期解关于f的充分必要条件是什么？

(c) $u'' = f$. 证明这个算子在形式上是自伴的，证明当且仅当f正交于算子的核时存在周期解，并利用事实

$$\int_0^x \left(\int_0^t f(s)\mathrm{d}s \right) \mathrm{d}t = \int_0^x f(s) \left(\int_s^x \mathrm{d}t \right) \mathrm{d}s$$

证明正交于核的唯一解是

$$u(x)=\int_0^x t(x-1)f(t)\mathrm{d}t+\int_x^1 x(t-1)f(t)\mathrm{d}t-\frac{1}{2}\int_0^1 t(t-1)f(t)\mathrm{d}t\,.$$

这明显地表示了这种情况下的 Green 算子.

(d) $u''+4\pi^2u=f$. 证明这个算子形式上是自伴的. 请问它的核是什么? 推导出解 u 的显式公式. 证明当且仅当 f 正交于这个算子的核时, u 是周期解.

10. 定理 6.11 中, 在证明紧定向 Riemann 流形上的每个闭形式与一个调和形式相差一个恰当形式时使用了 Green 算子与 d 交换这个事实. 现在请直接从 Hodge 分解定理而不用 Green 算子给出这个结果的证明.

11. 周期广义函数 l 是 $\mathscr{P}$ 上的这样一个线性泛函, 对它来说存在某个整数 $k\geqslant 0$ 和一个正常数 c 使得对于所有 $\varphi\in\mathscr{P}$,

$$|l(\varphi)|\leqslant c\sum_{|\alpha|\leqslant k}\left\|\mathrm{D}^\alpha\varphi\right\|_\infty\,. \tag{1}$$

证明: 若 l 是一个周期广义函数, 那么就有一个元素 $u\in H_{-\infty}$ 使得对所有 $\varphi\in\mathscr{P}$,

$$l(\varphi)=\langle u,\varphi\rangle_0\,. \tag{2}$$

反过来证明 $H_{-\infty}$ 的每个元素通过式(2)决定一个周期广义函数.

12. 令 α 和 β 是紧定向流形 M^n 上的 n 次形式使得 $\int_M\alpha=\int_M\beta$. 证明 α 和 β 相差一个恰当形式.

13. 证明定理 6.6 不能被加强成存在一个在 $E^p(M)$ 中收敛的子序列这样一个论断.

14. 读者可能注意到, 在证明定理 6.5 的过程中已经证明了下列的正则性定理. 令 L 是 C^∞ (在 $\mathbb{R}^n$ 上定义、在复 m 维空间取值的光滑函数集)上的一个椭圆算子. 为使 Lu 有意义, 假定 u 是充分可微的, 而且假定 $Lu=f$, 其中, $f\in C^\infty$, 那么 $u\in C^\infty$.

实际上, 我们还证明了: 每一个弱解 l 是光滑的. 确切地说就是: 令 l 是 C_0^∞ 上的一个线性泛函, 只要 $\bar V$ 是紧的, 则 l 在 $C_0^\infty(V)$ 上便是有界的, 而且它对每个 $\varphi\in C_0^\infty$ 满足 $l(L^*\varphi)=\langle f,\varphi\rangle$. 另外 l 在下述意义上是光滑的: 存在 $u\in C^\infty$, 它表示 l, 即对每一个 $t\in C_0^\infty, l(t)=\langle u,t\rangle$. 弱解 l 的这样一个光滑表示 u 是一个真实解, 即 $Lu=f$.

15. 注意到 Cauchy-Riemann(柯西-黎曼)算子 $\dfrac{\partial}{\partial x}+\mathrm{i}\dfrac{\partial}{\partial y}$ 是椭圆算子. 从椭圆

算子的一般理论推出每个全纯函数是 C^∞ 的. 证明每一个全纯函数是平面上的一个复值调和函数, 利用 Green 第一恒等式(第 4 章习题 5)证明具有紧支集的全纯函数必然恒等于零.

16. Laplace 算子的特征值 这是一个扩充练习. 在这个习题中展示了 Laplace 算子的特征值和特征函数的性质. 对于比较困难的部分给出了证明提纲, 甚至在某些情况下几乎给出了完整证明.

对于某个固定的 p, 考虑作用在 p 形式 $E^p(M)$ 上的 Laplace-Beltrami 算子 Δ. 对于一个实数 λ, 若相应于它存在一个不恒为零的 p 形式 u 使得 $\Delta u=\lambda u$, 则把这个实数 λ 称为 Δ 的特征值. 若 λ 是一个特征值, 则把使得 $\Delta u=\lambda u$ 的任何 p 形式 u 称为 Δ 的相应于特征值 λ 的特征函数. 相应于一个固定特征值 λ 的特征函数构成 $E^p(M)$ 的一个子空间. 称为特征值 λ 的特征空间.

(a) 证明 Δ 的特征值是非负的.

(b) 证明 Δ 的特征空间是有限维的.

(c) 证明特征值没有有限的聚点.

(d) 证明相应于不同特征值的特征函数是正交的.

(e) 存在性. 为了使上面的叙述有实质意义, 必须证明 Δ 的特征值存在. 首先, 零是一个特征值当且仅当 M 上有非平凡的调和 p 形式, 并且相应的特征空间恰好是调和形式组成的空间 H^p. 下面将证实 Δ 有一个正特征值, 实际上有一整个发散到 $+\infty$ 的特征值序列. 考虑 Δ 被限制于 $(H^p)^\perp$ 上. 那么有 $\Delta:(H^p)^\perp\to(H^p)^\perp$, 而且另外还有 Green 算子 $G:(H^p)^\perp\to(H^p)^\perp$, 并且 $\Delta G\alpha=\alpha$ 和 $G\Delta\alpha=\alpha$ 对所有 $\alpha\in(H^p)^\perp$ 成立. 注意到 $G|_{(H^p)^\perp}$ 的特征值是 $\Delta|_{(H^p)^\perp}$ 的特征值的倒数. 令

$$\eta=\sup_{\substack{\|\varphi\|=1\\ \varphi\in(H^p)^\perp}}\|G\varphi\|,$$

那么 $\eta>0$ 和 $\|G\varphi\|\leqslant\eta\|\varphi\|$ 对每一个 $\varphi\in(H^p)^\perp$ 都成立. 我们将证明 $1/\eta$ 是 Δ 的一个特征值. 令 $\{\varphi_j\}\in(H^p)^\perp$ 是 η 的极大化序列; 即 $\|\varphi_j\|=1$ 且 $\|G\varphi_j\|\to\eta$. 首先断定 $\|G^2\varphi_j-\eta^2\varphi_j\|\to 0$, 因为

$$\begin{aligned}\|G^2\varphi_j-\eta^2\varphi_j\|&=\|G^2\varphi_j\|^2-2\eta^2\langle G^2\varphi_j,\varphi_j\rangle+\eta^4\\&\leqslant\eta^2\|G\varphi_j\|^2-2\eta^2\|G\varphi_j\|^2+\eta^4\to 0.\end{aligned}$$

其次，断定$\left\|G\varphi_j-\eta\varphi_j\right\|\to 0$. 因为若令$\psi_j=G\varphi_j-\eta\varphi_j$，那么

$$\begin{aligned}0\leftarrow\langle\psi_j,G^2\varphi_j-\eta^2\varphi_j\rangle&=\langle\psi_j,G\psi_j-\eta\psi_j\rangle\\&=\langle\psi_j,G\psi_j\rangle+\eta\left\|\psi_j\right\|^2\geqslant\eta\left\|\psi_j\right\|^2,\end{aligned}$$

其中利用了$\langle\psi_j,G\psi_j\rangle\geqslant 0$这一事实. (为什么？)现在有$\varphi_j$的一个子序列，记为$\left\{\varphi_j\right\}$，使得$\left\{G\varphi_j\right\}$是 Cauchy 序列. 通过置

$$l(\beta)=\lim_{j\to\infty}\eta\langle G\varphi_j,\beta\rangle,\quad \beta\in E^p(M),$$

可定义$E^p(M)$上的一个线性泛函l. 证明l是

$$(\Delta-(1/\eta))u=0$$

的一个非平凡弱解. 从这一点和$\Delta-1/\eta$是椭圆算子的事实推出$\lambda=1/\eta$是Δ的一个特征值.

(f) 其他特征值的存在. 假设有$\Delta\big|_{(H^p)^\perp}$的特征值$\lambda_1\leqslant\lambda_2\leqslant\cdots\leqslant\lambda_n$和相应的特征函数$u_1, u_2, \cdots, u_n$(已规范正交化). 令$R_n$是由$\{u_1, u_2, \cdots, u_n\}$张成的$(H^p)^\perp$的子空间. 注意到$G$和$\Delta$把$(H^p\oplus R_n)^\perp$映射为其自身，然后定义

$$\eta_{n+1}=\sup_{\substack{\|\varphi\|=1\\ \varphi\in(H^p\oplus R_n)^\perp}}\left\|G\varphi\right\|,$$

并且像在(e)款中那样证实$\lambda_{n+1}=1/\eta_{n+1}$是$\Delta$的一个特征值. 显然$\lambda_{n+1}\geqslant\lambda_n$.

(g) L_2完备性. 令$\lambda_1\leqslant\lambda_2\leqslant\cdots$是$\Delta$在$E^p(M)$上的特征值，其中每个特征值出现的次数等于其特征空间的维数，并且有相应的规范正交化的特征值序列$\{u_i\}$. 令$\alpha\in E^p(M)$. 那么

$$\lim_{n\to\infty}\left\|\alpha-\sum_{i=1}^{n}\langle\alpha,u_i\rangle u_i\right\|=0.$$

为了证明上述结论，令 k 是 H^p 的维数. 那么存在$\beta\in(H^p)^\perp$使得$G\beta=\alpha-\sum_{i=1}^{n}\langle\alpha,u_i\rangle u_i$，由此可知对于$n>k$,

$$\left\|\alpha-\sum_{i=1}^{n}\langle\alpha,u_i\rangle u_i\right\|=\left\|G\left(\beta-\sum_{i=k+1}^{n}\langle\beta,u_i\rangle u_i\right)\right\|.$$

但是由 λ_{n+1} 的定义，当 $n\to\infty$ 时

$$\left\|G\left(\beta-\sum_{i=k+1}^{n}\langle\beta,u_i\rangle u_i\right)\right\|\leqslant\frac{1}{\lambda_{n+1}}\left\|\beta-\sum_{i=k+1}^{n}\langle\beta,u_i\rangle u_i\right\|$$
$$\leqslant\frac{1}{\lambda_{n+1}}\|\beta\|\to 0\,.$$

(h) 一致完备性. 在 $E^p(M)$ 上，将一致范数定义为

$$\|\alpha\|_\infty=\sup_{m\in M}(*(\alpha\wedge*\alpha)(m))^{1/2}\,.$$

从 6.22(1)Sobolev 不等式和 M 的紧性可以推出：存在一个充分大的整数 k 和一个常数 $c>0$ 使得对每个 $\alpha\in E^p(M)$，

$$\|\alpha\|_\infty\leqslant c\left\|(1+\Delta)^k\alpha\right\|.$$

令 $\alpha\in E^p(M)$，令 $P_n(\alpha)=\sum_{i=1}^{n}\langle\alpha,u_i\rangle u_i$，其中沿用了(g)的记号. 由于 $\Delta P_n=P_n\Delta$，所以有

$$\|\alpha-P_n(\alpha)\|_\infty\leqslant c\left\|(1+\Delta)^k[\alpha-P_n(\alpha)]\right\|$$
$$=\|\varphi-P_n\varphi\|\to 0\,,$$

其中，$\varphi=(1+\Delta)^k\alpha$.

17. 用 $\Delta^2(\alpha)=\Delta(\Delta\alpha)$ 来定义算子 $\Delta^2:E^p(M)\to E^p(M)$. 试讨论 $\Delta^2\alpha=\beta$ 的可解性.

18. 考虑作用在 $C^2(\mathbb{R}^n)$ 上的算子

$$L=\sum_{i,j=1}^{n}a_{ij}\frac{\partial^2}{\partial x_i\partial x_j}+\sum_{i=1}^{n}b_i\frac{\partial}{\partial x_i}+c\,.$$

说明假定 $a_{ij}=a_{ji}$ 并不失去一般性，证明 L 在一点 x 处是椭圆的当且仅当矩阵 $(a_{ij}(x))$ 是正定(或负定)的. 特别证明波动方程

$$\Box u=\frac{\partial^2u}{\partial x^2}-\frac{\partial^2u}{\partial y^2}=f$$

不是椭圆型的，给出一个例子使得其中

$$\Box u=f\in C^\infty\text{，但是 }u\notin C^\infty\,.$$

19. 考虑 $\Delta: E^p(M) \to E^p(M)$. 证明若 λ 是 Δ 的最小特征值且 $c > -\lambda$, 那么 $(\Delta + c)\alpha = \beta$ 对于每个 $\beta \in E^p(M)$ 可解.

20. **Peter-Wey1 定理** 一个紧 Lie 群 G 的表示环是由所有适合下述条件的连续函数 f 的集合在复数域上生成的环: 对于某个 n 有一个连续同态 $\rho: G \to Gl(n,\mathbb{C})$ 使得 $f = \rho_{ij}$ 对于 i 和 j 的某种选择成立. Peter-Weyl(彼得-外尔)定理说明: 表示环在 G 上的复值连续函数空间中按一致范数是稠密的, 即如果 g 是 G 上的一个复值连续函数和 $\varepsilon > 0$ 是给定的, 那么在表示环中有一个函数 f 使得 $|f(\sigma) - g(\sigma)| < \varepsilon$ 对所有的 $\sigma \in G$ 成立. 下面概述这个定理的证明. 它是建立在 Laplace 算子的特征函数的一致完备性之上的. 我们可在 G 上选取一个 Riemann 结构使得对于 $\sigma \in G$ 的每个微分同胚 l_σ (由 σ 产生的左平移)是一个等矩同构(即对所有 $\tau \in G$ 和所有 v, $w \in G_\tau, \langle v,w\rangle_\tau = \langle \mathrm{d}l_\sigma v, \mathrm{d}l_\sigma w\rangle_{\sigma\tau}$). 由于 C^∞ 函数在连续函数空间中按一致范数是稠密的, 又由习题 16(h), Laplace 算子的特征空间的直和在 C^∞ 函数空间中按一致范数是稠密的, 所以为了证明 Peter-Weyl 定理只要证明 Laplace 算子 $\Delta: C^\infty(G) \to C^\infty(G)$ 的每个特征函数都属于表示环即可.

由于 G 通过

$$\sigma(f) = f \circ l_\sigma, \quad \sigma \in G$$

作用在 G 上的 C^∞ 函数上. 证明由于 l_σ 是等矩, 所以这个作用与 Laplace 算子交换:

$$\Delta(f \circ l_\sigma) = (\Delta f) \circ l_\sigma \quad (\sigma \in G).$$

令 V_λ 是伴随于 $\Delta: C^\infty(G) \to C^\infty(G)$ 的特征值 λ 的(有限维)特征空间. 证明在 G 的作用下 V_λ 保持不变. 于是令 $\varphi_1, \cdots, \varphi_n$ 是 V_λ 的一个基, 令

$$\sigma(\varphi_i) = \sum_j g_{ji}(\sigma)\varphi_j,$$

那么 $\sigma \to \{g_{ij}(\sigma)\}$ 是 $G \to Gl(n,\mathbb{R})$ 的一个同态. 证明这个同态是连续的. 另外再注意到

$$\varphi_i(\sigma) = \varphi_i \circ l_\sigma(e) = \sum_j g_{ji}(\sigma)\varphi_j(e),$$

因而 φ_i 属于表示环.

21. 熟悉向量丛理论的读者可能注意到本章中关于 Laplace-Beltrami 算子的结果对于向量丛上的一般椭圆算子也是有效的. 下面概述在这种情况下的结果:

令 E 和 F 是可定向紧流形 M 上的(实的或复的)向量丛. 令 $C^\infty(E)$ 和 $C^\infty(F)$ 分

别表示 E 和 F 的光滑截面构成的向量空间. 从 E 到 F 的一个 l 阶(线性)微分算子 L 是从 $C^\infty(E)$ 到 $C^\infty(F)$ 的线性映射, 当用把 E 和 F 局部平凡化的术语表达时, 它将产生一个 l 阶的平常线性偏微分算子. 如果算子 L 是局部椭圆的, 那么它是椭圆算子. 等价地, L 的椭圆性也可以像在 6.36 节那样用符号的术语来定义. 注意到为使 L 是椭圆的, E 和 F 的纤维维数必须相等. 选取纤维 E_m 和 F_m 中的内积使它关于 m 是非常光滑的, 并且选取 M 上的一个 Riemann 结构和一个定向使得光滑函数关于它能在 M 上积分. 通过积分 M 上的纤维内积, 得到 $C^\infty(E)$ 和 $C^\infty(F)$ 的内积. 令 $L: C^\infty(E) \to C^\infty(F)$ 是一个微分算子. 证明 L 有一个形式伴随算子 $L^*: C^\infty(F) \to C^\infty(E)$. 假设 L 是椭圆算子.

(a) 证明 $\ker L$ 和 $\ker L^*$ 都是有限维的.

(b) 证明 $C^\infty(E)$ 和 $C^\infty(F)$ 有下列正交直和分解:

$$C^\infty(F) = L(C^\infty(E)) \oplus \ker L^*,$$
$$C^\infty(E) = L^*(C^\infty(F)) \oplus \ker L.$$

22. 令 $\varphi_n (n = 1, 2, 3, \cdots)$ 是平面上的 C^∞ 周期函数, 并且对于 $0 \leqslant r \leqslant 1/2$, 它与 $\log\log\left(1/\left(r + (1/n)\right)\right)$ 一致, 其中, $r = \sqrt{x^2 + y^2}$. 证明不存在任何常数 $c>0$ 使得对所有 n

$$\|\varphi_n\|_\infty \leqslant c\|\varphi_n\|_1 .$$

这说明在 $n=2$ 的情况下, Sobolev 引理 6.22 的系(b)中的限制条件 $t \geqslant [n/2]+1$ 是必不可少的.

23. 令 L 是紧定向 Riemann 流形 M 上的 C^∞ 函数上的一个(线性)椭圆算子. 令 γ 是 M 的一个微分同胚, 并且它保持 M 上的体积形式. 如果 M 上的 C^∞ 函数 f 满足条件 $f \circ \gamma = f$, 则称它在 γ 下是不变的; 同样若算子 L 对 M 上的所有 C^∞ 函数 u 满足 $Lu \circ \gamma = L(u \circ \gamma)$, 那么我们说算子 L 在 γ 下是不变的. 假设 L 和 f 在 γ 下是不变的, 而且 f 正交于 L^* 的核. 那么证明 $Lu=f$ 有不变解 u.

[25] Samelson, H. Uber die Sphären die als Gruppenräume auftreten. *Comment Math. Helv.*, **13**(1940), 144–155.

[26] Simmons, G. F. *Introduction to Topology and Modern Analysis.*New York: McGraw-Hill, 1963.

[27] Singer, I. M., and J.Thorpe. *Lecture Notes on Elementary Topology and Geometry. Glenview*, Ill.: Scott, Foresman and Company, 1967. (Undergraduate Texts in Mathematics, Springer-Verlag, New York, 1976.) 中译本:《拓扑学与几何学基础讲义》, 干丹岩译.上海科学技术出版社, 1985.

[28] Spanier, E. H. *Algebraic Topology.* New York: McGraw-Hill 1966.

[29] Spivak, M. *Calculus on Manifolds.* New York: W. A. Benjamin, Inc., 1965. 中译本:《流形上的微积分》, 齐民友, 路见可译.科学出版社, 1985.

[30] Sternberg, S. *Lectures on Differential Geometry.* Englewood Cliffs, N.J.: Prentice-Hall, Inc., 1964.

[31] Woll, J. W., Jr. *Functions of Several Variables.* New York: Harcourt, Brace & World, Inc., 1966.

[25] Samelson, H. Uber die Sphären die als Gruppenräume auftreten. *Comment Math. Helv.*, **13**(1940), 144–155.

[26] Simmons, G. F. *Introduction to Topology and Modern Analysis.*New York: McGraw-Hill, 1963.

[27] Singer, I. M., and J.Thorpe. *Lecture Notes on Elementary Topology and Geometry. Glenview*, Ill.: Scott, Foresman and Company, 1967. (Undergraduate Texts in Mathematics, Springer-Verlag, New York, 1976.) 中译本:《拓扑学与几何学基础讲义》, 干丹岩译.上海科学技术出版社, 1985.

[28] Spanier, E. H. *Algebraic Topology.* New York: McGraw-Hill 1966.

[29] Spivak, M. *Calculus on Manifolds.* New York: W. A. Benjamin, Inc., 1965. 中译本:《流形上的微积分》, 齐民友, 路见可译.科学出版社, 1985.

[30] Sternberg, S. *Lectures on Differential Geometry.* Englewood Cliffs, N.J.: Prentice-Hall, Inc., 1964.

[31] Woll, J. W., Jr. *Functions of Several Variables.* New York: Harcourt, Brace & World, Inc., 1966.

补 充 文 献

无论对于原版的参考文献还是为 Spinger 版所增加的下列补充文献，都没有追求完备；其主要目的只是向读者提供一些基本的参考书目和可供选择的原始资料或补充读物．关于微分流形以及它们在现代分析和现代几何的许多方面发挥作用的极为广泛的文献资料都可以在上面所列出的 Kobayashi 和 Nomizu 所著的《微分几何基础》第二卷中以及在下面所列出的 Spivak 所著的《微分几何》第五卷中找到．

关于微分几何和黎曼几何的一个综合的但引人入胜的论述，我向读者推荐：

Spivak, M. *Differential Geometry,* 5 vols. Boston, Mass: Publish or Perish, Inc., 1970–1975.

关于流形的一个漂亮引论和对微分拓扑的若干中心课题的几何论述，请参看：

Guillemin, V., and A. Pollack. *Differential Topology.* Englewood Cliffs, N. J.: Prentice-Hall, Inc., 1974.

对于流形的一个简明引论和对基础黎曼几何的一个非常漂亮的展示由下书给出：

do Carmo, M. *Geometria Riemanniana.* Rio de Janeiro: IMPA, 1979.

关于装备了具有任意符号差的度规张量的光滑流形(伪黎曼流形)及其对相对论的应用的一个非常近代的论述，请看：

O'Neill, B. *Semi-Riemannian Geometry.* New York: Academic Press, 1983.

希望研究示性类理论的读者可在下列书中找到极好的阐述：

Milnor, J., and J. Stasheff. *Characteristic Classes.* Annals of Mathematics Studies, no. 76. Princeton, N. J. : Princeton University Press, 1974.

下列三部教科书是关于基本椭圆理论的相对自封的论述的附加资料．Griffiths/Harris 和 Wells 的教科书发展了紧复流形的 Hodge 理论．Lang 的教科书则有一个关于椭圆型偏微分方程的附录，包括了环面上和 Euclid 空间中的正则性理论．

Griffiths, P., and J. Harris. *Principles of Algebraic Geometry.* New York: John Wiley & Sons, Inc., 1978.

Lang, S. *$SL_2(R)$.* Reading, Mass. : Addison-Wesley, 1975.

Wells, R. O., Jr. *Differential Geometry on Complèx Manifolds.* Englewood Cliffs, N. J. : Prentice-Hall, Inc., 1973. (Graduate Texts in Mathematics, vol. 65, Springer-Verlag, New York, 1979.)

关于椭圆算子理论对分析与拓扑之间的广泛而深刻的联系的应用，请参看：

Palais, R. S. *Seminar on the Atiyah-Singer Index Theorem.* Annals of Mathematics Studies, no. 57. Princeton, N. J. : Princeton University Press, 1965.

下书给出了二阶拟线性椭圆型偏微分方程的一般理论及所需要的线性椭圆理论的系统论述．

Gilbarg, D., and N. Trudinger. *Elliptic Partial Differential Equations of Second Order.* 2nd ed. Berlin Heidelberg New York Tokyo: Springer-Verlag, 1983, in prep.

(有(1977 年版的)中译本：《二阶椭圆型偏微分方程》，叶其孝等译，上海科学技术出版社，1981.)

关于分析对几何问题的最新的和惊人的应用，请参看：

Aubin, T. *Nonlinear Analysis on Manifolds. Monge-Ampère Equations.* Grundlehren der mathematischen Wissenschaften, vol. 252. New York Heidelberg Berlin: Springer-Verlag, 1982.

Yau, S-T, ed. *Seminar on Differential Geometry.* Annals of Mathematics Studies, no. 102. Princeton, N. J. : Princeton University Press, 1982.

李群对于纤维丛理论和联络理论是极为重要的．关于这些理论对研究物理学中的规范理论的若干近代的重大应用，读者可以查阅下列两本参考书：

Drechsler, W., and M. E. Mayer. *Fiber Bundle Techniques in Gauge Theories.* Lecture Notes in Physics, no. 67. Berlin Heidelberg New York: Springer-Verlag, 1977.

Bleecker, D. *Gauge Theory and V ariational Principles.* Reading, Mass. :Addison-Wesley, 1981.

记 号 索 引

中、英文对照索引